Technologie- und Innovationsmanagement

Festgabe für Gert v. Kortzfleisch zum 65. Geburtstag

Abhandlungen aus dem
Industrieseminar der Universität Mannheim

früher unter dem Titel
Abhandlungen aus dem Industrieseminar der Universität zu Köln
begründet von Prof. Dr. Dr. h. c. Theodor Beste

Herausgegeben von
Prof. Dr. Gert v. Kortzfleisch und Prof. Dr. Heinz Bergner

Heft 33

Technologie- und Innovationsmanagement

Herausgegeben von

Erich Zahn

DUNCKER & HUMBLOT / BERLIN

CIP-Kurztitelaufnahme der Deutschen Bibliothek

Technologie- und Innovationsmanagement:
[Festgabe für Gert von Kortzfleisch zum
65. Geburtstag] / hrsg. von Erich Zahn. – Berlin:
Duncker und Humblot, 1986.

   (Abhandlungen aus dem Industrieseminar der
Universität Mannheim; H. 33)
ISBN 3-428-06096-2

NE: Zahn, Erich [Hrsg.]; Kortzfleisch, Gert von:
Festschrift; Universität ‹Mannheim› / Seminar für
Allgemeine Betriebswirtschaftslehre und Betriebs-
wirtschaftslehre der Industrie: Abhandlungen aus dem ...

Alle Rechte, auch die des auszugsweisen Nachdrucks, der photomechanischen
Wiedergabe und der Übersetzung, für sämtliche Beiträge vorbehalten.
© 1986 Duncker & Humblot, Berlin 41
Satz: Klaus-Dieter Voigt, Berlin 61
Druck: Werner Hildebrand, Berlin 65
Printed in Germany

ISBN 3-428-06096-2

Vorwort

Die vorliegende Festschrift ist Gert Harald v. Kortzfleisch zum 65. Geburtstag von einigen seiner dankbaren Schüler und Freunde gewidmet.

Herr Prof. Dr. Gert v. Kortzfleisch hat die betriebswirtschaftliche Forschung im deutschen Sprachraum auf den Gebieten Technischer Fortschritt, Forschung und Entwicklung, Innovation und Technologietransfer entscheidend mitgeprägt. Das Generalthema dieser Festschrift „Technologie- und Innovationsmanagement" hat ihn mit verschiedenen Schwerpunkten im Verlaufe seiner beeindruckenden akademischen Karriere ständig beschäftigt. Dabei zeichnete er sich selbst mehrfach als Innovator aus. Als einer der ersten deutschsprachigen Hochschullehrer für Betriebswirtschaftslehre wandte er sich Ende der 60er Jahre Fragen zum Technischen Fortschritt sowie zur Forschung und Entwicklung zu und legte dazu fundamentale Forschungsergebnisse in mehr als zwanzig Abhandlungen vor.

In dem 1969 erschienenen Aufsatz „Zur mikroökonomischen Problematik des technischen Fortschritts" skizzierte Gert v. Kortzfleisch einige Fundamente zur betriebswirtschaftlichen Erfassung und Erforschung des Technischen Fortschritts. Diese erweiterte er später selbst, vor allem durch seine Konzeptionen „Mikroökonomische Quantifizierung technischer Fortschritte" (1970) und „Kybernetische Systemanalyse der Konsequenzen von Technischen Fortschritten" (1971). Mit einem 1972 in der ZfbF erschienenen Artikel über „Forschungen über die Forschung und Entwicklung" präsentierte er eine wissenschaftliche Standortbestimmung, aus der Forschung und Praxis vielfache Anregungen gewinnen konnten. Es folgten Publikationen über Richtungen und Auswirkungen technischer Fortschritte im allgemeinen sowie in der Automobilindustrie im besonderen. In jüngerer Zeit lieferte er Beiträge zur Diskussion der wieder aktuellen Innovationsproblematik mit der Abhandlung „Kreativität und Innovationsklima als Produktionsfaktoren" (1983) sowie mit einer Analyse der Position bundesdeutscher Unternehmen im „Innovationswettbewerb" (1985).

Nach Gert v. Kortzfleisch ist der Technische Fortschritt eines der Phänomene, „die das materielle und das geistige Leben unserer Zeit am stärksten beherrschen". Da sich dieser Technische Fortschritt „zum allergrößten Teil in den Unternehmen der Wirtschaft" vollzieht, sah und sieht er es deshalb als eine kardinale Aufgabe der Betriebswirtschaftslehre an, „die gesamte mikroökonomische Problematik des Technischen Fortschritts wissenschaftlich zu ergründen und theoretisch so aufzubereiten, daß daraus praktikable

Ansätze für rechnerisch fundierte Entschlüsse in all den Teilfragen abzuleiten sind, die der Technische Fortschritt in den Unternehmen aufwirft". Demzufolge war und ist er neben der Gewinnung neuer Erkenntnisse immer auch an ihrer praktischen Umsetzung interessiert. Das zweite Anliegen manifestiert sich in seinen nach wie vor zahlreichen Aktivitäten außerhalb der Universität, so z.B. als Mitglied des Club of Rome, als Präsident der Deutschen Aktionsgemeinschaft Bildung, Erfindung, Innovation (DABEI) und als Vorsitzender einer von der Regierung des Landes Baden-Württemberg eingesetzten Arbeitsgruppe „Wirtschaftliche Entwicklung – Umwelt – Industrielle Produktion".

Mit dieser Festschrift legen Schüler von Professor v. Kortzfleisch sowie sein langjähriger Freund und Kollege Heinz Bergner Beiträge zu Grundlagen, Ansätzen, Instrumenten und Rahmenbedingungen des Technologie- und Innovationsmanagements vor. Damit wollen sie ihn ehren und ihm gleichzeitig als kleines Zeichen seines persönlichen Erfolges zeigen, wie die von ihm gegebenen vielfältigen Anregungen auf einem hochaktuellen Forschungsfeld der Betriebswirtschaftslehre weiter verfolgt werden.

Dem Verlag Duncker & Humblot, seinen Geschäftsführern, Herrn RA Norbert Simon und Herrn Ernst Thamm sowie seinen Mitarbeitern in der Herstellung, besonders Herrn Wolfgang Nitzsche danke ich, zugleich im Namen aller beteiligten Autoren, für die freundliche Unterstützung beim Zustandekommen dieser Schrift.

Stuttgart, August 1986

Erich Zahn

Inhalt

Erich Zahn
Innovations- und Technologiemanagement. Eine strategische Schlüsselaufgabe der Unternehmen 9

Peter Milling
Diffusionstheorie und Innovationsmanagement 49

Egon Jehle
Eine Kreativitätsstrategie für das Unternehmen 71

Gerhard Lehmann
Markteinführung von Produkten der Spitzentechnologie 99

Hermann Krallmann
Expertensysteme als notwendige Voraussetzungen für CIM-Realisierungen . 115

Klaus Bellmann
Die Konjunkturreagibilität der Inlandsnachfrage nach Personenkraftwagen . 143

Lâtif Çakici
Innovationsmanagement unter besonderer Berücksichtigung der Verhältnisse in der Türkei 153

Michel Mavor Agbodan
Technologietransfer und Strukturwandel in Wirtschaft und Gesellschaft ... 171

Heinz Bergner
Das System des deutschen Findungsschutzes 183

Verzeichnis der Veröffentlichungen von Gert v. Kortzfleisch 285

Verzeichnis der Mitarbeiter 293

Innovations- und Technologiemanagement

Eine strategische Schlüsselaufgabe der Unternehmen

Von *Erich Zahn*

A. Zur Aktualität der Innovations- und Technologieproblematik

Zu den Themenkomplexen, die sich in der Bundesrepublik Deutschland immer wieder besonderer Aufmerksamkeit erfreuen, zählt offenbar auch die Innovations- und Technologieproblematik. Nach dem bereits in den 60er Jahren, im Vergleich zu den USA, von einer allgemeinen „technologischen Lücke" und in den 70er Jahren von einem „technologischen Patt" die Rede war, wird heute von einem möglichen Rückstand gegenüber den USA und Japan in neuen Bereichen der Spitzentechnologie gesprochen. Dabei stand und steht im Mittelpunkt der Diskussion die Sorge um die – für gesamtwirtschaftliches Wachstum und gesicherte Arbeitsplätze relevante – Position bundesdeutscher Unternehmen im weltwirtschaftlichen Innovationswettbewerb.

I. Zwei kontroverse Ansichten

Die Lage- und Trendbeurteilungen sind nach wie vor kontrovers; sie enthalten pessimistische und optimistische Grundhaltungen. Die Pessimisten sehen bereits sichere Anzeichen für wirtschaftlichen Niedergang; sie beklagen ein Mittelmaß der Wissenschaften, eine Technikfeindlichkeit und Leistungsmüdigkeit in der Gesellschaft sowie ein Innovationsdefizit und einen Anpassungsstau in der Wirtschaft. Die Optimisten dagegen erkennen schon deutliche Entwicklungschancen, die sich der Wirtschaft durch neue Basistechnologien[1] eröffnen; sie verweisen mit jüngsten spektakulären Erfolgen

---

[1] Unter dem Begriff „Technologie" werden Prinzipien, Mittel und Methoden zur wirtschaftlichen Herstellung von Produkten und Produktionsverfahren verstanden. „Basis"-Technologien sind die fundamentalen technologischen Grundlagen, auf denen eine Industrie wesentlich aufbaut. Diese Begriffsinterpretation der „Basis"-Technologie unterscheidet sich von der bei Arthur D. Little International verwendeten Terminologie. Dort wird in bezug auf eine zukünftige und gegenwärtige Beeinflussung des Wettbewerbs unterschieden zwischen Schrittmachertechnologien, Schlüsseltechnologien und Basistechnologien. Dabei befinden sich Schrittmachertechnologien typischerweise in der Jugendphase im Lebenszyklus einer Technologie. Danach folgen im Mittelalter Schlüsseltechnologien und in der Reifephase Basistechnologien. Vgl. *Sommerlatte* und *Deschamps* (1985, S. 53/54) sowie *Servatius* (1985, S. 116f.).

der bundesdeutschen Wissenschaft auf deren Leistungsfähigkeit; sie führen ins Feld, daß die Unternehmen kräftig investieren, dabei auch innovieren und daß der Staat die Technologie großzügig fördert.

In beiden Grundhaltungen sind unreflektierte und unkritische Züge zu erkennen. Diese resultieren aus Mißverständnissen über das Innovieren im allgemeinen und auf der Basis neuer Technologien im besonderen. Hinzu kommen noch ideologisch bedingte Verzerrungen. Als Handlungsanleitungen sind deshalb beide Grundhaltungen problematisch, verführen sie doch zu Über- oder Unterschätzungen der Bedeutung neuer Technologien für Wirtschaft und Gesellschaft und damit leicht zu gefährlichem Fehlverhalten.

Wer den Einsatz neuer Technik als Waffe im internationalen Wettbewerb betreiben und fördern will, der darf sich keinen Illusionen hingeben, vielmehr muß er realistisch analysieren. Dazu muß er tiefer in die Zusammenhänge zwischen technischem Fortschritt, wirtschaftlicher Entwicklung und sozialem Wandel eindringen; er muß die Prozesse der Diffusion neuer Technik, die dabei auftretenden Antriebskräfte und Widerstände sowie die Wechselwirkungen zwischen technischen und sozialen Innovationen besser verstehen lernen. M.a.W.: er muß sich um ein umfassenderes Bild von der Innovations- und Technologieproblematik bemühen. Die Crux ist, daß es bislang keine erfahrungswissenschaftlich hinreichend bewährte Theorie gibt, die dabei Hilfestellungen leisten könnte. Das vorhandene Theorienmaterial ist rudimentär und widersprüchlich.

II. Eine plausible Erklärung

Es gilt als allgemein anerkannte Erfahrungstatsache, daß der technische Fortschritt einer der wichtigsten Antriebskräfte für die wirtschaftliche Entwicklung ist. Für die Bundesrepublik Deutschland wurde am Institut für Weltwirtschaft[2] ein längerfristiger Wachstumsbeitrag des technischen Fortschritts von rund 50% errechnet. Da technische Fortschritte[3] nichts anderes sind als von Unternehmen aus natur- und ingenieurwissenschaftlichen Erkenntnissen transformierte marktfähige Innovationen[4], wurde unser Wohlstand mithin wesentlich bestimmt von den Innovationsprämien, die unsere Unternehmen mit ihren Produkten und Dienstleistungen am Weltmarkt verdienten[5]. Auch in Zukunft wird die Qualität der Entwicklung unserer Volkswirtschaft entscheidend von der Innovationstätigkeit unserer

---

[2] Siehe *Heitger* (1985).

[3] Vgl. *v. Kortzfleisch* (1969, S. 329), der von einem „einzelnen technischen Fortschritt" dann spricht, „wenn es gelingt, eine Erfindung zu verwerten".

[4] Unter einer Innovation wird hier generell das Umsetzen einer neuen (nicht nur technischen) Idee verstanden.

[5] Vgl. *Gonges* (1985, S. 3).

Unternehmen abhängen, und zwar nicht nur in den Bereichen der Hoch-Technologie. Innovative Unternehmen von den „High-Tech"- bis zu den „No-Tech"-Bereichen bewirken eine Revitalisierung der Volkswirtschaft und verhindern somit ihre strukturelle Verkrustung; sie erhalten und verbessern die internationale Wettbewerbsfähigkeit, die Voraussetzung für quantitatives und qualitatives Wirtschaftswachstum ist.

Der Zusammenhang zwischen technischem Fortschritt und wirtschaftlicher Entwicklung ist keine Einbahnstraße. Es besteht vielmehr eine Wechselwirkung. Der jeweilige Zustand der Wirtschaft impliziert einen ganz bestimmten Innovationsdruck. Dieser ist in Zeiten des wirtschaftlichen Aufschwungs offenbar geringer als in Zeiten des wirtschaftlichen Abschwungs. Damit gewinnen zur Erklärung der Innovationstätigkeit Theorieansätze[6] an Bedeutung, wonach die wirtschaftliche Entwicklung in „langen Wellen"[7] abläuft.

Modell- und computergestützte systemanalytische Studien der System Dynamics Group am M.I.T. unterstützen die Hypothese, daß sich die Innovationstätigkeit sowohl nach der Art als auch nach der Intensität mit der langwelligen wirtschaftlichen Entwicklung ändert[8]. Danach gibt es offensichtlich Zeiten für Verbesserungsinnovationen und Zeiten für Basisinnovationen[9]. Verbesserungsinnovationen machen eine bestehende Technologie effizienter. Die Chancen dazu schwinden jedoch, wenn die auf einer bestimmten Menge von Technologien fundierte Aufschwungphase in einer langen Welle zu Ende geht. Das Fortschrittspotential dieser Technologien ist erschöpft. Die Anreize zur Investition in diesbezügliche Geschäfte sinken. Dagegen wächst die Bereitschaft der Investoren, in sogenannte „high-rist ventures" zu investieren. Es ist jetzt Hochzeit für neue Basistechnologien. Diese Hypothese mag erklären, warum Basisinnovationen, zumindest in der neuzeitlichen Wirtschaftsgeschichte, in Schüben aufgetreten sind, und zwar immer inmitten einer tiefen Depression[10]. Bereits Josef Schumpeter[11] hat das Auftreten von Innovationsschüben mit wirtschaftlichen Rezessionen in Verbindung gebracht.

---

[6] Vgl. hierzu *Schumpeter* (1934), *Mensch* (1975), *Van Duijn* (1977), *Forrester* (1977 und 1979), *Kleinknecht* (1979 und 1981).

[7] Die „lange Welle" wird nach ihrem Entdecker auch als Kondratieff-Zyklus bezeichnet (*Kondratieff*, 1926); sie umfaßt einen Zeitraum von rund 50 Jahren mit einer Dekade der Depression, einer 30jährigen Aufschwungphase, gekennzeichnet durch technische Innovationen und Kapitalinvestitionen, und einer 10jährigen turbulenten Übergangszeit.

[8] Vgl. *Forrester* (1977 und 1979) sowie *Graham* und *Senge* (1980).

[9] Basisinnovationen sind grundlegende Neuerungen; sie schaffen neue Märkte und Industrien. Verbesserungsinnovationen dagegen sind mehr marginale Verbesserungen, zum Beispiel in Form verbesserter Produktqualitäten oder Fertigungsverfahren. Zu den beiden Begriffen siehe auch *Mensch* (1972).

[10] Dies zeigen zumindest die statistischen Auswertungen von *Mensch* (1975), die allerdings nicht unumstritten sind.

[11] Vgl. *Schumpeter* (1934).

Die empirischen Befunde über das Auftreten von Innovationen sowie auch von den jeweils vorgelagerten Erfindungen und wissenschaftlichen Entdeckungen in Schwärmen mögen im einzelnen umstritten sein, ebenso wie die beobachteten Innovationshäufungen in Krisenzeiten; für eine Erklärung der Innovationstätigkeit dürfen sie jedoch nicht außer acht gelassen werden. Vielmehr sollten sie Anlaß für eine intensivere und systematischere Auseinandersetzung mit diesen Phänomenen sein. Nur dann können neue Ansätze zur Beseitigung der noch bestehenden Erklärungsdefizite gefunden werden.

So kann z.B. dem Zweifel, „daß gerade in der Krise der Widerstand gegen Neuerungen abnehmen sollte"[12] mit dem Risk/Return-Paradoxon von Bowman[13] begegnet werden. Es besagt, entgegen der klassischen Risk/Return-These, daß Unternehmen mit geringer Rentabilität hohe Risikobereitschaft zeigen und umgekehrt. Perlitz[14] hat dieses Paradoxon bei einer Untersuchung deutscher Industrieaktiengesellschaften bestätigt gefunden.

Gründe dafür, weshalb es nach einem technologie-basierten Aufschwung wieder zu einem Abschwung kommt, können im Innovations- und Investitionsverhalten der Unternehmen gesehen werden. Zur Erläuterung kann das folgende, kurz skizzierte Szenario dienen.

Exkurs: Szenario der langen Welle

Es wird die These unterstellt, daß jeder langwellige Aufschwung seinen Ausgang bei einer Menge neuer Basistechnologien nimmt, auf denen dann neue Schlüsselindustrien entstehen. Die Märkte für die Produkte und Dienstleistungen der neuen Industrien entwickeln sich günstig. Pionierunternehmen und schnell imitierende Unternehmen investieren kontinuierlich und innovieren systematisch, zunächst in Produkte, später verstärkt in Prozesse[15]. Prozeßinnovationen und Erfahrungskurveneffekte resultieren in Kostensenkungen; weitere potentielle Nachfrage kann dadurch realisiert werden. Die führenden Unternehmen der inzwischen etablierten und den Wohlstand tragenden Industrien machen fette Gewinne. Dies zieht neue Unternehmen an, obwohl die Markteintrittsbarrieren bereits hoch sind. Allmählich verändert sich das Bild. Das Fortschrittspotential der Basistechnologien erschöpft sich allmählich. Der Strom der Verbesserungsinnovationen versickert; die F + E-Produktivität sinkt. Das Wachstum stößt an Grenzen. Die gegen Ende des Booms in Erwartung weiteren Wachstums getätigten Investitionen führen zu Überkapazitäten. Probleme in Gestalt von Rohstoffverknappungen, Umweltschutzauflagen, Lohnsteigerungen usw. nehmen kritisch zu auf Kosten der Gewinnsituation. Investitionen unterbleiben nun oder werden zurückgestellt, Anlagen veralten und Produktivitäten sinken. Die Rentabilitätskrise nimmt ihren Lauf. Es kommt vermehrt zu Kapazitätsabbau, Stillegungen und Insolvenzen. Im Verlauf dieser Marktbereinigungen nehmen die Mobilität der Arbeitskräfte aufgrund hoher Arbeitslosenzahlen und die Risikofreudigkeit der

---

[12] *Albach* (1986, S. 19).
[13] Vgl. *Bowman* (1980).
[14] Vgl. *Perlitz* (1985).
[15] Vgl. hierzu auch *Abernathy* und *Utterback* (1978, S. 41 ff.).

Unternehmen aufgrund des starken Rentabilitätsdrucks zu. Die Investoren suchen nach neuen Industrien für ihre Geldanlage. Die durch die industrielle Überalterung entstandene Strukturkrise bewirkt nun wieder ein günstiges Klima für neue Basisinnovationen, die über neu entstehende Industrien zu einem neuen Aufschwung führen können.

Tiefe und Dauer der Depression können durch zwei Kräfte negativ beeinflußt werden. Die eine Kraft liegt im Verhalten der Unternehmen, wenn sie zu lange an einer Strategie „Weiter wie bisher" festhalten und auf ihren Erfolgen ausruhen, anstatt rechtzeitig neue Chancenbereiche zu identifizieren und zu erschließen. Die andere Kraft resultiert aus Interventionen des Staates, wenn diese in Form von Subventionen auf künstliche Erhaltung von Sonnenuntergangsindustrien abzielen und dadurch den Übergang zu Sonnenaufgangsindustrien verzögern, wenn nicht gar verunmöglichen[16].

Unser Szenario zeigt, daß die Theorie der „langen Welle"[17] plausible Erklärungen für die Innovationstätigkeit und insbesondere für das Auftreten von Innovationsschüben liefern kann. Zusammenhänge zwischen Innovationsschüben und den ebenfalls gehäuft auftretenden Erfindungen sowie diesen und den wissenschaftlichen Entdeckungen lassen sich auch noch begründen, z.B. mit der Echo-Theorie[18]. Schwieriger wird es dagegen bei den Clustern wissenschaftlicher Entdeckungen; sie lassen sich kaum mit ökonomischen Entwicklungen in Beziehung bringen[19]. Ergiebiger könnte hier der gesellschaftliche Kontext sein. So läßt sich beispielsweise eine Häufung wissenschaftlicher Entdeckungen um die Zeit der französischen Revolution oder der napoleonischen Kriege ausmachen. In Deutschland kam es um das Jahr 1860, also nicht lange nach den Revolutionsjahren, und um das Jahr 1880, zur Zeit der Gründung vieler polytechnischer Institute und Universitäten, zu ähnlichen Schwärmen wissenschaftlicher Entdeckungen.

Gesellschaftliche Zustände, in denen sich bestimmte Werthaltungen manifestieren, dürften zumindest für das Innovationsklima in einer Volkswirtschaft mitverantwortlich sein. Es liegt die Vermutung nahe, daß die Innovationstätigkeit der Unternehmen auch von der Innovationsfreundlichkeit der Bevölkerung abhängt, „d.h. also von der Einstellung der Menschen zu technischen Innovationen und von ihrer Bereitschaft, neue Produkte zu kaufen und auszuprobieren"[20]. Analysen der Innovationstätigkeit, die vom gesellschaftlichen Kontext ausgehen, müssen heute auch mögliche Einflußnahmen seitens der organisierten Wissenschaft an Universitäten und Großforschungseinrichtungen, der staatlichen Forschungs- und Technologieför-

---

[16] Vgl. hierzu *Zahn* (1983a, S. 252f.).
[17] Das hier skizzierte Bild einer „langen Welle" ist nur ein plausibles Szenario. Damit ist nicht zum Ausdruck gebracht, daß die „lange Welle" gleichsam auf einem naturgesetzlichen Mechanismus beruht. Im übrigen ist darauf hinzuweisen, daß es auch atypische Kondratieff-Erscheinungen gibt.
[18] Vgl. *Clark, Freeman* und *Soete* (1981, S. 311).
[19] Vgl. *Low* (1984).
[20] *Albach* (1983, S. 14).

derung, der Gewerkschaften, der Umweltschutzgruppen usw. berücksichtigen.

III. Ein komplexes Wirkungsgefüge

In Abb. 1 ist das interdependente Beziehungsgefüge zwischen technischem Fortschritt, wirtschaftlicher Entwicklung und gesellschaftlichem Wandel illustriert[21]. In diesem komplexen Beziehungsgefüge spielt sich die Innovationstätigkeit ab, quasi als treibende Kraft der Veränderung und Erneuerung. Dabei ist zu beachten, daß Innovationen nicht nur technischer, sondern auch sozialer Natur sein können, ja sogar sein müssen. Soziale Innovationen, wie Managementneuerungen[22] und institutionelle Neuerungen[23], sind für technische Innovationen in zweifacher Hinsicht wichtig – als Katalysator und als Wegbereiter. Mit anderen Worten: Soziale Innovationen sind Voraussetzung und Folge technischer Innovationen zugleich[24]. Auf soziale Innovationen kommt es somit besonders an zur schnellen Überbrückung der kritischen Zeit zwischen zwei Wellen von Basisinnovationen und Basisindustrien. Viele Anzeichen sprechen dafür, daß die 80er Jahre eine solche Zeit des Übergangs sind. In einigen traditionellen Industrien – so etwa in der Werft-, Stahl- und Textilindustrie, aber auch in Teilen der che-

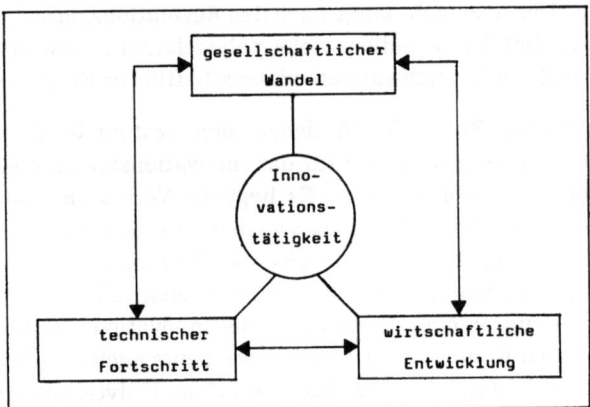

Abb. 1. Kräftefeld der Innovationstätigkeit

---

[21] Vgl. auch *Zahn* (1983b, S. 7ff.).

[22] Hierzu sind z.B. die aus Japan stammenden Konzepte KANBAN-System und Qualitätszirkel oder neue strategische Managementkonzeptionen und neue Planungsmethoden zu zählen.

[23] Ein Beispiel hierfür sind die in der Bundesrepublik noch jungen „Venture-Capital-Funds".

[24] Vgl. auch *Albach* (1983, S. 12).

mischen und elektrotechnischen Industrie – hat die Innovationskraft sichtlich nachgelassen, sei es aufgrund geringerer Bereitschaft oder Fähigkeit zur Innovation oder weil die technischen Innovationspotentiale (zumindest im engeren Bereich der alten Basistechnologien) allmählich erschöpft sind.

Die bundesdeutschen Unternehmen sind hier unter einen erhöhten Wettbewerbsdruck durch Unternehmen aus den nachdrängenden Schwellenländern geraten. Dagegen zeichnen sich Chancen für neue Märkte und vielleicht für neue Schlüsselindustrien auf der Grundlage von durchbruchartigen Fortschritten in verschiedenen Bereichen der Hochtechnologie ab. In einigen dieser Bereiche marschiert die Bundesrepublik mit an der Spitze, so etwa bei der Antibiotika-Fermentation; in anderen Bereichen ist sie gegenüber den USA und Japan in Rückstand geraten, so z.B. in der Gentechnologie oder bei der technischen Keramik.

Das trifft z.T. auch bei der Mikroelektronik zu. Bei der Chip-Herstellung konnte zwar in einer energischen Aufholjagd (durch Siemens) Anschluß zur Spitze gefunden werden, aber in der Anwendung ist weiterhin ein Nachhinken unverkennbar. Das mag daran liegen, daß das Innovationspotential der Mikroelektronik hierzulande unterschätzt wurde. Die Industrie sah in ihr wohl mehr eine Substitutionstechnologie und weniger eine neue Schlüsseltechnologie[25].

Insgesamt muß bei der Beurteilung der Wettbewerbsfähigkeit der bundesdeutschen Wirtschaft im Hinblick auf die Innovationskraft ihrer Unternehmen jedoch nicht schwarz gesehen werden. Das Bild ist vielmehr differenziert zu zeichnen mit verteilten Stärken und Schwächen. Auf der Seite der Schwächen fallen ein Mangel an Produkt- und Prozeßinnovationen in weiten „Low-Tech"- und „Middle-Tech"-Bereichen, ein Rückstand in bestimmten „High-Tech"-Bereichen und generell ein Defizit an konzeptionellen sowie an sozialen Innovationen auf. Das letztere wird, obwohl es besonders kritisch ist, in der allgemeinen Technologiediskussion meist vernachlässigt. Die gegenwärtig beklagte zu niedrige technische Innovationsrate ist wohl nicht zuletzt darauf zurückzuführen, „daß die Interdependenz zwischen sozialer Innovationsrate und technischer Innovationsrate in der Bundesrepublik Deutschland nicht genügend berücksichtigt worden ist"[26].

Dieser Umstand und die oben skizzierten Einflüsse auf die Innovationstätigkeit sowie die deutlich verstärkten Aktivitäten in der „Jagdschlange"[27] des internationalen Technologiewettbewerbs[28] unterstreichen die zur Zeit erhöhte Aktualität der Innovations- und Technologieproblematik.

---

[25] Vgl. *Beckurts* und *Hoefle* (1984, S. 3).
[26] *Albach* (1983, S. 7).
[27] Vgl. hierzu *Perlitz* (1985).
[28] Dabei handelt es sich in Anlehnung an *Staudt* (1983, S. 345) sicher zu einem Gutteil um einen fragwürdigen „technokratischen Aktivismus".

B. Grundlagen des Innovations- und Technologiemanagements

Vor diesem Hintergrund ergibt der gegenwärtig auffallend häufige Gebrauch der Begriffe Innovationsmanagement und Technologiemanagement einen Sinn. Er impliziert einerseits eine gewisse Modeerscheinung, was für die Managementliteratur und vor allem für die Managementberatung durchaus charakteristisch ist und auch verständlich aus Gründen der Differenzierung im Wettbewerb. Andererseits wird mit der Verwendung dieser Begriffe gleichsam eine Herausforderung an das Management artikuliert, bislang vernachlässigte, nun aber kritischer gewordene Aspekte stärker zu berücksichtigen. Auch dieser zweite, die Fortentwicklung des Managementinstrumentariums betreffende Aspekt ist charakteristisch und verständlich, und zwar eingedenk der Tatsache, daß das Objekt des Managements, das Unternehmen und seine Probleme, ständigen Veränderungen unterworfen ist. Eine weitere Begründung kann aus der Sicht der Innovationstheorie gegeben werden. Peter Drucker[29] hat Management als eine Innovation unseres Jahrhunderts bezeichnet. Es handelt sich dabei um eine wesentliche Innovation im Sinne einer Basisinnovation, auf der evolutionär Verbesserungsinnovationen aufbauen. Systematische Konzeptionen für ein explizites Management von Innovationen und Technologien, insbesondere in den Bereichen der Spitzentechnologie, die heute vorgestellt und diskutiert werden, können als derartige Verbesserungsinnovationen interpretiert werden, zumindest teilweise. Mitunter sind es allerdings nur Pseudoinnovationen.

Welchen Stellenwert hat das Innovations- und Technologiemanagement? Welche praktischen Erfahrungen und welche theoretischen Erkenntnisse liegen vor?

I. Innovationen und Innovatoren

Der Begriff der Innovation wird häufig auf technische Neuerungen reduziert. Innovationen sind nach dieser Interpretation die wirtschaftliche Verwertung von neuen Ideen und neuem Wissen. Sie gehen aus wissenschaftlichen Entdeckungen und aus Inventionen hervor, durch die neues Wissen geschaffen wird. Innovationen sind jedoch nicht nur technische Neuerungen, sondern Neuerungen schlechthin und als solche für die Entwicklungs- bzw. Fortschrittsfähigkeit[30] sozio-technischer Systeme, seien diese Unternehmen oder Volkswirtschaften, von fundamentaler Bedeutung.

---

[29] *Drucker* (1985, S. 61).
[30] Zum Begriff der Fortschrittsfähigkeit von Organisationen vgl. *Kirsch* (1979, S. 3 ff.).

Innovieren – das ist Umsetzen von neuen Ideen; Ideen, die einen Sinn haben und einen Zweck erfüllen, etwa weil sie die Erträge aus eingesetzten Ressourcen erhöhen oder weil sie Wert und Befriedigung aus Ressourcenverbrauch verändern oder weil sie einfach die Qualität des Lebens verbessern[31]. Innovationen von Unternehmen sind die richtige Antwort auf Veränderungen in der Umwelt und ein wirksames Mittel zur Differenzierung im Wettbewerb. Innovative Unternehmen finden sich auffallend häufig unter den erfolgreichen Unternehmen[32], und excellente Unternehmen sind gewöhnlich andersartige, also in Konzeption und Leistung nicht uniformierte Unternehmen.

Innovatoren sind Unternehmer im Schumpeterschen Sinne. Sie setzen ihre eigenen Ideen und die anderer um, wenn sie deren Nützlichkeit erkennen. Dabei gehen sie bewußt Risiken ein, aber kalkulierbare. Sie sind weder Träumer noch Spieler, sondern kreative, oft visionäre Macher mit einem ausgeprägten Realitätssinn. Der innovative Unternehmer akzeptiert die Tatsache, daß die einzige Konstante in der Realität die Veränderung ist. Er erkennt, daß Bestehendes oder einmal Erreichtes auf Dauer nicht verteidigt werden kann. Deshalb widersetzt er sich nicht dem Wandel, sondern sucht in ihm seine Chance durch systematische Innovation. Diese besteht nach Peter Drucker[33] „... aus einer zielgerichteten und organisierten Suche nach Veränderungen und aus der systematischen Analyse der sich daraus ergebenden Möglichkeiten zu Neuerungen in Wirtschaft und Gesellschaft".

Ist der Typ des innovativen Unternehmers, der sich eher als Veränderer, denn als Bewahrer versteht, der Bestehendes zugunsten neuer Entwicklungsmöglichkeiten zerstört[34], der als Pionier neue Wege einschlägt und dabei ganze Scharen imitierender Unternehmer zur Gefolgschaft bewegt, ein weitverbreitetes Erscheinungsbild in der heutigen Wirklichkeit? Wohl kaum. Unternehmer, wie Heinz Nixdorf, der nach der Devise „Die bessere Idee von heute ist der Feind der guten Idee von gestern" handelte, sind hierzulande wohl die Ausnahme. Der Regelfall ist eher das Unternehmen, in dem nach dem Motto „Weiter wie bisher" gehandelt, in dem mehr Gegenwarts- als Zukunftssicherung betrieben wird. Diese strategische Grundhaltung, die besonders in den 60er Jahren, also in Zeiten wachsender Märkte und guter Ertragslagen, ausgeprägt war, hat zu einer Innovationslücke geführt, deren Folgen sich in der gegenwärtigen Strukturkrise manifestieren. Nicht zuletzt der dadurch entstandene Leidensdruck[35] hat inzwischen wieder eine strate-

---

[31] Vgl. hierzu auch die Ausführungen von *v. Kortzfleisch* (1969, S. 338/9) über Impulse zu und Ansätze von technischen Fortschritten.
[32] Vgl. hierzu u. a. *Mueller* und *Deschamps* (1985, S. 30 f.).
[33] *Drucker* (1985, S. 64).
[34] *Schumpeter* (1984) hat hierfür den Begriff der „kreativen Destruktion" geprägt.
[35] Die konkreten Gründe für diesen Leidungsdruck sind vor allem Sättigung vieler Märkte, Internationalisierung des Wettbewerbs, Differenzierungsprobleme im Wett-

gische Reorientierung in Richtung einer höheren Innovationsbereitschaft ausgelöst.

II. Bedeutung und Aufgaben des Innovationsmanagements

Die internationale Managementberatungsgesellschaft Arthur D. Little hat in einer Stichprobenuntersuchung Unternehmensführer aus Nordamerika, Europa und Japan zur Innovationsproblematik befragt. Dabei ergaben sich folgende Befunde[36]:

− Über 90% der Unternehmensführer glauben, daß Innovationen für ihr Unternehmen in den nächsten Jahren eine größere oder viel größere Rolle spielen werden. Dabei fällt auf, daß die Meinungen „viel größer" am stärksten in Japan mit 67% und am schwächsten in Europa mit 25%, aber die Meinungen „etwa gleich groß" am stärksten in Europa mit 13% und am schwächsten in Japan mit 1% ausgeprägt sind.

− Der überwiegende Anteil des Top-Managements erwartet in den nächsten fünf Jahren eine positive Ertragsentwicklung aufgrund von Innovationen, und zwar zu 51% in Nordamerika, zu 71% in Europa und zu 87% in Japan.

− Die Bedeutung von Innovationen wird am höchsten bei den Produkten, noch relativ hoch bei Service, Marketing und Fertigung und deutlich schwächer in den Bereichen Distribution, Finanzen, Management sowie Struktur und Kultur gesehen. Auffallend ist auch hier, daß die japanischen Manager die Innovationschancen bis auf den Managementbereich signifikant höher einschätzen als ihre amerikanischen und europäischen Kollegen.

− Kaum ein Manager hält Innovation und die Notwendigkeit einer besonderen Managementbehandlung für eine Modeerscheinung. Zwei Drittel bis drei Viertel der befragten Manager sind der Auffassung, daß Innovation durch gezieltes Management herbeigeführt werden kann, daß dazu aber auch besondere Managementfähigkeiten erforderlich sind.

− Zwischen ein Viertel und ein Drittel ihrer Zeit verwendeten die Top-Manager auf Innovationsmanagement, und zwar mit stark steigender Tendenz.

Diese Befragungsergebnisse sind von der Größe und Auswahl der Stichprobe her sicher nicht repräsentativ. Dennoch können sie als ein deutlicher Beweis für die grundsätzliche und heute noch verstärkt zu sehende Bedeutung des Innovationsmanagements gesehen werden.

Wenn Innovationen eine fundamentale unternehmenspolitische Aufgabe sind und wenn Innovationen systematisch erzeugt werden können, dann ist auch die Planung, Kontrolle und Organisation dieses Vorgangs, eben das Innovationsmanagement, eine wichtige Managementfunktion. In diesem Sinne bezeichnet Drucker[37] Innovation und Innovationsmanagement als

---

bewerb und schnelle Verbreitung von Informationen und Produkten auf den Weltmärkten.

[36] Vgl. *Sommerlatte* (1985, S. 19 ff.). Die Untersuchungsergebnisse beziehen sich auf eine mündliche Befragung von 26 Topmanagern und eine schriftliche Befragung von 1000 (Rücklaufquote 20%) Geschäftsführern und Vorständen.

[37] Siehe *Drucker* (1985, S. 9/10, 45, 58).

unternehmensspezifisches Instrument[38], und er hält die Entwicklung zur Unternehmergesellschaft in der Bundesrepublik für die kardinale Voraussetzung, um im internationalen Innovationswettbewerb nicht abgehängt zu werden.

In der Tat ist der Einsatz von Innovationen als Waffe im Wettbewerb aus den bereits angeführten Gründen gerade heute erforderlich und erfolgversprechend. Unternehmer und Manager sind deshalb gut beraten, wenn sie ihre Unternehmen bewußter auf den Innovationswettbewerb ausrichten. Dazu müssen sie Bedarfsentwicklungen und Nachfragepotentiale rechtzeitig und richtig erkennen, sich der vorhandenen Stärken ihrer Unternehmen bewußt werden und auf diesen beiden Fundamenten konsequente Innovationsstrategien entwickeln. Ziel solcher Innovationsstrategien muß es sein, das Leistungsprogramm frühzeitig auf neue Wachstumsmärkte auszurichten, kundengerechte Differenzierungen gegenüber den Wettbewerbern zu betreiben und Flexibilitätspotentiale zur schnellen Reaktion auf unerwartete Umweltänderungen zu schaffen. Zur Realisierung dieses Ziels sind im Rahmen des Innovationsmanagements alle wettbewerbsrelevanten Aktionsbereiche und Ressourcen einzubeziehen. Eine Konzentration der Innovationsbemühungen auf nur einen Aspekt ist gewöhnlich unzureichend[39]. Das gilt auch für die Technologie, die heute als das Innovationsreservoir schlechthin betrachtet wird.

Innovationsfähigkeit beschränkt sich deshalb auch nicht auf „High-Tech"-Unternehmen. Die Praxis lehrt vielmehr, daß sogar „No-Tech"-Unternehmen zu Innovationsleistungen fähig sind, die in ihren wirtschaftlichen und gesellschaftlichen Auswirkungen technischen Innovationen keinesfalls nachstehen[40]. Die heute zu beobachtende „High-Tech"-Euphorie birgt auch Gefahren, vor allem dort, wo sie auf opportunistischen Antrieben beruht und nur zu einem hektischen Aktionismus führt. Potentielle Anwender sind leicht zu enttäuschen, wenn die Innovationen hinter den hochgesteckten Erwartungen zurückbleiben.

III. Spektrum des Innovations- und Technologiemanagements

Bei Arthur D. Little[41] wurde eine Darstellung gefunden, die es erlaubt, verschiedene Innovationsfelder mit ihren jeweils spezifischen Management-

---

[38] Innovationsmanagement muß nicht nur als Instrument oder Methode verstanden werden, es kann ebenso als Prozeß sowie als Führungsphilosophie und Führungskonzeption interpretiert werden.
[39] Vgl. auch *Sommerlatte* (1985, S. 14/15).
[40] Solche Innovationen sind z.B. das Banken- und Versicherungssystem, das Zeitungs- und Verlagswesen, das System der Ratenzahlung sowie die modernen Freizeitclubs.
[41] Vgl. *Mueller* und *Deschamps* (1985, S. 32/33).

anforderungen zu gruppieren. Anhand der Dimensionen Technologieintensität und Kapitalintensität werden vier Innovationsfelder unterschieden (Abb. 2):

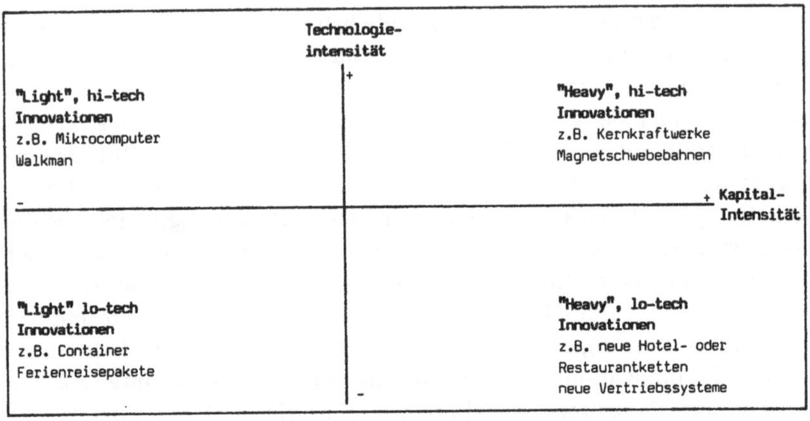

	Technologie-intensität +	
"Light", hi-tech Innovationen z.B. Mikrocomputer Walkman		"Heavy", hi-tech Innovationen z.B. Kernkraftwerke Magnetschwebebahnen
−		+ Kapital-Intensität
"Light" lo-tech Innovationen z.B. Container Ferienreisepakete		"Heavy", lo-tech Innovationen z.B. neue Hotel- oder Restaurantketten neue Vertriebssysteme
	−	

Abb. 2. Technologiebezogene Innovationsfelder

Die Innovationskraft von „Low-Tech"-Unternehmen wird oft unterschätzt. Dabei sind es gerade diese Unternehmen, die mit systematischen Innovationen bei relativ geringen Risiken schon nach relativ kurzer Zeit spektakuläre Erfolge erzielen. So sind z. B. in der „Inc-100-Liste" besonders schnell wachsender junger Unternehmen regelmäßig rund drei Viertel dem „Low-Tech"-Bereich zuzurechnen[42]. In der letzten Aufstellung des Fortune-Magazine[43] befanden sich unter den 15 innovativsten Unternehmen in den USA auch Unternehmen aus den reifen Branchen und aus dem Dienstleistungssektor. Als Innovationsquellen kommen dabei nach Drucker[44] das Unvermutete in Form von Erfolgen und Fehlschlägen, Inkongruenzen, Verfahrensbedürfnisse, Veränderungen in Branchen- und Marktstrukturen, demographische Gegebenheiten, ein Wandel der Wahrnehmungen und sog. zündende Ideen in Frage.

Die größte Aufmerksamkeit genießen dennoch die Innovationen von Unternehmen aus Bereichen der Spitzentechnologie. Das Innovieren ist aber gerade hier besonders schwierig und risikoreich. „Schwere" „High-Tech"-

---

[42] Diese Liste wird jährlich von der in Boston, Mass. erscheinenden Zeitschrift „Inc." veröffentlicht. In dieser Liste sind, nach Größenwachstum aufgeteilt, 100 Aktiengesellschaften aufgeführt, die erst seit 5 bis 10 Jahren bestehen.
[43] Vgl. Fortune Magazine, 7. Januar 1985.
[44] Vgl. *Drucker* (1985, S. 67 ff.).

Innovationen benötigen i. d. R. lange Vorlaufzeiten und hohe Investitionen. Auf dem selten eindeutig vorgezeichneten Weg von der technischen Idee zum wirtschaftlichen Erfolg müssen oft erst verschiedene Wissensvoraussetzungen zusammenfließen, technologische Kreuzbefruchtungen stattfinden und langwierige Infrastrukturinvestitionen getätigt werden. Dies zeigen die Beispiele Automobil, Flugzeug und Computer[45]. Auch bei den neuen Spitzentechnologien, wie z. B. der Gentechnologie, ist mit einer langen Durststrecke zu rechnen, und am Ende ist nicht einmal sicher, ob sich der Erfolg in Form des erhofften Durchbruchs einstellen wird.

Die speziellen Risiken[46] bei „schweren" High-Tech-Innovationen erwachsen daraus, daß sie – aufgrund von Technikproblemen einerseits und von Marktwiderständen andererseits – heftigen Turbulenzen ausgesetzt sind, daß sie verfrüht auf den Markt kommen können, daß das Markteintrittsfenster nur für eine begrenzte Zeit offen steht, daß der Marktbereinigungsprozeß einsetzt, sobald sich das Fenster schließt und daß die Anstrengungen für ein Verbleiben im Rennen sehr hoch sind. Erschwerend kommt hinzu, daß es im „High-Tech"-Bereich vor allem bei jungen Unternehmen an unternehmerischen Fähigkeiten mangelt[47] und daß Mißmanagement[48] deshalb keine Seltenheit ist. In jungen „High-Tech"-Unternehmen wird die wichtigste Voraussetzung zur Innovation, der Erfinder, zuweilen zur größten Gefahr, nämlich dann, wenn der technische Träumer oder Spekulant in ihm dominiert. Aber auch in etablierten „High-Tech"-Unternehmen werden Fehler gemacht. Ein gravierender Fehler ist dabei die Reduktion des Technologiemanagements auf ein F+E-Management und die Vernachlässigung von Produktions- und Marketingaspekten. Technologiemanagement zur Hervorbringung technischer Innovationen, seien es neue Produkte oder neue Verfahren, muß mehr umfassen als nur die Forschung und Entwicklung, nämlich auch die Entwicklung von Prototypen, den Aufbau von Testmärkten sowie die Vorbereitung von Produktion und Distribution[49]. Zur Reduzierung der Risiken bei technischen Innovationen empfiehlt es sich, neben der Technologie auch andere Innovationsquellen in Anspruch zu nehmen. Ein Beispiel dafür liefert IBM, die ihre Wettbewerber, deren Produkte von der Technik her nicht schlechter waren, wohl dadurch zu einem Zwergendasein im Markt verdammte, daß sie ihren Kunden keine Maschinen, sondern eine Systemleistung verkaufte.

---

[45] Vgl. *Zahn* (1983a, S. 253f. und 1983b, S. 7ff.).
[46] Vgl. hierzu auch *Drucker* (1985, S. 183ff.).
[47] Vgl. hierzu *Zahn* u. a. (1984, S. 133ff.).
[48] Solches Mißmanagement verläuft nach *Drucker* (1985, S. 37) nach dem althergebrachten Muster: „Große Begeisterung, rasche Expansion, plötzliche Panik und Zusammenbruch".
[49] Im englischen Sprachraum wird hierfür treffend die Abkürzung R&DDD (Research and Development, Design, Demonstration) verwendet.

„High-Tech"-Unternehmen operieren gewöhnlich in der Jugendphase des Lebenszyklus[50] einer Basistechnologie. Ihre Innovationen sind deshalb eher vom „science push"-Typ, wohingegen die wesentlich häufigeren „demand pull"-Innovationen[51], die mehr den Charakter von Verbesserungsinnovationen haben, vornehmlich später im Technologiezyklus auftreten. Für diese Hypothese spricht, daß technologie-induzierte Innovationen sich erst einen Markt schaffen müssen, während nachfrage-induzierte Innovationen bereits einen Markt haben. Sie wird weiterhin durch das Phänomen des risikoaversen Innovationsverhaltens gestützt, das Perlitz[52] bei einer Befragung von 230 höheren Führungskräften festgestellt hat. Danach zeigen die befragten Führungskräfte Risikoaversionen in einer Chancensituation und Risikofreude in einer Krisensituation, und zwar sowohl bei Produkt- als auch bei Prozeßinnovationen. In beiden Situationen werden Prozeß- vor Produktinnovationen präferiert, wobei für beide von der Krise eine beträchtliche Initialwirkung ausgeht.

Für das Innovationsverhalten im Verlauf eines Technologiezyklus ist das folgende Szenario denkbar:

Die ökonomischen Bedingungen in der Jugendphase eines Technologiezyklus sind eher krisenartig. Die Markteinführung verläuft gewöhnlich langsam. Kinderkrankheiten und Widerstände müssen überwunden werden. Dadurch entstehen hohe Lern- und Informationskosten. Die neue Technologie muß sich in aller Regel erst gegen eine alte Technologie durchsetzen. Nur wenige Pionierunternehmen sind am Anfang bereit, die noch extrem hohen Risiken der Vermarktung zu tragen. Dieses Bild ändert sich sobald die Innovatoren nachhaltige Erfolge vorweisen können. Jetzt treten Imitatoren auf, die in ihren angestammten Bereichen in eine Krise geraten sind und verbreiten die neue Technologie, und zwar um so stärker, desto schneller der Markt die Innovationen akzeptiert. Aus der Krisensituation ist eine Chancensituation geworden. Durch zusätzliche F+E-Investitionen wird die Technologie über neues technisches Wissen und Können weiter verbessert. Daraus resultiert ein Strom inkrementaler Verbesserungsinnovationen. Mit fortschreitender Zeit gerät die Entwicklung der Technologie aber in Grenzbereiche, die Fortschritte werden geringer, die dazu erforderlichen Investitionen dagegen größer. Die F+E-Produktivität sinkt[53]. Schließlich ist das gesamte Potential der Technologie genutzt. Der auf der ursprünglichen Basisinnovation aufbauende Strom von Verbesserungsinnovationen versiegt; nur Pseudoinnovationen werden noch hervorgebracht. Die auf der nun veralteten Basistechnologie entstandenen Industrien stagnieren; manche schrumpfen sogar. Eine Strukturkrise ist eingetreten. Der Leidensdruck ist nun hoch, und die Risikobereitschaft für kühne Innovationen steigt wieder.

---

[50] Der Lebenszyklus einer Technologie läßt sich idealtypisch durch einen S-Kurve darstellen.

[51] Dabei ist zu berücksichtigen, daß es im konkreten Fall nicht einfach ist, eine Innovationsidee einer bestimmten Quelle zuzuordnen und daß die empirischen Studien über die Häufigkeit des Auftretens der beiden Innovationsarten Mängel aufweisen. Vgl. dazu u.a. *Brockhoff* (1983, S. 344ff.).

[52] Vgl. *Perlitz* (1985).

[53] Vgl. dazu die Ergebnisse einer McKinsey-Untersuchung. *Krubasik* (1984, S. 52).

Halten sich Unternehmen in ihrer Innovationsdynamik an dieses Szenario, so sind ihnen mittelfristig Innovationsschwächen und langfristig Strukturprobleme vorgezeichnet. Zu langes Verharren auf einer alten technologischen Basis und das gleichzeitige Ignorieren der Potentiale einer sich rasch entwickelnden neuen Technologie können leicht eine gefährliche Diskontinuität zur Folge haben[54].

Dieses Schicksal erleiden viele Unternehmen; es ist aber keinesfalls zwangsläufig vorgezeichnet. Zu seiner Abwendung sind jedoch besondere Innovationsanstrengungen erforderlich, und zwar nicht erst, wenn der Zug schon abgefahren ist oder wenn keine Investitionsmittel mehr vorhanden sind. Zu dieser Kategorie von besonderen Innovationsanstrengungen, mit denen ausgetretene Pfade verlassen werden können, zählen sog. „big bang"-Innovationen, deren Rohmaterial nach Gluck[55] das detaillierte Verstehen von Kunden, Wettbewerbern, Märkten, Technologien sowie der aus ihren Veränderungen folgenden Implikationen ist. Beispiel einer solchen „big bang"-Innovation ist der IBM-PC, wobei das herausragende Merkmal nicht die Einrichtung einer unabhängigen Geschäftseinheit war; vielmehr war es die fundamentale Einsicht, daß PCs mehr waren als eine einfache Produktlinienerweiterung, nämlich die Vorboten eines anderen Computergeschäfts und daß für den Einstieg in dieses Geschäft eine „big bang"-Innovation erforderlich war[56].

In diesem Zusammenhang ist ebenso die Forderung Brockhoffs[57] nach einer stärker zu betreibenden angebotsorientierten Innovationspolitik zu nennen sowie die daraus abgeleitete Konsequenz, die marktorientierte strategische Planung durch eine strategische Technologieplanung zu ergänzen.

C. Strategisches Technologiemanagement

Jedes Unternehmen hat heute irgendetwas mit Technik zu tun, sei es als Nutzer oder Erzeuger technischer Produkte, Prozesse oder Dienstleistungen. Die Arbeit von Banken und Reiseveranstaltern beispielsweise ist im Zeitalter der Informationsgesellschaft ohne die Anwendung von Computer- und Kommunikationstechnik kaum noch vorstellbar. Für diese Unternehmen ist der Einsatz von Technik ebenso eine Waffe im Wettbewerb geworden wie für industrielle Unternehmen. So kann etwa die internationale Spitzenstellung der deutschen Automobilhersteller zum Großteil auf ihre

---

[54] Vgl. *Zahn* (1984, S. 19 ff.).
[55] Vgl. *Gluck* (1985, S. 62 f.).
[56] Nach *Gluck* (1985, S. 62 f.).
[57] Vgl. *Brockhoff* (1985, S. 627 f.) und *Kiel* (1984, S. 10 f.), der in diesem Zusammenhang ein Umdenken im Management für erforderlich hält, und zwar auf der Basis eines besseren Verstehens der Marketing-Technologie-Interaktionen.

Technologievorherrschaft zurückgeführt werden. Sie haben sich diese Position durch entsprechende F + E-Anstrengungen erkauft.

F + E-Investitionen allein garantieren jedoch noch keinen Geschäftserfolg. Diese leidvolle Erfahrung haben viele Unternehmen machen müssen, die in den 60er Jahren ihre Forschung und Entwicklung enthusiastisch unterstützten und nach enttäuschten Erwartungen in den 70er Jahren wieder drastische Kürzungen am F + E-Budget vornahmen. Inzwischen ist aber auch evident, daß eine solchermaßen ausgelöste F + E-Abstinenz kurzsichtig ist, weil sie langfristig in eine Sackgasse führen kann.

Unternehmen, die die strategischen Technologiepotentiale in ihrer Branche ignorieren und ihr strategisches Handeln lediglich auf Marketing abstützen und an kurzfristigen finanzwirtschaftlichen Zielen ausrichten, tendieren in ihrer Entwicklungspolitik gewöhnlich zur Verlängerung und nicht zur Erneuerung von Produktlinien, zur externen Akquisition und nicht zur internen Produktentwicklung sowie zur Bildung von Konglomeraten und nicht von Schwerpunkten. Eine solche strategische Grundhaltung kann sich in der Zukunft rächen und zu schrumpfenden Erfolgspotentialen führen, ist doch mit einem stärkeren Gewicht der Technologie im Wettbewerb zu rechnen.

I. Technologie und Wettbewerb

Die These von der veränderten Bedeutung der Technik im Wettbewerb stützt sich auf die oben begründete Annahme, daß wir gegenwärtig eine turbulente Phase tiefgreifender technologischer Umbrüche erleben, sowie auf die Beobachtung einer Verstärkung des internationalen Wettbewerbs, die nicht zuletzt technologiebedingt ist. Bei der Herstellung einfacher Massenprodukte (wie Blankstahl, Chemikalien, Textilien, Lederwaren udgl.), aber auch bei der Produktion anspruchsvoller Gebrauchs- und Investitionsgüter (wie Uhren, elektronische Komponenten, Werkzeugmaschinen und Schiffe) haben die Schwellenländer bereits einen hohen technologischen Stand erreicht. Die Möglichkeit des Zugriffs auf modernste Fertigungstechnik, die – bei ohnehin niedrigeren Lohnkosten – eine kostengünstige Produktion erlaubt, sowie inzwischen entwickelte Fähigkeiten zu Prozeß- und Produktinnovationen, haben diese Länder zu harten und zum Teil überlegenen Konkurrenten der etablierten Industrieländer gemacht.

Eine Verteidigung der schwächer werdenden Linien verspricht nicht viel Erfolg, würde sie doch nur eine Mitfahrgelegenheit bedeuten. Ergiebiger dürfte dagegen eine Vorwärtsstrategie sein – im Sinne der Strategie einer „Technologielokomotive"[58]. Realisierungschancen dazu bieten nicht nur

---

[58] Vgl. *Perlitz* (1985, S. 2).

Engagements in Bereichen der Spitzentechnologie mit bereits deutlich erkennbaren Wachstumschancen, wie z.B. in der Laser-, Sensor-, Medizin-, Bio- und Werkstofftechnik oder bei neuen Bauelementen der Mikroelektronik, der Softwareproduktion und der künstlichen Intelligenz. Realisierungschancen bestehen auch, vor allem kurz- und mittelfristig, in reifenden und bereits reifen Industrien (z.B. in der Automobilindustrie, im Maschinenbau, in der Elektrotechnik und in der Textilindustrie), und zwar durch systematische Innovationen bei Produkten, Prozessen und Strategien[59].

Eine Schlüsselrolle kommt dabei der Anwendung moderner Informations- und Kommunikationstechnik zu. Es handelt sich dabei um eine Basistechnologie mit vielfältigen Auswirkungen – nicht nur auf das Wirtschaftsleben[60], wo sie bereits klare Konturen gezeichnet haben.

Die durch Fortschritte in der Mikroelektronik ermöglichte informations- und kommunikationstechnische Revolution bewirkt Veränderungen von Branchenstrukturen und -grenzen, in der Natur und Dynamik des Wettbewerbs, in den Wertschöpfungsketten der Unternehmen sowie in den Abläufen ihrer Administrations- und Entscheidungsprozesse. Sie verändert nicht nur das gesamte operative Geschehen in den Unternehmen, sondern sie eröffnet ihnen auch neue strategische Handlungsspielräume. Diese Veränderungen betreffen Dienstleistungsunternehmen ebenso wie Produktionsunternehmen. Kaum ein Unternehmen kann sich ihnen entziehen. Jedes Unternehmen hat schließlich etwas mit der Verarbeitung und Verbreitung von Informationen zu tun, alle Produkte und Dienstleistungen haben bereits einen mehr oder weniger hohen Informationsgehalt, der nun noch gesteigert und gezielter genutzt werden kann.

Es ist allerdings anzumerken, daß die Wettbewerbswirkungen der informations- und kommunikationstechnischen Revolution nicht für jedes Unternehmen positiv sind; sie werden aber mit Sicherheit für die Unternehmen negativ sein, die sich den damit verbundenen und auf sie gerichteten Herausforderungen nicht stellen. Wollen die Unternehmen durch den informations- und kommunikationstechnischen Wandel keine Wettbewerbsnachteile hinnehmen, dann müssen sie dessen Auswirkungen systematisch antizipieren und proaktiv tätig werden. Angesichts der Potentiale der Informations- und Kommunikationstechnik für alle Arten von Unternehmen gibt es kaum noch reife Industrien, sondern eher nicht mehr zeitgemäße Wege Geschäfte zu betreiben[61].

Strukturen und Grenzen werden vor allem in informationsintensiven Branchen durch Anwendung moderner Informations- und Kommunika-

---

[59] Vgl. ebenda.
[60] Vgl. *Zahn* (1983c, S. 7ff.).
[61] Vgl. *Porter* (1985b, S. 154).

tionstechnik verändert. Im Banken-, Versicherungs- und Verlagswesen wird dies besonders deutlich. Im Bankenwesen, wo Computer schon sehr früh eingesetzt wurden und nicht mehr wegzudenken sind, hat sich bereits ein technisch bedingter Strukturwandel vollzogen. Es ist davon auszugehen, daß es im gesamten Bereich der finanziellen Dienstleistungen via Informations- und Kommunikationstechnik zu stärkeren Integrationen von Banken-, Börsen- und Versicherungswesen kommen wird.

Auch in anderen Märkten werden Grenzen verschoben und die Karten im Wettbewerb neu gemischt. Dies wird besonders deutlich, wo Computer- und Kommunikationstechnik (zur „compunication") verschmelzen. So versucht z.B. AT&T aufgrund seiner Stärke in der Telekommunikation und durch Kooperation mit Olivetti in den Computermarkt einzudringen. Dagegen ist IBM aufgrund seiner Stärke in der Computertechnik und durch die Akquisition von Rolm bemüht, im Telefonmarkt seßhaft zu werden. In der Büroautomation wird ebenfalls ein Verschmelzen bisher isolierter Produkt/Markt-Bereiche (Schreibmaschine, Rechenmaschine, Kopierer, Telefon) manifest.

Im Bereich finanzieller Dienstleistungen hat Merrill Lynch mit dem „Cash Management Account" durch Kombination verschiedener Finanzprodukte mit Hilfe neuer Informationstechnik ein neues Geschäft geschaffen. Neue Geschäfte entstehen auch durch den Aufbau neuer Informationsdienste, z.B. auf der Basis modell- und computergestützter Konjunktur-, Branchen- und Marktanalysen. Aus der informationstechnischen Umgestaltung alter Geschäfte können als Nebenprodukte ebenfalls neue Geschäfte entstehen. Ein Beispiel ist die in der Verpackungsindustrie tätige Firma Edelmann in Heidenheim, die sich durch Modernisierung der Fertigung eine internationale Spitzenstellung in ihren Märkten erobert hat und die ihre selbstentwickelten Programme zur computergestützten Konstruktion und Fertigung inzwischen an Unternehmen (nicht an unmittelbare Konkurrenten) mit ähnlichen Produktionsprogrammen erfolgreich vertreibt.

Die Wettbewerbsstruktur und -dynamik einer Branche wird durch das Beziehungsgefüge der verschiedenen Wettbewerbskräfte (Rivalität unter den Wettbewerbern, Verhandlungsmacht von Käufern und Lieferanten sowie Substitutionsprodukte und neue Markteintritte[62]) repräsentiert bzw. generiert. Dieses Beziehungsgefüge kann durch Integration von Informations- und Kommunikationstechnik wesentlich beeinflußt werden[63], und zwar sowohl mit verstärkender als auch mit abschwächender Wirkung.

Die Einführung solcher Technik, z.B. in Gestalt der Automationstechnik, computergestützter flexibler Fertigungssysteme, automatisierter Logistiksysteme sowie computergestützter Dispositions- und Terminplanungssy-

---

[62] Vgl. *Porter* (1980, S. 39).
[63] *Parsons* (1983, S. 3 ff.), *McFarlan* (1984, S. 98 ff.) und *Porter* (1985 b, S. 149 ff.).

steme, löst allein schon eine verstärkte Rivalität unter den Wettbewerbern aus. Sie erlaubt ein schnelleres und marktsegmentgerechteres Reagieren – so z.B. bei der Herstellung von Produkten für eine differenzierte Nachfrage oder in der Programm- und Preisgestaltung von Reiseveranstaltern und Fluggesellschaften. Die damit verbundenen, oft hohen Investitionen können Austrittsbarrieren ebenso erhöhen wie Eintrittsbarrieren. Automatisierte und dennoch flexible Fertigungssysteme können aber auch zu einer Reduktion von Markteintrittsbarrieren beitragen, da ihre Anwendung nicht länger auf Massenmärkte angewiesen ist. Sie erlauben zusammen mit der computergestützten Konstruktion und anderen Komponenten der computerintegrierten Fertigung[64] die Herstellung von auf spezifische Marktsegmente maßgeschneiderte Produkte zu vergleichsweise niedrigen Kosten. Gleichzeitig beeinflussen die damit verbundenen Potentiale – vor allem die Möglichkeit der schnelleren, leichteren und billigeren Veränderung von Produktfunktionen und -merkmalen – die Gefahr der Substitutionskonkurrenz. Schließlich wird die gesamte Problematik der Verhandlungsmacht eines Unternehmens zu seinen Kunden und Lieferanten durch die Möglichkeiten moderner Informations- und Kommunikationssysteme, die die Kopplung interner und externer Informationssysteme sowie den direkten Informationstransfer zwischen ihnen erlauben (z.B. mit Hilfe solcher Einrichtungen wie Btx, Teleshopping, Telebanking udgl.), auf eine neue Ebene gestellt. Dadurch werden auch Veränderungen von Branchen- und Marktgrenzen ausgelöst.

Ein potentieller Vorteil für alle Beteiligten im gesamten Wertschöpfungssystem (Abb. 3) ergibt sich aus der Möglichkeit einer Koordination ihrer Tätigkeiten, etwa durch ein abgestimmtes Bestellwesen (was „just-in-time"-Lieferung und -Produktion erlaubt) – mit der Konsequenz niedrigerer Lagerkosten beim Zulieferer und beim Produzenten.

Derartige Koordinationen werden seit Jahren im deutschen Pharmamarkt zwischen Apotheken und pharmazeutischen Großhändlern angestrebt und z.T. auch erfolgreich durchgeführt. Dies geschieht über Apothekenterminals, die direkt mit Zentralrechnern im Großhandel verbunden sind, über die automatische Kommissionierungen, Rechnungstellungen und Auslieferungen ausgelöst werden. Weitere Informationsdienste, z.B. über die Gängigkeit einzelner Präparate, zur beiderseitigen Verbesserung von Bestell- und Lagerhaltungspolitik sind vorgesehen.

Besonders wichtig, weil erfolgskritisch, dürften Koordinationen zwischen Herstellern und Händlern in Branchen mit extrem kurzen Orderperioden sein, wie sie in modeabhängigen Industrien typisch sind.

---

[64] Vgl. *Zahn* (S. 4 ff., hier S. 18).

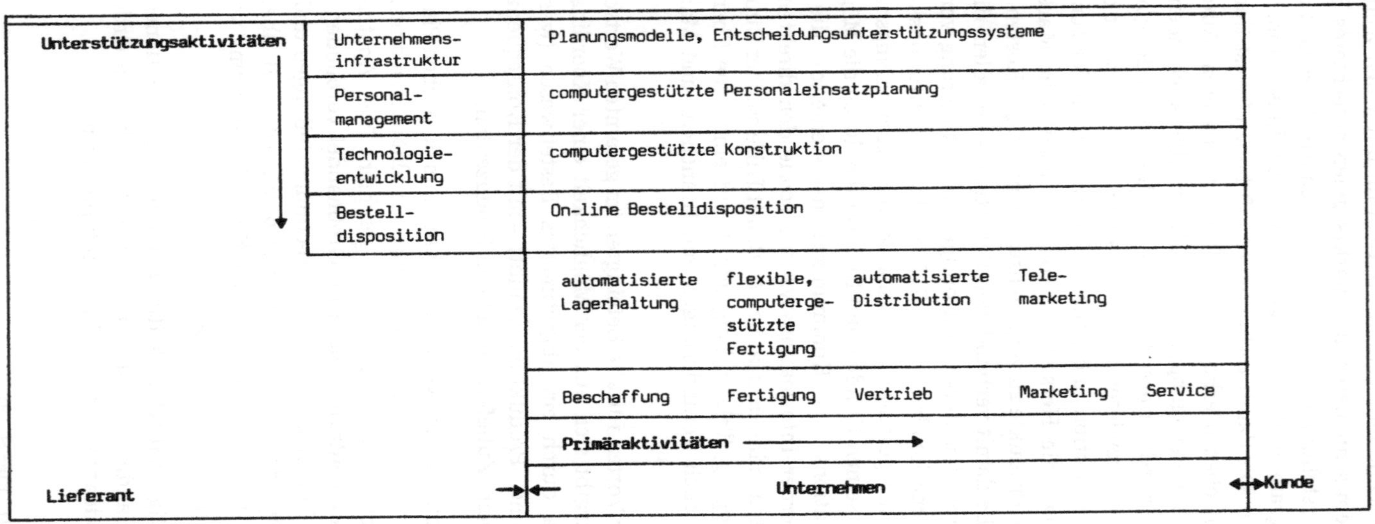

Unterstützungsaktivitäten	Unternehmens-infrastruktur	Planungsmodelle, Entscheidungsunterstützungssysteme					
	Personal-management	computergestützte Personaleinsatzplanung					
	Technologie-entwicklung	computergestützte Konstruktion					
	Bestell-disposition	On-line Bestelldisposition					
		automatisierte Lagerhaltung	flexible, computerge-stützte Fertigung	automatisierte Distribution	Tele-marketing		
		Beschaffung	Fertigung	Vertrieb	Marketing	Service	
		Primäraktivitäten					

Lieferant → Unternehmen → Kunde

Abb. 3. Informations- und Kommunikationstechnik in der Wertschöpfungskette (nach Porter, 1985, S. 153).

Die wettbewerbsrelevante Bedeutung der Informations- und Kommunikationstechnik zeigt sich nicht zuletzt in der Gestaltung der Verbindungen der interdependenten Aktivitäten innerhalb der Wertschöpfungskette. Nach Porter[65] lassen sich diese Aktivitäten in Primäraktivitäten und in Unterstützungsaktivitäten einteilen (Abb. 3). Zur ersten Kategorie zählen die physischen Vorgänge der Beschaffung, Produktion und Distribution aber auch Marketing und Service. Die Unterstützungsaktivitäten repräsentieren die Infrastruktur des Unternehmens in Gestalt des Führungssystems mit den Komponenten Planung, Kontrolle und Organisation und die verschiedenen Inputfaktoren (wie Personal, Kapital, Technologie und Vorprodukte). Die Informations- und Kommunikationstechnik durchdringt die Wertschöpfungskette in allen Gliedern und in allen Unterstützungsbereichen, denn überall werden Informationen empfangen, generiert, verarbeitet und weitergegeben. Sie verändert sowohl die Art der Ausführung der einzelnen Wertschöpfungsaktivitäten als auch die Natur der Verbindungen zwischen ihnen[66]. Abb. 3 vermittelt einen Eindruck von der Anwendung dieser Technik.

Die herausragende Bedeutung der modernen Informations- und Kommunikationstechnik für die Erhaltung und Verbesserung der Wettbewerbsposition macht sie zu einer wichtigen strategischen Ressource. Ihre optimale Nutzung, wie die jeder Technologie überhaupt[67], verlangt eine bewußte Integration in das Strategiekonzept des Unternehmens.

II. Technologie und Wettbewerbsstrategie

Technologisches Wissen und technisches Können in einem Unternehmen verkörpern eine wesentliche strategische Kraft. Wenn Unternehmensführungen diese Kraft ignorieren, dann verschenken sie im Wettbewerb einen Vorteil, ja sie laufen Gefahr, aus dem Markt eliminiert zu werden. Diese Erkenntnis ist eigentlich eine Selbstverständlichkeit, dennoch fällt ihre praktische Anwendung offenbar nicht leicht. Es ist häufig zu beobachten, daß nicht nur einzelne Mitglieder, sondern ganze Geschäftsleitungen eine Aversion gegen Technologie[68] haben und deshalb auch wichtigste technische Entscheidungen auf technisches Personal delegieren. Das mag daran liegen, daß diese Manager zu wenig über Technologie wissen[69]. Die Folge solcher technologischen Inkompetenz ist dann oft eine technologische Kurzsichtigkeit. Diese kann sich entweder darin äußern, daß aufgrund einer zu engen

---

[65] Vgl. *Porter* (1985b, S. 150f.).
[66] VGl. ebenda S. 151ff.
[67] Vgl. *Porter* (1985a, S. 60ff.).
[68] Vgl. *Skinner* (1978, S. 82/83).
[69] Vgl. *Steele* (1985, S. 51ff.).

unternehmenspolitischen Vision oder Grundaufgabe Auswirkungen technischer Fortschritte auf das eigene Geschäft übersehen werden (z.B. die Quarz-Digital-Technik in Unternehmen der Uhrenindustrie) oder darin, daß vorhandene technologische Potentiale nicht erkannt und deshalb strategisch nicht genutzt werden[70].

Nach Kantrow[71] besteht zwischen Technologie und Strategie eine kritische Verbindung: Technologie hilft, das marktbezogene Aktionsfeld zu definieren. Technologie ist gleichzeitig auch ein wesentliches Mittel, um eine gewählte Strategie zu realisieren. Diese These wirft eine Reihe von Fragen auf: Ist die Technologie-Strategie-Verbindung grundsätzlich für jedes Unternehmen von Bedeutung? Welche Probleme entstehen, wenn diese Verbindung nicht hergestellt wird? Womit kann die Verbindung hergestellt werden?

Jedes Unternehmen, gleichgültig ob Industrie- oder Dienstleistungsunternehmen, setzt in den Prozessen der Leistungserstellung und -verwertung sowie bei deren Steuerung irgendwelche Technik ein. Dabei werden diese Prozesse in ihrer Effektivität und Effizienz durch technische Fortschritte im allgemeinen laufend verbessert. Jedes Unternehmen muß also immer auch Entscheidungen über seine Technologie treffen, wenn es Produkte entwickelt, Dienstleistungen plant, in Fertigungs- und Logistikeinrichtungen investiert, Vertriebssysteme hardwaremäßig ausrüstet und computergestützte Informationssysteme einführt. Diese Entscheidungen bedingen gewöhnlich einen hohen Einsatz an Zeit und Geld; sie sind kaum reversibel und für den langfristigen Geschäftserfolg von grundsätzlicher Bedeutung. Deshalb dürfen sie nicht losgelöst getroffen werden von den jeweils verfolgten Unternehmensstrategien, was zur Folge haben kann, daß sie diesen dann entgegenwirken. Ein solcher Fall ist etwa gegeben, wenn ein Unternehmen seine Wettbewerbsstrategie auf Kostenführerschaft ausrichtet, die Forschung aber die Entwicklung neuer und teurer Produkte betreibt. Um derartige Inkonsistenzen zu vermeiden, müssen Entscheidungen über Technologie in völliger Übereinstimmung mit dem strategischen Denken im Unternehmen getroffen werden[72].

Strategisches Denken ist auf Erhaltung und Verbesserung von Wettbewerbsvorteilen ausgerichtet. Strategisches Handeln muß zu diesem Zweck alle wettbewerbsrelevanten Kräfte aktivieren, orchestrieren und einsetzen – nach einer generellen Unternehmensvision und abgestimmt auf die speziellen Geschäftsfeldmissionen. Zu diesen Kräften zählt auch die Technologie[73]. Sie besitzt aus strategischer Sicht für jedes Unternehmen eine mehr oder

---

[70] Vgl. *Wyman* (1985, S. 59f.).
[71] Vgl. *Kantrow* (1980, S. 6ff., hier S. 7).
[72] Vgl. ebenda S. 21.
[73] Zu weiteren strategischen Kräften und Determinanten vgl. *Zahn* (1985, S. 5f.).

weniger große Bedeutung, je nachdem, wo es sich auf dem Kontinuum zwischen „low-tech" und „high-tech" befindet.

Selbst traditionelle „No-Tech"-Unternehmen können heute durch den Einsatz von Informationstechnik ihre Wettbewerbsfähigkeit zumindest unterstützen. Für „High-Tech"-Unternehmen ist Technologie zwar nicht die einzig treibende Kraft, aber sicherlich ein strategisches Schlüsselelement. Sie müssen bei der Formulierung ihrer Wettbewerbsstrategie ganz besonders auf Chancen und Gefahren achten, die der technische Fortschritt mit sich bringt, und sie müssen ihre technischen Stärken bewußt in strategische Vorteile umsetzen. Das gilt abgeschwächt auch für Unternehmen, die zwischen den Extremen des Technologiekontinuums angesiedelt sind. Auch für sie macht es Sinn, wenn sie ihre technologischen Fähigkeiten festigen, weiter entwickeln und dann als strategische Waffe im Wettbewerb einsetzen.

Ansatzpunkte dazu bieten die Produkttechnologie und die Prozeßtechnologie sowie – teils als integrierte, teils als selbständige Kategorie – die Informationstechnologie. Die beiden erstgenannten Technologien repräsentieren technische Prinzipien, die in Produkten und Fertigungsverfahren realisiert sind bzw. realisiert werden können. Sie liefern die technischen Grundlagen für Produkt- und Prozeßinnovationen. Informationstechnologien sind mit Produkt- und Prozeßinnovationen kombinierbar. Sie können das Funktions- und Leistungsspektrum von Produkten und Fertigungsverfahren verbessern. Darüber hinaus können sie – wie bereits aufgezeigt wurde – alle Wertschöpfungsaktivitäten im gesamten Leistungsprozeß beeinflussen und zwar durch organisationale und strukturale Innovationen.

Alle drei Technologiearten zusammen bilden ein „technologisches Dreieck" mit einem interdependenten Wirkungsgefüge (Abb. 4). Dabei kann davon ausgegangen werden, daß durch das Hinzutreten der Informationstechnologie die typischen Verlaufsmuster von Produkt- und Prozeßinnovationen, wie sie von Utterback und Abernathy[74] Mitte der 70er Jahre festgestellt wurden, u. U. signifikant verändert werden können, was zur Vorsicht bei der Ableitung von Innovationsstrategien mahnt.

Überhaupt ist in diesem Zusammenhang zu beachten, daß die betriebswirtschaftliche Forschung über strategische Aspekte des Technologiemanagements noch am Anfang steht. Stand und Bewährungsgrad der vorhandenen Erkenntnisse lassen noch viele Wünsche offen. Zwar liegen viele interessante empirische Befunde und normative Modelle vor, ein klares Bild ergeben sie allerdings noch nicht, geschweige denn eine verläßliche handlungsleitende Theorie. Das vorhandene Erfahrungswissen reicht dennoch

---

[74] Vgl. *Utterback* und *Abernathy* (1975, S. 639 ff.).

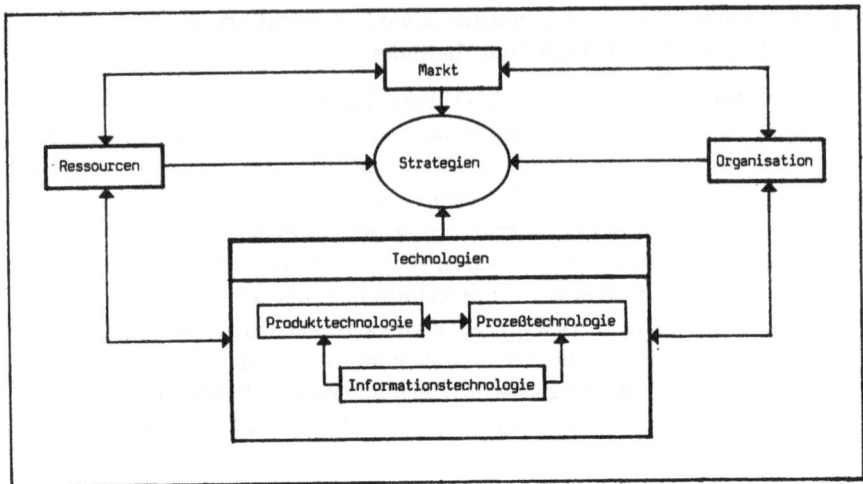

Abb. 4. Technologisches Dreieck im System der Strategiedeterminanten

aus, um zumindest grob beurteilen zu können, wie technische Innovationen gezielt in Wettbewerbsstrategien integriert werden können.

In Abb. 5 sind Produkt-, Prozeß- und Informationstechnologien bzw. deren Fortschritte den generischen Strategien Kostenführerschaft, Differenzierung und Fokussierung[75] gegenübergestellt. Dabei illustrieren die einzelnen Felder, wie die generischen Strategien auf der Basis von Informationstechnologien indirekt über Produkt- und Prozeßinnovationen oder direkt unterstützt werden können.

Technische Innovationen können einer Strategie der Kostenführerschaft dienen, wenn sie kostenverursachende Faktoren unmittelbar oder mittelbar beeinflussen. Dies kann geschehen durch neue Produkte, die einen niedrigen Materialanteil enthalten (z. B. Fernschreiber auf mikroelektronischer Basis im Vergleich zu traditionellen Blattfernschreibern) oder durch neue Fertigungsverfahren, die einen geringeren Arbeitskräfteeinsatz erfordern (z. B. Industrieroboter) oder durch neue Informationstechnik, die eine ressourcensparende Integration der verschiedenen Komponenten des Produktionssystems ermöglicht (z. B. durch Konzepte der computerintegrierten Produktion)[76].

Während die Strategie der Kostenführerschaft im Prinzip auf die Erzielung von „economics of scale" ausgerichtet ist, zielt die Strategie der Differenzierung auf die Realisierung von „economics of scope" ab.

---

[75] Vgl. *Porter* (1980, S. 34 ff.).
[76] Vgl. *Zahn* (1985, S. 18 f.).

Innovations- und Technologiemanagement

Strategie Technologie- Veränderg.	Kostenführerschaft	Differenzierung	Fokussierung
Produkttechnologie	zur Senkung der Produktkosten durch - Materialreduktion - Fertigungserleichterung - Vereinfachung logistischer Erfordernisse	zur Erhöhung von - Produktqualität - Produktmerkmalen - Lieferfähigkeit - Produktvielfalt	zur Befriedigung einer differenzierten Nachfrage durch spezifische - Produktgestaltung und - Leistungskonfiguration
Prozeßtechnologie	zur Realisierung von - Lernkurveneffekten durch Reduktion von Input zur Erzielung von - "Economics of Scale"	zur Erzielung - höherer Toleranzen - besserer Qualitätskontrolle - verläßlicher Zeitplanung - schnellerer Reaktion zur Erzielung von - "Economics of Scope"	zur Anpassung der Wertschöpfungskette an Marktnischenbedürfnisse, um - Kosten zu senken - Kaufwert zu erhöhen
Informationstechnologie	zur kostensenkenden - Fertigungsintegration und - Wertschöpfungskettenoptimierung	zur Erhöhung des - Leistungspotentials und der - Wertschöpfung	zur Schaffung neuer - Leistungspotentiale oder - Marktnischen

Abb. 5. Technologie und Strategie
(in Anlehnung an Porter 1985a, S. 61f.)

Eine wettbewerbliche Differenzierung kann realisiert werden durch neue Produkte mit mehr Funktionen, einer höheren Qualität und niedrigeren Umstellkosten oder durch neue Fertigungsverfahren, die bessere Qualitätskontrollen, verläßlichere Zeitplanungen sowie schnellere und flexiblere Marktreaktionen zulassen oder durch neue Informationstechnik, die zusätzliche Leistungen i.S.v. Mehrinformationen erlauben, die wiederum den Wert der Gesamtleistung beim Kunden erhöhen.

Die Strategie der Fokussierung bzw. der Konzentration auf Nischen beinhaltet ein Leistungsangebot, das auf ganz spezifische Bedürfnisstrukturen in begrenzten Märkten zugeschnitten ist. Diese Strategie kann technologisch ebenfalls untermauert werden, und zwar entweder durch neue Produkte, die in ihren Merkmalen genau den Leistungsansprüchen der Kunden in einer Marktnische entsprechen, oder durch neue Fertigungsverfahren, die eine marktnischengerechte Feinabstimmung in der Wertschöpfungskette erlauben und damit den Wert der Leistung beim Kunden erhöhen, oder durch neue Informationstechnik, die erst die Entstehung und Bedienung einer Marktnische ermöglicht. Ein Beispiel für den letztgenannten Fall, das Schaffen einer Marktnische, liefert Data Resources, Inc. – eine Tochter von McGraw-Hill – mit dem Angebot computer- und modellgestützter Analysen und Prognosen. Es handelt sich dabei um eine völlige Integration von Informationstechnologie und Unternehmensstrategie[77].

Technische Fortschritte bedeuten für die betroffenen Unternehmen immer eine Herausforderung. Sie versprechen ihnen allerdings nur dann nachhaltige Vorteile, wenn es diesen Unternehmen gelingt, auf der Basis technischer Fortschritte durch konsequente Innovationen Kosten der Leistungserstellung zu senken oder Differenzierungen im Markt zu erreichen oder eine Führungsposition im Innovationswettbewerb einzunehmen. Technische Fortschritte versprechen auch dann Wettbewerbsvorteile, wenn sie die Struktur einer Branche günstig verändern, und zwar selbst dann, wenn sich technische Innovationen leicht imitieren lassen[78]. Technische Fortschritte können auch zu Wettbewerbsnachteilen führen, nämlich dann, wenn sie die relative Kostensituation des eigenen Unternehmens veschlechtern und das Produktprogramm der Konkurrenz begünstigen.

III. Technologiestrategie und Strategieabstimmung

Der gezielte Einsatz der Technologie als Waffe im Wettbewerb erfordert eine explizite und systematisch geplante Technologiestrategie, die mit allen funktionalen Strategien abgestimmt und mit diesen in Geschäftsfeld- und Unternehmensstrategien integriert werden muß.

---

[77] Vgl. *Lucas* und *Turner* (1982, S. 25 ff., hier S. 26 f.).
[78] Vgl. *Porter* (1985 a, S. 64 f.).

1. Aufgaben von Technologiestrategien

Die Technologiestrategie eines Unternehmens gibt an, welche Technologien entwickelt und wie diese genutzt werden sollen, aber auch wie technologisches Know-How erworben und welche Rolle im Technologiewettbewerb eingenommen werden sollen[79]. Unternehmen sollten grundsätzlich solche Technologien vorantreiben, die ihre praktizierten bzw. geplanten Wettbewerbsstrategien unterstützen. Dabei ist das verfügbare Unterstützungspotential häufig größer als üblicherweise angenommen. So wird eine Unterstützung der Kostenführerschaft, für die Massenmärkte und standardisierte Produkte typisch sind, oft ausschließlich in Verbesserungen der Prozeßtechnologie gesehen. Abb. 5 zeigt dagegen, daß eine Strategie der Kostenführerschaft auch durch Produkttechnologie wirkungsvoll unterstützt werden kann. Andererseits können Prozeßtechnologien – etwa solche, die eine flexible Fertigung erlauben – der Schlüssel für eine Strategie der Differenzierung sein[80]. Darüber hinaus sind die der Informationstechnologie innewohnenden strategischen Kräfte zu beachten. Durch Anwendung von Informationstechnologie können ebenfalls Strategien der Kostenführerschaft, der Differenzierung und der Fokussierung unterstützt werden. Konkret und erfolgreich kann dies überall dort geschehen, wo der Informationsgehalt in Produkten und Prozessen sowie in den verschiedenen Aktivitäten der Wertschöpfungskette hoch ist.

Die technologischen Anstrengungen können sich entweder auf die Weiterentwicklung einer etablierten Technologie oder auf den Einstieg in eine neue Technologie konzentrieren. Entscheidungen darüber hängen ab vom jeweiligen Stadium im Lebenszyklus einer Technologie, ihren noch ungenutzten bzw. durch andere Technologien[81] neu entstehenden Fortschrittspotentialen und von der Verfügbarkeit neuer Technologien. In jedem Falle muß eine Beurteilung der Erfolgswahrscheinlichkeit erfolgen. Dazu müssen im einzelnen Kosten und Nutzen sowie Risiken und Chancen realistisch abgeschätzt werden.

2. Spektrum von Technologiestrategien

Zur Erhaltung und Erringung von Wettbewerbsvorteilen durch gezielten Technologieeinsatz bieten sich vier Optionen an:
- eine Pionierstrategie oder
- eine Imitationsstrategie,

---

[79] Vgl. ebenda S. 66f.

[80] Als Beispiel mag hier Daimler-Benz mit den Fertigungseinrichtungen für die Serie 190 angeführt werden.

[81] Die Mikroelektronik ist z.B. eine solche Technologie, durch die das Fortschrittspotential etablierter Technologien erweitert werden kann.

- eine Nischenstrategie und
- eine Kooperationsstrategie.

Während die Pionierstrategie und die Imitationsstrategie Gegensätze darstellen sind die Nischenstrategie und die Kooperationsstrategie sowohl miteinander als auch mit den beiden erstgenannten Strategietypen kombinierbar.

a) Pionierstrategien

Die Pionierstrategie ist eine Strategie der Technologieführerschaft. Unternehmen, die diese Strategie befolgen, sind stets bemüht, als erste technische Innovationen marktwirksam durchzusetzen. Dabei gehen die Möglichkeiten weit über die Einführung neuer Produkte – der spektakulären Ausprägung dieses Strategietyps – hinaus. Sie umfassen auch Prozeßinnovationen sowie jede innovative technische Veränderung in den verschiedenen Gliedern der Wertschöpfungskette. Deshalb vermag diese Technologiestrategie eine Wettbewerbsstrategie der Differenzierung ebenso zu unterstützen wie eine Wettbewerbsstrategie der Kostenführerschaft[82].

Technologieführerschaft kann in zwei Spielarten praktiziert werden, als Technologiepionier und als Technologieausbeuter. Zur Kategorie der Technologiepioniere zählen Unternehmen (wie z.B. Hewlett Packard), die ihr Sachziel im Vorfeld technischer Veränderungen sehen. Sie wenden sich grundsätzlich rasch neuen technologischen Herausforderungen zu sobald die von ihnen mit vorangetriebenen Technologien zum Allgemeingut und sobald die entsprechenden Märkte preissensibel werden. Dagegen sind Technologieausbeuter Unternehmen, die über den gesamten Lebenszyklus einer Technologie an der Spitze marschieren. Sie sind stets bedacht, am schnellsten Erfahrungskurveneffekte zu realisieren und als erste zur Sicherung ihrer Wettbewerbsposition Preissenkungen vorzunehmen[83]. Ein Beispiel ist die Firma Texas Instruments.

Die Strategie der Technologieführerschaft kommt nicht selten einer Gratwanderung gleich, vor allem in der Spielart des Technologiepioniers. Chancen des Erfolgs und Risiken des Scheiterns liegen gewöhnlich dicht beieinander. Unternehmen, die diese Strategie verfolgen, sind zum Erfolg verdammt. Einen Fehlgriff dürfen sie sich nicht leisten. Deshalb muß diese Strategie besonders sorgfältig analysiert und systematisch geplant werden.

Der Erfolg einer Pionierstrategie steht und fällt mit den Fähigkeiten und Möglichkeiten zur Behauptung einer einmal errungenen Führungsrolle.

---

[82] Vgl. *Porter* (1985a, S. 68f.).
[83] Da dieses Verhalten letztlich dem Markt bzw. den Kunden zugute kommt, sprechen anglo-amerikanische Ökonomen hier von einem „enlighted monopoly".

Diese wiederum hängen ab vom Zugang eines Unternehmens zu Quellen technischer Fortschritte, von der Abhängigkeit technischer Innovationen von technischen Fortschritten außerhalb der eigenen Technologiekompetenz, vom Vorhandensein verschiedener (oft unternehmensgrößen-bedingter) Vorteile bei der Technologieentwicklung, von der Qualität der F+E-Fähigkeiten sowie von der Rate der Technologiediffusion und den Möglichkeiten ihrer Beeinflussung. Eine Pionierstrategie ist letztlich nur dann zweckmäßig, wenn die potentiellen Vorteile einer Führungsrolle größer sind als mögliche Nachteile und wenn die respektiven Realisierungs- bzw. Vermeidungschancen positiv eingeschätzt werden können (Abb. 6)[84].

b) Imitationsstrategien

Imitationsstrategien sind i.d.R. weniger spektakulär als Pionierstrategien; dafür sind sie oft wesentlich erfolgreicher, vor allem wenn imitierende Unternehmen konsequent aus den Erfahrungen von Pionierunternehmen lernen und sich stärker als diese am Markt orientieren. Erfolgreiche Imitationsstrategien kommen in zwei Spielarten vor: als „kreative Nachahmung" und als „unternehmerisches Judo"[85].

Eine Strategie der kreativen Nachahmung ist in „High-Tech"-Bereichen offenbar besonders chancenreich, und zwar dann, wenn Pioniere mit Basisinnovationen Wachstumsmärkte initiieren, die sie selbst nicht befriedigen können. Der kreative Imitator benötigt für seinen Erfolg somit zwei Voraussetzungen – einen erfolgreichen Innovator und einen bereits vorhandenen, aber noch nicht gut bedienten Markt. Dazu muß als seine schöpferische Eigenleistung hinzukommen, daß er Kundenprobleme und Kundenwünsche richtig erkennt und diese konsequent in seinem Leistungsangebot berücksichtigt. Die Strategie der kreativen Nachahmung ist dort, wo diese Bedingungen und Fähigkeiten gegeben sind, mit relativ geringen Risiken verbunden. Spezielle Risiken treten aber dann auf, wenn die Nachahmer sich verzetteln, was sich wiederum in der Spitzentechnologie sehr nachhaltig auswirken kann. Hier ist eine Schwerpunktbildung im allgemeinen zweckmäßiger. Strategien der kreativen Nachahmung werden oft nur von großen Unternehmen erfolgreich praktiziert, wenn diese ihre vorhandenen Technologie- und Wettbewerbsstärken – oft mit Hilfe sog. „big bang"-Innovationen – zur schnellen Erlangung einer Marktführerschaft nutzen. Ein typisches Beispiel dafür ist die Firma IBM mit der Markteinführung einer kommerziell einsetzbaren Vielzweck-Großrechenanlage in den 50er Jahren sowie mit dem Eintritt in das Geschäft für Personalcomputer Anfang der 80er Jahre. Auch Seiko hat sich dieser Strategie im Sektor der Quarz-Digitaluh-

---

[84] Vgl. *Porter* (1985a, S. 71 - 72).
[85] Siehe *Drucker* (1985, S. 310ff.).

Potentiale der Technologieführerschaft	
Vorteile	**Nachteile**

- Ruf als Pionierunternehmen
- Vorerwerb einer attraktiven Produkt- oder Marktposition
- Umstellkosten beim Anwender
- Wahl des besten Vertriebskanals
- Lernkurveneffekte (Erstrealisierung)
- bevorzugter Zugang zu Anlagen, Inputs und anderen knappen Ressourcen
- Bestimmung von Standards
- Erlangung institutionellen Schutzes gegen Imitatoren
- Abschöpfung von Konsumentenrente
	- Pionierkosten
	  - Produktionserlaubnis
	  - Auflagen
	  - Kundenschulung
	  - Infrastrukturaufbau
	  - Ressourcenerschließung
	  - Entwicklung von Komplementärprodukten
	- Nachfrageunsicherheit
	- Änderungen in den Kundenbedürfnissen
	- Spezifität und Veralterungsrisiko von Erstinvestitionen
	- technologische Diskontinuitäten
	- Niedrigkosten-Imitationen

Abb. 6. Vor- und Nachteile einer Technologieführerschaft
(nach Porter, 1985, S. 71 - 74)

ren mit Erfolg bedient. Einen sicheren Weg zum Erfolg bietet diese Strategie allerdings nicht. Dies zeigt der Fall der Digital Equipment Corporation (dem weltgrößten Hersteller von Mikrocomputern), die den mit größten Investitionsanstrengungen (nach ihrem Präsidenten Kenneth Olsen "the largest investment in people and manpower we have made") unternommenen Ausflug in den Markt für Personalcomputer 1985 zunächst einmal für absehbare Zeit beendet hat. Bevor ein erneuter Markteintritt gewagt wird, soll der „Rainbow" erst IBM-kompatibel gemacht werden. Die Strategie der kreativen Nachahmung, vor allem auf der Basis von „big-bang"-Innovationen ist immer dann gefährlich, wenn die Nachahmer zu spät kommen und wenn sie eine Überbesetzung des Marktes bewirken.

Die Strategie des unternehmerischen Judo zielt ebenfalls auf eine marktbeherrschende Stellung ab. Sie ist, wie der Name schon ahnen läßt, eine typisch japanische Strategie. Japanische Unternehmen haben sie mit großem Erfolg u. a. in den Märkten für Transistoren, Farbfernsehgeräte, Taschenrechner, Videogeräte und Kopierer praktiziert. Charakteristisch für unternehmerische Judoka ist, daß sie an den schlechten Gewohnheiten von Marktführern ansetzen und daß sie diese dann nach systematischen Verhaltens- und Marktanalysen an unvermuteten, aber besonders empfindlichen Stellen über geschickt errichtete Brückenköpfe angreifen. Zu solchen Unarten gehören eine „not invented here" Haltung, eine Absahnmentalität und eine Neigung zur Hochpreispolitik sowie ein Hang zur Produkt/Marktausbeutung. Unternehmerisches Judo gilt unter allen Strategien zur Erringung einer Marktvorherrschaft als besonders risikoarm und erfolgswahrscheinlich, weil es bewußt und konsequent Arroganz, Selbstsicherheit, Selbstzufriedenheit und Fehler etablierter Marktführer ausnutzt[86]. Eine wirksame Gegenstrategie ist der frühzeitige technologische Angriff, „auch auf die eigenen erfolgreichen Produkte"[87].

c) Nischenstrategien

Nischenstrategien sind auf das Besetzen kleiner, möglichst wettbewerbsimmuner, aber dennoch lukrativer Märkte ausgerichtet. Ihre Anwender wollen möglichst unscheinbar bleiben, um im Verborgenen Gewinne scheffeln zu können. Ein erfolgreiches Beispiel aus dem inzwischen hart umkämpften Markt für Personalcomputer liefert die als Innovator bekannte Firma 3 M, die sich im stillen die Position des führenden Lieferanten für PC-Disketten erkämpft hat. Wenn solche „ökologischen Nischen" allerdings wachsen und dadurch auch für größere Konkurrenten attraktiv werden, dann hören sie meist sehr schnell auf zu existieren und dann wird für den Nischenbesetzer eine Strategieänderung unumgänglich. Nixdorf z. B. hat im Bereich der „mittleren Datentechnik" einen derartigen Wandel vom Nischen- zum Massenmarkt erlebt und bislang erfolgreich durch Strategieanpassung reagiert.

Nach Drucker[88] gibt es drei verschiedene Nischenstrategien mit jeweils spezifischen Erfordernissen, Grenzen und Risiken, nämlich die Schlag-

---

[86] Vgl. ebenda S. 320 - 322.
[87] *Krubasik* (1984, S. 48). Nach einer Untersuchung von McKinsey & Company ist eine solche „kontinuierliche Innovationsstrategie" besonders beim Auftreten „technologischer Diskontinuitäten" von Vorteil.
[88] Vgl. *Drucker* (1985, S. 327 ff.).

baum-Strategie, die Spezialkönnen-Strategie und die Spezialmärkte-Strategie.

Die Schlagbaum-Strategie ist interessant, wenn eine Nische vollständig besetzt werden kann und wenn das angebotene Produkt in irgendeinem Prozeß oder bei der Lösung irgendeines Problems von wesentlicher Bedeutung ist. Allerdings bieten Nischen dieser Art kaum Wachstumsmöglichkeiten. Nicht zuletzt deshalb laufen Unternehmen in solchen Nischen leicht Gefahr, ihre Monopolstellung letztlich zum eigenen Schaden auszunutzen.

Chancen für dauerhafte Spezialkönnen-Strategien bieten sich häufig in jungen „High-Tech"-Industrien und hier vor allem für Zulieferer an. Historische Beispiele bietet die Automobilindustrie, wo Bosch mit Zündkerzen, mit der Benzineinspritzung sowie mit ABS und Mahle mit Kolben noch heute auf eine Spezialkönnen-Strategie bauen können. Erfolgsbedingung dieser Nischenstrategie ist vor allem eine nie erlahmende Innovationskraft. Gefahren erwachsen primär aus externen Veränderungen, die das entwickelte Spezialkönnen überflüssig machen können.

Spezialmärkte-Strategien setzen bei den Spezialkenntnissen eines Marktes an. Drucker[89] führt als Prototypen zwei mittelständische Unternehmen in England und Dänemark an, die sich eine beherrschende Stellung auf dem kleinen Markt für automatische Backöfen zur Herstellung von Süß- und Salzgebäck erarbeitet haben. Auch dieser Strategietyp verlangt zunächst eine grundlegende Innovation und dann die Fähigkeit zur Erhaltung einer überragenden Leistungsqualität. Die größte Gefahr droht, wenn der Markt aufhört ein Spezialmarkt zu sein.

d) Kooperationsstrategien

Kooperationsstrategien können auf der Grundlage einer Lizenzpolitik, mit Hilfe verschiedener Formen des Venture-Management oder durch Allianzen durchgeführt werden. Die Lizenznahme ist eine Möglichkeit, schnell Zugang zu technischem Know How zu erlangen. Sie ist eine Alternative zum Kauf von Technologie, aber kein Ersatz für interne technologische Kompetenz. Der Erfolg dieser Strategie hängt ab von den vorhandenen technischen Fähigkeiten und marktseitigen Möglichkeiten zur Nutzung des erworbenen Know How für Produkt- oder Prozeßinnovationen, vom Grad der Exklusivität der Nutzungsrechte und von den zu zahlenden Lizenzgebühren. Die Lizenzvergabe bietet einerseits die Chance, Einnahmen ohne eigenes Tätigwerden zu realisieren; andererseits impliziert sie die Gefahr, einen Wettbewerbsvorteil zu verschenken und gefährliche Konkurrenten zu

---

[89] Siehe ebenda S. 337.

züchten. Nach Porter[90] kann die Lizenzvergabe unter den folgenden Bedingungen strategisch vorteilhaft sein:

- Das Erfinderunternehmen kann die technische Idee selbst nicht verwerten;
- die Lizenzvergabe erlaubt die Realisierung von Umsatzerlösen auf Märkten, die sonst nicht zugänglich wären;
- die Lizenzvergabe schafft die Voraussetzung zur schnellen Standardisierung der eigenen Technologie (auf Kosten konkurrierender Technologien) und zu raschem Marktwachstum;
- die Branchenstruktur ist nicht attraktiv;
- die Lizenzvergabe schafft gute Mitbewerber, die Nachfrage stimulieren, Eintrittsbarrieren schaffen und Pionierkosten mittragen;
- die Lizenzvergabe ist mit einer attraktiven Lizenznahme verbunden.

Venture Management[91] ist ein populäres Instrumentarium, das Unternehmen zu ihrer technologischen Erneuerung und zum Vorstoß in wachstumsträchtige „High-Tech"-Bereiche benutzen. Abgesehen von „internal ventures" implizieren alle Venture-Formen eine Kooperationsstrategie. Die älteste Form, die bereits in den 60er Jahren von US-Unternehmen wie Du Pont, Exxon, General Electric und 3M praktiziert wurde, ist die Vergabe von „venture capital" durch Großunternehmen an junge „High-Tech"-Unternehmen mit dem Ziel, ein „window on technology" zu bekommen. Obwohl die Erfolgschancen des „venture capital" sehr unterschiedlich beurteilt werden[92], nimmt seine Verbreitung zu – in jüngerer Zeit auch in der Bundesrepublik[93].

Beim „venture nurturing" gewährt das gebende Unternehmen neben Kapital- noch Managementhilfe. Zur engsten Kooperation kommt es bei den „joint ventures". Besonders interessant und von zunehmender strategischer Bedeutung ist das „new style joint venture"[94], bei dem sich ein großes und ein kleines Unternehmen zusammen tun, um die Kapitalkraft und Marktmacht des Großunternehmens mit der Innovationskraft und Flexibilität des Kleinunternehmens zu kombinieren. In diesem Zusammenhang sind ebenso zu erwähnen:

---

[90] Siehe *Porter* (1985a, S. 74/75).
[91] Zur Bedeutung und zu den verschiedenen Formen des Venture Management vgl. u.a. *Nathusius* (1979), *Roberts* (1980, S. 134ff.), *Gaitanides* und *Wicher* (1985, S. 414ff.).
[92] Vgl. hierzu *Greenthal* und *Larson* (1982, S. 18ff.) und *Hardymon* u.a. (1983, S. 114ff.).
[93] Ein Beispiel ist die TVM (Techno Venture Management Gesellschaft mbH & Co. KG Deutschland), an der Bayer, Daimler-Benz, die Deutsche Bank, die Harni Werke und Mannesmann beteiligt sind.
[94] Vgl. *Roberts* (1980, S. 134ff.).

- Das „sponsored spinn-off", bei dem eine technologiebasierte Einheit aus der Muttergesellschaft heraus genommen und mit deren Hilfe verselbständigt wird, und

- das „venture merging & melding", dem institutionellen Zusammenschluß verschiedener Venture-Einheiten außerhalb der Muttergesellschaft.

Aber auch Großunternehmen[95] gehen miteinander sog. „collaborative ventures" ein, um Synergien zu realisieren und Risiken zu verteilen. Solche Allianzen – auch i. S. v. kooperativen gegenseitigen Vorteilsstrategien[96] – werden in zunehmendem Maße eingegangen

- zur Durchführung von kapitalintensiven und risikoreichen technischen Großprojekten, so z. B. dem Airbus-Projekt und dem Ariane-Projekt;

- zum Tausch unterschiedlicher und komplementärer Ressourcen, wie im Falle von IBM und Lotus, wo IBM das Recht zur Nutzung von Lotus-Software für seinen PV-Junior gegen die Verpflichtung der Werbung für Lotus-Produkte eintauschte;

- zum Poolen von knappen Ressourcen (Fertigungsanlagen, Forschungseinrichtungen, Vertriebsnetzen usw.) mit dem Ziel der Kostenreduktion – eine Allianz, die z. B. sehr erfolgreich von der Microelectronics and Computer Technology Corporation (auf den Gebieten der Mikroelektronik, der Computerarchitektur, der Softwareproduktion und der CAD/CAM-Entwicklung) zusammen mit so bedeutenden Firmen wie Advanced Micro Devices, Boeing, Control Data, DEC, Motorola, National Semiconductor, NCR, RCA, Rockwell International und Sperry praktiziert wird;

- zur Erschließung neuer Wachstumsmärkte und zur Nachfrageexpansion: Ein Beispiel ist Matsushita, das das VHS-Format für Videotape-Recorder entwickelte und vielen seiner Konkurrenten zur schnelleren Nachfrageexpansion gegenüber Sony-Produkten auf der Basis des BETA-Formats zugänglich machte.

Kooperationsstrategien dieser Art sind durchaus verträglich mit der unternehmensindividuellen Verfolgung generischer Wettbewerbsstrategien, wie die Kooperation zwischen General Motors und Toyota auf dem US-Markt für Kleinwagen zeigt. Sie sind allerdings auch mit besonderen Risiken (bezüglich des Zuganges zu und der Aufrechterhaltung einer Kooperationsstrategie sowie vor allem der Größe und Dauerhaftigkeit der realisierbaren Vorteile) und Konflikten (hinsichtlich Personaleinsatz und -reallokation sowie Informationspolitik) verbunden. Nicht zuletzt implizieren sie immer einen gewissen Verlust an Managementautonomie. Dennoch gewinnen sie als Ausdruck eines neuen Pragmatismus zunehmend an Bedeutung.

---

[95] Vgl. *Killing* (1982, S. 120 ff.).
[96] Vgl. hierzu *Nielsen* (1986, S. 16 ff.).

In diesem Zusammenhang sind auch die in jüngerer Zeit intensivierten Kooperationen zwischen Universitäten und Unternehmen sowie die mit staatlicher Hilfe entwickelten Technologieparks und Technologiefabriken zu erwähnen.

3. Technologieabstimmung

Der Erfolg einer jeden Technologiestrategie bleibt zweifelhaft, wenn sie nicht mit den Erfordernissen des Marktes harmonisiert. Marktentwicklung und technologische Innovationen müssen deshalb Hand in Hand gehen. Diese These beruht auf der Erkenntnis, wonach Marktsog und Technologiedruck keine Gegenkräfte, sondern eher Mitkräfte auf ergiebigen Innovationspfaden sind[97]. Daraus läßt sich der Schluß ziehen, daß als Voraussetzung erfolgreicher technischer Innovationen die Schnittstelle zwischen Forschung und Entwicklung einerseits sowie Marketing andererseits beherrscht und dazu zunächst verstanden werden muß. Die Konzentration auf die eine Seite bei gleichzeitiger Vernachlässigung der anderen Seite birgt erhebliche Gefahren, auch i.S.v. verpaßten Chancen. Zahlreiche empirische Untersuchungen[98] liefern zwar einen überwältigenden Beweis für die Dominanz marktinduzierter Innovationen, doch besteht auch Grund zu der Vermutung, daß ausschließliche Marktorientierung lediglich inkrementale Innovationen, aber keine technologischen Durchbrüche und langfristig sogar eine Innovationsschwäche bewirken kann[99]. Aus Kundenbefragungen und Konkurrenzbeobachtungen lassen sich zweifellos wichtige Innovationsimpulse gewinnen. In Bezug auf die Identifikation zukünftiger Technologien sind diesen Mitteln der Marktforschung jedoch enge Grenzen gesetzt. Noch problematischer können allerdings vom Marketing isolierte F+E-Aktivitäten sein. Selbst dann, wenn diese zu einem ausgezeichneten Produkt führen, besteht keine Garantie der Akzeptanz durch den Markt. Solche Negativbeispiele finden sich oft dort, wo ein technisch grundlegend neues Produkt zu früh und/oder zu teuer auf den Markt kommt, so etwa im Falle des Bildtelefons von AT&T.

Die Herausforderung an das innovative Management besteht somit in der gleichzeitigen Berücksichtigung beider Kräfte. Dazu ist die Technologiestrategie vor allem mit der Marketingstrategie[100], aber auch mit der Fertigungsstrategie und den Ressourcenstrategien (Finanzen und Personal) abzustimmen sowie in die Geschäftsfeldstrategien und in die Unterneh-

---

[97] Empirische Nachweise dafür haben bereits *Myers* und *Marquis* (1969, S. 4f.) geliefert.
[98] Vgl. *Utterbeck* (1974, S. 620ff.).
[99] Vgl. *Hayes* und *Abernathy* (1980, S. 67ff.) sowie *Benett* und *Cooper* (1981, S. 51ff.).
[100] Vgl. hierzu u.a. *Souder* (1980, S. 135ff. und 1981, S. 67ff.), *Mainsfield* (1981, S. 98ff.) und *Brockhoff* (1985, S. 623ff.).

mensstrategien zu integrieren. Nach einer empirischen Studie von Gupta, Raj und Wilemon[101] in „High-Tech"-Unternehmen hatten die erfolgreichsten Produktinnovatoren eine enge Integration von F+E und Marketing realisiert. In die gleiche Richtung deuten die Ergebnisse einer Untersuchung von Cooper[102]. Er glaubt herausgefunden zu haben, daß Unternehmen hinsichtlich ihrer Produktinnovationspolitik in fünf Cluster eingeteilt werden können. Dabei hat sich ein Unternehmenstyp, übrigens branchen- und größenunabhängig, immer wieder als besonders erfolgreich erwiesen. Diese „Balanced Strategy Firm" ist vor allem durch die Merkmale technologische Fortschrittlichkeit, systematische Marktorientierung und strategische Schwerpunktbildung gekennzeichnet. Einen konsequenten „business focus" mit eng verwandten Produkten, einer ausgeprägten F+E-Konzentration und konsistenten F+E-, Marketing- und Produktionsprioritäten haben auch Maidique and Hayes[103] als das herausragende Erfolgsmerkmal von „High-Tech"-Unternehmen festgestellt.

Wirksame Innovationen finden offenbar Hand in Hand mit den Kunden statt, und zwar mit wichtigen Kunden, mit denen nach frühzeitiger Kontaktaufnahme spezifische Lösungen erarbeitet und getestet werden können[104]. Dieses Erfolgsszenario wird ebenfalls durch Beobachtungen von Quinn[105] bestätigt, wonach das Top-Management in innovativen Unternehmen die strategische Vision mit den praktischen Realitäten des Marktes verknüpft und wonach auf den unteren Ebenen eine enge Kooperation zwischen Technik und Marketing zur frühzeitigen Antizipation und situativen Lösung von Kundenproblemen stattfindet.

Die Gestaltung der Schnittstelle zwischen Technologie und Marketing darf jedoch nicht dem Zufall überlassen werden; sie muß vielmehr systematisch und weitsichtig geplant werden, sowohl als Komponente der Unternehmensstrategie als auch der Organisationsstruktur[106].

Literaturverzeichnis

Abernathy, W. J. / *Utterbach*, J. M. (1978): Patterns of Industrial Innovation, in: Technology Review, June/July, 1978, S. 41 - 47.

Albach, H. (1983): Innovationen für Wirtschaftswachstum und internationale Wettbewerbsfähigkeit, in: Rheinisch-Westfälische Akademie der Wissenschaften, Vorträge N 322, 1983, S. 9 - 58.

---

[101] Siehe *Gupta, Raj* und *Wilemon* (1985, S. 289 ff.).
[102] Siehe *Cooper* (1984, S. 151 ff.).
[103] Siehe *Maidique* and *Hayes* (1984, S. 19).
[104] Dieses Vorgehen ist anscheinend wirkungsvoller als allgemeine Marktstudien, weil es schnelle und gezielte Anpassungen im Produktdesign zuläßt.
[105] Vgl. *Quinn* (1985, S. 27 f.).
[106] Vgl. auch *Kiel* (1984, S. 10 f.).

Arthur D. Little International (Hrsg.) (1985): Management im Zeitalter der strategischen Führung, Wiesbaden 1985.

— (Hrsg.) (1986): Management der Geschäfte von morgen, Wiesbaden 1986.

Beckurts, K. H. / *Hoefle,* M. (1984): Innovationsstärke und Wettbewerbsfähigkeit, in: Siemens-Zeitschrift, 58. Jg., Heft 5, Sept/Okt., 1984, S. 2 - 7.

Bennett, R. C. / *Cooper,* R. G. (1981): The misuse of Marketing – an american tragedy, in: Business Horizons 24, 1981, S. 51 - 61.

Bowman, E. H. (1980): A Risk/Return Paraxon for Strategic Management, in: Sloan Management Review 3/1980, S. 17 - 31.

Brockhoff, K. (1983): Probleme marktorientierter Forschungs- und Entwicklungspolitik, in: Marktorientierte Unternehmensführung, Wien, S. 337 - 374.

— (1985): Abstimmungsprobleme von Marketing und Technologiepolitik, in: Deutsche Betriebswirtschaft 45, 1985, S. 623 - 632.

Clark, J. / *Freeman,* C. / *Soete,* L. (1981): Long waves, inventions and innovations, in: Future 13 (4), 1981, S. 308.

Cooper, R. G. (1984): New Product Strategies: What Distinguishes the Top Reformers?, in: J. Prod. Innov. Manag. 2, 1984, S. 151 - 164.

Donges, J. B. (1985): Marktnischen aufspüren und ausfüllen, in: Blick durch die Wirtschaft (FAZ), 13.12.1985, S. 3/4.

Drucker, P. F. (1985): Innovations-Management für Wirtschaft und Politik, Düsseldorf 1985.

Duijn, J. J. v. (1977): The Long Wave in Economic Life, in: De Economist 125, Nr. 4, 1977, S. 544 - 576.

Forrester, J. W. (1977): Growth Cycles, in: De Economist 125, Nr. 4, 1977, S. 525 - 543.

— (1979): Innovation and the economic long wave, in: Management Review, June 1979, S. 16 - 24.

Gaitanides, M. / *Wicher,* H. (1985): Venture Management-Strategien und Strukturen der Unternehmensentwicklung, in: DBW 45 (1985) 4, S. 414 - 426.

Gluck, F. W. (1985): „Big Bang" Management, in: The Journal of Business Strategy, 1985, S. 59 - 64.

Graham, A. K. / *Senge,* P. M. (1980): A Long-Wave hypothesis of Innovation, in: Technological Forecasting and Social Change 17, 1980, S. 283 - 311.

Greenthal, R. P. / *Larson,* J. A. (1982): Venturing into Venture Capital, in: Business Horizons, Sept./Oct. 1982, S. 18 - 23.

Gupta, A. K. / *Raj,* S. P. / *Wilemon,* D. L. (1985): R + D and Marketing, Dialogue in High-Tech Firms, in: Industrial Marketing Management 14, 1985, S. 289 - 300.

Hardymon, G. F. / *Denvino,* M. J. / *Salter,* M. S. (1983): When Corporate Venture Capital Doesn't Work, in: Harvard Business Review, May/June 1983, S. 114 - 120.

Hayes, R. / *Abernathy,* W. J. (1980): Managing Our Way to Economic Decline, in: Harvard Business Review, July/Aug. 1980, S. 67 - 77.

Heitger, B. (1985): Bestimmungsfaktoren internationaler Wachstumsdifferenzen, in: Die Weltwirtschaft, 1/1985, S. 49 - 69.

Kantrow, A. W. (1980): The strategy-technology connection, in: Harvard Business Review, July/Aug. 1980, S. 6 - 21.

Kiel, G. (1984): Technology and Marketing: The Magic Mix?, in: Business Horizons, May/June 1984, S. 7 - 14.

Killing, J. P. (1982): How To Make A Global Joint Venture Work, in: Harvard Business Review, May/June 1982, S. 120 - 127.

Kirsch, W. (1979): Die Idee der fortschrittsfähigen Organisation – über einige Grundlagenprobleme der Betriebswirtschaftslehre, in: Humane Personal- und Organisationsentwicklung, Festschrift für Guido Fischer, Duncker & Humblot, Berlin 1979, S. 3 - 24.

Kleinknecht, A. (1979): Basisinnovation und Wachstumsschübe: Das Beispiel der westdeutschen Industrie, in: Konjunkturpolitik, 1979, S. 320 - 343.

— (1981): Observation on the Schumpeterian swarning of innovation, in: Future 13 (4), 1981, S. 293 ff.

Kontratieff, N. D. (1926): Die langen Wellen der Konjunktur, in: Archiv für Sozialwissenschaften und Sozialpolitik LXVI (1926), S. 573 - 609.

Kortzfleisch, G. v. (1969): Zur mikroökonomischen Problematik des technischen Fortschritts, in: Die Betriebswirtschaftslehre in der zweiten industriellen Revolution, Festgabe für Theodor Beste zum 75. Geburtstag, hrsg. v. G. v. Kortzfleisch, Berlin 1969, S. 323 - 349.

Kortzfleisch, G. v. (1983): Kreativität und Innovationsklima als Produktionsfaktoren, in: Rissener Jahrbuch 1983/84, Heft 9/83, Hamburg 1983.

Krubasik, E. G. (1984): Angreifer im Vorteil, in: Wirtschaftswoche Nr. 23, 1984, S. 48 - 60.

Low, W. (1984): Discoveries, Innovations, and Business Cycles, in: Technological Forecasting and Social Change 26, 1984, S. 355 - 373.

Lucas, H. C. / *Turner*, J. A. (1982): A Corporate Strategy for the Control of Information Processing, in: Sloan Management Review, Spring 1982, S. 25 - 36.

Maidique, M. A. / *Hayes*, R. H. (1984): The Art of High-Technology Management, in: Sloan Management Review, Winter 1984, S. 17 - 31.

Mansfield, E. (1981): How economists see R + D, in: Harvard Business Review, Nov./Dec. 1981, S. 98 - 106.

McFarlan, F. W. (1984): Information technology changes the way you compete, in: Harvard Business Review, May/June 1984, S. 98 - 103.

Mensch, G. (1972): Basisinnovationen und Verbesserungsinnovationen. Eine Erwiderung, in: ZfB 42, 1972, S. 291 - 297.

— (1975): Das technologische Patt, Innovationen überwinden die Depression, Frankfurt 1975.

Mueller, R. K. / *Deschamps*, J.-P. (1985): Die Herausforderung Innovation, in: Management der Geschäfte von morgen, A. D. Little International, Wiesbaden 1985, S. 27 - 38.

Myers, S. / *Marquis*, D. (1969): Successful Industrial Innovations, National Science Foundation, NSF 69-17, Washington 1969.

Nathusius, K. (1979): Venture Management. Ein Instrument zur innovativen Unternehmensentwicklung, Berlin 1979.

Nielsen, R. P. (1986): Cooperative Strategies, in: Planning Review, March 1986, S. 16 - 20

Parsons, G. L. (1983): Informations Technology: A new Competitive Weapon, in: Sloan Management Review, Fall 1983, S. 3 - 14

Perlitz, M. (1985): Strategisches Innovationsmanagement, in: Innovation, Ausgabe 7, 1985, S. 1 - 7.

Porter, M. E. (1980): Competitive Strategy, New York 1980.

— (1985): Competitive Advantage, New York 1985.

Porter, M. E. / *Millar,* V. E. (1985): How information gives you competitive advantage, in: Harvard Business Review, July/Aug. 1985, S. 149 - 160.

Roberts, E. B. (1980): New Ventures for Corporate Growth, in: Harvard Business Review, Vol. 58, 1980, S. 134 - 142.

Quinn, J. B. (1985): Innovationsmanagement: Das kontrollierte Chaos, in: HARVARD manager Nr. 4, 1985, S. 24 - 32.

Schumpeter, J. A. (1934): Theorie der wirtschaftlichen Entwicklung, Berlin 1934, Wiederabdruck 1952.

Servatius, H.-G. (1985): Methodik des strategischen Technologie-Managements, Berlin 1985.

Skinner, W. (1985): Manufacturing in the corporate strategy, New York 1978.

Sommerlatte, T. / *Deschamps,* J.-P. (1985): Der strategische Einsatz von Technologien, in: Management im Zeitalter der strategischen Führung, Arthur D. Little International (Hrsg.), Wiesbaden 1985, S. 37 - 76.

Sommerlatte, T. (1985): Die Veränderungsdynamik, die uns umgibt. Ist das Unternehmen ausreichend darauf eingestellt? in: Management der Geschäfte von morgen, A. D. Little International (Hrsg.), Wiesbaden 1985, S. 1 - 15.

— (1985): 1000 Unternehmen antworten: Die Innovationswelle kommt, in: Management der Geschäfte von morgen, A. D. Little International (Hrsg.), Wiesbaden 1985, S. 17 - 25.

Souder, W. E. (1980): Managing the Coordination of Marketing and R + D in the Innovation Process, in: TIMS Studies in the Management Sciences 15, 1980, S. 135 - 150.

— (1981): Disharmony Between R + D and Marketing, in: Industrial Marketing Management 10, 1981, S. 67 - 73.

Staudt, E. (1983): Mißverständnisse über das Innovieren, in: Deutsche Betriebswirtschaft, 3/1983, S. 341 - 356.

Steele, L. (1985): Manager wissen zu wenig über Technologie, in: HARVARD manager 1985, S. 51 - 57.

Utterback, J. M. (1974): Innovation in Industry and the Diffusion of Technology, in: Science, Vol. 183, 1974, S. 620 - 626.

Utterback, J. M. / *Abernathy,* W. J. (1975): A Dynamic Modell of Process and Product Innovation, in: Omega 3, 1975, S. 639 - 656.

Wyman, J. (1985): SMR Forum: Technological Myopia – The Need to Think Strategically about Technology, in: Sloan Management Review, Summer 1985, S. 59 - 64.

Zahn, E. (1983 a): Grenzen des Wachstums aus heutiger Sicht, in: „Methodik" Journal IV/1983, S. 244 - 254.

— (1983 b): Some Aspects of High Technology and Economic Development, in: Proceeding of the 10th International Congress on Cybernetics, Symposium XII „Man in a High Technology Environment", Namur 1983, S. 7 - 16.

— (1983 c): Mikroelektronik in der Informationsgesellschaft, in: HARVARD manager 1983/II, S. 7 - 13.

— (1984): Diskontinuitätentheorie – Stand der Entwicklung und betriebswirtschaftliche Anwendungen, in: Diskontinuitätenmanagement, hrsg. v. Macharzina, K., Stuttgart 1984, S. 19 - 75.

— (1985): Unternehmensstrategie und Fertigungstechnologie, in: veränderte Fertigungstechnologie und Unternehmensführung, Danert, G. und Horváth, P. (Hrsg.), Stuttgart 1985, S. 3 - 25.

— (1985): Produktionstechnologie und Unternehmensstrategie, in: Innovation und Wettbewerbsfähigkeit, hrsg. v. Dichtl, E., Gerke, W. und Kieser, A., Wiesbaden 1986.

Zahn, E. / Horváth, P. / Winderlich, H. G. (1984): Unternehmensgründungen in Bereichen der Spitzentechnologie. In: Betriebswirtschaftslehre mittelständischer Unternehmen, hrsg. v. Albach, H. und Held, T., Stuttgart 1984, S. 133 - 147.

Diffusionstheorie und Innovationsmanagement

Von *Peter Milling*

A. Das Konzept des Produktlebenszyklus

Dem Konzept des Produktlebenszyklus kommt sowohl in der betriebswirtschaftlichen Literatur als auch in der Unternehmenspraxis eine zentrale Bedeutung zu. In seinen Stadien des Wachstums, der Reife und des Schrumpfens spiegelt sich unmittelbar die Dynamik wirtschaftlichen Handelns und des technischen Fortschritts. Trotz seines für viele betriebswirtschaftliche Bereiche fundamentalen Charakters – hingewiesen sei hier nur auf die strategische Planung mit ihren Portfoliomethoden – wird der Produktlebenszyklus weitgehend als deskriptives Modell verwendet. Es dient zur Darstellung der Attraktivität eines Marktes oder zur Typisierung unterschiedlichen Käuferverhaltens in Abhängigkeit von den Motiven zur Adoption eines neuen Produktes; es liegt Untersuchungen zugrunde, die die Geschwindigkeit der Diffusion von Innovationen zu messen oder die Höhe und den zeitlichen Verlauf der Nachfrage nach Gütern zu projizieren versuchen[1].

Gemeinsam ist diesen Modellen, daß sie die Ausbreitung und Durchsetzung von Innovationen weitgehend als von exogenen Größen bestimmten Prozeß sehen, für den ein nahezu naturgesetzlicher Ablauf unterstellt wird. Es bleiben nur die Koeffizienten und Parameter zu schätzen, um den zu erwartenden Verlauf des Zyklus vorherzusagen. Bei der Verbreitung von Innovationen kann es sich um die Nachfrageentwicklung für ein neues Produkt, die Durchsetzung neuer Produktionsverfahren oder neuer Organisationsformen handeln[2]. Um die Aufgabe der Parameterschätzung in prakti-

---

[1] Siehe *Rogers*, Everett M.: Diffusion of Innovations, 3. Aufl., New York, N. Y. 1983; *Mansfield*, Edwin: Technical Change and the Rate of Imitation, in: Econometrica, Vol. 29 (1961), S. 741 - 765; *Bass*, Frank M.: A New Product Growth Model for Consumer Durables, in: Management Science, Vol. 15 (1969), S. 215 - 227.

[2] Zum Begriff der Innovation als einer Phase im Prozeß des technischen Fortschritts vgl. *v. Kortzfleisch*, Gert: Forschungen über die Forschung und Entwicklung, in: Zeitschrift für betriebswirtschaftliche Forschung, 24. Jg. (1972), S. 558 - 572; *derselbe:* Technologietransfers und Techniktransfers aus der Bundesrepublik und in die Bundesrepublik Deutschland, in: Gert v. Kortzfleisch und Bernd Kaluza (Hrsg.): Internationale und nationale Problemfelder der Betriebswirtschaftslehre, Berlin 1984, S. 105 - 136, hier S. 115 ff.; *Milling*, Peter: Der technische Fortschritt beim Produktionsprozeß. Ein dynamisches Modell für innovative Industrieunternehmen, Wiesbaden 1974, S. 24 ff.

kablen Dimensionen zu halten, tendieren die Modelle dazu, sich auf einige wenige Größen zu beschränken und damit zwar operational, aber auch bis zur Verfremdung der Realität vereinfachend und abstrahierend zu sein. Diesen Diffusionsmodellen mit ihrer Tendenz zur strukturellen Armut stehen sehr detailliert aufgebaute Adoptionsansätze gegenüber, die die Entscheidungsprozesse der Käufer durch eine Vielzahl unterschiedlicher Akzeptanzstadien abzubilden trachten[3]. Sie bemühen sich, die Realität möglichst genau zu erfassen, sehen sich aber bei der praktischen Anwendung – wegen der sehr großen Zahl an Variablen und des damit verbundenen Quantifizierungsanspruchs – nahezu unüberkommbaren Problemen gegenüber.

Nur relativ selten finden sich unter den Modellen des Produktlebenszyklus solche, die untersuchen, wie das betriebswirtschaftliche Instrumentarium einzusetzen ist, um die Einführung und Durchsetzung neuer Produkte gezielt zu beeinflussen. Es fehlt die strukturelle Homomorphie zur Realität, die erforderlich ist, um formale Modelle für die intelligente Unterstützung von Entscheidungsprozessen heranziehen zu können. Dieser mangelnde Entscheidungsbezug resultiert zum erheblichen Teil aus der Übernahme von Gedanken der Allgemeinen Diffusionstheorie auf Sachverhalte in der Unternehmung, ohne die Besonderheiten des wirtschaftlichen Umfeldes von Innovationen hinreichend zu berücksichtigen.

Bemerkenswert ist die in der Literatur bis dato weitgehend zu beobachtende Trennung zwischen der Verbreitung von Innovationen im Markt einerseits und den unternehmensinternen Entscheidungen über Beschaffung und Verwendung von Produktionsfaktoren andererseits. Dabei handelt es sich aber um verschiedene Betrachtungsweisen ein und desselben Problemkomplexes. Zur Erlangung praktischer Relevanz bei der Entscheidungsunterstützung des Innovationsmanagements müssen diese zwei Perspektiven des Innovationsprozesses zusammengefügt werden. Von der Nachfrageseite her sind die Bestimmungsfaktoren der Kaufentscheidung zu erfassen; es ist darzustellen, wie Kommunikationsprozesse, Preisgestaltung, Lieferbereitschaft etc. sich auf die Entwicklung des Marktes bzw. auf das Verhalten der potentiellen Käufer auswirken. Von der Angebotsseite her gilt es, die relevanten Steuergrößen für das Innovationsmanagement zu erarbeiten; es ist zu analysieren, welche Konsequenzen mit unterschiedlichen Strategien verbunden sind, nach denen Ressourcenallokationen vorgenommen, Produktionsentscheidungen getroffen und Marktpositionen aufgebaut werden. Diese Interaktionen zwischen dem Lebenszyklus eines neuen Produktes und den Prozessen in der Produktionssphäre der Unternehmung sind bislang unbefriedigend berücksichtigt.

---

[3] Siehe *Urban*, Glenn L.: SPRINTER Mod III: A Model for the Analysis of New Frequently Purchased Consumer Products, in: Operations Research, Vol. 18 (1970), S. 805 - 854.

Ebenso vernachlässigt – aber in der Realität dennoch untrennbar verbunden – sind die Substitutionsprozesse einer Innovation durch andere, bereits wieder auf einem höheren technischen Niveau stehende Prozesse oder Produkte[4]. Diese ständige Abfolge sich gegenseitig ersetzender Erzeugnisse – im Bereich der Mikroelektronik zum Beispiel der Übergang von Chips mit einer Speicherkapazität von 16 Kbit zu 64 Kbit und zu 256 Kbit sowie der Schritt in den Bereich von Megabit-Speichern – bleibt ausgeklammert, obwohl gerade aus dieser engen zeitlichen Sequenz charakteristische Probleme betrieblichen Innovationsverhaltens erwachsen.

Mit dem expliziten Abbilden der Strukturen, die den Prozessen der Markteinführung und -durchsetzung Neuer Produkte zugrunde liegen, wird es möglich, über den konzeptionellen Status des Produktlebenszyklus hinaus, Modelle zu entwickeln, die die Aktionsparameter der Unternehmung umfassen. Durch das Einbinden der zur Analyse von Entscheidungskonsequenzen erforderlichen Komponenten können alternative Strategien im vorhinein am Modell getestet und daraufhin untersucht werden, ob sie zur zielgerechten Durchsetzung von Innovationen im Markt beitragen.

B. Komponenten eines Entscheidungsmodells für die Einführung Neuer Produkte

Im folgenden wird ein allgemeines Modell entwickelt, das das Wachstum Neuer Produkte als Diffusionsprozeß abbildet und erklärt. Dieses Kernmodell wird durch unternehmerische Aktionsvariable angereichert, um – wenn auch unter deutlich einschränkenden Annahmen – als Entscheidungs-Unterstützungs-Modell dienen zu können, dessen Analyse Aussagen über sinnvolle bzw. weniger angebrachte Formen unternehmerischen Verhaltens gestattet.

Die Verbreitung Neuer Produkte im Markt ist ein komplexes Phänomen; vielfältige und interdependente Faktoren wirken hierbei zusammen. Neue Produkte gehen häufig einher mit weiterentwickelten Produktionsprozessen, und umgekehrt führen neue oder verbesserte Produktionstechniken zu veränderten Produkten. Die von der Unternehmung verfolgte Preispolitik muß auf einer korrespondierenden Investitions- und Produktionspolitik beruhen. Betriebsergebnis und realisierbare Marktposition stehen in einem Spannungsverhältnis zueinander. Der aus den Effekten der Erfahrungskurve zu ziehende Nutzen hat Auswirkungen auf die Risiken der Substitution des gegenwärtigen Erzeugnisses durch weiterentwickelte Produkte etc.

---

[4] Zu dieser Problematik siehe *Linstone*, Harold A. und *Sahal*, Devendra (Hrsg.): Technological Substitution. Forecasting Techniques and Applications, New York - Oxford - Amsterdam 1976.

Die für die Entscheidungsunterstützung hinreichend realitätsadäquate Untersuchung der Problemsyndrome stellt hohe methodische Anforderungen an die Vorgehensweise: Nicht-Linearitäten, Dynamik, eine Vielzahl von Variablen und anderes mehr müssen erfaßbar und bearbeitbar sein. Die hier vorgetragene Systemanalyse gründet auf dem System-Dynamics-Ansatz, den v. Kortzfleisch bereits früh als das der Innovationsproblematik angemessene Verfahren zur Untersuchung komplexer Systeme herausgestellt hat[5].

Das Modell untersucht den Absatzprozeß eines neu auf den Markt gekommenen langlebigen Konsumgutes und simuliert ihn in seinem Zeitverhalten. Gedacht ist dabei an einen Markt großer Dynamik, wie er sich etwa im Bereich der Hochtechnologie findet. Vereinfachend ist unterstellt, pro Kauf werde nur eine Einheit des Produktes erworben und Wiederholungskäufe träten nicht auf. Des weiteren erfolgt keine Differenzierung nach verschiedenen Anbietern des fraglichen Produktes, d. h. es wird ein Lebenszyklus im gesamten untersucht, wie er bei einer Branchenbetrachtung oder im Falle eines Monopols zu beobachten wäre; es existieren also keine Konkurrenzbeziehungen zwischen Anbietern des fraglichen Erzeugnisses. Sehr wohl können und werden weiterentwickelte Produkte das untersuchte Gut substituieren und dessen Nachfrage abziehen.

Abbildung 1 zeigt die Grobstruktur des Modells mit den die einzelnen Marktsegmente kennzeichnenden Zustandsvariablen und dem Fluß der Käufer zwischen ihnen.

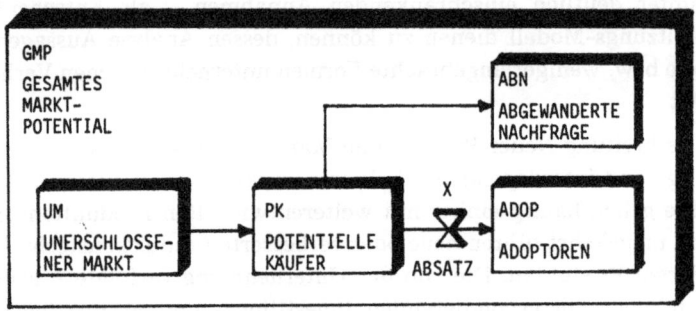

Abb. 1. Grobstruktur des Diffusionsmodells

---

[5] Siehe *v. Kortzfleisch,* Gert: Zur Mikroökonomischen Problematik des technischen Fortschritts, in: Gert v. Kortzfleisch (Hrsg.): Die Betriebswirtschaftslehre in der zweiten industriellen Evolution, Berlin 1969, S. 323 - 349, hier S. 344.
Zu den methodischen Grundlagen des System-Dynamics-Ansatzes siehe *Forrester,* Jay W.: Industrial Dynamics, Cambridge, Mass. 1961; *derselbe:* Principles of Systems, second preliminary edition, Cambridge, Mass. 1969; *Milling,* Peter: Leitmotive des System-Dynamics-Ansatzes, in: Wirtschaftswissenschaftliches Studium, 13. Jg. (1984), S. 507 - 513.

Ausgangspunkt bildet das Segment der Potentiellen Käufer (PK), das den Bereich der Nachfrage umfaßt, die die Unternehmung für ihr Erzeugnis gewinnen zu können glaubt. Treffen die Potentiellen Käufer tatsächlich die erwartete Kaufentscheidung, so werden sie über die Transferrate des Absatzes zu Adoptoren (ADOP). Die beiden Variablen PK und ADOP sowie die sie verbindende Flußvariable dominieren den Prozeß der Verbreitung von Innovationen. Das den Potentiellen Käufern vorgelagerte Segment des Unerschlossenen Marktes (UM) umfaßt die – sei es aus allgemeinen wirtschaftlichen Gründen, wegen mangelnder Information über die Produktexistenz oder zu hoher Produktpreise etc. – nicht aktivierte Nachfrage. Entsprechende Änderungen können zu einem Anwachsen der Zahl Potentieller Käufer aus diesem Bereich führen.

Neben der positiven Veränderung von PK aus dem Unerschlossenen Markt kann auch eine Abwanderung Potentieller Käufer zu Substitutionserzeugnissen stattfinden (ABN), dieser Teil der Nachfrage geht auf Dauer für das eigene Produkt verloren. Die als Gesamtes Marktpotential (GMP) bezeichnete Summe aus allen vier Segmenten bleibt im Zeitablauf konstant; exogene Zu- oder Abflüsse existieren also nicht.

Die Durchsetzung Neuer Produkte im Markt wird als das Ergebnis eines sich überlappenden zweistufigen Kommunikationsprozesses angesehen[6]. In einer ersten Stufe greifen „Innovatoren" das Neue Produkt auf; der Zeitpunkt ihrer Kaufentscheidung und deren Wahrscheinlichkeit bleiben unbeeinflußt davon, ob vor ihnen bereits andere das fragliche Erzeugnis erworben haben[7]. Das Verhalten der Innovatoren veranlaßt jedoch eine zweite Schicht von Nachfragern zur Imitation; die Wahrscheinlichkeit eines Kaufes durch „Imitatoren" hängt von der Zahl der bereits abgesetzten Produkte ab. Der Verbreitungsprozeß einer Innovation im Markt wird damit von Innovatoren initiiert und gewinnt seine Dynamik aus den Kommunikationsbeziehungen zwischen Potentiellen Käufern und dem anwachsenden Bestand an Adoptoren. Konzeptionell basiert der Kommunikationsansatz auf der Diffusionstheorie, die in einer Vielzahl unterschiedlicher Wissenschaftsdisziplinen bei der Entwicklung formaler Modelle solcher Prozesse Anwendung fand[8].

---

[6] Vgl. *Robertson*, Thomas S.: Innovative Behavior and Communication, New York, N.Y. 1971; *Katz*, Elihu und *Lazarsfeld*, Paul F.: Personal Influence. The Part Played by People in the Flow of Mass Communications, New York, N.Y. 1955.

[7] Rogers bezeichnet die ersten 2,5 % der Adoptoren einer Innovation als „Innovatoren"; siehe *Rogers*, Everett M.: Diffusion of Innovations, S. 245 ff.

[8] Zu den Grundlagen und zur Anwendung der Diffusionstheorie vgl. *Pearl*, Raymond: Studies in Human Biology, Baltimore, Md. 1924, *Bailey*, Norman T. J.: The Mathematical Theory of Epidemics, London 1957.
Einen Überblick über diffusionstheoretisch begründete Modelle des Produktlebenszyklus geben *Mahajan*, Vijay und *Muller*, Eitan: Innovation Diffusion and New Product Growth Models in Marketing, in: Journal of Marketing, Vol. 43 (1979), S. 55 - 68.

Die Bedeutung der Innovatoren ist in den frühen Phasen des Lebenszyklus relativ groß und verringert sich monoton im Zeitablauf. Abgebildet wird das Kaufverhalten durch eine Exponentialfunktion der Form

$$KE_{INNO}(t) = p \times PK(t)$$

wobei der Innovationskoeffizient p den Anteil der Innovatoren an der Zahl potentieller Käufer bestimmt.

Formal basiert die Gleichung zur Abbildung der Kaufentscheidung von Imitatoren auf Überlegungen der Kombinatorik[9]. Bei einer Menge mit N Elementen beträgt die Zahl möglicher Kombinationen zur k-ten Klasse (ohne Wiederholung und ohne Berücksichtigung der Anordnung)

$$C_N^k = \binom{N}{k} = \frac{N!}{k!\,(N-k)!}$$

Hier interessiert der Fall der paarweisen Kommunikation ($k = 2$) zwischen den Elementen in N

$$C_N^2 = \binom{N}{2} = \frac{N!}{2!\,(N-2)!}$$

$$= \frac{N(N-1)}{2!} = \frac{1}{2}(N^2 - N)$$

Da N die Summe der Elemente in PK und in ADOP umfaßt, ergibt sich die Zahl der Kommunikationsbeziehungen zwischen PK und ADOP als

$$= \frac{1}{2}[(PK + ADOP)^2 - (PK + ADOP)]$$

$$= \frac{1}{2}[PK^2 + 2 \times PK \times ADOP + ADOP^2 - PK - ADOP]$$

Nach Umgruppierung und Zusammenfassung der einzelnen Terme kann auch geschrieben werden

$$= \frac{1}{2}[\underbrace{2 \times PK \times ADOP}_{\substack{\text{Kommunikation}\\\text{zwischen}\\\text{PK und ADOP}}} + \underbrace{PK^2 - PK}_{\substack{\text{Kommunikation}\\\text{innerhalb PK}}} + \underbrace{ADOP^2 - ADOP}_{\substack{\text{Kommunikation}\\\text{innerhalb ADOP}}}]$$

Bei gruppeninternen Kommunikationsbeziehungen zwischen Elementen von PK und ADOP treten keine Kaufanreize auf; sie bleiben für die Bestimmung der Imitationskäufe folglich unberücksichtigt:

---

[9] Frühe Hinweise auf diesen Weg zur Ableitung der Diffusionsgleichung verdanke ich John Henize.

$$KE_{IMIT}(t) = q \times PK(t) \times ADOP(t)$$

Der Imitationskoeffizient q definiert die bedingte Wahrscheinlichkeit, daß zwischen Elementen von PK und ADOP die möglichen Kontakte realisiert, zum Kauf anreizende Informationen über das fragliche Produkt ausgetauscht und diese tatsächlich zu einer Kaufentscheidung führen werden.

Aus der Summe der Innovations- und Imitationskäufe ergibt sich die Grundgleichung für das Wachstum und die Verbreitung Neuer Produkte:

$$KE(t) = KE_{INNO}(t) + KE_{IMIT}(t)$$
$$= p \times PK(t) + q \times PK(t) \times ADOP(t).$$

Diese Darstellung der Kaufentscheidung umfaßt als allgemeine Form verschiedene Modelle des Produktlebenszyklus. Sie entspricht in ihren Komponenten der von Frank M. Bass verwendeten Diffusionsgleichung, der wohl erstmals Innovations- und Imitationskäufe zur Bestimmung des Wachstums eines Neuen Produktes kombinierte[10].

C. Diskussion der Modellelemente

Das Modell ist in der Simulationssoftware DYNAMO geschrieben, die in ihrer einfachen, an allgemeinen arithmetischen Konventionen orientierten Syntax unmittelbar verständlich ist[11].

Die für die Kaufentscheidung zunächst maßgeblichen Zustandsvariablen – in der System-Dynamics-Terminologie wird von „levels" gesprochen – der Potentiellen Käufer bzw. der Adoptoren errechnen sich durch Akkumulation ihrer sämtlichen Zu- respektive Abflüsse über die Zeit. Die Größe PK wird erhöht durch die Zuwachsrate Potentieller Käufer (ZPK) aus bis dato unerschlossenen Marktbereichen, sie nimmt ab durch den Absatz der Erzeugnisse im Markt sowie durch Substitutionsvorgänge, die das Nachfragepotential in PK zu attraktiveren Produkten abziehen. Als Anfangsbestand PK ($t = 0$) wird ein Wert von 1 Million Käufern unterstellt.

Produktabsatz und Kaufentscheidung sind nicht identisch, da Kapazitätsrestriktionen eine umgehende Befriedigung sämtlicher Kaufwünsche verhindern können. Das mögliche Auseinanderfallen von Kaufentscheidung

---

[10] Siehe *Bass*, Frank M.: A New Product Growth Model for Consumer Durables, S. 216ff.; *Fourt*, Louis A. und *Woodlock*, Joseph W.: Early Prediction of Market Success for New Grocery Products, in: Journal of Marketing, Vol. 25 (1960), S. 31 - 38; *Mansfield*, Edwin: Technical Change and the Rate of Imitation, S. 741ff.

[11] Siehe Pugh-Roberts Associates, Inc.: Micro-DYNAMO. System Dynamics Modeling Language, Reading, Mass. 1984; *Pugh III*, Alexander L.: DYNAMO User's Manual, 6. Aufl., Cambridge, Mass. 1983.

und Produktabsatz wird durch eine Minimumfunktion erfaßt, die die ausgelieferte Menge auf den jeweils kleineren Wert von Kaufentscheidung und Kapazität begrenzt. Diese Vorgehensweise unterstellt, daß kein Fertiglagerbestand vorhanden ist, der den Ausgleich der kapazitätsübersteigenden Nachfrage erlaubt. Die Kaufentscheidung KE setzt sich aus den zuvor diskutierten Komponenten der (von Kommunikationsprozessen) autonomen Innovatoren und der (von der Adoptorenzahl beeinflußten) Imitatoren zusammen[12].

```
note     KERNMODELL DES LEBENSZYKLUS
1   pk.k=pk.j+(dt)(zpk.jk-x.jk-sub.jk)    potentielle kaeufer [st]
n   pk=pki                                 pk anfangswert
c   pki=1e6
r   x.kl=min(ke.k,kap.k)                   absatz [st/mo]
a   ke.k=kinno.k+kimit.k                   kaufentscheidungen [st/mo]
a   kinno.k=p*pk.k                         innovatoren [st/mo]
c   p=.002                                 innovationskoeffizient [dl]
a   kimit.k=q.k*pk.k*adop.k                imitatoren [st/mo]
a   q.k=qn/(pk.k+adop.k)                   imitationskoeffizient [dl]
c   qn=.15                                 imitat.koeff.normwert [dl]
l   adop.k=adop.j+(dt)(x.jk)               adoptoren [st]
n   adop=0                                 adop anfangswert
```

Als Innovations- bzw. Imitationskoeffizienten werden Parameter verwendet, die mit den Werten korrespondieren, die Bass für seine Schätzungen verwandte, wobei – ebenfalls im Einklang mit Bass – der Imitationskoeffizient durch die Summe aus potentiellen und tatsächlichen Käufern dividiert wird[13]. Die daraus resultierende Relativierung des Koeffizienten soll die mit dem unterschiedlichen Umfang möglicher Beziehungen zwischen PK und ADOP variierende Kontakt- und Kaufwahrscheinlichkeit berücksichtigen.

Bleiben in diesem Kernmodell die in anderen Sektoren zu behandelnden und bis dato nicht diskutierten Variablen der Zuwachsrate ZPK, der Substitution SUB und des möglichen Kapazitätsengpasses KAP unberücksichtigt, so beschreiben die Gleichungen ein vollständiges, ablauffähiges System. Abbildung 2 zeigt den Verlauf eines Lebenszyklus über 48 Monate; in den ersten Perioden wird die Nachfrage ausschließlich von Innovatoren getragen, die dann von den Imitatoren in ihrer Bedeutung mehr und mehr verdrängt werden. Da der Markt keinen Zuwachs ausweist, nimmt die Zahl potentieller Käufer kontinuierlich ab, der Komplementärwert der Adoptoren steigt entsprechend an.

---

[12] Die in den DYNAMO-Gleichungen von den Variablennamen durch einen Punkt abgetrennten Buchstaben J, K, L stehen für die Zeitindices $t-1$, t, $t+1$. Die Buchstaben in der ersten Spalte bezeichnen den jeweiligen Gleichungstyp, so L für Zustandsvariable („level"), R für Flußvariable („rate"), C für Konstante etc. Für Einzelheiten siehe *Pugh III*, Alexander L.: DYNAMO User's Manual.

[13] Siehe *Bass*, Frank M.: A New Product Growth Model for Consumer Durables, S. 218 ff.

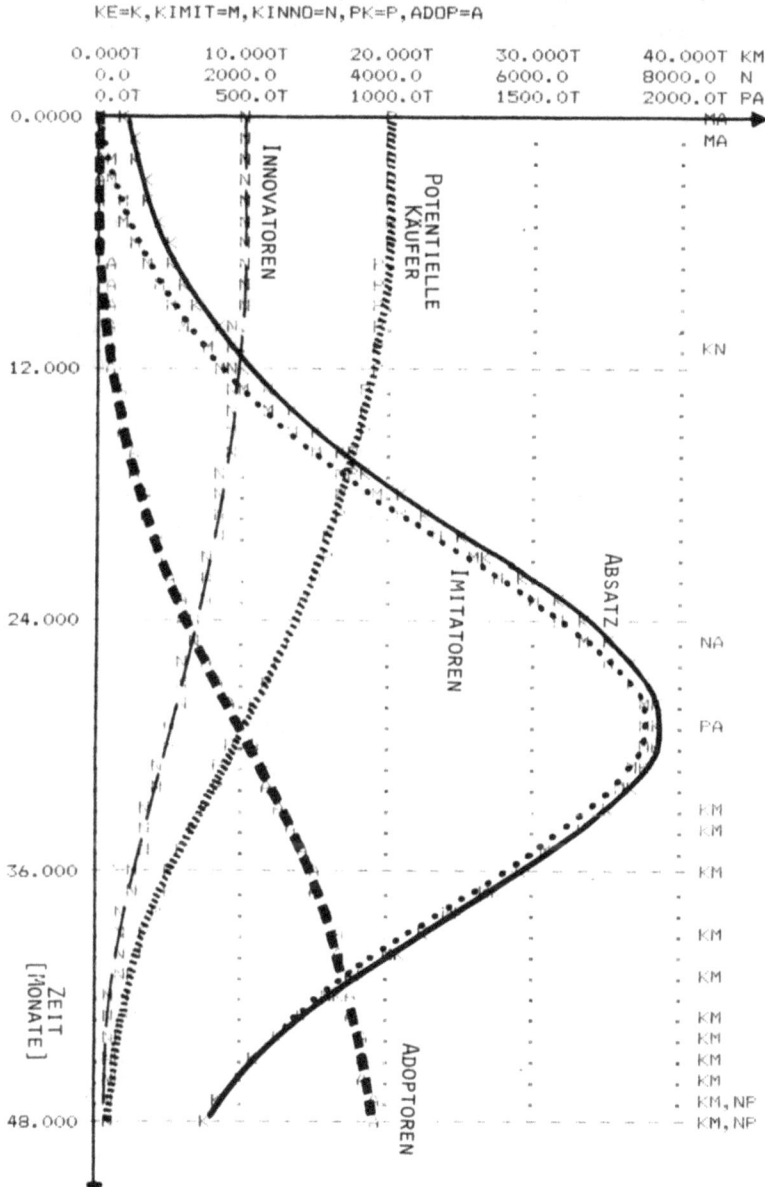

Abb. 2. Verhalten des Kernmodells (mit abgeschalteten Schnittstellen zu anderen Modellteilen)

Dieses Modell vermag Einsichten in charakteristische Eigenschaften der Diffusionsgleichung zu gewähren[14]; zur Entscheidungsunterstützung, wie eine Unternehmung sich bei Einführung und Durchsetzung Neuer Produkte verhalten sollte, ist es allenfalls rudimentär geeignet. Es enthält keine Elemente, die jene Größen wiedergeben, über die die Unternehmensleitung Einfluß auf den Absatz von Produkten allgemein und Neuen Produkten im besonderen zu nehmen trachtet. Dazu ist dieses Kernmodell des Produktlebenszyklus zu erweitern, wobei aus der Vielzahl der Möglichkeiten hier eine Konzentration auf einige fundamentale Aspekte des Innovationsmanagements erfolgt.

Der Kreis Potentieller Käufer bleibt im Zeitablauf nicht konstant; veränderte volkswirtschaftliche Rahmenbedingungen, der technische Fortschritt und der Einsatz unternehmenspolitischer Aktionsvariabler verschieben ständig das Sättigungsniveau der Nachfrage. Das Aufkommen neuer, weiterentwickelter Erzeugnisse kann zu einem Verlust an Käufern führen. Diese Dynamik des Marktes durch das Erschließen neuer Käuferschichten, etwa in Reaktion auf Preissenkungen, oder durch gegenläufige Prozesse, etwa das Abwandern von Nachfrage im Zuge von Substitutionsvorgängen, ist zu erfassen.

Insbesondere in Märkten der Hochtechnologie sind kurze Lebenszyklen und der rapide Rückgang der zu erzielenden Preise zu beobachten. Der Aufbau der erforderlichen Produktionskapazitäten für Neue Produkte stellt hohe Anforderungen an die Ermittlung der zu erwartenden Absatzmöglichkeiten und an die Risikobereitschaft der Unternehmung. Die Ermittlung des Kapazitätsbedarfs, die Investitions- bzw. Desinvestitionstätigkeit sowie die daraus resultierende Lieferbereitschaft sind ebenfalls in das Modell einzubeziehen.

Das Erreichen hoher Produktionszahlen wirkt sich über die damit verbundene Möglichkeit, entsprechende Erfahrungsgewinne zu realisieren, auf die Kostensituation und die Marktposition der Unternehmung aus. Die Entwicklung von Kosten und Betriebsergebnis sowie deren Reagibilität auf unterschiedliche Verlaufsformen des Lebenszyklus sollen als Modellerweiterung hinzugefügt werden.

Zeitlich und sachlogisch dem Bestand Potentieller Käufer vorgelagert ist das als Unerschlossener Markt (UM) bezeichnete Segment. Der daraus stammende Zuwachs an Potentiellen Käufern (ZPK) wird – der Kaufentscheidung analog – durch die Kommunikation zwischen Elementen von UM und den Adoptoren induziert. Ein nicht-linearer, in Abhängigkeit vom jeweilig geforderten Marktpreis variierender Multiplikator ZP kontrolliert

---

[14] Siehe etwa *Schünemann*, Thomas M. und *Bruns*, Thomas: Entwicklung eines Diffusionsmodells für technische Innovationen, in: Zeitschrift für Betriebswirtschaft, 55. Jg. (1985), S. 166 - 185 sowie die dort angegebene Literatur.

den Umfang dieser Transferrate. Er wird durch Division mit der als Gesamtes Marktpotential GMP bezeichneten Summe sämtlicher Marktteilnehmer relativiert.

```
note     MARKTWACHSTUM UND SUBSTITUTION
l   um.k=um.j-(dt)(zpk.jk)              unerschlossener markt [st]
n   um=umi                              um anfangswert
c   umi=0
r   zpk.kl=(z*zp.k/gmp)*um.k*adop.k     zuwachs an pk [st/mo]
c   z=1                                 marktkoeffizient [dl]
a   zp.k=tabhl(zpt,preis.k,250,1000,125) preisreaktion zpk [dl]
t   zpt=1.0/.95/.75/.45/.20/.05/0       tabelle fuer zp [dl]
n   gmp=pk+um                           gesamt-marktpotential [st]
```

Bei der Funktion ZP ist unterstellt, daß bei Preisen von DM 1000,- und mehr keine zusätzlichen Käuferschichten aus UM gewonnen werden können (ZP = 0). Mit zurückgehenden Preisen steigt der Multiplikator zunächst progressiv, dann degressiv an, um für DM 250,- seinen Endwert von 1 zu erreichen (Abbildung 3).

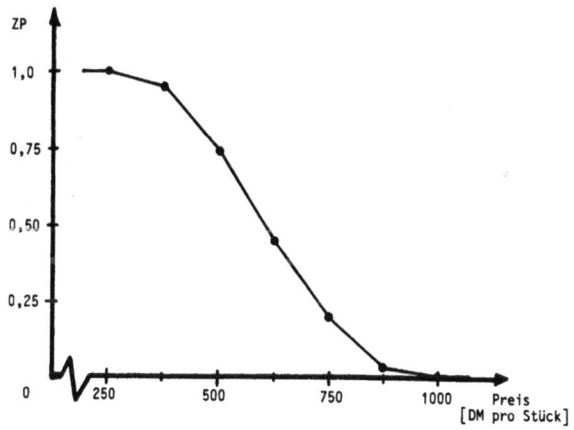

Abb. 3. Graph der Multiplikatorfunktion ZP

Auch für die Substitutionsrate SUB gelten die Überlegungen der Diffusionshypothese, hier in Form der Kommunikation zwischen abgewanderten und Potentiellen Käufern. Die Geschwindigkeit dieses Substitutionsprozesses wird wesentlich von der Lieferbereitschaft der Unternehmung mitbeeinflußt; dies drückt der Quotient KE (t) / KAP (t) in der Gleichung aus. Übersteigt diese Größe den Wert von 1, zeigt sie einen Nachfrageüberhang an und beschleunigt das Abwandern von PK zu ABN.

```
l   abn.k=abn.j+(dt)(sub.jk)              abgewanderte nachfrage [st]
n   abn=0                                 abn anfangswert
r   sub.kl=s*(ke.k/kap.k)(1/gmp)(abn.k)(pk.k)
x       +step(1,stz)                      substitution [st/mo]
c   s=.8                                  substitutionskoeff. [dl]
c   stz=100                               step-zeit [mo]
a   me.k=zpk.jk-sub.jk                    marktentwicklung [st/mo]
```

Die der Substitutionsrate additiv angefügte STEP-Funktion ermöglicht es, den Substitutionsprozeß zu einem beliebigen Zeitpunkt zu starten. Er wird dann einen eigenen Lebenszyklus erzeugen. Die aggregierte Marktentwicklung ME dient nur Darstellungszwecken, um den Saldo aus positiver und negativer Nachfrageentwicklung ausweisen zu können.

Die Produktionskapazität KAP umfaßt alle Faktoren (Kapitalgüter und Arbeitsleistungen), die – aufgrund der impliziten Produktionsfunktion – in dem jeweils ausgewiesenen Umfang für die Produktionsbereitschaft erforderlich sind. Sie startet mit einem Anfangswert von 6000 Stück pro Monat. Die Rate der Kapazitätsveränderung KAPVR repräsentiert also Investitions- und Desinvestitionsvorgänge ebenso wie die Anpassung des Personalbestandes. Sie beruht auf dem Vergleich des aus einer Absatzprognose XPROG ermittelten zukünftigen Kapazitätsbedarfs und den jeweils vorhandenen Ressourcen. Diese Differenz wird durch zwei Parameter, die Risikobereitschaft RB und die Kapazitätsanpassungszeit KAZ, modifiziert.

Der Multiplikator RB ermöglicht es, je nach Wertsetzung (RB $\lesseqgtr$ 1) eine defensive, eine risikoneutrale oder eine offensive Kapazitätspolitik zu simulieren. Die Anpassungszeit KAZ erfaßt die anfallenden zeitlichen Verzögerungen bei der Umsetzung der gewünschten Kapazitätsveränderungen. Dieser mit 6 Monaten angesetzte Zeitraum führt zu einer exponentiellen Annäherung der Ist- an die Sollkapazität.

```
note    KAPAZITAETEN UND PREIS
l   kap.k=kap.j+(dt)(kapvr.jk)            produkt'kapazitaet [st/mo]
n   kap=kapi                              kap anfangswert
c   kapi=6e3
r   kapvr.kl=(rb*xprog.k-kap.k)/kaz       kap'aenderung [st/mo/mo]
c   rb=1                                  risikobereitschaft [dl]
c   kaz=6                                 kap'anpassungszeit [mo]
a   xprog.k=kinno.k+(q.k)*
x       (pk.k-kaz*x.jk)(adop.k+kaz*x.jk)  absatzprognose [st/mo]
```

Die zur Ermittlung der benötigten Produktionskapazität verwendete Absatzprognose XPROG ermittelt ihre Werte aus einem vereinfachten Modell des Produktzyklus selbst. Es besteht in einem ersten Term aus den erwarteten Käufen der Innovatoren (KINNO). Der zweite Term projiziert die Imitationskäufe auf den für die tatsächliche Kapazitätsveränderung erforderlichen Zeitpunkt t + KAZ. Erreicht wird dieser Zukunftsbezug durch Vorausschätzung des erwarteten Bestandes an Potentiellen Käufern und Adoptoren. PK wird dazu um die während des Prognosezeitraumes t + KAZ erfolgten Imitationen reduziert, ADOP um eben diese Größe erhöht. Ihr Produkt ergibt die erwarteten Imitationen; die Summe aus Innovations- und Imitationskäufen schließlich bildet die auf den Zeitpunkt t + KAZ prognostizierte Gesamtnachfrage.

```
a   preis.k=pm*cp.k            preis pro stueck [dm/st]
c   pm=1.25                    preismultiplikator [dl]
```

Die Preisgestaltung geht nur in einfachster Form in das Modell ein; auf die langfristigen Plan-Stückkosten CP wird über einen Preismultiplikator PM ein Gewinnzuschlag erhoben. Der Zuschlagssatz bleibt über die gesamte Laufzeit des Modells konstant, aktive Preispolitik zur Beeinflussung der Kaufentscheidungen ist also nicht berücksichtigt.

Für die Ermittlung der durchschnittlichen Stückkosten verwendet das Modell eine dynamisierte Kostenfunktion mit zwei Variablen; zur Ableitung der langfristigen Plan-Stückkosten dient eine Erfahrungskurve, die Ist-Kosten einer Periode errechnen sich aus den jeweiligen Planwerten, modifiziert um Beschäftigungsabweichungen. Die Erfahrungskurve postuliert einen direkten Zusammenhang zwischen kumulierter Produktion – das ist die Größe ADOP oder hier kurz: A – und den inflationsbereinigten durch-

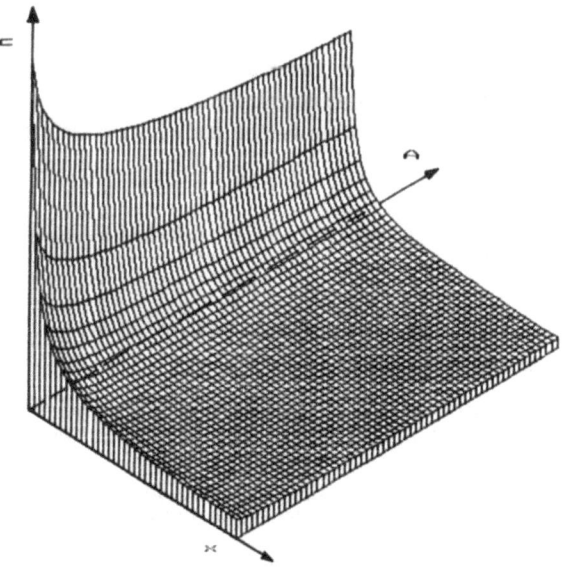

Abb. 4. Graph der dynamischen Kostenfunktion $c = f[A(t), x(t)]$

schnittlichen Stückkosten c^p, wonach mit jeder Verdopplung von A eine Kostensenkung um einen konstanten Prozentsatz einhergeht

$$c^p = c_n \left(\frac{A}{n}\right)^{-\lambda}$$

wobei c_n für die Kosten der n-ten Einheit ($n \leq A$) steht[15].

Das Modell geht von den Werten $c_n = 1000,-$ DM sowie $n = 1000$ Stück aus und unterstellt eine 90%-Erfahrungskurve ($\lambda = 0,1520$). Die hier verwendete Software-Version Micro-DYNAMO verfügt über keine allgemeine Exponentialdarstellung, so daß die Generierung der Erfahrungskurve über die Hilfskonstruktion $A^{-\lambda} = e^{-\lambda \ln A}$ erfolgt.

```
note      KOSTEN UND ERGEBNIS
a    cp.k=cn*exp(-lambda*logn((adop.k+n)/n))  plan-kosten [dm/st]
c    cn=1000                                  kosten n-tes stueck [dm/st]
c    n=1000                                   ausgangsmenge [st]
c    lambda=.1520                             erfahrungs-exponent [dl]
a    cvar.k=vteil*cp.k                        var. stueckkosten [dm/st]
c    vteil=.4                                 anteil variabler kosten [dl]
a    cfix.k=kap.k*(1-vteil)*cp.k              fixkosten des monats [dm/mo]
```

Da nur Beschäftigungsabweichungen zugelassen sind, verhalten sich die variablen Stückkosten gemäß der Erfahrungskurve. Im Maschinen- und Anlagenbau regelmäßig durchgeführte Kostenstrukturanalysen ergaben eine überschlägige Relation von „40:40:20" von Material- zu Personal- und zu sonstigen Kosten[16]. Hier werden allein die Materialkosten als variabel angesetzt (VTEIL = 0,4) und wegen der empirisch beobachteten relativen Konstanz dieses Anteils über den gesamten Wertebereich der Erfahrungskurve beibehalten. Bei den auf das Stück bezogenen Fixkosten der Periode werden Abweichungen von den Planwerten auftreten, sobald die Kapazitäten nicht voll ausgelastet sind.

```
a    be.k=(preis.k-cvar.k)*x.jk-cfix.k        betriebsergebnis [dm/mo]
a    erl.k=preis.k*x.jk                       erloese [dm/mo]
```

Betriebsergebnis BE und Umsatzerlöse ERL errechnen sich selbsterklärend in der üblichen Darstellung.

Damit ist das Modell in seinen Strukturgleichungen und der zugeordneten Parametermenge beschrieben. Es kann auf sein Verhalten hin analysiert

---

[15] Siehe The Boston Consulting Group, Inc.: Perspectives on Experience, Boston, Mass. 1978; *Henderson*, Bruce D.: Henderson on Corporate Strategy, Cambridge, Mass. 1979.

[16] Vgl. o. V.: Trotz Kostensteigerungen behalten Maschinenbauer Gemeinkosten im Griff, in: VDMA Nachrichten, Heft 11/1985, S. 39 ff.

werden und als Entscheidungssimulator zum Testen alternativer Strategien für das Management von Innovationen dienen. Als Zeithorizont für eine solche Untersuchung werden hier 60 Monate angesetzt.

D. Strategie-Evaluation auf der Basis von Simulationsanalysen

Die Erzeugung des charakteristischen Produktzyklus durch das Modell wurde bereits oben mit dem Verhalten seiner verkürzten Basisversion (Abbildung 2) dargestellt. Es erfolgt deswegen unmittelbar der Eintritt in die Analyse der mittels Parametermodifikationen veränderten Simulationsläufe. Dabei wird exemplarisch untersucht, wie das Modell auf Annahmen über Marktdaten reagiert und wie es die Beurteilung unterschiedlicher Strategien der Unternehmung zu unterstützen vermag.

In der Basisversion beschränkt sich das Marktvolumen ausschließlich auf den Anfangsbestand an Potentiellen Käufern. Die in realen Entscheidungssituationen wichtigen Prozesse des Marktwachstums durch Aktivieren latenter Nachfrage oder der Marktschrumpfung durch Abwandern potentieller Käufer zu anderen Erzeugnissen finden bislang nicht statt. Sie sollen im folgenden durch Änderung der dafür vorgesehenen Parameter erzeugt und ihre Konsequenzen, etwa für Umsatz und Betriebsergebnis, studiert werden. Dazu wird der Anfangswert von UM von ursprünglich 0 auf 2 Millionen Stück erhöht und ab der fünfzehnten Periode der Lebenszyklus eines neuen, attraktiven Erzeugnisses gestartet, das in Konkurrenz um die vorhandene Nachfrage tritt. Modelltechnisch geschieht dies durch das Aktivieren der Sprungfunktion in der Substitutionsrate, so daß zusammengefaßt die Parameteränderungen gegenüber der Basisversion lauten:

	UMI	STZ
PRESENT:	2000.0E03	15.000
ORIGINAL:	0.0000	100.00

Abbildung 5 zeigt das Ergebnis dieser Modellsimulation[17].

Die Umsatzerlöse steigen in den ersten 40 Monaten nach Produkteinführung von anfänglich 2 Millionen DM auf ca. 40 Millionen DM, das Betriebsergebnis überschreitet nach knapp 6 Monaten die Gewinnschwelle und erreicht annähernd synchron mit dem Umsatz seinen Höchstwert von 8 Mil-

---

[17] Zur Erzeugung der Simulationsergebnisse wurden folgende Laufanweisungen verwendet:

```
note    LAUFANWEISUNGEN
spec    dt=.5/length=60/pltper=1
opt     lpp=72,txi=12
plot    erl=u(0,50e6)/be=e(-5e6,15e6)/xprog=p,me=m
run     basis
```

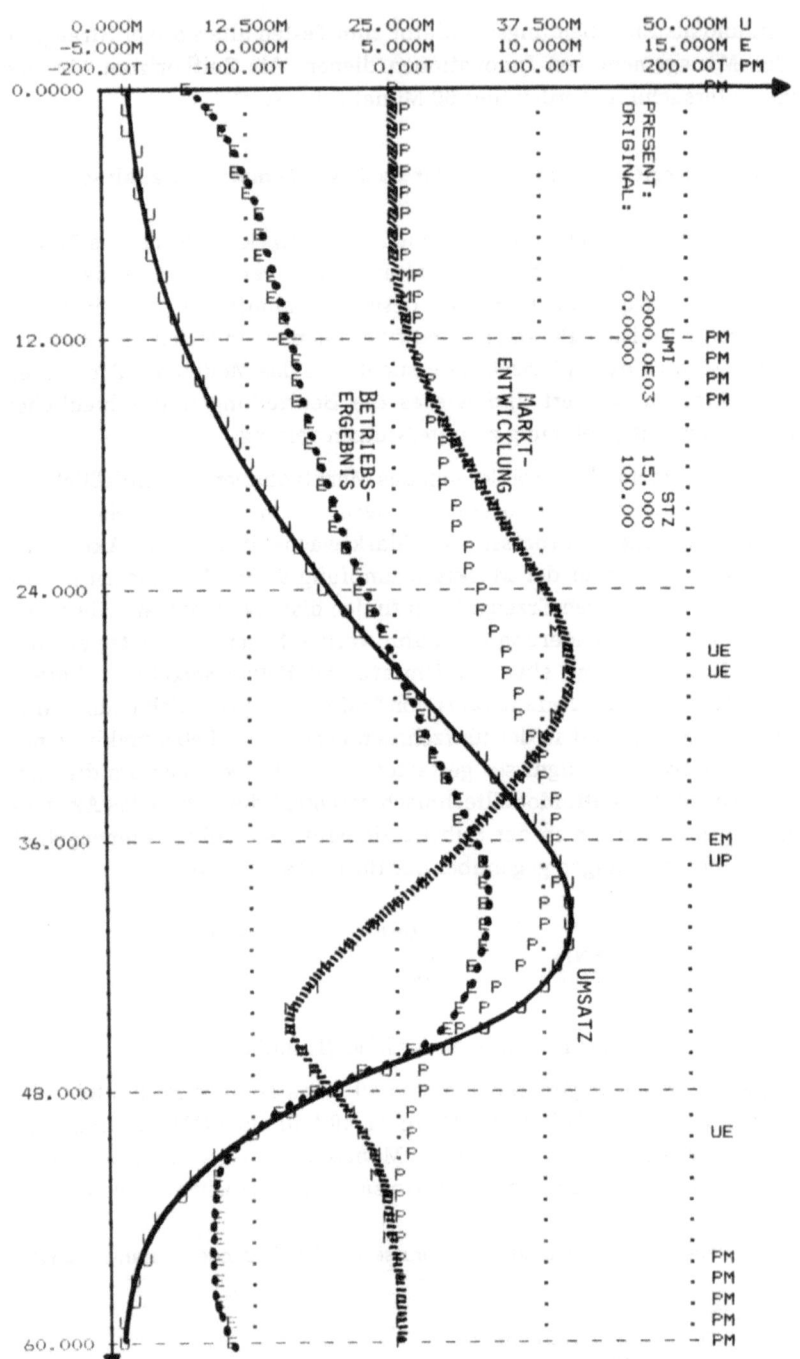

Abb. 5. Marktwachstum und Substitution

lionen DM pro Monat. Dann geht der Umsatz rapide zurück, das Betriebsergebnis fällt in die Verlustzone. Verursacht wird dieses Verhalten durch das progressive Abwandern von Nachfrage im Zuge des Substitutionsprozesses, wie es die Marktentwicklung verdeutlicht, die während der ersten zwei Drittel des Laufes einen positiven, dann jedoch einen deutlich negativen Saldo ausweist.

Die Substitutionsgefahr ist nur eine der Unwägbarkeiten, denen sich Anbieter im Markt innovativer Güter gegenübersehen. Der Versuch, solche Unsicherheiten durch Marktuntersuchungen, durch Absatzprognosen oder durch den Einsatz von Verfahren der technologischen Vorausschau gänzlich auszuschalten, wäre zum Scheitern verurteilt. Risiken sind mit dem Innovationsmanagement untrennbar verbunden. Die Unternehmung muß damit leben und kann nur bemüht sein, mögliche Konsequenzen in ihr Kalkül einzubeziehen und durch eigene Vorkehrungen zu kompensieren.

Eine naheliegende Reaktion auf die Gefahr überdimensionierter Kapazitäten und des daraus resultierenden Fixkostendruckes ist ein vorsichtigeres Investitionsverhalten. Produktionskapazitäten werden nicht in dem vollen Umfang bereitgestellt, wie die prognostizierten Absatzzahlen es nahelegen, sondern um einen Risikoabschlag verringert, damit auch bei geringerer Nachfrage ein hoher Beschäftigungsgrad gewährleistet ist.

Durch Modifikation des Multiplikators der Risikobereitschaft RB kann das Modell eine solche defensive Kapazitätspolitik erfassen. RB-Werte von kleiner als 1 reduzieren das gemäß der Absatzprognose für erforderlich gehaltene Investitionsvolumen; im folgenden Lauf gilt eine um 20% verringerte Risikoneigung (RB = 0,8).

	UMI	STZ	RB
PRESENT:	2000.0E03	15.000	.80000
ORIGINAL:	0.0000	100.00	1.0000

Von ihrer Intention her verzichtet eine solche Politik auf das Abschöpfen von Nachfragespitzen, um eine gleichmäßige und insbesondere gegenüber kurzfristigen Nachfrageverschiebungen weniger anfällige Kapazitätsauslastung zu erreichen. Das Modell zeigt jedoch ein dem zuwiderlaufendes Verhalten (Abbildung 6).

Umsatz und Betriebsergebnis weisen während der Wachstums- und Reifestadien des Lebenszyklus deutlich geringere Werte als im vorangegangenen Lauf auf, in der Abschwungphase brechen sie von ihrem schon niedrigeren Niveau abrupter und markanter ab. Der Umsatz geht innerhalb weniger Monate um fast 20 Millionen DM zurück, das Betriebsergebnis weist Verluste aus, die die der Einführungsphase bei weitem übersteigen. Die nach Risikoverringerung trachtende Kapazitätspolitik verkehrt sich in ihrem

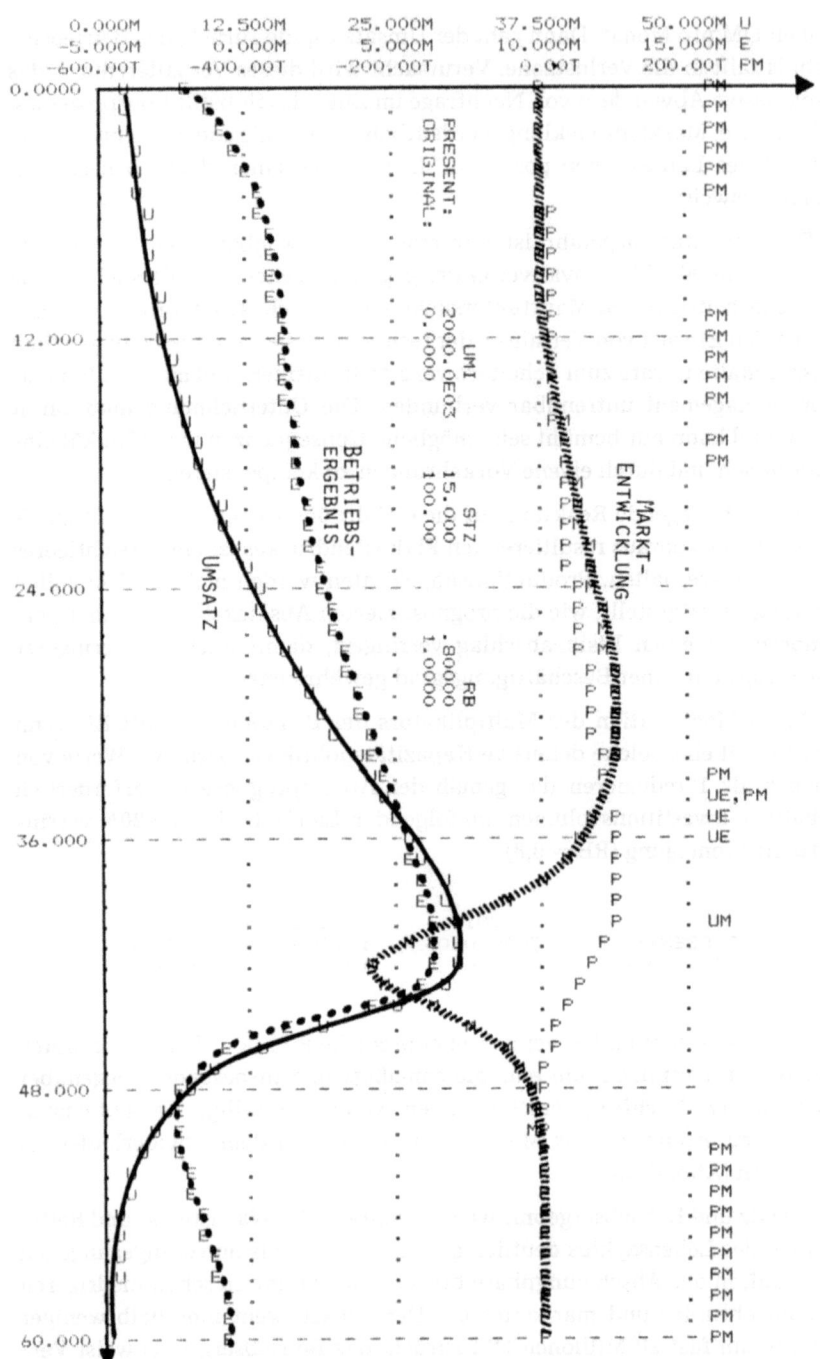

Abb. 6. Marktwachstumsrate und Substitution bei defensiver Investitionspolitik

Ergebnis in das Gegenteil, die Gefahr plötzlich wirksam werdender Nachfrageverschiebungen ist angestiegen.

Hervorgerufen wird das beobachtete Verhalten durch den – mangels Liefermöglichkeiten aufgestauten – Nachfrageüberhang und die damit verbundene gesteigerte Bereitschaft der Potentiellen Kunden, ihre Kaufentscheidung für das betrachtete Produkt zugunsten eines neu auf den Markt gekommenen Erzeugnisses aufzugeben. Das Potential abwanderungsbereiter Käufer ist größer, die Substitutionsgeschwindigkeit infolge der zögerlichen Kapazitätspolitik höher.

Eine entgegengesetzte Investitionsstrategie bei der Einführung Neuer Produkte ist konsequenterweise zu untersuchen: Die Produktionskapazität wird über die unmittelbar erwartete Nachfrage hinaus ausgedehnt, um eine jederzeitige Lieferbereitschaft zu sichern. Gerade beim Absatz von Innovationen sind die Schwierigkeiten, die erwartete Nachfrage vorherzuschätzen, besonders hoch. Märkte mit hohem technischem Niveau und der daraus erwachsenden Bedeutung von Innovationen zeichnen sich häufig durch kurze Lebenszyklen und starke Substitutionsraten aus; nicht der Aufbau langer Lieferfristen, sondern der Verlust von Nachfrage ist die Konsequenz zu geringer Produktionskapazitäten. Eine offensive Investitionspolitik mit erhöhter Risikobereitschaft, hier durch die Erhöhung des Multiplikators RB auf den Wert RB = 1,1 dargestellt, folgt aus solchen Überlegungen.

	UMI	STZ	RB
PRESENT:	2000.0E03	15.000	1.1000
ORIGINAL:	0.0000	100.00	1.0000

Die Simulation dieser Modellvariante zeigt, daß diese Strategie sehr wohl in der Lage ist, die für die Unternehmung negativen Konsequenzen des unerwarteten Aufkommens von Substitutionsgütern weitgehend zu verhindern (Abbildung 7).

Durch die zügige Befriedigung der Nachfrage bleibt das Abwanderungspotential gering. Bei zunehmender Bedeutung des attraktiveren Erzeugnisses vermag die Unternehmung ihre Produktionskapazitäten nahezu synchron zum Bestelleingang zu reduzieren und bis in die Endphase des Lebenszyklus ein praktisch ausgeglichenes Betriebsergebnis zu erwirtschaften.

Die Simulationsanalyse einer Politik erhöhter Risikobereitschaft unterstützt – mit allen Vorbehalten, die bei der Ableitung aus einem keinen stringenten Validitätstests unterzogenen, nur einen Teil der relevanten Beziehungen erfassenden, so einfachen Modell anzubringen sind – die Vermutung, daß in Märkten für innovative Güter mangelnde Risikobereitschaft zu negativen Ergebnissen führt. Bei der in der Realität schwer abschätzbaren

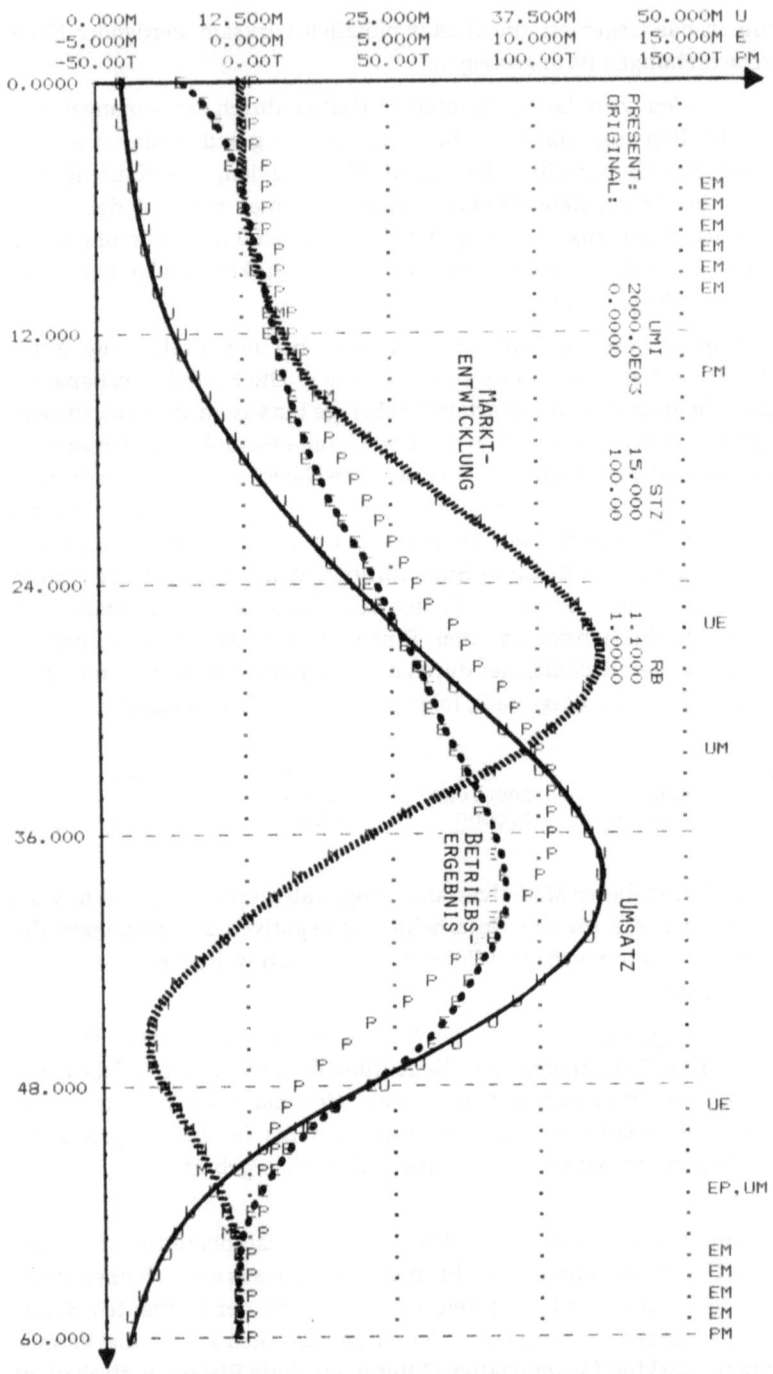

Abb. 7. Marktwachstum und Substitution bei erhöhter Risikobereitschaft der Unternehmung.

Nachfrage und der signifikanten Wahrscheinlichkeit des Auftretens von Substitutionsgütern scheint eine offensive Kapazitätspolitik die den Marktgegebenheiten besser angepaßte Verhaltensform darzustellen.

Die Möglichkeiten – aber für die praktische Anwendung auch die Notwendigkeit – der Erweiterung des hier vorgestellten Ansatzes sind offensichtlich. Das Modell erzeugt den Lebenszyklus eines Produktes für eine gesamte Branche oder für ein Monopolunternehmen, der Wettbewerb zwischen Unternehmen mit nahezu gleichartigen und gleichwertigen Produkten ist nicht erfaßt. Unterschiedliche Marktstrukturen sind hier als Erweiterung einzubeziehen.

Die Preispolitik spielt für den Absatz von Innovationen und insbesondere bei der Erschließung zusätzlicher Käuferschichten eine zentrale Rolle. Die einbezogenen Preismechanismen erfassen nur einen Bruchteil der relevanten Beziehungen. Auch sind Neue Produkte durch Maßnahmen der Kommunikationspolitik bekanntzumachen; deren Einflüsse, sowohl auf die Kaufentscheidung als auch auf die Marktentwicklung, fehlen fast völlig[18].

Die Interaktionen zwischen Produkt- und Prozeßinnovation sind ebenfalls nur rudimentär erfaßt. Die Bestimmungsfaktoren für die Entwicklung der Kosten im Zeitablauf, die unternehmensinterne Ressourcenallokation zwischen Produktentwicklung und Produktionsgestaltung bedürfen weitergehender Analysen. Die mit dem Erreichen hoher Stückzahlen verbundenen Möglichkeiten sind von entscheidender Bedeutung für die Wettbewerbsposition der Unternehmung, sie verführen aber auch zu einem Nachlassen der Innovationsaktivitäten bis hin zu dem Versuch, den Status quo zu konservieren.

Um effizient zur Unterstützung des Innovationsmanagements herangezogen werden zu können, sollten solche Modelle nicht isoliert entwickelt, sondern in ein Entscheidungs-Unterstützungs-System eingebunden bzw. aus ihm abgeleitet werden[19]. Grundgedanke dieser Systeme ist es, Daten-, Modell- und Methodenbanken so verfügbar zu halten, daß problemspezifische und dennoch standardisierte formale Modelle zur Problemlösung eingesetzt werden können.

---

[18] Interessante Ansätze dazu finden sich etwa bei *Mahajan*, Vijay, *Muller*, Eitan und *Kerin*, Roger A.: Introduction Strategy for New Products with Positive and Negative Word-of-Mouth, in: Management Science, Vol. 30 (1984), S. 1389 - 1404; *Wernerfelt*, Birger: The Dynamics of Prices and Market Shares over the Product Life Cycle, in: Management Science, Vol. 31 (1985), S. 928 - 939.

[19] Zum Aufbau von Entscheidungs-Unterstützungs-Systemen siehe *Sprague, Jr.*, Ralph H. und *Carlson*, Eric D.: Building Effective Decision Support Systems, Englewood Cliffs, N.J. 1982; einen Überblick über das Spektrum möglicher Anwendungen gibt *Freyenfeld*, W. A.: Decision Support Systems. An Executive Overview of Interactive Computer-Assisted Decision Making in the UK, Manchester 1984.

Das hier vorgestellte Modell der Durchsetzung und Verbreitung von Innovationen versucht durch seinen modularen Aufbau diesen Überlegungen zu folgen. Das Kernmodell des Produktlebenszyklus greift auf Gedanken zurück, wie sie insbesondere bei der Ausbreitung von Epidemien entwickelt wurden. Die Darstellung der Kostenentwicklung orientiert sich an Untersuchungen zur mikroökonomischen Problematik des technischen Fortschritts beim Produktionsprozeß und an den Überlegungen zur Erfahrungskurve. Die Dynamik der Substitutionsprozesse wurde im Zusammenhang mit Verfahren der technologischen Vorausschau untersucht. Das Zusammenfügen dieser Module unter Berücksichtigung aktueller Daten und unter Zuhilfenahme von Modellentwicklungs- und Simulationssoftware stellt einen Schritt auf dem Weg zu solch einem EDV-orientierten System der Entscheidungsunterstützung dar.

Eine Kreativitätsstrategie für das Unternehmen

Von *Egon Jehle*

A. Kreativität als Engpaß des technologischen Fortschritts

Obwohl die Bundesrepublik Deutschland nach wie vor in die Spitzengruppe der technologisch kreativen und leistungsfähigen Volkswirtschaften gehört, ist unsere Wirtschaft seit einiger Zeit einer harten internationalen Konkurrenz ausgesetzt und mit einer Reihe von gravierenden wirtschaftlichen Problemstellungen konfrontiert. Fehlende marktgerechte Produkte, erhöhter Kostendruck, Anpassung an Umweltvorschriften, rascher Technologiewandel, weltweite Überkapazitäten und menschliche Führungslücken sind die vorrangigen Probleme der Wirtschaft in unserer Zeit. Dieser wirtschaftliche Druck wird sich in Zukunft noch verstärken und deshalb vor allem Maßnahmen zur *Sicherung* und *Verbesserung* unserer techno-ökonomischen Existenzgrundlagen erforderlich machen.

In der Vergangenheit ging man davon aus, daß der technische Fortschritt – und damit das wirtschaftliche Wachstum – eines Landes primär von seinen Bodenschätzen sowie seinem Sach- und Geldkapital abhängt. In den letzten zwei Jahrzehnten setzte sich jedoch zunehmend die Erkenntnis durch, daß es in unserem Zeitalter, in dem die Technologie mit unglaublicher Geschwindigkeit voranschreitet, unmöglich ist, mit dieser Entwicklung ohne gezielte kreative Anstrengungen einigermaßen Schritt zu halten[1]. Das *Geistkapital* als vierte Dimension der technischen und wirtschaftlichen Dynamik, zu dem ganz wesentlich die Fähigkeit eines Individuums zu kreativem Denken gehört, war damit entdeckt[2].

Zugleich wurde in den letzten Jahren von namhaften Persönlichkeiten, maßgeblichen Vereinigungen und Institutionen aber immer wieder darauf hingewiesen, daß das bundesdeutsche Erziehungs- und Ausbildungssystem, die staatliche Forschungs- und Steuerpolitik, die Technologiepolitik und das Kreativitätsmanagement im Unternehmen sowie der gesamtwirtschaftliche Datenkranz das schöpferische Denken und das kreative Individuum, d.h. das Geistkapital, nur unzureichend fördern. Das hierdurch bedingte *Kreativitätsdefizit* sei im wesentlichen für den hierzulande zu beobachten-

---

[1] Vgl. *Hoffmann*, H.: Kreativitätstechniken für Manager, Landsberg 1981, S. 24.
[2] Vgl. *Gross*, H.: Das Geistkapital – Die vierte Dimension der wirtschaftlichen Dynamik, Düsseldorf - Wien 1970, S. 15.

den Technologierückstand, vor allem im Vergleich zu Japan und den USA, verantwortlich zu machen.

Trotz der in diesen Verlautbarungen gelegentlich festzustellenden Übertreibungen und Schwarzmalereien, kann nicht bezweifelt werden, daß in einzelnen Bereichen unserer Wirtschaft ein *Technologierückstand* in der Tat besteht, der durch vermehrte kreative Anstrengungen jedoch aufgeholt werden kann.

Dieser Nachholbedarf an Kreativität zur Sicherung und Verbesserung unserer techno-ökonomischen Existenzgrundlagen kann nicht von heute auf morgen und nicht durch Anstrengungen Einzelner befriedigt werden. Hierzu sind gemeinsame und koordinierte Maßnahmen von Wirtschaft, Politik und Wissenschaft erforderlich. Die Einsicht in die Notwendigkeit gemeinsamer Aktionen auf dem Gebiet der Kreativitätsförderung ist bei den Verantwortlichen in den genannten Bereichen stark gewachsen, nicht zuletzt aufgrund eines gewissen Drucks von außen. Ich möchte in diesem Zusammenhang besonders die Aktivitäten von DABEI, der Deutschen Aktionsgemeinschaft Bildung-Erfindung-Innovation e. V., erwähnen. Unser sehr geschätzter Jubilar, Herr Prof. Dr. G. von Kortzfleisch, ist zur Zeit Präsident dieser Gemeinschaft, die sich satzungsgemäß die Aufgabe gestellt hat, durch fachlich fundierte Empfehlungen und koordinierte Maßnahmen die technisch-naturwissenschaftliche Kreativität auf den Gebieten Bildung, Forschung und Innovation zu fördern, um damit vermehrt technisch-wirtschaftlichen Fortschritt zu ermöglichen.

Richtung, Geschwindigkeit und Sozialverträglichkeit des technologischen Fortschritts werden in westlichen Industrienationen vor allem durch die Unternehmen bestimmt. Der größte Teil der jährlichen Ausgaben für Forschung und Entwicklung wird in unserem Lande von der Wirtschaft getätigt. Deshalb sollten Bemühungen um eine Steigerung der technisch-naturwissenschaftlichen Kreativität vor allem in den Unternehmen und hier insbesondere im Forschungs- und Entwicklungsbereich ansetzen.

In folgenden Ausführungen soll versucht werden, aus betriebswirtschaftlicher Sicht einige Empfehlungen zur Förderung der technisch-naturwissenschaftlichen Kreativität in Unternehmen zu entwickeln. Die betriebswirtschaftliche Innovationsforschung hat bislang die Analyse des Inventions- bzw. des Kreativitätsprozesses als Vorstufe technischer Innovationen stark vernachlässigt und diese Abstinenz mit dem Hinweis auf die Existenz einer *Technologiehalde* und die große Zahl *nachfrageinduzierter Innovationen* zu rechtfertigen versucht[3]. Diese Entwicklung hat wesentlich dazu beigetragen, daß es auch heute in wirtschaftlich schwierigen Zeiten noch viele

---

[3] Vgl. *Staudt,* E. und *Schmeisser,* W.: Innovation setzt Forschung und Entwicklung voraus, in: Blick durch die Wirtschaft, 28. Jg. (1985), Nr. 160, S. 3.

Unternehmen gibt, deren Management den erfolgreichen Kreativitätsprozeß für die Entwicklung neuer Produkte und Verfahren noch gar nicht oder ohne System eingeführt hat[4].

Die These von der Existenz einer *Technologiehalde*, wonach in der Mehrzahl der Fälle wirtschaftlich erfolgreicher Innovationen das hierfür erforderliche technologische Wissen bereits vorhanden ist, so daß lediglich die Auswahl technologischer Alternativen und deren Vermarktung in Frage steht, wird durch die expandierenden Forschungs- und Entwicklungsaufwendungen der Wirtschaft widerlegt. Auch das intensive Bemühen einzelner Industrienationen nach Technologievorherrschaft spricht eigentlich gegen die Gültigkeit dieser These.

Auf der anderen Seite weisen empirische Studien über die Innovationsstimuli in der Wirtschaft auf eine hohe *Nachfrageinduzierung* erfolgreicher Innovationen hin. So ergab eine von Myers und Marquis in fünf Industrien durchgeführte Studie, daß von den ins Auge gefaßten Innovationen 45% markt-, 30% produktions-, 21% technik- und 4% verwaltungsinduziert waren[5]. Gerstenfelder's Studie über technologische Innovationen in Deutschland führte zu einem ähnlichen Ergebnis: Von 11 erfolgreichen Innovationen waren acht mit „Demand Pull" und drei mit „Technology Push", von 11 nicht erfolgreichen zwei mit „Demand Pull" und neun mit „Technology Push" zu erklären[6]. Die überwiegend marktinduzierte Stimulierung von erfolgreichen Innovationen bedeutet jedoch keineswegs, daß in den betreffenden Unternehmen kein oder nur ein geringer Bedarf an technologischer Kreativität besteht, denn in der Mehrzahl der Fälle artikulieren potentielle Kunden ihre Bedürfnisse ohne exakte Spezifizierung der anzuwendenden Lösungsmöglichkeiten. Dieser Bedarf ist nur in denjenigen Unternehmen nicht gegeben, die ihr technologisches Know-how über Fremdforschung beziehen.

Angesichts dieser Tatbestände gewinnt das *Kreativitätsmanagement* im Unternehmen zunehmend an Bedeutung. Die betriebswirtschaftliche Innovationsforschung kann diese Entwicklung nicht mehr weiter ignorieren. Sie muß dem Unternehmen vermehrt geeignete Konzepte und Instrumente zur Steuerung und Kontrolle der technologischen Kreativität zur Verfügung stellen. Zur Entwicklung eines derartigen Instrumentariums erscheint ein Blick auf das Erkenntnisangebot der Kreativitätsforschung hilfreich.

---

[4] Vgl. *Wiest*, R.: Wie können wir kreativ werden?, in: Blick durch die Wirtschaft, Sonderdruck vom 01.10.1984, S. 1 - 6.
[5] *Myers*, S. / *Marquis*, D.: Successful Industrial Innovations, National Science Foundation (NSF), No. 69-17, 1969, S. 30 - 39.
[6] *Gerstenfeld*, A.: A Study of Successful Projects, Unsuccessful Projects, and Projects in process in West Germany, in: IEEE Transactions on Engineering Management, Vol. EM 23, 1976, Nr. 3, S. 118.

B. Zum Stand der Kreativitätsforschung

I. Entwicklung der Kreativitätsforschung

Die moderne Kreativitätsforschung hat sich aus den überwiegend irrationalen Genie- und Inspirationslehren der Vergangenheit herausgebildet, die teilweise auch heute noch in Theorie und Praxis nachwirken. Deren Wurzeln lassen sich bis ins 16. Jahrhundert zurückverfolgen. So wurde Kreativität in der Vergangenheit fast ausschließlich mit genialen und außergewöhnlichen Leistungen in Verbindung gebracht und oft mit einer Aura von Mystik umgeben.

Den Übergang von dieser vorwissenschaftlichen Phase der Kreativitätsforschung zu mehr wissenschaftlich ausgerichteten Untersuchungen bildete das Werk Galtons aus dem Jahre 1870 mit dem Titel „Hereditary Genius", obwohl dieser in seiner Studie – noch ganz dem Zeitgeist verhaftet – den Schwerpunkt auf die Analyse von genialen Menschen und deren Erbfaktoren legte.

Auch die psychologische Forschung auf dem Gebiet der Kreativität, die durch die Arbeiten der Gestalttheoretiker Köhler und Wertheimer[7] ausgelöst wurde, bewegte sich anfänglich auf dieser Denkschiene. Sowohl Begabung und Intelligenz als auch Kreativität wurden als angeborene, umweltunabhängige und damit einer Förderung nicht zugängliche Eigenschaften des Menschen angesehen. Schöpferische Fähigkeiten wurden nur demjenigen Individuum attestiert, das eine geniale Begabung vorweisen konnte[8].

Als Auslöser der *modernen* Kreativitätsforschung gilt allgemein der Vortrag des amerikanischen Psychologen J. P. Guilford über „creativity" aus dem Jahre 1950, in dem dieser mehrere bis dahin unbeachtete Kreativitätsfaktoren postulierte und empirisch erfaßte[9]. Im Verlauf der Jahre erweiterte Guilford diesen Ansatz zu einem umfassenden und empirisch-experimentell überprüften „Intelligenz-Strukturmodell", das in den Folgejahren in der Kreativitätsforschung trotz seiner erkennbaren Grenzen eine paradigmatische Bedeutung erlangte. Die Arbeiten von Guilford führten zur Abkehr vom elitären Kreativitätsbegriff. Die moderne Kreativitätsforschung geht davon aus, daß das Begabungsmerkmal „kreativ" jedem Individuum in mehr oder weniger starker Ausprägung in seiner Fähigkeitsgrundausstattung mitgegeben ist und dieses Merkmal einer qualitativen und quantitativen Beeinflussung durch die Umwelt zugänglich ist[10].

---

[7] *Köhler*, W.: Intelligenzprüfungen an Anthropoiden, 1917; Wertheimer, M.: Schlußprozesse im produktiven Denken, 1920.
[8] Vgl. *Fudickar*, M.: Kreativitätstraining und Schule, Essen 1985, S. 20.
[9] Ebenda, S. 21.
[10] Ebenda, S. 23.

Der „Sputnik-Schock" und später die sog. „Japanische Herausforderung" führten schließlich zu einem Boom in der neueren Kreativitätsforschung, der sich in einer Fülle von Literatur über kreative Prozesse, kreative Individuen, kreative Produkte und über Möglichkeiten der Kreativitätsförderung niederschlug. Die erzielten Untersuchungsergebnisse sind allerdings vieldeutig, zum Teil widersprüchlich und spekulativ. Dieser Erkenntnisstand spiegelt sich auch in den verschiedenen Forschungsrichtungen auf diesem Gebiet wider, die sich zum Teil zu *wissenschaftlichen Schulen* verdichtet und verhärtet haben. Auf diese Forschungsansätze soll im folgenden eingegangen werden, weil ein Teil der dabei gewonnenen Einsichten und Erkenntnisse für den Aufbau eines systematisch und konsequent durchgeführten Kreativitätsprozesses im Unternehmen relevant und nützlich erscheint.

II. Ansätze in der Kreativitätsforschung

Die Vertreter des in der Guilfordschen Forschungstradition noch am meisten verhafteten *„persönlichkeitstheoretischen Ansatzes"* in der Kreativitätsforschung versuchen, typische Persönlichkeitsmerkmale kreativer Individuen herauszuarbeiten[11]. Zwei Möglichkeiten der Kriterienfindung haben sich herausgebildet: die induktive und die deduktive Vorgehensweise. Nach Maßgabe der induktiven Methode sind eindeutig kreative Menschen aus der Bevölkerung auszuwählen und einem Vergleichstest mit der allgemeinen Bevölkerung zu unterziehen. Der elitäre Touch dieses Ansatzes und die Subjektivität, die mit der Auswahl der als kreativ zu bezeichnenden Person verbunden ist, haben diesen Ansatz in der Kreativitätsforschung stark zurückgedrängt. Die Mehrzahl der Vertreter des persönlichkeitstheoretischen Ansatzes arbeitet heute mit der deduktiven Methode, die auf dem Weg der theoretischen Merkmalsbildung deduktiv mit Hilfe empirischer Methoden Kreativitätskriterien zu ermitteln versucht.[12].

Die Ergebnisse dieser Forschungsrichtung sind äußerst kontrovers, vor allem was den unterstellten Zusammenhang zwischen Kreativität und psychischen Störungen eines Individuums angeht. Während eine Gruppe von Forschern eine Korrelation zwischen diesen beiden Merkmalen nachweisen zu können glaubt, hebt eine andere Richtung der Kreativitätsforschung die psychische Gesundheit von kreativen Menschen hervor. Prof. Eysenck vom Institut für Psychiatrie an der Universität von London hat kürzlich auf

---

[11] Vgl. hierzu *Härter*, M.: Kreativitätsfragen. Ein erster Überblick zum gegenwärtigen Stand der Forschung, unveröffentlichtes Manuskript, Karlsruhe 1984; *Lohmann*, J.: Kreativität, Persönlichkeit, Erziehung: Eine empirische Analyse der Korrelate kreativen Verhaltens, Diss. Trier 1975, S. 27ff.; *Ulrich*, W.: Kreativitätsförderung in der Unternehmung, Bern 1975, S. 24ff.

[12] Vgl. *Fudickar*, M.: Kreativitätstraining, ..., S. 27.

einem Symposium über Kreativitätsfragen von neueren Experimenten berichtet, wonach kreative Menschen auf der sog. „psychoticism scale" besonders hohe Werte aufweisen, d. h. in besonders hohem Maße als schizophren eingestuft werden müssen. Diese Untersuchungsergebnisse können m. E. wegen ihres Zuschnitts auf bestimmte Berufsgruppen – nämlich insbesondere Künstler – nicht verallgemeinert werden, denn andere auf repräsentativen Bevölkerungsquerschnitten basierende Untersuchungen weisen keine Korrelationen zwischen diesen beiden Merkmalen auf[13].

Dennoch scheinen viele Untersuchungsergebnisse des persönlichkeitstheoretischen Ansatzes tendenziell darauf hinzuweisen, daß für kreative Menschen häufig Persönlichkeitsmerkmale charakteristisch sind, die in unserer Gesellschaft eher *negativ* als positiv empfunden werden.

Im Rahmen des *denkpsychologischen Ansatzes* in der Kreativitätsforschung werden die bei kreativen Individuen ablaufenden Denkprozesse einer näheren Analyse unterzogen. Bei diesen Untersuchungen hat sich mit erstaunlicher Übereinstimmung herausgestellt, daß sich der Kreativitätsprozeß durch einzelne *Phasen* charakterisieren läßt, die oft synchron und mit zahlreichen Rückkopplungen ablaufen. Die inzwischen in der Kreativitätsforschung als klassisch geltende Prozeßstruktur-Beschreibung unterscheidet[14]:

1. die Vorbereitungsphase
2. die Inkubationsphase
3. die Einsichtsphase
4. die Evaluationsphase.

Bemerkenswert und für den Aufbau von Kreativitätsprozessen im Unternehmen bedeutsam ist die Einsicht, daß sich zwischen der 3. und 4. Phase des Kreativitätsprozesses ein *Bruch* in der Denkweise des kreativen Inviduums vom divergenten zum konvergenten Denken im Sinne von Guilford vollzieht[15].

Die Vertreter des denkpsychologischen Ansatzes in der Kreativitätsforschung gehen häufig von einer Gleichsetzung des Problemlösens und des kreativen Denkens aus. Demgegenüber betonen Newell, Shaw und Simon zu Recht, daß es sich beim kreativen Denken um eine Sonderklasse des Problemlösens handelt, das sich durch Neuheit, unkonventionelles Vorgehen, Unnachgiebigkeit bei der Problemlösung und besondere Schwierigkeiten bei der Problemformulierung auszeichnet. Gerade die Problemerkennung

---

[13] Ebenda, S. 29.
[14] Vgl. *Landau*, E.: Psychologie der Kreativität, München 1969, S. 64 ff.
[15] Vgl. *Stein*, M. J.: Creativity as an Intra- and Inter-personal process, in: A Source Book for Creative Thinking, hrsg. v. S. J. Parnes und H. F. Harding, New York 1962, S. 85 - 92, hier S. 89.

erfordert häufig mehr als die Entwicklung von Problemlösungsmöglichkeiten den Einsatz kreativer Fähigkeiten[16].

Während sich der denkpsychologische Ansatz in der Kreativitätsforschung auf die Arbeiten von Guilford zurückführen läßt, handelt es sich beim *neurobiologischen Ansatz* um eine relativ junge Forschungsrichtung auf diesem Gebiet[17]. Dieser Ansatz setzt am neurobiologischen Konzept des „*assoziativen Gedächtnisses*" an und begreift Kreativität als Fähigkeit, unkonventionelle Gedankenverbindungen zu bilden, die abseits von Routine liegend zu neuen Erkenntnissen und Problemlösungen führen können. Neurobiologen gehen davon aus, daß sich bei kreativen Leistungen ähnliche Vorgänge im Gehirn abspielen wie bei Traumerlebnissen. Die Vorgänge, die sich im Unterbewußtsein beim Träumen abspielen, können aus dieser Sichtweise homologisiert werden mit jenen, die bei vollem Bewußtsein bei Gedankenexperimenten ablaufen. Kreativität im Lichte des neurobiologischen Ansatzes bedeutet also konkret, daß die verschiedenen Einzelinformationen, die irgendwann, irgendwo und zum Teil in verschiedenartigsten Funktionszusammenhängen im Gehirn deponiert wurden, bei bestimmten psychologisch optimalen Konstellationen miteinander zu völlig neuartigen Informationsmustern verknüpft werden können.

Für die Herausbildung derartiger Assoziationsmuster stehen im Gehirn eine Vielzahl von Hirnzellen und Verknüpfungsmöglichkeiten zur Verfügung, mehr als im Leben jemals in Betrieb genommen werden können.

Dem neurobiologischen Ansatz der Kreativitätsforschung zufolge besitzt also jenes Individuum ein hohes Kreativitätspotential, das über einen gut gefüllten *Speicher* und ein leistungsfähiges *Assoziationssystem* verfügt. Um dieses Potential zu aktivieren, bedarf es jedoch einer bestimmten Motivationslage des Individuums. Neurobiologen weisen daraufhin, daß eine gesunde Mischung aus *positivem Streß* und *Muße* die beste Voraussetzung für kreative Leistungen sei.

Mit dem neurobiologischen Ansatz wird eine Brücke zur Forschung auf dem Gebiet der *künstlichen Intelligenz* geschlagen, von der erwartet wird, daß sie kreatives Denken wirksam unterstützen kann. Wir wissen aus Erkenntnissen der Neurobiologie, daß zwischen Gehirn und Digitalrechnern keine vollständige Analogie besteht. „Auf der einen Seite haben wir zwar elektrisch codierte ‚on-off-Schaltungskreise', zusätzlich aber doch auch eine

---

[16] *Newell*, A. / *Shaw*, I. C. / *Simon*, H. A.: The process of creative thinking, in: Contemporary Approaches to creative Thinking, ed. by H. E. Gruber et al., New York 1964, S. 63 - 119; *Härter*, M.: Kreativitätsfragen, ..., Karlsruhe 1984; *Fudickar*, M.: Kreativitätstraining, ..., S. 34.
[17] Siehe hierzu *Lindner*, R.: Technik und Gesellschaft V, Grundlagen menschlicher Denkstrukturen, veröffentlicht durch die Kommission der Europäischen Gemeinschaften, Bericht EUR 9398 DE, Luxemburg 1984, vor allem S. 14 und 47.

außerordentlich hohe chemische Spezifität: So wissen wir doch von einigen zig Neurotransmittersubstanzen, die sich unterschiedlich (exitatorisch oder inhibitorisch) auf die ‚on-off-Prozesse' auswirken[18]." In dem bekannten Buch von Kohonen mit dem Titel „Associative Memory" kann man in diesem Zusammenhang lesen: „The most fatal misinterpretation of these assumptions (how neurons function) concerns the all-or-none-principle. It ought to be known that neurons are firing continuously and their firing rate can be raised by excitory ... inputs and lowered by inhibitory ones[19]." Wir haben es also im Gehirn sowohl mit digitalen als auch mit analogen Schaltungsmechanismen zu tun.

Während die Vertreter der bisher genannten Ansätze der Kreativitätsforschung darum bemüht sind, das Kreativitätsphänomen mit Hilfe wissenschaftlicher Methoden zu *erklären*, versuchen Befürworter der *instrumentalistischen Richtung* lernbare Techniken der Kreativitätsförderung und des Kreativitätstrainings zu entwickeln. Sie gehen davon aus, daß die kreativen Fähigkeiten jedes Menschen mit Hilfe dieser Instrumente gesteigert werden können. Gerade die Betriebswirtschaftslehre hat sich fast ausschließlich mit dieser Art von Kreativitätsforschung beschäftigt. Inzwischen werden etwa 50 Techniken auf diesem Markt angeboten. Im Vergleich zu dieser Fülle von Kreativitätstechniken und Trainingsmethoden war der Erfolg mit diesen Methoden in der Praxis eher enttäuschend. In den Unternehmungen, die diese Techniken anwenden, wird m. E. verkannt, daß Voraussetzung für ihren erfolgreichen Einsatz die Schaffung von kreativitätsfördernden *Rahmenbedingungen* ist.

Nur der Vollständigkeit halber sei am Schluß dieses Abschnitts noch kurz auf den *psychoanalytischen* und *wissenschaftstheoretischen Ansatz* in der Kreativitätsforschung hingewiesen. Die Vertreter der erstgenannten Denkrichtung haben sich im wesentlichen über die Motivation kreativen Verhaltens Gedanken gemacht. Für Freud war Kreativität ein Versuch, in eine Phantasiewelt zu flüchten, um Frustration und Angst zu vermeiden. Andere Forscher des psychoanalytischen Ansatzes erklären Kreativität als Ausdruck von Sublimierungsbemühungen unbefriedigter Bedürfnisse.

Der Versuch liegt nahe, auch Erkenntnisse aus der Wissenschaftstheorie, soweit diese den Entdeckungszusammenhang von Theorien betreffen, für die Kreativitätsforschung nutzbar zu machen. Die Logik der Forschung von Popper hat bereits in diese Richtung gewiesen. Allerdings hat dieses Werk auch den Glauben genährt, auf dem Weg des Studiums und der Rekonstruktion revolutionärer wissenschaftlicher Entwicklungen auf Gesetze des Erfindens und Entdeckens zu stoßen, was einer „Logik des an sich Unlogi-

---

[18] *Lindner*, R.: Technik und Gesellschaft, ..., S. 8.
[19] Ebenda, S. 9.

schen" gleichkommt[20]. Heute wissen wir, daß die Wissenschaftstheorie auf diesem Gebiet lediglich Heuristiken des wissenschaftlichen Erkenntnisfortschritts entwickeln kann, von denen auf die Kreativitätsforschung durchaus wertvolle Impulse ausgehen können.

Wir haben in diesem kurzen Überblick über den Stand der Kreativitätsforschung gesehen, daß die verschiedenen Ansätze auf diesem Gebiet von unterschiedlichen, zum Teil widersprüchlichen Annahmen in bezug auf das kreative Denken und Verhalten ausgehen. Es wäre für den Erkenntnisfortschritt dieser Disziplin und für die praktische Relevanz der gewonnenen Ergebnisse wichtig und nützlich, wenn ein theoretisches Konzept mit großer *Integrationskraft* im Hinblick auf diese alternativen Ansätze gefunden werden könnte. Ein derartiger Forschungsansatz müßte die neurobiologischen, chemischen und psychologischen Vorgänge beim kreativen Denken in einer Art Gesamtschau zu erfassen und zu erklären versuchen. Ein derartiges Konzept ist heute erst schemenhaft auf der Grundlage des neurobiologischen Ansatzes erkennbar.

Nach diesen Betrachtungen zu den verschiedenen Forschungsansätzen in der Kreativitätsforschung sollen nun einige Überlegungen zum Aufbau einer *Kreativitätsstrategie* im Unternehmen folgen.

C. Elemente einer Kreativitätsstrategie für das Unternehmen

I. Zum Stand des Kreativitätsmanagements in der Praxis

Kreativität ist eine wichtige Voraussetzung für den technologischen Fortschritt und dieser eine notwendige Bedingung für die Erhaltung und Verbesserung der Wettbewerbsposition des Unternehmens. Der technologische Fortschritt ist also – um mit Porter zu sprechen – eine unentbehrliche Speiche im Rad der Wettbewerbsstrategie. Technologischer Fortschritt setzt ein hohes Maß an technisch-naturwissenschaftlicher Kreativität voraus. Hieraus erwächst die große ökonomische Bedeutung des *Produktionsfaktors Kreativität* für das Überleben des Unternehmens in unserer wirtschaftlich schwierigen Zeit.

Obwohl sich in den Unternehmungen diese Einsicht mehr und mehr durchsetzt, glauben viele Unternehmer und Manager auch heute noch, daß sich dieser Bedarf an Kreativität durch Absichtserklärungen oder sporadische Aktivitäten auf diesem Gebiet befriedigen läßt. Man glaubt durch das Reden über Kreativität wirtschaftliche Probleme schnell lösen zu können und das rettende Ufer aufgrund der Eingebung magischer Kräfte zu finden, oder durch spontan einberufene Sitzungen kreative Leistungen im erforder-

---

[20] Vgl. *Härter*, M.: Kreativitätsfragen, ..., Karlsruhe 1984.

lichen Umfang produzieren zu können[21]. Die Themenstellungen werden hierbei ad hoc nach der Tagesaktualität ohne Einbindung in ein strategisches Konzept ausgewählt und die Auswahl der Kreativitätstechniken, die Zusammensetzung des Kreativitätsteams sowie die Festlegung der temporalen und lokalen Aspekte der Teamarbeit dem Zufall überlassen. Häufig erschöpfen sich kreative Anstrengungen der Praxis in eilig zusammengerufenen Brainstormingsitzungen nach Feierabend[22].

Ein derartiger Kreativitätsprozeß ist von vornherein zum Scheitern verurteilt. Mit dem Hinweis auf den Streß der Tagesgeschäfte ist ein solch laienhafter und wenig zielführender Kreativitätsprozeß im Unternehmen nicht zu erklären und zu rechtfertigen. Kreative Arbeitsformen, betont Schlicksupp zu Recht, werden häufig als Anschläge auf die betriebliche Disziplin angesehen und deshalb von den Unternehmensleitungen abgelehnt, selbst in Tätigkeitsfeldern, deren Ergebnis in Innovationen bestehen sollte[23]. „Insofern ist es etwas verwunderlich, daß in unseren Unternehmen mit größter Sensibilität, unter vielen Anstrengungen und mit gewaltigen Investitionen eine stetige Erhöhung der technischen Produktivität verfolgt wird, während der geistig-problemlösende (und geistig-schöpferische-A. d. V.) Bereich im Vergleich geradezu *vernachlässigt* wird[24]." An diesem Zustand ist auch die Kreativitätsforschung nicht ganz unschuldig, weil es ihr Erkenntnisstand dem Praktiker nicht erlaubt, eindeutige Empfehlungen für den Aufbau einer effizienten Kreativitätsstrategie im Unternehmen abzuleiten. Auch bei der Gestaltung und Durchführung von Kreativitätsprozessen im Unternehmen ist ein gewisses Maß an *Systematik, Planung,* und *Organisation* erforderlich. Neben Ideenreichtum und Phantasie sind Arbeit, Fleiß, Energie, kritisches Denkvermögen, Sach- und Fachverstand und viel Engagement unabdingbare Voraussetzungen, um kreativ zu sein[25]. Die Praxis hat diese Notwendigkeit mit dem Ausspruch „Creativity is more transpiration than inspiration" auf eine griffige Formel gebracht. Die sich dahinter verbergende Einsicht widerspricht zum Teil den Ergebnissen der modernen Kreativitätsforschung, wonach der erfolgreiche Kreativitätsprozeß eher durch eine Art *„Spielwiesenkreativität"* gekennzeichnet sein sollte.

Es verwundert, daß dieses Kreativitätsmodell auch heute noch in den ansonsten so praxisbezogenen Ingenieurwissenschaften herumgeistert. So fordert z. B. Spur, daß der Ingenieur, vor allem aber der Konstrukteur, in unserer Zeit die Kreativität des Künstlers benötigt. Meines Erachtens darf sich in der Konstruktionspraxis ein derartiges Kreativitätsverständnis nicht

---

[21] *Wiest,* R.: Wie können wir kreativ werden?, ..., S. 1.
[22] Ebenda, S. 1.
[23] *Schlicksupp,* H.: Jedem macht es Spaß zu denken, in Management Wissen, 11/85, S. 92 - 96, hier S. 96.
[24] Ebenda, S. 94.
[25] *Wiest,* R.: Wie können wir kreativ werden?, ..., S. 2.

durchsetzen, weil der Konstrukteur seine kreativen Aufgaben unter *Kosten- und Zeitdruck* zu erfüllen hat. Er arbeitet also unter ganz anderen Bedingungen als der Künstler, der vieles zur Selbstbestätigung macht und selten danach fragt, was der Anwender mit seinem Werk anfangen kann[26].

In folgenden Ausführungen soll versucht werden, Grundzüge einer Kreatitvitätsstrategie für das Unternehmen zu entwickeln, wobei neben den Erkenntnissen der modernen Kreativitätsforschung auch eigene Erfahrungen des Verfassers in Unternehmen einfließen werden. Dennoch werden diese Überlegungen aufgrund des beschriebenen Entwicklungsstandes der Kreativitätsforschung auf weiten Strecken subjektiv und spekulativ sein müssen.

Eine effiziente Kreativitätsstrategie für das Unternehmen muß wesentlich mehr als nur diverse Kreativitätstechniken beinhalten. Sie sollte m. E. eine Kreativitätsphilosophie, Kreativitätsziele sowie ein methoden- und umweltbezogenes Controlling umfassen. Die *Kreativitätsphilosophie* beinhaltet das spezifische Kreativitätsverständnis des Unternehmens und die Leitlinien für den Einsatz kreativitätsfördernder Maßnahmen. Die *Kreativitätsziele* legen die Richtung und das Ausmaß der kreativen Anstrengungen im Unternehmen fest. Demgegenüber hat das *methodenbezogene Controlling* für den effizienten Einsatz des kreativitätspolitischen Instrumentariums zu sorgen. Die Aufgabe des *umweltbezogenen Kreativitätscontrolling* ist es schließlich, Maßnahmen zur Schaffung kreativitätsfördernder Randbedingungen im Unternehmen einzuleiten und zu überwachen.

Diese Elemente der Kreativitätsstrategie (Abb.1) sollen Gegenstand der weiteren Ausführungen sein.

II. Postulate einer Kreativitätsphilosophie des Unternehmens

Kreativität ist nichts Mystisches oder Krankhaftes. Jeder Mensch kann kreative Leistungen vollbringen. Allerdings ist das Begabungsmerkmal „kreativ" bei Menschen unterschiedlich stark ausgeprägt. Kreative Menschen zeichnen sich in hohem Maße durch *nonkonformistische* Verhaltensweisen aus, die in der betrieblichen Gruppenarbeit zu erheblichen Schwierigkeiten führen können. Dennoch empfiehlt es sich nicht, auf diese Individuen bei der Bewältigung kreativer Aufgaben im Unternehmen zu verzichten oder sie einem starken Konformitätsdruck auszusetzen, wie es in unseren Unternehmen mit kreativen Außenseitern nur allzu häufig geschieht. Führende Männer der Wirtschaft haben die Gefahr des Konformitätssyndroms für die Kreativität und das Überleben des Unternehmens erkannt

---

[26] *Spur*, G.: Der Ingenieur braucht die Kreativität des Künstlers, in: IBM Nachrichten 35 (1985), H. 276, S. 7 - 15; kritisch hierzu *Beitz*, W.: Kreativität des Konstrukteurs, unveröffentlichtes Manuskript, Berlin 1984, S. 1 - 11, hier S. 3 - 4.

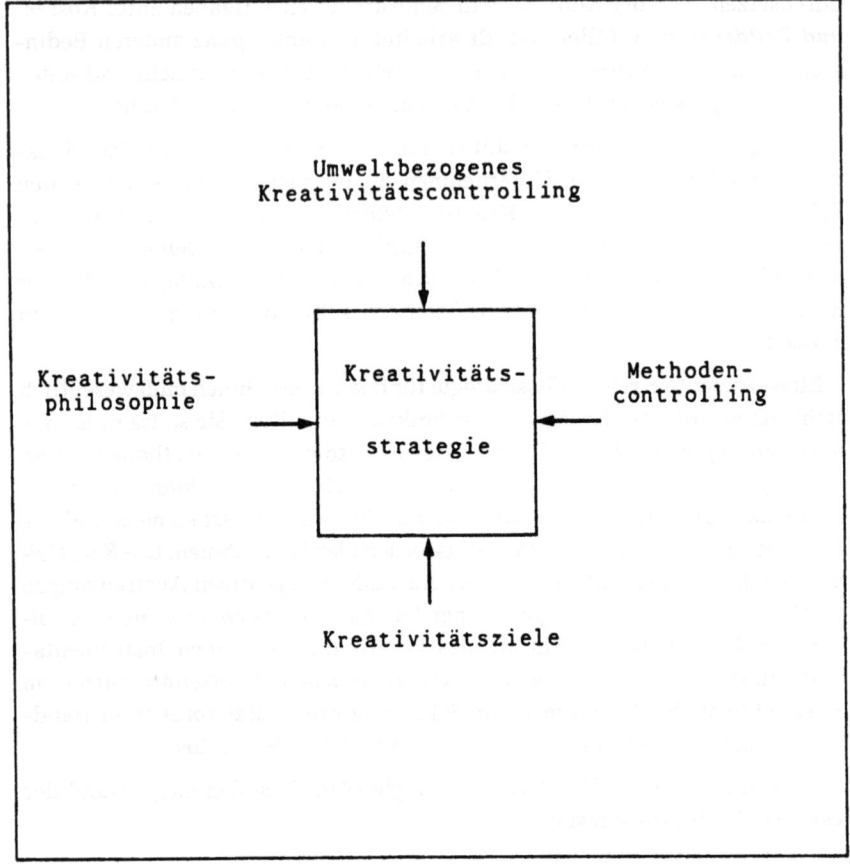

Abb. 1. Kreativitätsstrategie des Unternehmens

und plädieren zu Recht für den vermehrten Einsatz und die aktive Förderung des *konstruktiven Nonkonformisten* im Unternehmen. Es ist die Aufgabe einer zukunftsorientierten Unternehmenspolitik, für eine gesunde Mischung von Konformität und Nonkonformität im Unternehmen Sorge zu tragen[27].

Ein zweites wichtiges Postulat der Kreativitätsphilosophie des Unternehmens sollte lauten: *Die kreativen Fähigkeiten eines jeden Menschen können bis zu einem gewissen Grad durch Lernen gesteigert werden.* Eine lange Zeit wurde geglaubt, daß die Lernfähigkeitskurve bereits Ende der 20er Jahre abfällt. Inzwischen vertritt die Mehrzahl der Neurobiologen und Psychologen die Auffassung, daß diese Kurve nach Überschreiten ihres Maximums in

---

[27] Vgl. hierzu *Hoffmann, H.*: Kreativitätstechniken, ..., S. 47 ff.

den Endzwanzigern ziemlich konstant bleibt und erst mit dem sechzigsten Lebensjahr langsam abzufallen beginnt. Die betrieblichen Bemühungen um eine Steigerung der kreativen Fähigkeiten der Mitarbeiter sollten sich deshalb auf alle Altersgruppen beziehen. Diese Empfehlung ist nun nicht so zu verstehen, daß eine Gleichverteilung der kreativitätsfördernden Maßnahmen auf alle Mitarbeiter anzustreben sei. Dieses *Gießkannenprinzip* der Kreativität war früher in den Unternehmen sehr beliebt. Heute wird jedoch einem gezielten, problem- und bereichsorientierten Einsatz von kreativitätsfördernden Maßnahmen der Vorzug gegeben, eine Strategie, die sehr sinnvoll zu erachten ist[28].

Die Steigerung der kreativen Fähigkeiten von Mitarbeitern im Unternehmen dürfte ein langwieriger und mühsamer Prozeß sein, weil diese zu einem großen Teil auch angeboren und somit umweltunabhängig sind. Deshalb ist zu vermuten, daß sich die Kreativitätsförderung im Unternehmen über die *Ausnutzung brachliegender kreativer Fähigkeiten, die Beseitigung von Kreativitätshemmungen und Kreativitätsbarrieren sowie die aktive Gestaltung von kreativitätsfördernden Randbedingungen im Unternehmen* schneller und effizienter erreichen läßt, als durch eine direkte Beeinflussung des kreativen Potentials. Diese These bildet das dritte Postulat der hier vorgeschlagenen Kreativitätsphilosophie des Unternehmens. Die entsprechenden Maßnahmen sind Bestandteil der im weiteren noch näher zu erläuternden Kreativitätsstrategie.

Das vierte und letzte Postulat bezieht sich auf die Merkmale *Intelligenz* und *Kreativität*. Es gilt als gesichert, daß diese *beiden Merkmale weitgehend voneinander unabhängig sind*[29]. Eine „unkreative Intelligenz" ist also kein Widerspruch in sich. Von Intelligenztests lassen sich demnach keine Schlußfolgerungen auf die kreativen Fähigkeiten von Mitarbeitern ableiten. Die Entwicklung von spezifischen Kreativitätstests sollte deshalb von der Psychologie vorangetrieben werden.

III. Kreativitätsziele

Die Kreativitätsstrategie des Unternehmens wird von seiner *Wettbewerbs- und Technologiestrategie* wesentlich beeinflußt. Aber auch die umgekehrte Beeinflussungsrichtung ist denkbar. Ausgehend von der Wettbewerbs- und Technologiestrategie werden vor allem der *Kreativitätsbedarf* und die *Richtung* der kreativen Anstrengungen des Unternehmens festgelegt.

---

[28] Vgl. *Schlicksupp*, H.: Jedem macht es Spaß zu denken, ..., S. 94.
[29] Kritisch hierzu *Hofstadter*, D. R.: Können Maschinen je kreativ sein? in: Spektrum der Wissenschaft, Nov. 1982, S. 10 - 18, hier S. 10.

Ein inzwischen sehr bekanntes Modell unternehmerischer Wettbewerbsstrategien ist von Porter entwickelt worden[30]. Im Rahmen dieses Modells ist jedoch die Einbindung von alternativen Technologien stark vernachlässigt worden. An dieser Schwachstelle des Porterschen Ansatzes setzen die Arbeiten von Zörgiebel und Servatius an[31]. Das empirisch überprüfte Modell von Zörgiebel ist besonders dazu geeignet, den Rahmen für die weiteren Ausführungen zu bilden.

Zörgiebel unterscheidet vier Typen technologieorientierter Wettbewerbsstrategien, die entlang der Dimensionen „Timing" und „Strategische Marktorientierung" in einer Matrix eingeordnet werden. Die erstgenannte Dimension wird in die beiden Merkmale „früher Einstieg" und „später Einstieg" weiter unterteilt. Demgegenüber wird die strategische Marktorientierung wie bei Porter in die beiden Merkmale „industrieweite Orientierung" und „segmentspezifische Orientierung" aufgespalten. Aus dieser Matrix leitet Zörgiebel folgende *technologieorientierte Wettbewerbsstrategien* ab: die generelle Technologieführung, die generelle Kostenführung, die segmentspezifische Technologieführung und die Anwendungsspezialisierung.

Ein Unternehmen mit einer *generellen Technologieführungsstrategie* versucht, Wettbewerbsvorteile gegenüber seinen Konkurrenten über die kontinuierliche Einführung technologischer Innovationen auf industrieweiten Märkten zu erreichen, mit denen Mobilitätsbarrieren um die Wettbewerbsposition des Unternehmens in der betreffenden Industrie geschaffen werden können.

Demgegenüber zielt ein Unternehmen mit einer *generellen Kostenführungsstrategie* auf die Erringung großer Marktanteile, um auf diesem Wege Economics of Scale, Erfahrungskurveneffekte und weitere Möglichkeiten der Kostendegression auszunutzen. Es schafft sich somit Wettbewerbsvorteile gegenüber konkurrierenden Unternehmen durch eine *niedrige Kostenposition* und weniger durch die Kreation technologischer Innovationen. Ein Unternehmen mit einer derartigen Strategie tritt auf den Markt, wenn sich ein sog. „dominantes Design" in der Technologie herausgebildet hat.

Ein Unternehmen mit *segmentspezifischer Technologieführung* strebt eine technologiche Führungsposition in einem spezifischen Marktsegment an. Es weist ansonsten ein ähnliches strategisches Profil auf wie ein Unternehmen mit genereller Technologieführung.

Die Schwerpunkte einer *Anwendungsspezialisierungsstrategie* liegen im Engineering-Know-how, also in der kostenorientierten Anwendung

---

[30] *Porter*, M. E.: Competitive Strategy, New York - London 1980.
[31] *Zörgiebel*, W. W.: Technologie in der Wettbewerbsstrategie, Berlin 1983; *Servatius*, H. G.: Methodik des strategischen Technologiemanagements – Grundlage für erfolgreiche Innovationen, Berlin 1985.

bekannten technologischen Wissens auf Anwendungsfälle mit exakt definierten Anforderungsprofilen.

Zur erfolgreichen Realisierung jeder einzelnen dieser Strategien wird vom betreffenden Unternehmen der Einsatz aller seiner Kräfte verlangt. Deshalb können diese mehrere strategische Ansätze nicht gleichzeitig verfolgen, ohne mit signifikanten Rentabilitätsverlusten rechnen zu müssen.

Aus den genannten technologieorientierten Wettbewerbsstrategien lassen sich der Kreativitätsbedarf eines Unternehmens und die Richtung der kreativen Anstrengungen unschwer ableiten. Unternehmen mit genereller und segmentspezifischer Technologieführung weisen einen *hohen* Kreativitätsbedarf im Hinblick auf *Produktinnovationen* auf, während Verfahrensinnovationen in ihrer Bedeutung zurücktreten. Die Realisierung einer generellen Kostenführungsstrategie erfordert demgegenüber einen hohen Kreativitätsbedarf im Hinblick auf *Verfahrensinnovationen*, um die angetrebte niedrige Kostenposition zu erreichen. Unternehmen von diesem Typ zeichnen sich durch eine geringe Produktinnovationsrate aus.

Einen relativ geringen Kreativitätsbedarf sowohl im Hinblick auf Produkt- als auch Verfahrensinnovationen weisen Unternehmen mit der Strategie „Anwendungsspezialisierung" auf, da diese bekanntes technologisches Know-how einsetzen und spezifische Kundenwünsche erfüllen (Abb. 2).

IV. Methodencontrolling

Wie bereits oben angedeutet, sollte eine erfolgreiche Kreativitätsstrategie des Unternehmens neben einer Kreativitätsphilosophie und den Kreativitätszielen auch ein schlagkräftiges Methodencontrolling enthalten, das folgende Aufgaben zu erfüllen hat:

1. Sammlung der in Theorie und Praxis entwickelten Methoden zur Kreativitätsförderung im Unternehmen und Durchführung einer Vorauswahl

Diese Vorselektion ist erforderlich, weil auf diesem Markt inzwischen nahezu 50 derartige Techniken angeboten werden und diese nicht alle Gegenstand der eigentlichen Methodenauswahl sein können[32]. In der Praxis werden einfache und schnell erlernbare Methoden bevorzugt und Verfahren, deren Beherrschung einen großen Lern- und Übungsaufwand voraussetzen, abgelehnt[33]. Es ist deshalb nicht verwunderlich, daß die Methodenklassiker

---

[32] Eine aktuelle Zusammenfassung der wichtigsten Kreativitätstechniken findet sich in *Johansson,* Bjørn: Kreativität und Marketing, Bern - Frankfurt am Main - New York 1985.
[33] Vgl. *Schlicksupp,* H.: Jedem macht es Spaß zu denken, ..., S. 92.

Strategie	Strategisches Profil	Kreativitätsbedarf	
		Produktinnovationen	Verfahrensinnovationen
Generelle Technologieführung	- Produktvielfalt - Breites technologisches Know-how auf neuestem Stand - Früher Einstieg (First) - Hohe technologische Kompetenz	hoch	niedrig
Generelle Kostenführung	- Produktvielfalt - Entwicklungsorientierung - Große Marktanteile - später Einstieg (Follower)	niedrig	hoch
Segmentspezifische Technologieführung	- kleines Produktionssortiment - Enges technologisches Know-how auf neuestem Stand - Früher Einstieg (First) - Hohe segmentspezifische technologische Kompetenz	hoch	niedrig
Anwendungsspezialisierung	- kleines Produktionssortiment - Anwendungsengineering - Kostenorientierte Auftragsabwicklung - später Einstieg (Follower)	niedrig	niedrig

Abb. 2. Kreativitätsbedarf in Abhängigkeit von technologieorientierter Wettbewerbsstrategie

Brainstorming, morphologischer Kasten und Methode 635 in der Praxis am häufigsten angewandt werden, während anspruchsvollere Methoden wie die Synektik und die Bionik ein Schattendasein führen. Die genannten Auswahlkriterien verhindern aber gerade den Einsatz dieser Methoden zur Kreativitätsförderung. Dem Methodencontrolling fällt deshalb die Aufgabe zu, Kriterien für die Vorauswahl zu formulieren, die auch den anspruchsvolleren Kreativitätstechniken eine Chance geben und wenn nötig, die personalen und organisatorischen Bedingungen für ihren Einsatz im Unternehmen zu schaffen. Dem Verfasser ist z. B. ein großes deutsches Unternehmen bekannt, dessen technologische Innovationen zu einem wesentlichen Teil aus konsequent durchgeführten Synektiksitzungen hervorgegangen sind.

2. *Herausarbeiten und Durchsetzen der in den verschiedenen Kreativitätstechniken verankerten Denkprinzipien*

Die Effizienz dieser Techniken hängt weniger von methodischen Details als von der Verwirklichung dieser Denkprinzipien ab. Soweit ich sehe, sind den verschiedenen Methoden zur Kreativitätsförderung folgende Denkprinzipien in mehr oder weniger starker Ausprägung inhärent.

– *Divergentes Denken:* Auf Guilford geht die Unterscheidung des Denkprozesses in ein *divergentes* und *konvergentes* Denken zurück. Divergentes Denken ist ein Denken in verschiedene Richtungen, die Dinge einmal von der anderen Seite zu sehen, während konvergentes Denken kalkülhaftes, rationales, logisch-deduktives Denken bedeutet. Guilford ordnet dem konvergenten Denken den Intelligenzbereich und dem divergenten Denken den Kreativitätsbereich zu. Auch Einstein hat auf die Bedeutung des divergenten Denkens für den Erkenntnisfortschritt in der Wissenschaft hingewiesen, wenn er schreibt: „Neue Fragen zu stellen, neue Möglichkeiten zu eröffnen, alte Probleme aus einem neuen Blickwinkel zu sehen, erfordert schöpferische Vorstellungskraft und bedeutet wirklichen Fortschritt in der Wissenschaft[34]." Die verschiedenen Kreativitätstechniken versuchen, divergentes Denken durch verschiedene methodische Anleitungen und Vorschriften zu fördern.

Divergentes Denken ist nach neuen neurobiologischen Erkenntnissen in der rechten Gehirnhälfte des Menschen angesiedelt, während die linke Gehirnhälfte Sitz des konvergenten Denkens ist. Für Arthur Koestler und andere Autoren ist diese Trennung des Gehirns ein „tödlicher Konstruktionsfehler", der für viele Fehlentwicklungen in unserer Gesellschaft und die Verkümmerung der Kreativität verantwortlich zu machen ist. Dabei sei,

---

[34] *Albert Einstein* nach Schönpflug, U. und Schönpflug, W.: Psychologie, München 1983, S. 264.

wie die Geschichte schöpferischer Menschen zeige, eine Versöhnung dieser beiden Gehirnhälften möglich. Durch die einseitige Erziehung der linken Gehirnhälfte und die vorbehaltlose Anerkennung ihrer Leistungen, sei diese Partnerschaft jedoch verschenkt worden[35].

— *Trennung von Kreativität und Evaluation im Kreativitätsprozeß:* Dieser Grundsatz der aufgeschobenen Bewertung wird in der Praxis häufig mit Füßen getreten. In einem Unternehmen hat der Verfasser an mehreren Brainstormingsitzungen teilgenommen, in denen die gefundenen Lösungsideen noch während der laufenden Kreativitätsphase einer kontinuierlichen Bewertung durch den Abteilungsleiter unterzogen wurden. Eine derartige Vorgehensweise ist natürlich mit einer nachhaltigen Schmälerung der Leistungsfähigkeit des Kreativitätsprozesses verbunden, weil sich die Denkprinzipien und Verhaltensweisen in der Kreativitäts- und Evaluationsphase stark voneinander unterscheiden. Kreative Arbeitsformen zeichnen sich durch ein hohes Maß an Divergenz des Denkens, Toleranz bei Mißerfolgen, Regressions- und Expressionsmöglichkeiten bei relativ geringer Vorsehbarkeit und Quantifizierbarkeit der Arbeitsergebnisse aus. Demgegenüber sollte in der Evaluationsphase das konvergente, diskursive, kalkülhafte, logisch-deduktive und quantifizierende Denken vorherrschen und die Toleranz gegenüber Fehlschlägen auf ein Minimum reduziert werden[36].

— *Beseitigung von Kreativitätshemmungen:* Kreativitätstechniken zielen durch bestimmte methodische Anleitungen auf eine Beseitigung von kognitiven, sozialen und emotionalen Kreativitätshemmungen beim Individuum. Das Kritikverbot, die Möglichkeit, auch unsinnig erscheinende Lösungsvorschläge zu unterbreiten und die Forderung nach homogener Zusammensetzung des Kreativitätsteams sind z.B. derartige Anleitungen. Bei falscher Anwendung können diese, wie die Praxis zeigt, aber auch zu einer Ansammlung kreativer Spinnereien führen, die keinerlei Bezüge zur ursprünglichen Problemstellung mehr aufweisen. Von Praktikern wird zu Recht betont, daß ein Kreativitätsprozeß ohne ein klar formuliertes Ziel und Problem ineffizient ist, und daß am Ende eines jeden kreativen Prozesses im Unternehmen eine brauchbare Produktidee stehen muß. Gefordert sind nicht jene „pseudo-phantastischen Blähungen unter dem Deckmantel der falsch verstandenen Brainstorming-Regel ‚Keine Kritik!', keine Primitivkreativität nach dem Motto, je absurder, desto besser", sondern „jene Kreativität, die aus einem tief empfundenen Verständnis für die Natur der Problematik erwächst, aus der Aktivierung und Integration von Wissen, aus Identifikation und Wollen, aus geistiger Beweglichkeit, die jedoch stets ihr Ziel wiederfindet"[37].

---

[35] Vgl. hierzu *Gottschall*, D.: Die Phantasie ordnet das Chaos, in: Management Wissen, 11/85, S. 77 - 88, hier S. 83 ff.
[36] Vgl. *Stein*, M. J.: Creativity, ..., S. 89.

Noch eine Gefahr ist in diesem Zusammenhang zu sehen. Psychoanalytisch orientierte Kreativitätsforscher und Kreativitätstrainer neigen häufig dazu, Kreativitätshemmungen als seelische und neurotische Spannungen zu interpretieren und ihnen mit Methoden des Psychotrainings zu Leibe zu rücken. Eine derartige Vorgehensweise kann große psychologische Schäden bei denjenigen Mitarbeitern im Unternehmen hervorrufen, für die diese Spannungen nicht kennzeichnend sind. Und dies dürfte die Mehrzahl sein.

– *Regressions- und Expressionsmöglichkeiten:* Kreativitätstechniken können ihre optimale Wirksamkeit nur entfalten, wenn sie mit ausreichenden Regressions- und Expressionsmöglichkeiten verbunden sind. Redefreiheit gehört zu den wichtigsten methodischen Prinzipien dieser Techniken. Regressionsmöglichkeiten, unter denen die Psychologen *spielähnliche* Situationen verstehen, kann das Unternehmen durch eine entspannte und aufgelockerte Atmosphäre in Kreativitätssitzungen, Spaziergänge, Workshops und Innovationsklausuren schaffen. Es muß jedoch stets sichergestellt sein, daß der Kreativitätsprozeß auch in derartigen Situationen zielführend bleibt und Utopia verhindert wird.

3. Versorgung des Kreativitätsprozesses mit Informationen

Auch schöpferisch-geistige Prozesse kommen ohne zweckorientiertes Wissen nicht aus. Der Amerikaner Alfred North Whitehead hat schon vor 50 Jahren mit Nachdruck den „effektiveren Gebrauch unseres Wissens" betont. Er meint, daß „es die Narren und Phantasten sind, die das Vorstellungsvermögen ohne das Wissen benutzen", und daß es „die Pedanten und Besserwisser sind, die ohne Vorstellungsvermögen ihr Wissen vergeuden"[38].

Der erfolgreiche Kreativitätsprozeß muß mit der systematischen Aufbereitung des Suchfeldes beginnen. Für das Suchfeld sind nicht nur allein die Zielsetzung zu definieren und Schnittstellen zum Problemumfeld festzulegen, sondern insbesondere sämtliche externen und internen Informationen für die jeweils relevante Problemstellung zusammenzutragen. Erst wenn der Istzustand auf diese Weise vollständig erfaßt und analysiert ist, kann der eigentliche Kreativitätsschritt erfolgen[39].

Aber auch innerhalb dieser Kreativitätsphase sollte das Methodencontrolling noch *weitere* Informationsversorgungsaufgaben übernehmen. Es hat sich z.B. in der Konstruktionspraxis als sehr kreativitätsfördernd erwiesen, den Konstrukteuren für ihre kreativen Aufgaben Informationsunterla-

---

[37] *Schlicksupp,* H.: Jedem macht es Spaß zu denken, ..., S. 94.
[38] Nach Hoffmann, H. J.: Schöpferische Problemlösungsmethoden, in: Management Enzyklopädie, Bd. 8, Landsberg 1984, S. 325 - 337, hier S. 327.
[39] Vgl. *Wiest,* R.: Wie können wir kreativ werden, ..., S. 3.

gen über Lösungsmethoden mit ihren Bedingungen und Anwendungsgrenzen in Form einer Methodenmatrix zur Verfügung zu stellen. Auch die Versorgung der Konstrukteure mit Katalogen von Lösungen unterschiedlicher Konkretisierungsgrade, z.B. über physikalische Effekte, Wirkprinzipien und Wirkstrukturen, Maschinenelemente, Normteile oder sonstige Lösungselemente, hat sich in der Praxis als sehr erfolgreich erwiesen und auf die Kreativität befruchtend gewirkt[40]. Derartige Kataloge sollten als Ordnungsschemata für bewährte Lösungen, als Heuristiken für die Suche nach neuen Lösungsmöglichkeiten und nicht als vollständige Lösungssammlungen angesehen werden[41]. Diese Ordnungsschemata sparen darüber hinaus viel Zeit und Kosten, sie kanalisieren den Kreativitätsprozeß und verhindern dadurch, daß dieser auf Abwege gerät.

4. Rationaler Einsatz des kreativitätspolitischen Instrumentariums

Das kreativitätspolitische Instrumentarium umfaßt die verschiedenen Kreativitätstechniken und -übungen sowie eine Reihe weiterer Hilfsmittel zur Kreativitätsförderung. Der Einsatz von Drogen der verschiedensten Art zur Kreativitätsstimulierung muß hier außer Betracht bleiben, obwohl einige Kreativitätsforscher sich gerade vom Einsatz dieser Hilfsmittel eine große Wirksamkeit versprechen.

Es ist die Aufgabe des Methodencontrolling im Rahmen der Kreativitätsstrategie, aus dem Bestand der vorselektierten Kreativitätstechniken die geeignetste oder das optimale Methoden-Mix auszuwählen. Ob eine bestimmte Methode zur Ideenproduktion geeignet erscheint, ist im wesentlichen abhängig vom *Umfang* und der *Tiefe* des gestellten Problems, von der *Wirtschaftlichkeit* dieser Methode sowie vom Vorhandensein der erforderlichen *personalen, organisatorischen* und *finanziellen* Ressourcen[42]. Unter der Problemtiefe ist mit Michael das Niveau des technologischen Wissens zu verstehen, dessen die Problemlösung bedarf[43]. Abbildung 3 zeigt alternative Problemstrukturen und die im Regelfall dazu passenden Kreativitätstechniken.[44]

Die Beurteilung der verschiedenen Methoden zur Ideenfindung im Hinblick auf ihre Wirtschaftlichkeit und hinsichtlich des Vorhandenseins der genannten Ressourcen ist aufgrund der damit verbundenen Operationalisierungs- und Meßprobleme mit großen Schwierigkeiten und Unsicherheiten

---

[40] Siehe hierzu *Beitz*, W.: Kreativität des Konstrukteurs, ..., S. 8.
[41] Ebenda, S. 8.
[42] *Jehle*, E.: Gemeinkosten-Management, in: Die Unternehmung, 1/82, S. 59 - 76, hier S. 70.
[43] *Michael*, M.: Produktideen und „Ideenproduktion", Wiesbaden 1973, S. 89/90.
[44] Vgl. ebenda, S. 88 ff.

Problemtiefe \ Problemumfang	gering	gross
eng	Morphologisches Verfahren	Relevanzbaum-Verfahren
weit	Brainstorming	Synektik

Abb. 3. Problemstrukturen und Kreativitätstechniken

verbunden. Die Durchführung der Brainstorming-Methode erfordert vergleichsweise wenig organisatorische Vorkehrungen, geringe Kosten und keine besondere Ausbildung der beteiligten Personen. Allerdings bestehen hinsichtlich ihrer Leistungsfähigkeit zur Ideenproduktion diametral entgegengesetzte Auffassungen. Während Kern und Schröder aus den bisherigen Erfahrungen mit dieser Methode eine Überlegenheit individueller Problemlösungen glauben ableiten zu können[45], betonen Kirsch et al., daß mit Brainstorming bislang gute, empirisch nachweisbare Ergebnisse erzielt werden konnten. „Die Lösungsmächtigkeit – gemessen an der Zahl guter Ideen (liegt) beim Brainstorming um etwa 70 Prozent höher als bei individueller Problemlösung[46]." Die relativ starke Verbreitung der Brainstorming-Methode spricht für die Auffassung der zuletzt genannten Autoren.

Demgegenüber sind für die Durchführung der Synektik mehr oder weniger umfangreiche organisatorische Veränderungen, ein hoher Aufwand und eine spezielle Ausbildung der beteiligten Personen erforderlich. Beim Einsatz dieses Verfahrens ist jedoch die Erfolgswahrscheinlichkeit am größten, besonders unkonventionelle und möglicherweise bahnbrechende Ideen zu finden.

Mit dem Einsatz der morphologischen Methode und des Relevanzbaumverfahrens sind keine besonderen organisatorischen Vorbereitungen verbunden. Deren Einsatz ist dann besonders wirtschaftlich, wenn bei der Durchführung der erforderlichen Operationen auf den Computer zurückgegriffen werden kann.

Zur Lösung des hier gestellten Auswahlproblems kommen Methoden der mathematischen Programmierung kaum in Frage, weil hinreichend exakte Input-Output-Relationen für den Bereich der Ideengenese nicht aufgestellt werden können und weil eine Reihe von nicht bzw. schlecht quantifizierbaren Faktoren berücksichtigt werden müssen. Für die Auswahl von Verfah-

---

[45] *Kern*, W. und *Schröder*, H. H.: Forschung und Entwicklung in der Unternehmung, Reinbek bei Hamburg 1977, S. 150.
[46] *Kirsch*, W. / *Bamberger*, I. / *Gabele*, E. / *Klein*, H. K.: Betriebswirtschaftliche Logistik, Wiesbaden 1973, S. 590.

ren zur Ideenproduktion empfiehlt sich statt dessen die Anwendung weniger ehrgeiziger Ansätze, wie z.B. das Anfertigen einer Checkliste oder der Einsatz der *Nutzwertanalyse*.

5. Einbindung von Kreativitätstechniken und Kreativitätssitzungen in umfassendere Problemlösungsmethoden

Kreativität läßt sich nicht spontan diktieren und der Feierabend reicht auch nicht dafür aus, um kreativ zu werden. Der erfolgreiche Kreativitätsprozeß benötigt eine gewisse *Vorlaufzeit* für vorbereitende Maßnahmen, z.B. das Festlegen und die Abgrenzung des Suchfeldes, das Bilden der Arbeitsgruppe, die Schulung der Teammitglieder, das Abschätzen der Kosten, das Planen der temporalen und lokalen Aspekte der Teamarbeit und für die Versorgung mit Informationen. Diese vorbereitenden Maßnahmen werden in der Praxis häufig vernachlässigt, weil der hierfür notwendige zeitliche Aufwand sehr groß ist oder der Rausch einer Spontanidee häufig von diesem Erfordernis ablenkt. Deshalb empfiehlt sich die *Einbindung* der Kreativitätstechniken und Kreativitätssitzungen in umfassendere kreativitätsorientierte Problemlösungsmethoden, bei denen die genannten Aufgabenstellungen zum unverzichtbaren Bestandteil des methodischen Vorgehens gehören. Hier sollte der für das Methodencontrolling zuständige Mitarbeiter eine Brücke zur *Wertanalyse* schlagen. Mit dieser Methode werden die Teammitglieder sorgfältig und unter aktiver Mitarbeit an ihre Kreativitätsaufgaben herangeführt, mit ihnen vertraut gemacht und auf diese Weise optimal für die Durchführung des eigentlichen Kreativitätsschrittes vorbereitet und motiviert.

6. Unterstützung der Kreativität durch künstliche Intelligenz

Für die meisten Kreativitätsforscher ist Kreativität untrennbar mit dem menschlichen Denken verbunden. Insofern ist es für diesen Personenkreis undenkbar, daß ein Computer mit seinem atrophierten rechten Gehirn – wie sie sagen – jemals in der Lage sein wird, über das von ihm zur Verfügung gestellte Wissen hinaus Kreativitätsprozesse wirksam zu unterstützen. Sie glauben, daß auch der Tätigkeit von noch so perfekten Maschinen immer etwas Farbloses und Stupides anhaften wird, daß diese keinerlei Originalität besitzen, daß sie ihre Ideen und Gedanken ausschließlich aus einem mit Formeln und Bücherweisheiten vollgestopften Speicher beziehen, und daß sich hinter ihrer Fassade eben nichts Lebendiges und Dynamisches, nichts essentiell Menschliches verbirgt[47]. Der Einsatz von Maschinen im Kreativi-

---

[47] *Hofstadter*, D.R.: Können Maschinen je kreativ sein?, ..., S. 10.

tätsprozeß würde nach Auffassung dieser Zeitgenossen unweigerlich zu einer untragbaren Mechanisierung der Kreativität führen.

Dem Konzept des assoziativen Gedächtnisses, das dem neurobiologischen Ansatz zur Kreativitätsforschung zugrunde liegt, ist zu entnehmen, daß auch Kreativität auf bestimmten Mechanismen gründet, die sich durch Computer näherungsweise simulieren lassen. Aus Gesprächen mit Informatikern ist dem Verfasser bekannt, daß zur Zeit an der Entwicklung von Rechnern mit assoziativen Fähigkeiten gearbeitet wird. Auch wenn dieses Rechnermodell einmal Realität werden sollte, braucht niemand zu befürchten, daß damit das Ende unserer Kultur naht. Ganz im Gegenteil: Wir sollten uns auf den Tag freuen, an dem wir zusammen mit unseren Computer-Freunden in neue Welten geistig-schöpferischer Tätigkeit eintreten dürfen[48].

V. Umweltbezogenes Kreativitätscontrolling

Im Rahmen der bisherigen Ausführungen wurde mehrfach darauf hingewiesen, wie wichtig die Gestaltung von *Umweltbedingungen* für den erfolgreichen Kreativitätsprozeß im Unternehmen ist. Dem *umweltbezogenen Kreativitätscontrolling* fällt die Aufgabe zu, die Bedingungen für eine „kreative Umwelt" im Unternehmen zu schaffen. Wir sollten hierbei zwischen einer engeren und weiteren Umwelt des Kreativitätsprozesses unterscheiden. Die *engere Umwelt* umfaßt im wesentlichen die Arbeitsbedingungen des mit kreativen Aufgaben betrauten Personals, z.B. im Forschungs- und Entwicklungsbereich. Von ihrer Gestaltung geht der größte – positive oder negative – Einfluß auf die kreativen Leistungen der Mitarbeiter aus. Aber auch von den Bedingungen der *weiteren Umwelt* des Kreativitätsprozesses können je nach Gestaltung kreativitätsfördernde oder kreativitätshemmende Wirkungen ausgehen. In diesem Zusammenhang ist z.B. an eine kreativitätsfreundliche bzw. kreativitätsfeindliche Organisationsstruktur oder Unternehmenskultur zu denken. Neuere Untersuchungen zeigen, daß z.B. die *Unternehmenskultur*, die vor allem durch das im Unternehmen vorherrschende Wert- und Normensystem repräsentiert wird, der entscheidende kreativitäts- und innovationsbeeinflussende Faktor ist[49]. Wir wissen noch sehr wenig darüber, wie eine kreativitätsfreundliche Unternehmenskultur aussehen muß und wie wir diese nach unseren Wünschen formen können. An griffigen Formeln fehlt es in diesem Zusammenhang allerdings nicht. Kanter hat z.B. auf der Basis einer empirischen Untersuchung im Hinblick auf eine große Zahl erfolgreicher und erfolgloser Innovationen die

---

[48] Ebenda, S. 18.
[49] Vgl. *Peters*, Th. J. und R. H. *Waterman* Jun.: Auf der Suche nach Spitzenleistungen. Was man von den bestgeführten US-Unternehmen lernen kann, Landsberg 1983.

Eigenschaften solcher Kulturen in „10 Regeln zur Erschwerung von Innovationen" zusammengefaßt, die auch als Regeln einer nicht kreativen Unternehmenskultur interpretiert werden können[50].

Betrachte von unten kommende Ideen mit Mißtrauen; Kontrolliere alles sorgfältig; Fälle Entscheidungen zur Reorganisation heimlich und realisiere sie überfallartig usw.: Das sind nur drei Beispiele aus der Regelsammlung von Kanter, die eher einfachen Kochrezepten als wissenschaftlichen Handlungsempfehlungen gleichen. Nun muß man zugeben, daß es ein überaus komplexes und schwieriges Unterfangen ist, auf wissenschaftlichem Weg festzulegen, wie eine Unternehmenskultur konkret aussehen muß, um kreativen und innovativen technologischen Output zu garantieren. Der traditionellen Organisationssoziologie und -psychologie fällt es schon außerordentlich schwer, das optimale Führungsverhalten, Konfliktlösungsverhalten und die optimale Organisationsstruktur mit Hilfe von Laborexperimenten und Feldforschung ausfindig zu machen[51]. Im Blick auf diese Schwierigkeiten ist in der modernen Organisationsforschung das Konzept der *Organisationsentwicklung* geschaffen worden, das auch für die Gestaltung einer kreativitätsfreundlichen Unternehmenskultur als ein möglicher Ansatz erscheint. Das Forschungsziel des OE-Ansatzes in der Organisationstheorie ist nicht mehr die Beschreibung und Formulierung eines gewünschten Endzustandes der Organisation, sondern die Entwicklung von Methoden, welche die Organisationsmitglieder in die Lage versetzen, selbst organisatorische Bedingungen zu schaffen, die ihren Bedürfnissen entsprechen. *Hilfe zur Selbsthilfe* war nun die Devise, eine Idee, die aus der Psychotherapie übernommen wurde[52]. Bekannte OE-Methoden sind beispielsweise die Methode des Teambuilding, der Prozeßberatung und der Konfrontationssitzungen[53].

Mit dem OE-Ansatz ist sicherlich nicht das Ei des Columbus gefunden. Aber er stellt den beachtenswerten Versuch dar, aus dem gewissen Versagen der traditionellen Organisationssoziologie und -psychologie einen Ausweg zu finden. Die Erkenntnisse, die auf der Grundlage des OE-Ansatzes gewonnen wurden und noch werden, können deshalb eine wertvolle Hilfe für das umweltbezogene Kreativitätscontrolling im Unternehmen sein, kreativitätsfreundliche Umweltbedingungen, vor allem Unternehmenskulturen, zu schaffen.

---

[50] *Kanter*, R.: The Change Masters, London 1983.
[51] Vgl. *Kieser*, A.: Änderungen der formalen Organisationsstruktur in Organisationsentwicklungsprozessen, in: Organisation, Planung, Informationssysteme, hrsg. v. E. Frese, P. Schmitz, N. Szyperski, Stuttgart 1981, S. 37 - 57, hier S. 39.
[52] Ebenda, S. 39/40.
[53] Vgl. *Kieser*, A.: Organisationsentwicklung und Wertanalyse, in: Kongreß Wertanalyse '84 – Geplante Innovation, hrsg. vom VDI Zentrum Wertanalyse, Düsseldorf 1984, S. 5 - 14.

Werfen wir am Schluß dieser Betrachtungen noch einen kurzen Blick auf die Gestaltung der *engeren Umwelt* des Kreativitätsprozesses durch das umweltbezogene Kreativitätscontrolling. Hier gilt es vor allem die verschiedenen *Kreativitätsbarrieren* in den Arbeitsbedingungen des kreativen Personals zu beseitigen und *kreativitätsfördernde Strukturen* aufzubauen. Da die Bewältigung dieser Aufgabe im Hinblick auf die innovativen Unternehmensbereiche unterschiedliche Anforderungen stellt, empfiehlt sich eine bereichsspezifische Vorgehensweise. Betrachten wir daraufhin einmal beispielhaft den Konstruktions- und Entwicklungsbereich des Unternehmens, der zu den wichtigsten innovativen Unternehmensbereichen gehört. Umfangreiche Industrieuntersuchungen über die Tätigkeits- und Informationsstruktur bei mehreren hundert Mitarbeitern in Konstruktionsbereichen von Unternehmen des Maschinenbaus und der Elektrotechnik haben ergeben, daß bei den Konstruktionsarbeiten vor allem der große Zeitanteil für informationsbeschaffende Tätigkeiten, der häufige Wechsel der Konstruktionstätigkeit – im Durchschnitt betrug eine Tätigkeitsdauer etwa 7 Minuten –, die starke Arbeitsteilung mit Haupt- und Detailkonstrukteuren, technischen Zeichnern, notwendigen Spezialisten für einzelne Fachgebiete und sonstigen Sacharbeitern, die große internationale Normenvielfalt mit ihrem aufwendigen Suchaufwand, das Fehlen klarer und eindeutiger Konstruktionsziele, gelegentliche Konflikte zwischen dem Management sowie dem Konstruktions- und Entwicklungspersonal und der zum Teil erhebliche Zeit- und Kostendruck kreativitätshemmend wirken[54].

Ein detailliertes Eingehen auf diese im Konstruktions- und Entwicklungsbereich als kreativitätshemmend erkannten Faktoren würde den Rahmen dieser Arbeit sprengen. Auf einige grundsätzliche Möglichkeiten zur Beseitigung der genannten Kreativitätsbarrieren und der Kreativitätssteigerung in diesem Unternehmensbereich soll hier jedoch noch thesenartig eingegangen werden.

1. Kreativität kann durch die Einführung eines *methodisch-systematischen Konstruktions- und Entwicklungsablaufes* nachhaltig unterstützt werden. In der einschlägigen Literatur werden unterschiedliche Modelle einer Konstruktionsmethodik vorgeschlagen. Als besonders geeignet hat sich inzwischen die in der VDI-Richtlinie 2221 niedergelegte Konstruktionsmethodik erwiesen, weil die darin ausgewiesenen Arbeitsschritte, Arbeitsergebnisse und Phasen beim Entwickeln und Konstruieren in aus-

---

[54] Siehe hier *Beitz*, W.: Kreativität des Konstrukteurs, ..., S. 5ff.; *Hack*, L. und *Hack*, I.: Die Wirklichkeit die Wissen schafft, Frankfurt / New York 1985; *Madauss*, B. J.: Modernes Management im Konstruktionsbüro – bleibt der Entwickler unter Kosten- und Zeitdruck noch kreativer Problemlöser?, in: RKW-Handbuch: Forschung, Entwicklung, Konstruktion, hrsg. von Moll, H. H. und Warnecke, H. J., Berlin 1976, Nr. 4650, S. 3 - 22.

führlicher Diskussion zwischen Fachleuten unterschiedlicher Branchen aus Wissenschaft und Praxis definiert wurden[55].

2. Der Konstrukteur und Entwickler kann durch Anwendung von Methoden zum *wirtschaftlichen Konstruieren und Entwickeln*, die ebenfalls in einer neuen VDI-Richtlinie festgelegt sind, dem Kostendruck von Seiten des Managements entgegenwirken und dennoch auch unter diesen erschwerten Bedingungen noch kreativ arbeiten. Bei diesen Methoden handelt es sich im wesentlichen um Methoden der Kostenfrüherkennung und der Kostenfrühkontrolle, die eindeutige Kostenziele vorgeben und dennoch ausreichend Spielraum für schöpferische Aktivitäten des Konstrukteurs und Entwicklers lassen. Ihre Anwendung in innovativen Unternehmen wird immer wichtiger, weil vom Konstrukteur bekanntlich rund 70% der Herstellkosten eines Produktes festgelegt werden[56].

3. Eine nachhaltige Verbesserung der Informationsversorgung und der Tätigkeitsstruktur im Konstruktions- und Entwicklungsbereich von Unternehmen sowie eine Kreativitätssteigerung bringt der Einsatz von *CAD-Systemen*. Die CAD-Technik entlastet die Konstrukteure von Routinearbeiten, ist mit einem großen Zeitgewinn beim Konstruieren verbunden und schafft damit die Voraussetzung für eine höhere Kreativität. Auch die vereinfachte Durchrechnung und Simulation von Lösungs- und Gestaltungsvarianten sowie deren graphische räumliche Darstellung dürfte kreativitätsfördernd wirken, da schnell die Auswirkungen konstruktiver Maßnahmen erkannt werden können[57].

Wo viel Licht ist, ist auch Schatten. Der Einsatz von CAD-Systemen wird auf das Berufsbild und das Rollenverständnis des Konstrukteurs und Entwicklers nicht ohne Auswirkungen bleiben. Diese entwickeln sich zu joberfüllenden Facharbeitern, was sicher nicht kreativitätsfördernd wirkt[58]. Eine gewisse kreativitätshemmende Wirkung des CAD-Einsatzes kann sich auch dadurch ergeben, daß Konstrukteure und Entwickler dieses Instrument als „Schublade" benutzen und auf diese Weise in eine kreativitätshemmende Abhängigkeit zum System geraten. Auch die Möglichkeit eines Systemausfalls ist bei der Frage nach den Kreativitätswirkungen von CAD-Systemen zu beachten.

4. Konflikte zwischen dem Management eines Unternehmens und den Konstrukteuren und Entwicklern, die aus unterschiedlichen Erwartungshal-

---

[55] VDI 2221: Methodik zum Entwickeln und Konstruieren technischer Systeme und Produkte, Düsseldorf, VDI-Verlag 1985.

[56] Siehe hierzu *Jehle*, E.: Kostenfrüherkennung und Kostenfrühkontrolle, in: Internationale und nationale Problemfelder der Betriebswirtschaftslehre, Heinz Bergner zum 60. Geburtstag, hrsg. von G. v. Kortzfleisch und B. Kaluza, Berlin 1984, S. 263 - 285.

[57] *Beitz*, W.: Kreativität des Konstrukteurs, ..., S. 8.

[58] Ebenda, S. 9.

tungen dieser beiden Gruppen resultieren, können mit positiven Wirkungen auf die Kreativität durch die Anwendung von *Projektmanagement-Methoden* gelöst werden. Auf diese Weise werden die Konstrukteure dazu motiviert, auch für die wirtschaftlichen Belange von Projektentwicklungen Mitverantwortung zu tragen[59].

5. Wichtig erscheinen auch *personelle* und *organisatorische* Maßnahmen zur Steigerung der Kreativität im Konstruktions- und Entwicklungsbereich, wie z.B. die Schaffung von speziell zugeschnittenen Anreizsystemen und eine sinnvolle Arbeitsteilung, in der kreative Aufgaben und Routinearbeiten eine gesunde Mischung bilden[60].

Diese und weitere Maßnahmen sind geeignet, das engere Umfeld des Konstrukteurs und Entwicklers so zu gestalten, daß diese Personengruppe trotz Kosten- und Zeitdruck die kreativen Problemlöser des Unternehmens bleibt. Blake, ein Klassiker auf dem Gebiet des Forschungs- und Entwicklungsmanagements hat einmal darauf hingewiesen, daß eine wesentliche Eigenschaft des schöpferischen Denkens in dem starken Wunsch und der Bereitschaft besteht, an einem Problem auch unter großen Anstrengungen zu arbeiten[61]. Kreativität und Stress schließen sich also nicht aus, ein Axiom, für dessen Gültigkeit die führenden Frauen und Männer der Wirtschaft, und auch wir Hochschullehrer, täglich einen lebendigen Beweis liefern.

---

[59] Vgl. *Madauss*, B. J.: Modernes Management, ..., S. 3 - 22.
[60] Vgl. *Domsch*, M.: Anreizsysteme für Industrieforscher, in: Personal-Management in der industriellen Forschung und Entwicklung (F&E), hrsg. v. M. Domsch u. E. Jochum, Köln - Berlin - Bonn - München 1984, S. 249 - 270; *Beitz*, W.: Kreativität des Konstrukteurs, ..., S. 8.
[61] *Blake*, S. B.: Forschung, Entwicklung und Management, München 1969, S. 140.

Markteinführung von Produkten der Spitzentechnologie

Von *Gerhard Lehmann*

A. Die Erfindung und die ersten Aktivitäten

High-Tech gilt als Zauberformel für Wachstum, Aufbruch in neue Märkte, Chancen für Risikofreudige. Medien und Politik bedienen sich dieses Begriffes häufig genug bei Diskussionen von Auswegen aus Stagnation und Arbeitslosigkeit. Daß die Erwartungen über volkswirtschaftliche Beschäftigungseffekte durch High-Tech nicht zu hoch geschraubt werden dürfen, hat Peter F. Drucker für die USA sehr nachdrücklich analysiert. Der Beschäftigungsschub von ca. 43 Millionen Arbeitsplätzen innerhalb von 20 Jahren kam aus mehreren Wirtschaftsbereichen; die Spitzentechnologie hat nur einen Beitrag von unter 15 % geleistet[1].

Dennoch ist die Faszination der Spitzentechnologie Grund genug, sich auch mit ihren einzelwirtschaftlichen Wirkungen auseinanderzusetzen. In diesem Beitrag wird an einem konkreten Fall die Markteinführung von Produkten der Spitzentechnologie beschrieben. Es wird gezeigt, wie mit einer anspruchsvollen Innovation ein überlebensfähiges und profitables Unternehmen gestaltet wurde. Die Schilderung beleuchtet nur einige Aspekte der Unternehmensentwicklung und erhebt nicht den Anspruch, allgemeingültige Regeln für die Markteinführung von High-Tech-Produkten zu liefern.

I. Das Unternehmen

Es ist ein Start-up aus dem Jahre 1978, dessen Gründungsgeschichte ausführlich an anderer Stelle beschrieben wurde[2]. Hier nur die wichtigsten Fakten:

1978   Gründung der COPYTEX GmbH Sicherheitssysteme, Beginn der Entwicklung des Prototypen eines Magnetkartenlesers durch Auftrag an eine Ingenieurgesellschaft;

---

[1] *Drucker*, Peter F.: Innovationsmanagement für Wirtschaft und Politik, Düsseldorf, Wien, 1985, S. 24.

[2] *Horváth*, Peter / *Winderlich*, Hans-Georg / *Zahn*, Erich: Unternehmensgründungen im Bereich der Spitzentechnologie, in: Horst Albach / Thomas Held (Hrsg.): Betriebswirtschaftslehre mittelständischer Unternehmen, Stuttgart, 1984, S. 133 - 147.

1980	Einstellung der ersten 3 Mitarbeiter;
Ende 1981	war der erste Prototyp fertig; 15 Mitarbeiter wurden beschäftigt;
1982	begann die Serienproduktion in Auftragsfertigung. Das Tochterunternehmen, CSi COPYTEX Sicherheitssysteme international Vertriebsgesellschaft mbH, wurde gegründet.

II. Die Produktidee

Die Gründungsidee war die Entwicklung eines Verfahrens, Dokumente wie Wertpapiere, Ausweise, Banknoten und Magnetkarten fälschungs- und dupliziersicher zu machen. Am Beispiel der Magnetkarte, die heute das gängigste und ein weltweit gebrauchtes Dokument ist, wird das Copytex-Sicherheitsverfahren hier kurz beschrieben.

Inhaber von Magnetkarten oder Betreiber von Magnetkartensystemen laufen 3 Risiken, die mit dem Copytex-Verfahren eliminiert werden.

Erstens besteht die Gefahr der Kartenduplizierung. Die meisten Karten, auch die millionenfach verbreiteten Kreditkarten, sind dieser Manipulation schutzlos ausgeliefert. Andere Karten, wie z.B. die Eurocheque-Karte, erhalten physikalische Zusätze, die vom Magnetkartenleser zur Erkennung der Echtheit geprüft werden. Das grundsätzliche Problem dieser „Sicherheitsmerkmale" liegt darin, daß sie künstlich definiert sind und so mit mehr oder weniger großem Aufwand entdeckt oder aber denunziert werden können.

Das Copytex-Verfahren macht sich die Tatsache zunutze, daß die Materialien der Magnetkarten (Papier oder Plastik) individuelle Strukturen haben. Die Materialstruktur jedes Stückes Papier ist ebenso einmalig wie der menschliche Fingerabdruck. Bei der erstmaligen Codierung einer Copytex-Magnetkarte wird deren Materialstruktur optoelektronisch vermessen und das Ergebnis dieser Messung wird in hochcodierter Form auf den Magnetstreifen geschrieben. Bei einer Magnetkarte z.B., die zum Bezahlen an Warenautomaten eingesetzt werden soll, wird zusätzlich zur Strukturinformation der Wert der Karte (z.B. DM 10,-) magnetisch eingetragen. Wird diese Karte in den Kartenleser des Warenautomaten eingegeben, liest dieser zunächst den Magnetstreifen, stellt also den Wert und die Strukturinformation fest. Gleichzeitig mißt der Kartenleser die Struktur optoelektronisch aufs neue. Er vergleicht nun die Sollinformation (vom Magnetstreifen) mit der Istinformation (soeben gemessene Struktur) durch eine speziell entwickelte Korrelationsrechnung und akzeptiert die Karte, wenn beide Informationen innerhalb einer festgelegten Toleranz übereinstimmen. Danach kann der Warenautomat bedient werden. Die Karte wird wieder ausgegeben, vorher aber magnetisch neu beschrieben. Wird z.B. eine Ware im Wert von DM 1,- gekauft, wird der neue Wert von DM 9,- eingetragen. Auch die Strukturinformation wird aktualisiert, indem das Ergebnis der letzten Messung anstelle der Strukturdaten, die vor der Karteneingabe codiert waren, eingeschrieben wird. Durch dieses up-dating handhabt das System Änderungen der Kartenstruktur, die durch den Gebrauch entstehen.

Die Duplizierung einer derart geschützten Karte läuft deshalb ins Leere, weil bei der Prüfung des Duplikates Soll- und Ist-Struktur zwangsläufig nicht übereinstimmen, da das Material der nachgemachten Karte eine andere Struktur hat als das des Originals.

Zweitens unterliegen Magnetkarten der Gefahr der Manipulation der magnetischen Information. Der effektivste Trick ist das sogenannte Refreshen. Man kauft sich eine Karte mit einem Wert von z.B. DM 100,-. Vor Benutzung dieser Karte wird der Magnetstreifen kopiert und die Kopie auf einem Magnetband gespeichert – eine sehr einfache Prozedur. Nachdem mit der Karte Transaktionen im Wert von DM 100,- durchgeführt wurden, wird die Kopie der originalen Magnetinformation inklusive dem Wert von DM 100,- auf die Originalkarte zurückgeschrieben. Dieser Betrug klappt mit allen bekannten Magnetkarten. Das Copytex-Verfahren schützt sich davor dadurch, daß ähnlich wie die Struktur des Kartenmaterials auch die Struktur des Magnetstreifens vermessen wird. Dieses Meßergebnis wird ebenfalls auf den Magnetstreifen codiert. Nach dem Zurückschreiben (Refreshen) der kopierten Magnetinformation stimmen Soll- und Ist-Werte dieses Vergleiches nicht mehr überein – die Karte wird zurückgewiesen.

Drittens können Karten gefunden und mißbraucht oder gestohlen werden. Hier schützt sich die Copytex-Karte wie andere durch die PIN (Personal Identification Number). Verfahren wie Stimmprüfung und Fingerabdruckvergleich sind heute noch zu teuer und technisch nicht ausgereift, ganz abgesehen von psychologischen Widerständen.

III. Entwicklungsperspektiven

Das geschilderte Verfahren ist technisch ausgereift und am Markt eingeführt. Mehrere Wissenschaftler und unabhängige Institute haben das Sicherheitsniveau und den technischen Stand des Copytex-Systems attestiert.

Das hier anhand der Magnetkarte geschilderte Sicherheitsverfahren läßt sich in verschiedenen Bereichen einsetzen. Ohne wesentliche Änderung der erläuterten Prinzipien des Verfahrens können Dokumente wie Wertpapiere, Etiketten für hochwertige Artikel, Verpackungen von Pharmazeutika u.ä. geschützt werden. Die vorhandene Entwicklungskapazität und das Ingenieur-Know-how wird aber auch für neue Technologien auf dem Sicherheitssektor wie z.B. Banknotenprüfungen und Schutz vor Piraterie von elektronischen Ersatzteilen und Software eingesetzt.

Copytex versteht sich als Entwicklungsunternehmen zur Lösung von Sicherheitsproblemen. Mittlerweile werden ca. 40 Mitarbeiter beschäftigt. Davon sind 12 Diplom-Ingenieure der Fachrichtungen elektronische Hardware, Software, Optik, Mechanik, Produktdesign, Produktengineering, Produktmanagement und Magnetkopftechnologie. Bei Basisentwicklungen, die sehr aufwendige Apparaturen erfordern, werden Aufträge an Universitätsinstitute vergeben.

Im weiteren wird nur auf die Vermarktung des Magnetkartensystems eingegangen. Dies soll der Straffung dieses Beitrages dienen und keineswegs als Unterbewertung der Entwicklung für zukünftige Märkte mißverstanden werden, die das Brot der späteren Jahre sichern sollen.

IV. Märkte für Magnetkartensysteme

Die Einsatzmöglichkeiten für Magnetkarten sind nahezu unüberschaubar:
- Für Banken ist die Karte von strategischer Wichtigkeit. Als Mittel zur Bargeldbeschaffung (z.B. Geldausgabeautomaten) und Bezahlung (z.B. Point of Sale-Stationen), ist sie – ähnlich wie das Privatgirokonto in den 60er und 70er Jahren – für das Mengengeschäft der Banken in den 80er und 90er Jahren von Bedeutung[3].
- Kreditkartenorganisationen bewegen mit Millionen von Karten Milliardenbeträge.
- Die Telefonorganisationen nahezu aller Industrieländer planen die Ablösung der münzbetriebenen öffentlichen Telefone oder haben diese Umstellung schon durchgeführt.
- Überall, wo mit Münzen bezahlt wird (Waren- und Dienstleistungsautomaten) oder wo der Zugang zu Informationen (z.B. Programme und Daten in EDV-Anlagen) oder Räumlichkeiten geregelt werden soll, spielen Magnetkarten eine Rolle.
- Betriebliche Anwendungen findet die Magnetkarte bei Zugangsregelung, Zeiterfassung, Betriebsdatenerfassung, Parken, Tanken, EDV-Zugriff, Zwischenverpflegung, Fotokopieren.

In Anbetracht der Vielzahl der potentiellen Märkte stellte sich nach Verfügbarkeit des Prototypen im Jahr 1981 zunächst einmal die Qual der Wahl. Es war offensichtlich, daß die Entwicklungs- und Vertriebskapazitäten es

---

[3] *Priewasser*, Erich: Kartengesteuerte Zahlungsverkehrssysteme, Betriebspraxis 2/1982, S. 1.

nicht zuließen, die Märkte breitgestreut anzugehen. Klar war aber auch, daß die richtige Marketing-Strategie und insbesondere die richtige Auswahl der Märkte und Vertriebswege über den Erfolg entscheiden werden. Die Produktidee ist von Fachleuten als faszinierend bezeichnet worden, die Realisierbarkeit war bewiesen – diese Voraussetzungen für ein erfolgsträchtiges innovatives Produkt waren gegeben.

Gesucht war nun die Rezeptur, um aus der Innovation ein Unternehmen zu gestalten. Fallbeispiele im positiven wie im negativen Sinne hierüber bietet die Literatur genug[4]. Daraus lassen sich Anhaltspunkte ableiten, ein betriebswirtschaftliches Instrumentarium für die Planung von Neugründungen bietet sie jedoch nicht.

So verlockend es erscheint, die großen interessanten Märkte wie Bankkarten oder Kreditkarten anzugehen, so ernüchternd zeigte sich die Realität. Hier handelt es sich um Märkte, die im Interessenfeld der Großindustrie liegen und somit hohe Eintrittsbarrieren haben. Zudem haben sich die deutschen Banken schon vor der Entwicklung des Copytex-Verfahrens für eine andere Sicherung der Eurocheque-Karte, das MM-Merkmal, entschieden, so daß eine Umorientierung wegen der erfolgten Investitionen kurzfristig nicht zu erwarten war. An dieser Situation scheint sich auch nichts zu ändern, nachdem die Eurocheque-Karte sich als fälschbar erwies. Bei den Kreditkartenorganisationen hat sich eine sehr starke Anhänglichkeit an die vorhandenen ungesicherten Karten gezeigt[5].

Die Konsequenz war, Märkte aufzubauen, die für Großunternehmen zu klein sind oder deren Existenz von anderen noch nicht entdeckt wurde oder die erst durch ein solches Sicherheitssystem entstehen. Solche Nischenmärkte müssen aber ergiebig genug sein, um zu wirtschaftlichen Produktionskosten zu kommen und den Aufbau eines Vertriebsnetzes zu rechtfertigen. Glücklicherweise konnten schon zu Beginn des Jahres 1982 die ersten Umsätze in einer solchen Marktnische realisiert werden. Es handelt sich um Magnetkartensysteme zur Zugangsregelung und Abrechnung von Kopiergeräten. Dieser spontane Markteinstieg wurde mit einer deutschen Vertretung erreicht.

An dieser Stelle soll ein Zeitsprung von ca. 4 Jahren gemacht werden, um das bisher Erreichte zu resümieren und geplante Aktivitäten zu skizzieren. Die Ausführungen betreffen den Aufbau der Copytex Vertriebsgesellschaft, gelten aber, was die Verfügbarkeit der für neue Märkte oder Anwendungen erforderlichen Entwicklungskapazitäten betrifft, auch für das Copytex Entwicklungsunternehmen.

---

[4] *Drucker*, Peter F.: Innovationsmanagement für Wirtschaft und Politik, Düsseldorf, Wien, 1985; *Porter*, Michael E.: Competitive Advantage, New York, 1985; *Kotler*, Philipp: Marketing Management, Stuttgart, 1982.

[5] Diese Haltung ist unverständlich, da die Verluste der Kreditkartenorganisationen durch Kartenmißbrauch jährlich mehrere hundert Millionen DM ausmachen.

B. Aufbau der Vertriebsorganisation

Der Kopiermarkt war Ende 1981 zunächst überschaubar. Es stand ein Gerätetyp zur Verfügung, dessen Produktnutzen sich je nach Einsatzbereich ergab. In Universitäten können damit die Kopierkosten der Verwaltung und den Instituten exakt zugerechnet und wenn nötig eingeschränkt werden; für Studenten entfällt das lästige Bezahlen mit Münzen. In Betrieben und Verwaltungen lassen sich die Kosten ebenfalls verursachungsgerecht zuordnen und in vielen Fällen über 30% reduzieren.

Die deutsche Vertretung mußte betreut, Verkaufs- und technische Literatur mußten bereitgestellt werden. Dann stellte sich die Aufgabe, den Vertrieb im Ausland aufzubauen. Gleichzeitig kamen aus dem Kopiermarkt Anforderungen nach Systemen mit neuen Leistungen und Preisen. Ebenso wurde Interesse an ganz neuen Anwendungen und Märkten wach.

I. Bildung strategischer Geschäftseinheiten

Der Vertrieb wurde in strategische Geschäftseinheiten strukturiert. Dieses Organisationsprinzip bot sich an, um Verantwortlichkeiten und Kompetenzen zuzuordnen. Die Einführung wurde dadurch erleichtert, daß sich einzelne Märkte als Abgrenzungen der strategischen Geschäftseinheiten (SGE) eigneten. Jede SGE hat Zugriff auf die übergreifenden Leistungen, die das Unternehmen zur Verfügung stellt. Die Zusammenhänge sind in Schaubild 1 dargestellt.

Jede SGE wird von einem Verkaufsleiter verantwortet. Zum Verantwortungsbereich gehören die Umsatzplanung, die Planung und Umsetzung von Marketing- und Vertriebsstrategien und die Akquisition neuer Ländervertretungen und die Einhaltung der Kostenbudgets. Die Marktziele und Kostenbudgets werden jährlich mit der Geschäftsleitung gemeinsam festgelegt.

Die bisherigen Erfahrungen mit dieser SGE-Organisation sind gut. Sie erfordert kooperationsfähige und flexible Mitarbeiter insbesondere im Hinblick auf den Zugriff auf die zentral erbrachten Leistungen. Sicht für das Ganze und die Fähigkeit, Prioritäten zu setzen oder Kompromisse anzuerkennen, sind hier verlangt. Entscheidungen werden in Arbeitsgruppen getroffen, die sich aus den Leitern der SGE und der betroffenen zentralen Leistungen zusammensetzen. Hiermit sind die besten Voraussetzungen für Kommunikation und Unterstützung der getroffenen Entscheidungen gegeben[6].

---

[6] Siehe auch *Porter*, Michael E., S. 399 ff.

Markteinführung von Produkten der Spitzentechnologie 105

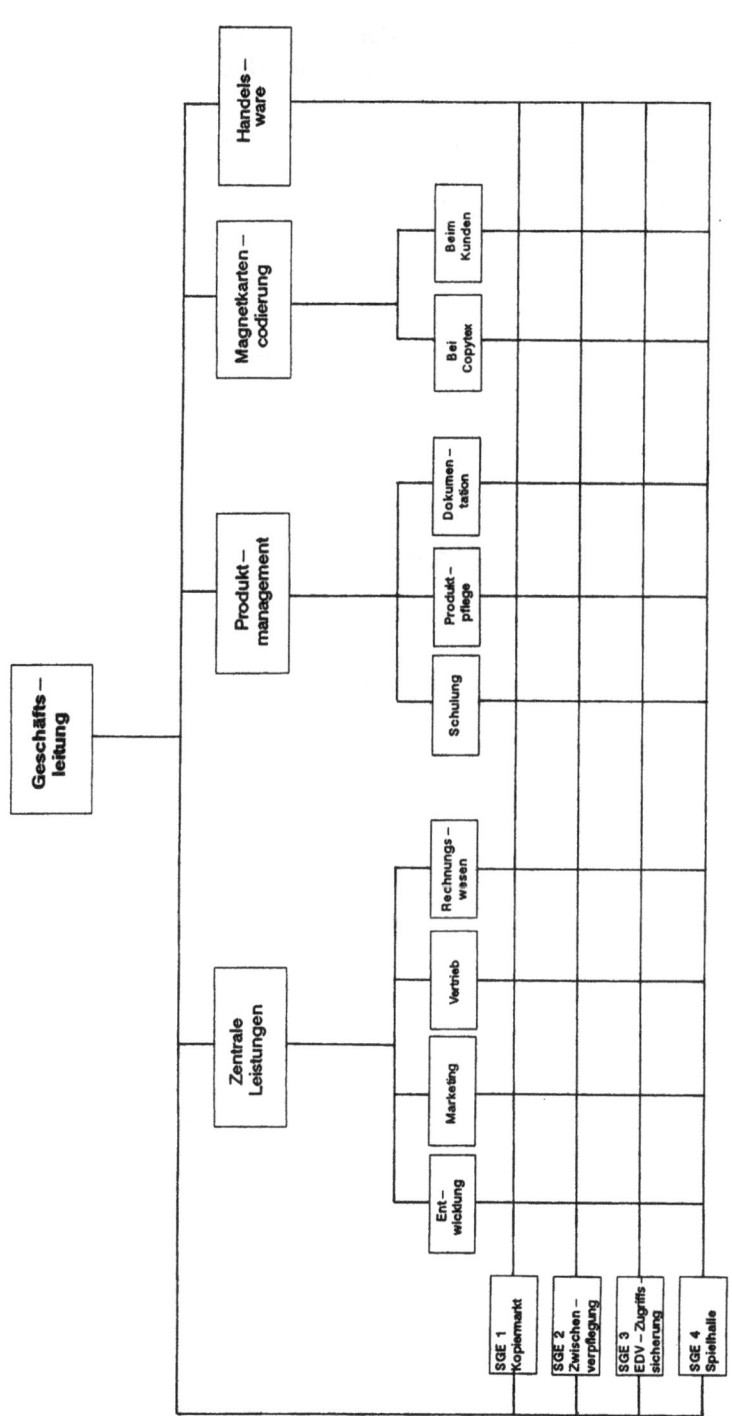

Die SGE sind das organisatorische Gerüst des Vertriebs; die Vertriebspolitik in allen SGE ist jedoch auf die spezifischen Gegebenheiten der einzelnen Märkte abgestimmt.

In innovativen Märkten ist Marketing häufig experimentell. Nicht nur das Produkt betritt technisches Neuland – auch das Marketing muß sich behutsam vortasten. Fehler werden einem Neuling weit weniger verziehen als einem eingesessenen Unternehmen[7]. Anders ausgedrückt heißt das, daß nur überleben kann, wer eine ausreichende Kapitaldecke hat, denn Fehler lassen sich in dieser Phase nicht vermeiden.

Andererseits äußert sich Drucker: „Wir wissen genug, um zumindest in großen Zügen ‚Innovationsmanagement in der Praxis' beschreiben zu können[8]." In der Tat geben seine „Quellen" für Innovationschancen eine Fülle hilfreicher Wegleitungen. Es bleibt zu hoffen, daß bei Copytex nicht zuviel davon ignoriert wurden.

II. SGE 1: Kopiermarkt

1. Vertriebsorganisation

Die dringendste Aufgabe zu Beginn des Jahres 1982 war, die Absatzbasis international schnellstmöglich zu verbreitern. Für den Vertrieb in Deutschland bestand schon eine Vereinbarung mit einem selbständigen Distributor[9].

Hiermit war eine gewisse Vorentscheidung für eine der wichtigsten Aufgaben des Vertriebsaufbaus getroffen. Die Frage war, ob in anderen Ländern eigene Vertriebsorganisationen gebildet oder mit selbständigen Unternehmen zusammengearbeitet werden soll. Beide Wege haben Vor- und Nachteile.

Für den Aufbau eigener ausländischer Vertriebsorganisationen standen nicht genug freie finanzielle Mittel zur Verfügung; diese sind in die Entwicklung geflossen. Es sprachen aber weitere Gründe für ein Netz von selbständigen Distributoren. In Europa stellten Magnetkartensysteme zur Zugangsregelung und Abrechnung von Kopiergeräten eine echte Innovation dar; ein fälschungssicheres Magnetkartensystem kann weltweit als Neuheit angesehen werden. Das heißt, es gab hierfür keinen Markt, keine akute Nachfrage und somit auch keine fertigen Vertriebswege. Deren Aufbau mit eigenen Mitteln wäre mit Risiken behaftet gewesen, die in diesem Stadium zu viel Management-Energie absorbiert hätten[10].

---

[7] *Horváth*, Peter, u. a., S. 140.
[8] *Drucker*, Peter F., S. 63.
[9] Es handelt sich um einen Eigenhändlervertrag, bei dem der Distributor die Copytex-Produkte im Rahmen eines Kaufvertrages von Copytex übernimmt und in eigenem Namen und für eigene Rechnung weitervertreibt.

Hinzu kam, daß ehemalige Manager von Kopiererherstellern oder Vertriebsgesellschaften sich für den Vertrieb von Copytex in einigen wichtigen Ländern interessierten. Diese brachten erstklassige Marktkenntnisse und Beziehungen mit, waren aber nur für eine Zusammenarbeit in eigener Verantwortung zu gewinnen.

Innerhalb von 3 Jahren konnten Eigenhändlerverträge mit Distributoren in folgenden Ländern geschlossen werden: United Kingdom, Frankreich, Belgien, Niederlande, Norwegen, Schweden, Dänemark, Schweiz, Österreich, Spanien, Israel, USA, Kanada und Australien. In den meisten Fällen sind Exklusivverträge für den Kopiermarkt geschlossen, denen jährliche Abnahmeverpflichtungen zugrunde liegen. Mit Ausnahme der USA und der United Kingdom gibt es in diesen Ländern kaum Wettbewerbsangebote.

Diese Art der Vertriebsorganisation birgt latent die Gefahr ungenügenden Informationsflusses über Marktänderungen, Wettbewerbsbewegungen usw.; für Nischenprodukte, die sich als profitabel erweisen und somit Imitatoren anlocken, eine nicht zu unterschätzende Bedrohung. Diesem Manko ist durch regelmäßige Marketingmeetings und periodische schriftliche Berichte vorgebeugt.

Ein weiteres Problem des vertragsgebundenen Vertriebs liegt darin, daß Copytex um so abhängiger von den geschäftspolitischen Entscheidungen seiner Distributoren wird, je erfolgreicher das Geschäft floriert. Augenscheinlich wird dies in Fällen der Veräußerung des Unternehmens. Zwar kann Copytex den Vertrag in solchen Fällen kündigen, verliert dann aber eventuell eine gute Vertriebsbasis. Aus diesem Grund werden Beteiligungen an den Vertriebsunternehmungen angestrebt. Dies ist bisher in United Kingdom geschehen.

2. Marktsegmente und Produktpolitik

Die zweite Aufgabe neben dem Vertriebsausbau bestand darin, die Einsatzbereiche für den vorhandenen Sicherheitskartenleser im Kopiermarkt zu analysieren und festzustellen, ob andere Anwendungen Kartengeräte mit neuen Funktionen bzw. Preisalternativen verlangen. Ziel war, im Kopiermarkt die Nr. 1 zu werden. Dies sowohl hinsichtlich der Präsenz in allen wichtigen Industriestaaten als auch in bezug auf ein umfassendes Angebot, das alle Anforderungen an ein Kopierzugangs- und Abrechnungssystem in allen Einsatzbereichen von Kopierern erfüllt. Hierzu gehören z.B. Kartenleser mit eingeschränktem Sicherheitslevel (für Einsatzbereiche ohne Betrugsrisiko wie Industriebetriebe), Auswertesysteme, Kartenverkaufsautomaten. Die hierfür notwendigen Entwicklungen haben ca. 4 Jahre in

---

[10] Näheres zu First-Movers Disadvantages vgl. *Porter*, Michael E., S. 189ff.

Anspruch genommen. Zu Beginn des Jahres 1986 war das Ziel erreicht. Für alle Marktsegmente wie Universitäten, Copyshops, Anwaltskanzleien, Gemeinschaftspraxen, Schulen, Industriebetriebe, öffentliche Verwaltungen, Büromaschinenhandel und Kopiergerätehersteller standen spezielle Problemlösungen zur Verfügung.

Diese Angebotskomplettierung sollte nicht nur das Umsatzpotential vergrößern. Sie hatte auch das Ziel, die Eintrittsschwelle für mögliche Wettbewerber zu erhöhen, d. h. das Risiko von Entwicklungsinvestitionen für Produkte und Vertriebsorganisationen zu vergrößern.

Einige neue Produkte, insbesondere zwei sehr preiswerte Kartenleser, eröffneten nicht nur den Markt der Großbetriebe mit zum Teil mehreren 50 Kopiergeräten. Ebenso bedeutsam ist, daß diese preiswerten Geräte einen neuen, sehr schlagkräftigen Vertriebskanal verfügbar machten: Den Büromaschinen-Fachhandel. Der Sicherheitskartenleser wurde fast ausschließlich vom Distributor zum Endkunden direkt vertrieben, da der Preis ein weiteres Mark-up durch die Händlerstufe nicht zuließ. Die neuen Geräte bieten dem Handel die übliche Kalkulationsreserve und erschließen somit dessen flächendeckendes Vertriebsnetz.

Die Beschreibung der Produktpolitik wäre nicht vollständig, ohne auf das Magnetkartengeschäft einzugehen.

Die Karte spielt bei allen Entscheidungen der Entwicklungs- und Vertriebspolitik eine entscheidende Rolle – und zwar in einem Zusammenhang, für den auch andere Märkte Beispiele kennen: Ebenso wie die Rasierblätter und weniger die Rasierapparate und früher das Petroleum und nicht die Petroleumlampen das interessantere Geschäft sind, verhält es sich in etwa auch mit Magnetkarten und Kartengeräten.

Geräte sind ein Einmalgeschäft, Karten sind ein Dauergeschäft. Obgleich die Kartenpreise vergleichsweise sehr niedrig sind[11], erbringen deren Umsätze einen hohen Deckungsbeitrag. Da einerseits die Kartenleser wegen des Preisdruckes auf mikroelektronische Geräte nur mit einem geringen Mark-up kalkuliert werden können und andererseits die Vertriebskosten vergleichsweise hoch sind, sorgen die Kartenumsätze für die Amortisation der Entwicklungskosten und ein positives Betriebsergebnis.

3. Kritische Erfolgsfaktoren

Wenngleich die Entwicklung bisher sehr positiv war, tauchen doch neue Situationen auf, für die Antworten gefunden werden müssen.

Z. B. werden Kopiergeräte und Kopien immer preiswerter. In vielen Einsatzbereichen ist das Hauptverkaufsargument für Copytex aber das Einspa-

---

[11] Der Endkundenpreis einer fertig codierten Papierkarte liegt bei DM 0,40.

ren von Kopierkosten (bis zu 50 %). Wirtschaftlichkeitsberechnungen der Copytex-Investition würden somit ungünstiger, wenn mit unveränderten Geräten und Preisen gearbeitet wird. Amortisationszeiten von zwischen 6 und 12 Monaten sind zwar hohe Investitionsanreize; sollten sich diese Zahlen dramatisch verschlechtern (was aufgrund der ausgereizten Preise und des desolaten Zustandes großer Teile der Kopiererbranche nicht zu erwarten ist), müssen preiswertere Kartengeräte zur Verfügung stehen.

Ein Beispiel für eine entsprechende Reaktion gibt es in der jungen Firmengeschichte von Copytex. Ein erst ein Jahr zuvor eingeführtes Magnetkartengerät wurde durch eine kostengünstigere Neuentwicklung abgelöst, die sich als „Abfallprodukt" einer Entwicklung für einen anderen Markt ergab. Die Gründe für das Sterbenlassen eines relativ neuen Produktes lagen keineswegs in fehlenden Erfolgen, sondern in den günstigeren Produktionskosten und der Tatsache, daß die Distributoren für ein Gerät in der neuen Preisklasse nennenswerte Umsatzsteigerung prognostizierten.

Ein weiterer Risikofaktor lag darin, daß Kopiergerätehersteller und -vertreiber gegenüber Copytex-Geräten zunächst eine ablehnende Einstellung hatten. Der Grund liegt auf der Hand. Zugangsregelungen reduzieren das Kopiervolumen und schmälern den Erfolg dieser Unternehmen. Diese Sicht ist aber ebenso vordergründig wie falsch. Es gibt Einsatzbereiche, wo das Kopiervolumen nach Einführung eines Kartensystems zunimmt (Studentenkopien in Universitäten, Copyshops). Wichtiger ist jedoch, daß Kopierer-Vertreiber ihr Angebot um ein Abrechnungssystem bereichern können, das von Kunden mehr und mehr nachgefragt wird. Inzwischen haben die Kopiereranbieter die ablehnende Haltung aufgegeben, viele vertreiben heute Copytex-Kartensysteme als Abrundung ihres Angebotes.

Nach dieser ausführlichen Beschreibung der SGE Kopiermarkt werden von einigen anderen SGE nur noch die wichtigsten Besonderheiten skizziert.

III. SGE 2: Zwischenverpflegung (Warenautomaten, Kantinenkassen)

Anders als im Kopiermarkt gibt es für Warenautomaten und Kantinenkassen in Europa Wettbewerber, die Magnetkartensysteme anbieten[12]. Die Eintrittsbedingungen in diesen Markt in Europa sind also grundsätzlich verschieden von denen im Kopiermarkt. Der potentielle Kunde ist auf dieses neue Verfahren zur Abrechnung und Bezahlung vorbereitet. Die Wettbewerber haben eine gute Informationspolitik betrieben. Der Durchbruch ist jedoch trotz vier- bis fünfjähriger Marktbearbeitung keinem gelungen. Die Gründe sollen hier nicht diskutiert werden. Informativer scheint die Schilderung der Markteintrittsvorbereitung durch Copytex.

---

[12] In USA versuchen sich einige Wettbewerber gerade zu etablieren.

Die Entwicklungsplanung war darauf ausgerichtet, daß die Produkte für diesen Markt, inklusive eines magnetkartengekoppelten Kassensystems für die Kantine, im Herbst 1985 zur Verfügung stehen.

Vorher wurden zwei Marktstudien durchgeführt. Die erste war technischen und organisatorischen Inhalts und sammelte alle Informationen über Interface- und räumliche Bedingungen der Warenverkaufsautomaten und über die Funktionen, die Magnetkartensysteme erfüllen müssen, um für den Betreiber und Anwender eine interessante Alternative gegenüber Münzschaltgeräten und anderen Kartensystemen darzustellen. Diese Studie mündete in einem Pflichtenheft, das Leistungsmerkmale beinhaltete, die eine Reihe wirtschaftlicher und organisatorischer Vorteile gegenüber den bestehenden Wettbewerbsfabrikaten bieten.

Die Hardware der Kartengeräte für diesen Markt unterscheidet sich nur geringfügig von der des Kopiermarktes. Es hat sich hier sehr nachdrücklich gezeigt, daß der Anbieter eines technisch ausgereiften Basissystems, das wandlungs- und anpassungsfähig ist, mit relativ geringem zusätzlichem Entwicklungsaufwand in neue Märkte vordringen kann.

Es kommen also zwei Dinge zusammen. Kostendegression in der Fertigung und synergetische Effekte in der Entwicklung. Beide Faktoren bieten neben den erweiterten Leistungsmerkmalen der Geräte einen weiteren Wettbewerbsvorteil: Preisspielraum.

Welche Bedeutung dem beizumessen war, ergab sich aus der zweiten Marktstudie, die folgendes Thema hatte: Welche Vorteile muß ein Kartensystem dem Operator[13] bieten, damit er es anstelle eines Münzgerätes oder eines Wettbewerbskartengerätes einsetzt?

Die wichtigsten Operatoren konnten zur Mitarbeit an dieser Untersuchung gewonnen werden, zu der ein Marktforschungsunternehmen beauftragt wurde. Die Vorteile lassen sich gruppieren in Kostenvorteile (z.B. Entfallen des Münzhandling und Vandalismus) und Umsatzsteigerungen (z.B. durch die Möglichkeit von Preiserhöhungen im Pfennigschritt, Wegfall unterbleibender Käufe durch fehlende Münze). Im zweiten Schritt wurden diese Kosten- und Umsatzauswirkungen quantifiziert, mit dem Ergebnis, daß eine durchschnittliche Verbesserung des Betriebsergebnisses um 30 % erzielt werden kann.

Diese Zahl erscheint beeindruckend; sie sagt für sich aber noch nicht viel aus. Hier müssen erst die Investitionskosten des Kartengerätes oder richtiger der Kostenunterschied zwischen Kartengerät und Münzschaltgerät gegenübergestellt werden, um die Vorteile und damit die Marktchancen für die Karte erkennen zu können.

---

[13] Ein Operator ist ein Unternehmen, das Warenverkaufsautomaten in anderen Unternehmen aufstellt und betreibt.

Diese Frage war Kristallisationspunkt für die Produktentwicklung. Es gibt in diesem Markt nicht nur die Kartengerätehersteller als Wettbewerber. Auch die Münzschaltgerätehersteller sind Wettbewerber.

Es wurden zwei Kartensysteme entwickelt. Das eine basiert auf der strukturvermessenen Karte. Es hat einen Sicherheitslevel, der weit über dem der Wettbewerbskartengeräte liegt. Die Preise liegen ca. 40 % günstiger. Die Geräte haben eine Reihe von zusätzlichen Leistungsmerkmalen. Zielrichtung dieses Kartensystems sind Wettbewerbskartengeräte.

Das andere Kartensystem verzichtet auf die Strukturvermessung der Karte, hat somit einen eingeschränkten Sicherheitslevel, der mit dem der Wettbewerbskartenleser vergleichbar ist. Es verfügt ebenfalls über Leistungsmerkmale, die Wettbewerbsgeräte nicht haben. Der Preis liegt um ca. 60 % günstiger und ist vergleichbar mit Preisen für Münzschaltgeräte. Zielrichtung dieses Kartensystems sind Anbieter von Münzschaltgeräten.

IV. SGE 3: EDV-Zugriffssicherung

Das Verhindern unberechtigter Zugriffe zu Programmen oder Daten einer EDV-Anlage ist ein weitgehend ungelöstes Problem. Die übliche Methode, den Zugriff mit passwords zu regeln, ist nicht nur ein äußerst schwacher Schutz, da passwords sich durch Zufall, Nachlässigkeit oder ausreichende Zeit zum Probieren überlisten lassen. Sie sind auch gefährlich, weil sie den Anwender in Sicherheit wiegen und im Fall unberechtigter Manipulationen zu unklaren Beweissituationen führen.

Das Copytex-Verfahren bringt eine ebenso einfache wie effiziente Lösung. Das password wird auf eine fälschungssichere Copytex-Magnetkarte codiert. Die EDV-Anlage erwartet nun die Password-Eingabe nicht mehr über die Tastatur, sondern durch das Kartengerät. Da die Karte nicht manipuliert werden kann, ist auch der EDV-Zugriff entsprechend zuverlässig geschützt. Um die Karte vor Mißbrauch bei Verlust oder Diebstahl zu schützen, kann sie mit einer PIN versehen werden.

Dieser Markt ist außerordentlich groß. Nicht nur Banken, Versicherungen, große wirtschaftliche und öffentliche Organisationen haben Probleme mit der Datensicherheit. Jeder EDV-Anwender muß auf den Schutz seiner Informationen bedacht sein.

Selbstverständlich ist dieser Markt deshalb auch für einige EDV-Anbieter selbst interessant. In diesen Fällen wird eine Vertriebskooperation naturgemäß zunächst erschwert. EDV-Unternehmen, die solche Zugriffssysteme nicht anbieten, haben das Problem, daß die Verkäufer unter starkem Erfolgsdruck für Aufträge über EDV-Anlagen stehen und meist weder die Zeit noch den Sachverstand haben, Peripherie zur Sicherung der Daten anzubieten. Die vertriebspolitische Konsequenz hieraus war, einen Direktvertrieb für EDV-Anwender aufzubauen.

Die bisher beschriebenen Einsatzbereiche wie Kopieren, Zwischenverpflegung und EDV-Zugriff können innerhalb einer Organisation mit einer Karte gehandhabt werden. Der Mitarbeiter muß also nicht mehrere Karten bei sich tragen. Mit derselben Karte lassen sich zudem Zeiterfassung, Parken, Tanken und Zugangsregelungen erledigen.

V. SGE 4: Spielhalle

Für den Betreiber von Hallen mit Vergnügungsgeräten (TV-Geräte, Flipper) bietet die Magnetkarte eine Reihe von Verbesserungen. Sämtliche Spielgeräte sind mit Kartengeräten ausgestattet, die mit einer Zentraleinheit (EDV-Anlage) verbunden sind. Durch die Zentraleinheit lassen sich nun die Spielgeräte, die bisher im „stand alone"-Betrieb arbeiteten, ansteuern (z.B. programmieren unterschiedlicher Tarife je nach Tageszeit). Die Zentraleinheit ist das Informationszentrum der Halle, in dem alle Spiele jedes Gerätes gespeichert und jederzeit abgefragt werden können.

Wesentlich einfacher als in allen anderen Märkten war der Vertrieb in der SGE Spiehalle aufzubauen. In Zusammenarbeit mit Europas bedeutendstem Betreiber von Spielhallen, der gleichzeitig Hersteller und Importeur von Spielgeräten ist, wurde die technische Funktionstüchtigkeit des Kartensystems und seine Akzeptanz durch den Spieler getestet. Die Resultate waren positiv. Das genannte Unternehmen übernimmt den Vertrieb des Magnetkartensystems für Spielhallen weltweit.

VI. Der USA-Markt

Der USA-Markt spielt bei allen Vertriebsüberlegungen eine besondere Rolle. Es sind nicht nur die Größe des Landes und die unterschiedlichen wirtschaftlichen, kulturellen und klimatischen Bedingungen in einzelnen Regionen, die andere Maßstäbe fordern. Auch die geschäftliche Mentalität in USA ist anders als in Deutschland. Demgegenüber stellen die USA aber ein Marktpotential zur Verfügung, das in einigen der für Copytex relevanten Bereiche um das Zehnfache größer als das deutsche und das Zwei- bis Dreifache größer als das europäische ist.

Begonnen wurde in USA mit einem Distributor im Kopiermarkt Mitte 1982. Dieses Unternehmen kommt für den Vertrieb in den anderen Märkten wie Warenverkaufsautomaten und EDV-Zugriff aus verschiedenen Gründen nicht in Frage. Es gibt deshalb nur zwei Möglichkeiten. Für andere Märkte neue Distributoren zu suchen oder in USA ein Tochterunternehmen zu gründen, das Vertriebswege und Partner aufbaut. Derzeit werden Untersuchungen angestellt, welchem der beiden Wege der Vorzug zu geben ist. Hierbei spielen der Finanzbedarf, die für den Marktaufbau notwendige Zeit und die Steuerungsmöglichkeiten die ausschlaggebenden Rollen.

C. Chancen und Risiken der Zukunft

Der rasche Aufbau eines internationalen Vertriebsnetzes und das zügige Angehen neuer Anwendungen haben für das Unternehmen ein zukunftsträchtiges Fundament geschaffen. Aber nicht nur die sprichwörtliche Schnellebigkeit von High-Tech-Branchen und -Produkten zwingt zur Analyse von Risikofaktoren und zum Erkennen von zukunftsbestimmenden Marktsignalen. Die mittel- und langfristige Planung und Umweltbeobachtung scheint für ein junges Unternehmen, das sich in jeder Hinsicht dynamisch entwickelt und nun etabliert hat, von zunehmender Wichtigkeit zu werden. Dies gilt sowohl hinsichtlich der Notwendigkeit, die personelle Kapazität und Organisation den neuen Gegebenheiten anzupassen als auch im Hinblick darauf, daß der Wettbewerb angesichts des Erfolges zu aggressiven neuen Strategien gezwungen bzw. erst auf den Plan gerufen wird.

Wie sind die Chancen und Risiken der Copytex-Sicherheitssysteme einzuschätzen? Grundsätzlich kann festgestellt werden, daß das Sicherheitsbedürfnis z.B. bei Datenverarbeitungsanlagen permanent zunimmt, daß die Vorteile neuer Zahlungsmittel anstelle der Münzen z.B. bei der Zwischenverpflegung evident sind.

Auch die Deutsche Bundespost wird sich die Karte als Zahlungsmittel zunutze machen. Sie testet derzeit vier Kartenverfahren für bargeldlose öffentliche Telefone. In Bamberg werden 30 Wertkartentelefone eingesetzt, die in Kooperation zwischen SEL/ITT und Copytex entstanden sind. Mit diesem Projekt sind die Dimensionen des Nischenmarktes verlassen. Damit sind einerseits Erwartungen verbunden, die außerhalb der Gegebenheiten der anderen Märkte liegen; andererseits gelten hier die harten Spielregeln des Wettbewerbs in besonderem Maße. Ähnliche Überlegungen gelten für Anwendungen des Copytex-Verfahrens im Bankenbereich (Sicherung der Scheck- und Kreditkarten).

Die Unternehmenspolitik ist auf die genannten Nischenmärkte ausgerichtet; ihnen gilt das zentrale Interesse der Entwicklung und des Vertriebs. Der Erfolg des Unternehmens wird an diesen Märkten gemessen und ist nicht abhängig von ungewissen Ergebnissen der nur schwer beeinflußbaren Großmärkte.

Risiken drohen wie bei jedem Produkt durch bessere oder preiswertere Wettbewerbsfabrikate. Weil die Module der Copytex-Geräte für viele Anwendungen identisch sind und deshalb in großen Serien gefertigt werden, können starke Kostendegressionen realisiert werden. Dadurch wird eine offensive Preispolitik möglich, die der Wettbewerb bisher in keinem Markt nachvollziehen konnte bzw. die ihn aus einigen Märkten fernhielt.

Ein weiteres Risiko stellen neue Technologien dar, die leistungsfähiger als vorhandene Techniken sind oder die sie überflüssig machen. Die in diesem Zusammenhang häufig diskutierte Chipkarte stellt keine Gefahr für die Copytex-Magnetkartentechnik dar. Die Chipkarte kann ebenso wie die Magnetkarte nach dem Copytex-Verfahren der Strukturmessung gesichert werden. Da die Anwendungsbereiche der Chipkarte außerhalb der primären Copytex-Märkte liegen, sind von ihrer Weiterentwicklung eher positive Impulse in Form neuer Märkte zu erwarten.

Ein nicht zu unterschätzender Risikofaktor im High-Tech-Bereich sind mögliche Verletzungen von Patenten, die zu unerwarteten Ansprüchen Dritter führen. Aber auch der umgekehrte Fall ist denkbar. Copytex hat seine Basistechnologien weltweit patentrechtlich geschützt und verfügt über ca. 150 erteilte und 300 angemeldete Patente. Hierin liegt ein beachtliches Potential für Lizenzeinnahmen, das künftig ausgeschöpft werden kann.

Literaturverzeichnis

Drucker, Peter F.: Innovationsmanagement für Wirtschaft und Politik, Düsseldorf, Wien 1985.

Horváth, Peter / *Winderlich*, Hans-Georg / *Zahn*, Erich: Unternehmensgründungen im Bereich der Spitzentechnologie, in: H. Albach, T. Held (Hrsg.): Betriebswirtschaftslehre mittelständischer Unternehmen, Stuttgart 1984.

Kotler, Philipp: Marketing Management, Stuttgart 1982.

Porter, Michael E.: Competitive Advantage, New York 1985.

Priewasser, Erich: Kartengesteuerte Zahlungsverkehrssysteme, Betriebspraxis 2/1982.

Expertensysteme als notwendige Voraussetzungen für CIM-Realisierungen

Von *Hermann Krallmann*

A. Einleitung

Mit dem obigen Thema werden zwei Problemkreise angesprochen, die als zwei wesentliche Herausforderungen auch noch des nächsten Jahrzehnts gelten werden. Aus diesem Grunde werden beide Problembereiche im nächsten Absatz in knapper Form skizziert. Diese Ausführungen dienen ebenfalls zur Klarstellung beider Begriffe, mit denen dann weiterhin gearbeitet werden soll. Im dritten Kapitel wird dann erläutert, warum Expertensysteme, oder korrekter formuliert, wissensbasierte Systeme, einen erfolgversprechenden Beitrag zur Lösung vielschichtiger Probleme in der computerintegrierten Fertigung liefern können.

Potentielle Anwendungsgebiete, z.B. der
– Fertigungssteuerung
– Arbeitsplangenerierung und
– Angebotserstellung
werden vorgestellt und mit anderen laufenden, aus der Literatur bekannten, Projekten verglichen.

Anschließend werden eigene Erfahrungen aus der Entwicklung zweier Prototypen im CIM-Bereich diskutiert und Strategien zur weiteren Entwicklung aufgezeigt.

Im letzten Kapitel wird eine Standortbestimmung, bezogen auf den Einsatz von wissensbasierten Systemen im CIM-Bereich, durchgeführt, Erfahrungswerte werden bezogen auf die Vorgehensweise dargelegt, und ein Ausblick wird gegeben.

B. Darstellung der Problemkomplexe CIM und Expertensysteme

I. Computerintegrierte Fertigung (CIM)

Eine einheitliche Definition zu dieser Thematik liegt bislang jedenfalls noch nicht vor. Eine Untersuchung, die in der Zeitschrift *CIM Management* (1, S. 11 ff.) bei sieben verschiedenen Unternehmen durchgeführt wurde, zeigt im Ergebnis sieben unterschiedliche graphische und inhaltliche Darstellungen. Im folgenden soll ein kleiner gemeinsamer Nenner erarbeitet werden.

CIM ist eine konzeptionelle Lösung für die Integration der Entwicklungs-, Planungs- und Fertigungsprozesse durch bereichsübergreifende Informationssysteme und Anwendungslösungen. Der Begriff entstand für die Fertigungsindustrie mit der Zielsetzung, die sich mit dem Vordringen der CA (Computer Aided ...)-Techniken abzeichnenden Insellösungen miteinander zu verbinden bzw. gar nicht erst entstehen zu lassen.

Mit einem durchgehenden *Informationsfluß* soll der Werdegang eines Produktes von der Idee und einem ersten Entwurf (CAE) über die Planung (PPS) bis zur Fertigung und Montage (CAM), eingebettet in betriebswirtschaftliche Systeme (BS), unterstützt werden (siehe Abb. 1).

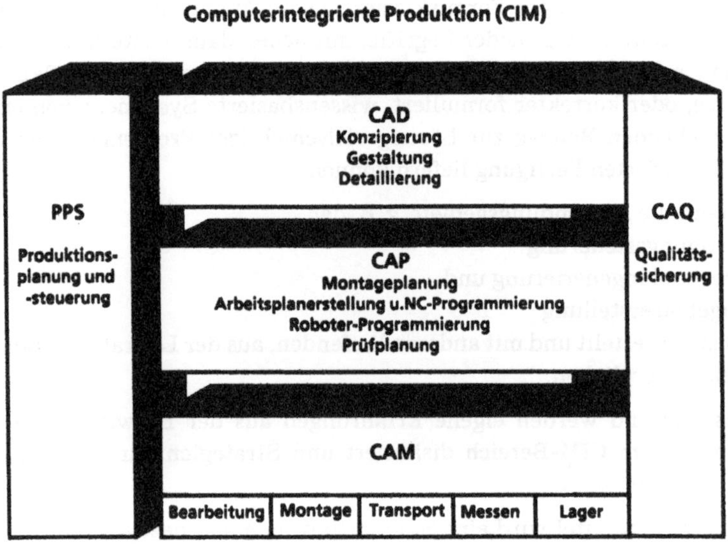

Computerintegrierte Produktion (CIM)

PPS	CAD	CAQ
Produktions- planung und -steuerung	Konzipierung Gestaltung Detaillierung	Qualitäts- sicherung
	CAP Montageplanung Arbeitsplanerstellung u. NC-Programmierung Roboter-Programmierung Prüfplanung	
	CAM	
	Bearbeitung	Montage	Transport	Messen	Lager	

Abb. 1. Funktionen der computerintegrierten Produktion

Die Realisierung von CIM in der Fertigungsindustrie wird möglich durch die Fortschritte auf dem Gebiet der geometrischen und graphischen Datenverarbeitung sowie moderner Informations- und Kommunikationstechnologien, mit deren Hilfe neuartige Fertigungs-, Montage-, Handhabungs-, Transport- und Lagereinrichtungen gesteuert und überwacht werden können.

In der Fertigungsindustrie lassen sich generelle Entwicklungstendenzen auf den Absatzmärkten erkennen, die ein Vorgehen in Richtung auf die computerintegrierte Fertigung erforderlich machen:

- Produkte werden nur noch akzeptiert, wenn sie dem neuesten technischen Stand entsprechen. Dadurch ergeben sich kürzere *Produktlebenszyklen*, d.h.
  - weniger Zeit für Produktentwicklung,
  - weniger Zeit für die Fertigungsoptimierung (Qualität, Kosten, ...),
  - häufiger Produktwechsel.

- Der Kunde verlangt ein individuell auf seine Wünsche abgestimmtes Produkt, wodurch eine *Vielzahl an Produktvarianten* entstehen, die in *kleineren Stückzahlen* zu produzieren sind, d.h.
  - höherer Entwicklungsaufwand,
  - mehrere Rüstvorgänge in Fertigung und Montage,
  - höherer Planungs- und Steuerungsaufwand.

- Die durch die Kunden, Gesetze und Vorschriften erzwungenen *Qualitätsanforderungen* steigen in Richtung „Null-Fehler-Qualität". Dies erfordert einen höheren Aufwand für die Qualitätssicherung von der Produktplanung und -entwicklung über die Beschaffung, Fertigung und Montage bis zur Endkontrolle.

- Der Kunde erwartet, daß die Produkte mit *kürzesten Lieferzeiten* und termingetreu ausgeliefert werden. Dies kann nur durch hohe Bestände oder durch kurze Durchlaufzeiten für alle kundenauftragsbezogenen Vorgänge im Unternehmen erreicht werden.

- Der Spielraum für *Preis*erhöhungen ist im allgemeinen sehr gering, so daß weiterhin kostensenkende Maßnahmen ergriffen werden müssen.

Diese konkurrierenden Zielsetzungen sind nur durch eine gesamtheitliche Betrachtung der beteiligten Unternehmensfunktionen zu erfüllen. Mit CIM soll ein Gesamtoptimum erreicht werden, indem sach- und ablauflogisch zusammengehörende Vorgänge über den Informationsfluß zu Vorgangsketten integriert werden.

Die Daten- und Funktionsintegration, insbesondere im CIM-Bereich, vor allem das Zusammenwachsen kaufmännischer und technischer Funktionen, wird sich über die Zeit in mehreren Schritten vollziehen (siehe Abb. 2). In Stufe 1 wird nur ein organisatorischer Zusammenhang hergestellt, indem von einem Arbeitsplatz (z.B. Konstruktion oder Arbeitsplanung) mit zwei getrennten Terminals auf beide Systeme zugegriffen werden kann. Die fünfte Stufe verkörpert die höchste Form der Integration, indem beide Systeme nicht nur auf eine gleiche Datenbasis zugreifen, sondern darüber hinaus auch direkt miteinander kommunizieren.

Der *Vorteil der Integration* liegt nicht nur in einer höheren Datenintegrität gegenüber einer getrennten Datenverwaltung, sondern vor allem in der Beseitigung von Zeitpuffern und damit in der Verkürzung von Durchlaufzeiten. Die Zugriffsmöglichkeit auf mehrere Datenbasen ermöglicht dar-

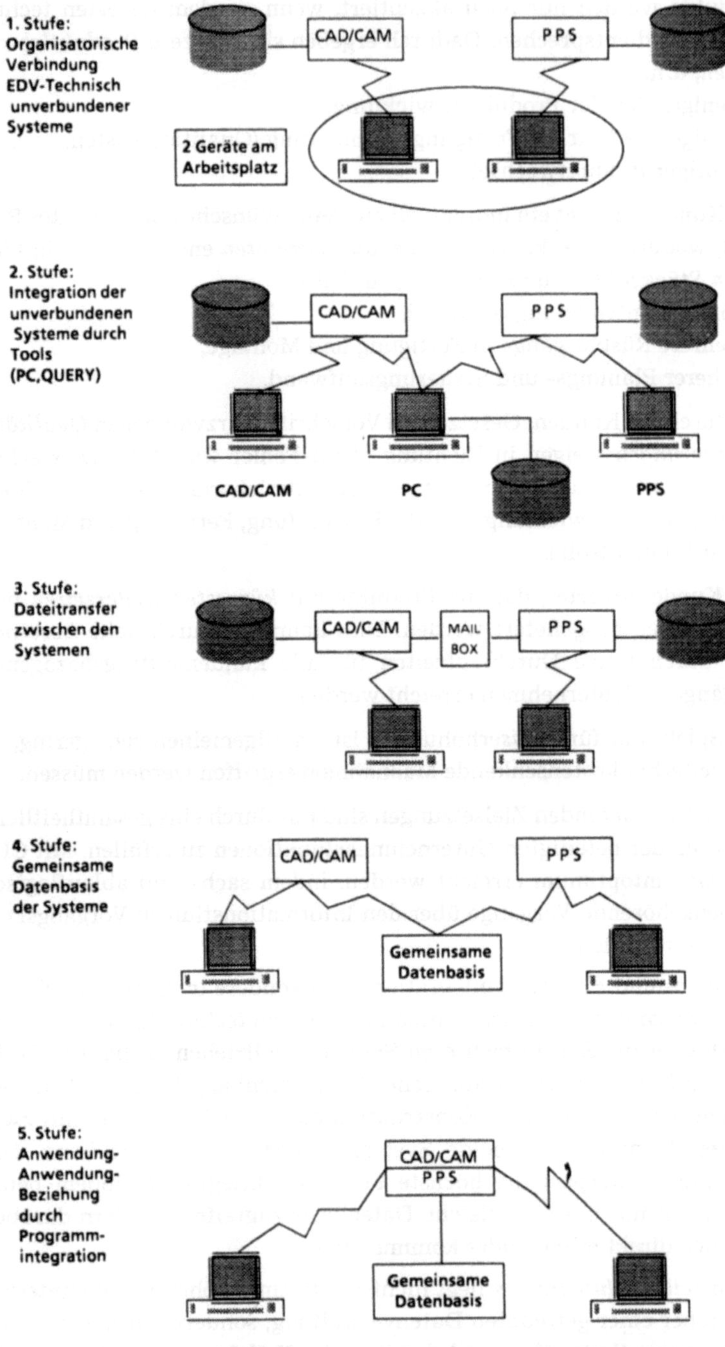

1. Stufe:
Organisatorische
Verbindung
EDV-Technisch
unverbundener
Systeme
CAD/CAM
PPS
2 Geräte am
Arbeitsplatz
2. Stufe:
Integration der
unverbundenen
Systeme durch
Tools
(PC,QUERY)
CAD/CAM
PPS
CAD/CAM
PC
PPS
3. Stufe:
Dateitransfer
zwischen den
Systemen
CAD/CAM
MAIL
BOX
PPS
4. Stufe:
Gemeinsame
Datenbasis
der Systeme
CAD/CAM
PPS
Gemeinsame
Datenbasis
5. Stufe:
Anwendung-
Anwendung-
Beziehung
durch
Programm-
integration
CAD/CAM
PPS
Gemeinsame
Datenbasis

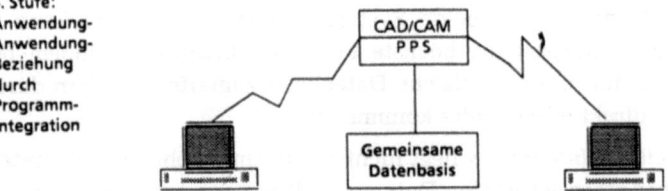

Abb. 2. Integrationsgrade und -möglichkeiten (Quelle: 2)

über hinaus die Integration mehrerer Funktionen an einem Arbeitsplatz. Bei den CAD-Systemen ist beispielsweise die Tendenz zu beobachten, immer komfortablere NC-Programmiermöglichkeiten zu integrieren. Dadurch wird eine Verlagerung der NC-Programmierung von der Arbeitsvorbereitung in die Konstruktionsabteilung denkbar.

Insgesamt führt das CIM-Konzept zu einer stärkeren Betonung der *Entwicklungsphase eines Produktes*. Damit wird der Tatsache Rechnung getragen, daß in der Entwicklungsphase durch die Festlegung der Werkstoffe, der Teilegeometrie und des Zusammenwirkens in dem Endprodukt ca. 70 % der Herstellkosten determiniert sind. Nur 30 % der Kosten sind, wenn die konstruktiven Details einmal festliegen, während der Herstellung des Produktes durch die Produktionsplanung und -steuerung überhaupt noch beeinflußbar.

II. Expertensysteme

Expertensysteme – oder besser gesagt: wissensbasierte Systeme – sind rechnergestützte Systeme, in denen das Sach- und Erfahrungswissen von Experten abgelegt ist und in denen zusätzlich Problemlösungsmechanismen realisiert sind. Die Inferenzmethoden benutzen neben Fakten- und Regelwissen auch Heuristiken und vages Wissen, und erlauben uns, aus vorgegebenen Daten selbständig Schlüsse zu ziehen. Mit der Erklärungskomponente können Expertensysteme an jeder Stelle des Lösungsprozesses Auskunft darüber geben, welche Hypothesen sie gerade verfolgen, warum sie einen bestimmten Lösungsweg gewählt haben, zu welchen Schlußfolgerungen sie bereits gelangt und warum sie gerade zu diesen gekommen sind.

Expertensysteme enthalten gemeinsame Komponenten. Diese Teile werden in universellen Werkzeugen zur Erstellung von Expertensystemen (Rahmensystem oder Shell) zusammengefaßt. Mit ihnen können Expertensysteme in unterschiedlichen Anwendungsgebieten (Wissensdomänen) erstellt werden.

Diese Shells lassen sich auch definieren als ein Expertensystem ohne spezifische Wissensbasis, aber ergänzt um Werkzeuge zur Implementierung einer solchen Wissensbasis.

Heutige Shells enthalten die folgenden Komponenten:
- Inferenzmethoden,
- Wissensrepräsentationsformalismen,
- Hilfen zur Erstellung und Wartung der Wissensbasis,
- Erklärungs- und Dialogkomponente (siehe Abb. 3).

Eine spezifische Shell stellt meistens nur eine begrenzte Menge an Methoden zur Repräsentation von Wissen und Inferenz zur Verfügung. Experten-

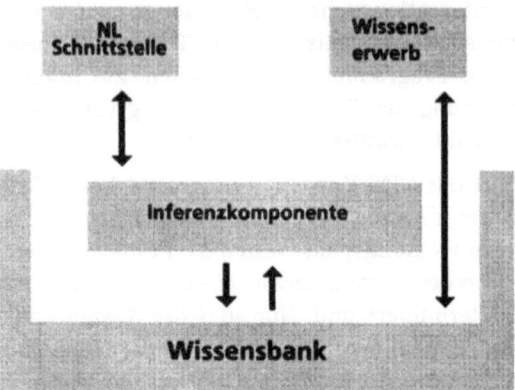

Abb. 3. Allgemeiner Aufbau der Expertensysteme (Shells)

systeme unterscheiden u.a. in der Repräsentation des Wissens und in der Repräsentation der Inferenzmethoden.

Die Methoden der Wissensrepräsentation lassen sich unterteilen in:

- regelorientierte Systeme
  - produktionsregelbasierte Systeme
- netzwerkorientierte Systeme
  - semantische Netze
  - framebasierte Systeme
  - objektorientierte Systeme.

Einige Ziele der *angewandten* Forschungs- und Entwicklungsarbeiten im Bereich der Expertensysteme lassen sich wie folgt umreißen:

- Analyse der auf dem Markt vorhandenen Tools (Shells) unter Berücksichtigung ihrer Stärken und Schwächen, bezogen auf die betrieblichen Anwendungen

- Realisierung von Expertensystemen und ihre Integration in die vorhandene Infrastruktur der jeweiligen betrieblichen Informationsverarbeitung

- Entwicklung von „Standard-Anwendungs-Shells", die ohne Einsatz von Programmierern direkt von Mitarbeitern – z.B. der Entwicklungs- und Vertriebsabteilungen – an die betriebsspezifischen Bedingungen angepaßt werden

- Wissensformalisierung, in der die Erkenntnisse der Konzeptualisierung, Strukturierung und Organisation des Wissens aus den jeweiligen Anwendungsbereichen umgesetzt werden, zur Verbesserung der Qualität wissensbasierter Systeme.

C. Expertensysteme für den CIM-Bereich

I. Warum sind Expertensysteme geeignet für CIM?

Bei der Diskussion dieses Themas darf nicht verschwiegen werden, daß in fast allen CIM-Bereichen rechnergestützte Systeme existieren wie z.B.

- CAD-Systeme
- PPS-Systeme
- CNC/DNC-Systeme
- kommerzielle DV-Systeme usw.

Konventionelle Systeme werden dadurch charakterisiert, daß sie detaillierte Vorschriften, vollständig geplante Lösungswege in algorithmischer Abarbeitung zum Erreichen der Ergebnisse beinhalten. Eine sich verändernde Anwendungsumgebung oder umfassendere und detailliertere Fachgebietsexpertise verlangt eine Überarbeitung des Systems, die nur durch Neuprogrammierung des Systems zu erreichen ist.

Wissensbasierte Systeme beinhalten das Wissen, das zur Problemlösung bereitsteht und geben vor, in welcher Weise es angewendet werden soll. Es liegt also nicht der klassische Vorgang – Input – Prozeß – Output – vor, sondern es wird Wissen verarbeitet, um einen Lösungsweg zu finden, der auch aufgrund von unvollständigem, unsicherem oder vagem Wissen geschlossen werden kann.

Zusammengefaßt bedeutet das, Expertensysteme unterscheiden sich von konventionellen Ansätzen durch die Bearbeitung gerade unstrukturierter Probleme und durch ihren Aufbau in Wissensbasis, Problemlösungs-, Erklärungs- und Wissensakquisitionskomponente sowie einer Dialogkomponente.

In seinem Beitrag „Artificial intelligence applied to manufacturing" kommt R. Mayer zu folgendem Ergebnis (3, S. 26):

„All strategic, tactical, and operational management activities in manufacturing require the planning and coordination of resources within often poorly defined parameters to achieve specific goals. Further, most of the technical skills from design engineering, manufacturing, and quality assurance are derived primarily from practical experience rather than experimental results. For this reason, manufacturing provides many opportunities for the application of knowledge-based, problem-solving systems."

Eine von Mayer im Auftrag des U.S. Air Forces Materials Laboratory durchgeführte Studie[5] sagt aus, daß die Bereiche Materialbedarfsplanung, Produktionsplanung, Arbeitsplanung, Werkstattsteuerung usw. äußerst geeignete Anwendungsgebiete für Expertensysteme sind. Fox unterstreicht die Ergebnisse dieser Studie, indem er auf das von ihm mit Westinghouse Electric Corporation realisierte Projekt ISIS zur Produktionsplanung hinweist:

„The problem is a prime candidate for application of artificial intelligence (AI) technology, as human schedulers are overburdened by its complexity and existing computerbased approaches to automatic scheduling incorporate only a fraction of the relevant scheduling knowledge." (6, S. 25)

Bezogen auf die Werkstattsteuerung führt Robbins aus:

„The application of expert system techniques within this field does appear to have unique promise in terms of overcoming the historical obstacles to shop floor control effectiveness."(4, S. 13 - 13)

Es ist müßig, weitere Zitate anzuführen, die im CIM-Bereich für wissensbasierte Systeme geeignete Einsatzgebiete sehen, sondern es sollen einige Anwendungen vorgestellt werden.

II. Potentielle Anwendungsgebiete

Expertensystem zur Belegungsplanung in der Werkstattfertigung

Die Werkstattfertigung ist durch folgende Merkmale gekennzeichnet:
- Sehr viele Aufträge befinden sich gleichzeitig im „System"
- Sehr viele unterschiedliche Teile können bearbeitet werden
- Sich ersetzende und ergänzende Universalmaschinen → „chaotischer" Materialfluß
- Das Personal ist unterschiedlich flexibel einsetzbar.

Der Fertigungssteuerer bzw. der Meister hat im wesentlichen zwei Aufgaben:

- die Feinplanung, d.h. die Umsetzung des ihm vorgegebenen Fertigungsprogramms in eine *Maschinenbelegung,* in der die Aufträge zeitlich und örtlich zugeordnet werden (Reihenfolgebildung und Arbeitsverteilung),
- die *Verfolgung des Auftragsfortschritts.*

Die Verfolgung des Auftragsfortschritts erfordert die Transparenz des Betriebsgeschehens. Moderne Fertigungssteuerungssysteme basieren auf BDE-Systemen, die alle Auftrags-, Betriebsmittel- und Personaldaten aktuell erfassen und verarbeiten und an einem Leitstand anzeigen.

Fragen wie:
- wo befindet sich im Augenblick der Auftrag 123?
- welchen Status hat die Maschine xy?
- usw.?

können mit diesen Systemen zu jedem Zeitpunkt beantwortet werden. Das Tranzparenzproblem kann also als weitestgehend gelöst betrachtet werden. Dagegen wird die Funktion der Belegungsplanung auf Grund der komplexen Struktur der Werkstattfertigung bisher durch EDV-Systeme kaum unterstützt. Dies gilt besonders dann, wenn auf eine Störung des geplanten

Ablaufs in der Fertigung (Personal- bzw. Maschinenausfall) reagiert werden muß. In diesem Fall müßte die Belegungsplanung für die verbleibende Zeit des Planungszeitraums unter Berücksichtigung der geänderten Restriktionen erneut durchgeführt werden.

Grobkonzept eines Expertensystems zur kurzfristigen Belegungsplanung.

Auf Grund der zahlreichen zu berücksichtigenden Parameter bei der Belegungsplanung ist der Einsatz eines Expertensystems denkbar, das heuristische Problemlösungsverfahren anwendet.

Das Expertensystem müßte folgende Teilfunktionen enthalten:
- Abbildung der aktuellen Situation des Fertigungsbereiches
- Analyse der Situation und Ermittlung der Handlungsalternativen
- Auswahl einer geeigneten Strategie zur Belegungsplanung
- Anwendung der Strategie und Verdeutlichung der Auswirkungen, Erzeugung der Einschleus- bzw. Belegungsliste (siehe Abb. 4).

Der oben skizzierte, mögliche Lösungsansatz findet sich prinzipiell in den Projekten

- PEPS: the Prototyp Expert Priority Scheduler (4)
- ISIS: a knowledge-based decision support system for job shop scheduling (6)

wieder, die kurz skizziert werden sollen.

"PEPS focuses on the one machine, N jobs problem, which is frequently verbalized as the 'Cry of the Operator': Which !?%! job do I run next?" (4, S. 13 - 15).

Die Systemstruktur von PEPS beinhaltet im wesentlichen:

- ein Modul zur Beschreibung der Fertigungsumgebung mit detaillierten Angaben der eingeschleusten Aufträge, mit detaillierten Informationen über Halbfertigbestände, Fertigungsfortschritt usw. Weiterhin werden jegliche Änderungen der Fertigungskapazität, maschinelle Erweiterungen, Überstunden usw. festgehalten

- ein Modul zur Beschreibung sämtlicher vorgesehener Einschleusungsstrategien und Abfertigungsregeln, z.B. bei den Einschleusungsstrategien die maximale Auftrags- bzw. Werkstückdurchlaufzeit usw. Die Abfertigung der Werkstücke in Konkurrenzsituationen erfolgt z.B. nach dem maximalen Absolutbetrag der aktuellen Durchlaufzeitabweichung oder der Fertigungskosten

- ein Modul zur Regelauswahl unter Berücksichtigung der augenblicklichen Fertigungssituation

- eine Auftragsdatenbasis sowie

- eine Erklärungskomponente (siehe Abb. 5).

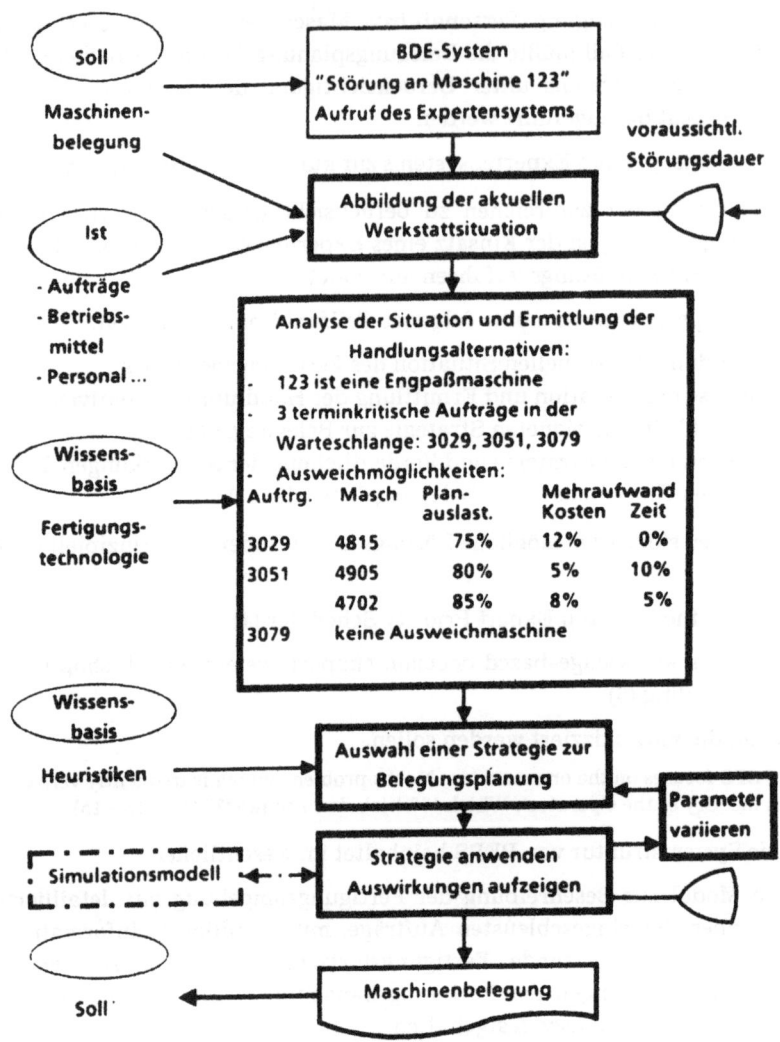

Abb. 4. Grobkonzept eines Expertensystems zur kurzfristigen Belegungsplanung

Bei einer kritischen Selbstdarstellung dieses Prototypen liest sich das wie folgt:

"PEPS recognizes the 'people' aspect of shop management, and attempts to emulate their methodology even though the results may be less than optimum." (4, S. 13 - 18).

Im Gegensatz zu PEPS stellt sich der Anspruch von ISIS doch erheblich anders dar.

PEPS: Prototyp eines Expertensystem für die Prioritätsermittelung

PEPS SYSTEMSSTRUKTUR

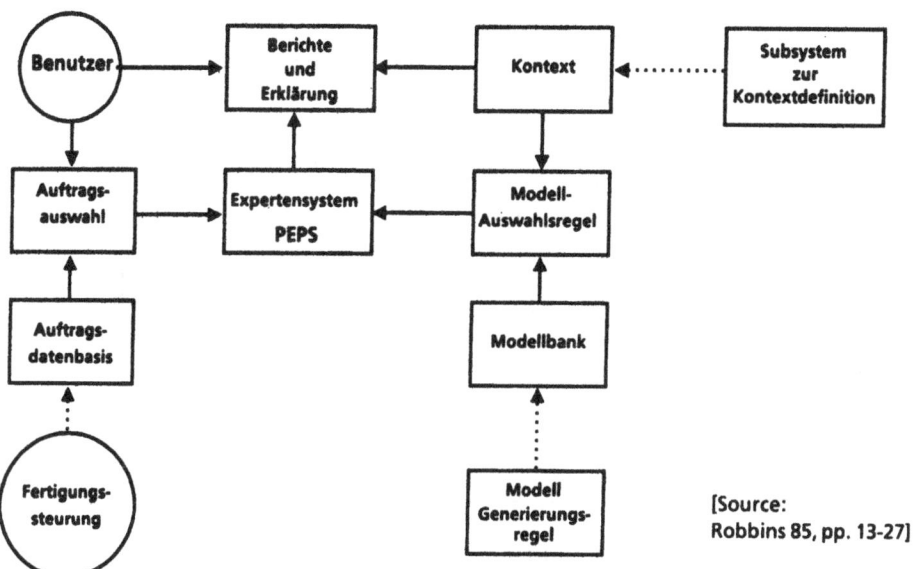

[Source: Robbins 85, pp. 13-27]

Abb. 5. Systemstruktur von PEPS

ISIS versucht unter den gegebenen, noch zu diskutierenden Restriktionen einer Fertigungsumgebung, den bestmöglichen Fertigungsplan zu generieren.

In der Wissensbasis dieses Expertensystems werden die vielfältigen Restriktionen und Eckdaten der Fertigungsplanung und -steuerung sowie

- die unternehmerischen Ziele wie Produktqualität, Herstellkosten, Liefertreue usw.
- die physikalischen Restriktionen wie Maschinenkapazität und -arten, Bearbeitungszeiten, Qualität usw.
- organisatorische Restriktionen wie alternative Arbeitsgänge und Maschinen, Werkzeug- und Materialanforderung, Qualifikation usw.
- Verfügbarkeitsrestriktionen und Reihenfolgebedingungen modelliert. (siehe Abb. 6)

Als Wissensrepräsentationssprache wird SRL benutzt. Heuristische Suchalgorithmen sind zur Abarbeitung des mehrdimensionalen Suchraumes in der Wissensbasis realisiert, um die bestmöglichen Einschleusungs-

ISIS: Ein wissenbasiertes System für Werkstattsteurung

→ hierachische, Restriktion-orientierte Reihenfolgeplanung vom Werkstatt

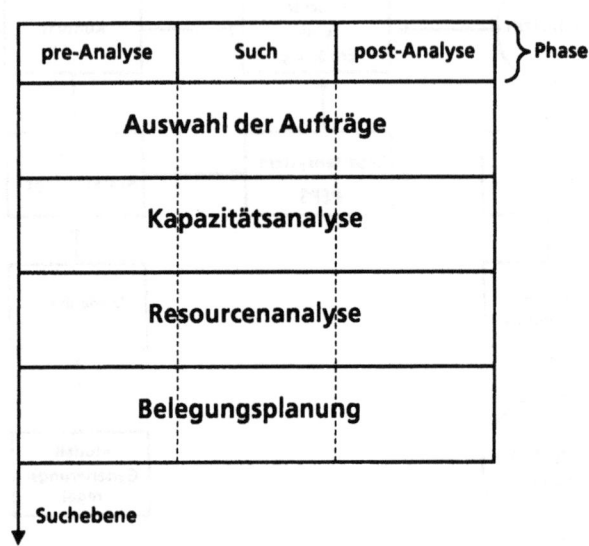

Abb. 6. Basiskonzept von ISIS

strategien und Abfertigungsregeln unter Berücksichtigung gegebener Restriktionen zu generieren.

Das Westinghouse Turbine Component Plant diente zum Aufbau dieser realen Wissensbasis. Eine ISIS Testinstallation ist in diesem Unternehmen realisiert und kann als eines der leistungsfähigsten Expertensysteme in einer realen Umgebung bezeichnet werden.

2. Expertensystem für die Arbeitsplanung in kundenauftragsorientierten Fertigungsunternehmen

Die Problemstellung beinhaltet die Erstellung von Arbeitsplänen unter Berücksichtigung der Fertigungskapazitäten: In der Regel wird auch bei Einzelfertigern zunächst ein auftragsneutraler Arbeitsplan erstellt, der in erster Linie die technologischen Gegebenheiten des Betriebes wiederspiegelt. Im konkreten Auftragsfall wird dieser Arbeitsplan mit den Auftragsdaten (Auftragsnummer, Stückzahl, Termine) versehen und in die Fertigung gegeben. Aus Kapazitätsgründen muß dann aber häufig von diesem Arbeitsplan abgewichen werden, und einzelne Arbeitsgänge müssen auf andere

Maschinen verlagert werden. Dadurch kann es zu einer Änderung der Bearbeitungsreihenfolge kommen, die nun nicht mehr unbedingt kostengünstig ist.

Mögliche Lösung: Mit Hilfe eines Expertensystems könnten die Aufgaben der Arbeitsplanung

- Rohteilbestimmung,
- Festlegung der Bearbeitungsreihenfolge,
- Maschinenauswahl,
- Festlegung der Bearbeitungsoperationen (Schnittbedingungen, Werkzeug- und Vorrichtungsauswahl, ...),
- Vorgabezeitberechnung

kurzfristig unter Berücksichtigung der Kapazitätsrestriktionen der Fertigung durchgeführt werden. Dies kann besonders dann von Interesse sein, wenn eine just-in-time-Produktion angestrebt wird. Mit dem Expertensystem könnte zunächst eine Verfügbarkeitsprüfung von Material, Kapazitäten, Werkzeugen und Vorrichtungen durchgeführt werden und dann ein Arbeitsplan erstellt werden, der unter den gegebenen Kapazitätsrestriktionen ein Kostenminimum ergibt. Dabei muß berücksichtigt werden, daß die oben angeführten Teilaufgaben stark voneinander abhängen. So kann die Auswahl der ersten Bearbeitungsmaschine ein bestimmtes Rohteil erforderlich machen (z.B. Futter- versus Stangenbearbeitung bei Drehmaschinen). Für die Erzeugung der Werkstückgeometrie stehen in der Regel eine Vielzahl von Bearbeitungsmöglichkeiten in unterschiedlichen Reihenfolgen zur Verfügung.

Dabei müssen unter anderem folgende Parameter berücksichtigt werden:
- Rohteil- und Zwischenformen,
- Spannmöglichkeiten,
- Werkzeuge,
- Kinematik der Maschine,
- Genauigkeiten (Form-, Lage-, Gestalttoleranzen),
- Platzkosten,
- Rüstaufwand.

Zur Lösung dieser Aufgabenstellung ist der Zugriff auf
- Auftragsdaten,
- Werkstückgeometrie (CAD-System),
- andere, bereits existierende Teile und deren Arbeitspläne,

- Maschinen-, Werkzeug-, Vorrichtungsdaten,
- Rohmaterialbestände,
- verfügbare Kapazitäten etc.

erforderlich. Die gegenseitigen Abhängigkeiten der zu berücksichtigenden Parameter müssen in Regeln formuliert werden. Versuche in den 70er Jahren, die Arbeitsplanungsproblematik mit Hilfe von Entscheidungstabellen zu lösen, haben schon für die Teilaufgabe der Festlegung der Bearbeitungsreihenfolge keine praktikablen Ergebnisse gebracht, da der Pflegeaufwand für die Entscheidungstabellen zu hoch war.

Inwieweit Expertensysteme prinzipiell für diese Problematik besser geeignet sind, zeigt die kurze Darstellung eines auf der Autofact '85 in Detroit vorgestellten Prototypen PROPLAN (7).

Die wesentlichen Unterschiede zur konventionellen Arbeitsplanung beziehen sich auf

– den Gebrauch einer CAD-Datenbank als primären Input zur Teilebeschreibung und

– die Anwendung der künstlichen Intelligenz zur Entwicklung eines wissensbasierten Systems zur Arbeitsplangenerierung.

Die mit diesem Projekt verfolgten Ziele lassen sich wie folgt beschreiben:

– Darstellung der Teilegeometrie

– Erstellung einer logischen Arbeitsgangfolge zur Teileherstellung

– Empfehlung geeigneter Maschinen und fertigungstechnologischer Parameter

– Erklärung der Vorgehensweise

– Anpassung der Wissensbasis an die sich ändernde Fertigungsumgebung.

Die Leistungsfähigkeit des Expertensystems PROPLAN ist an rotationssymmetrischen Teilen getestet worden. Die Wissensbasis ist regelorientiert angelegt. Faktenwissen und -daten, heuristisches Wissen sowie Steuerinformation sind in Form von Produktionsregeln gespeichert. Die Regeln entscheiden über die Zuordnung von Maschinen und Arbeitsgängen, Werkzeug, Kühlmittel, Schnittgeschwindigkeiten und -tiefe.

Die Erfahrungen mit diesen Prototypen lassen sich wie folgt zusammenfassen:

"the results did show that the system was efficient and hade the potential for practical application" (7, S. 10 - 12).

3. Expertensystem zur Konfigurierung von Enderzeugnissen aus Baugruppenvarianten nach Kundenspezifikationen (Konfigurator)

Problemstellung. Die Vertriebssituation in vielen Branchen der Fertigungsindustrie ist unter anderem durch eine zunehmende Variantenvielfalt bei den Enderzeugnissen gekennzeichnet. Dabei wird das Enderzeugnis für einen Kundenauftrag nach den Spezifikationen des Kunden aus Standardbaugruppen konfiguriert. Voraussetzung ist, daß eine Baukastensystematik vorliegt, d. h., daß es jeweils eine größere Anzahl unterschiedlicher Baugruppenvarianten gibt.

Wegen der z.T. unübersehbaren Variantenvielfalt existieren die Enderzeugnisse nicht in den Stücklistenstrukturen, sondern werden fallweise in Form eines „technischen Lieferumfanges" zusammengestellt.

Neben den Spezifikationen, die der Kunde formuliert, gelten dabei noch verschiedene zusätzliche Bedingungen, die die Kombination bestimmter Baugruppenvarianten erzwingen oder verbieten, wie z.B. die konstruktive Ausführung der Varianten, technische und gesetzliche Vorschriften, Einsatzbedingungen u. ä.

Die Spezifikation des technischen Lieferumfanges basiert somit auf mehreren, qualitativ oft sehr unterschiedlichen Wünschen und Restriktionen, die man üblicherweise mit Hilfe von Checklisten zu erfassen sucht. Da diese Checklisten manuell handhabbar bleiben sollen, lassen sich oft nicht sämtliche gegenseitigen Abhängigkeiten der Forderungen und Wünsche berücksichtigen.

Abgesehen von der Gefahr einer Fehlkonfigurierung muß die Checkliste in der Regel vollständig durchgearbeitet werden, auch wenn ein Teil der Spezifikationen aus dem Zusammenhang erschlossen werden könnte.

Darüber hinaus besteht in dem Fall, daß die Kundenspezifikationen unterschiedliche Konfigurationen zulassen, das Problem, die optimale Konfiguration zu finden, was manuell bei komplexen Produkten kaum möglich ist.

Durch das Fehlen der Enderzeugnisstufe in den Stücklistenstrukturen entsteht das Problem, daß der Primärbedarf nicht unmittelbar in den Sekundärbedarf aufgelöst werden kann, sondern zunächst manuell aus dem technischen Lieferumfang die entsprechende Baukastenstückliste des Enderzeugnisses generiert werden muß.

Als Lösung wird ein Expertensystem vorgeschlagen, das den Vertrieb bei der Konfiguration unterstützt und gleichzeitig die Lücke zur nachfolgenden Stücklistenverarbeitung schließt.

Abbildung 6 veranschaulicht die Rolle des Expertensystems bei der Produktkonfigurierung. Der Konfigurator wertet die Kundenspezifikation aus,

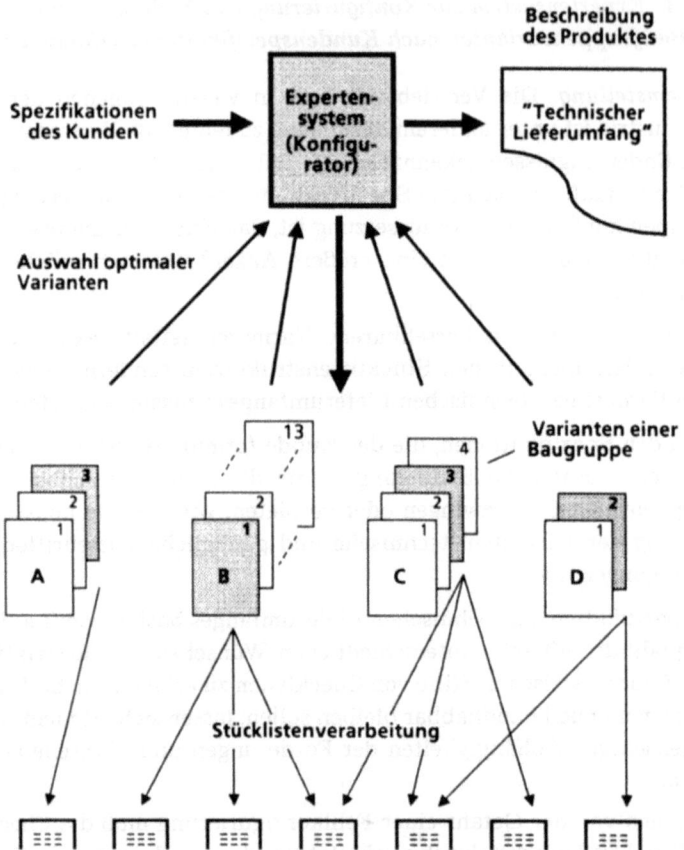

Abb. 7. Konfigurierung eines Produktes nach Kundenspezifikationen

indem sie auf die Attribute der in Frage kommenden Baugruppenvarianten bezogen werden. Fehlende Angaben werden über die in der Wissensbasis hinterlegten Produktionsregeln erschlossen oder im Dialog ergänzt. Gleichzeitig gehen sämtliche Randbedingungen in die Bewertung der Varianten ein, die sich nicht aus den Spezifikationen des Kunden ergeben. Bei kritischen oder offensichtlich fehlerhaften Spezifikationen werden Alternativ- bzw. Korrekturvorschläge erarbeitet. Als Dokument wird der „Technische Lieferumfang" erzeugt. Da die Struktur der Baugruppenvarianten bekannt ist, ist dann die weitergehende Stücklistenauflösung möglich. Die Funktionen des Expertensystems werden im folgenden anhand eines Beispiels erläutert.

Ein Kunde eines Landmaschinenherstellers möchte eine Anzahl Mähdrescher für eine bestimmte Anwendungssituation bestellen. Er spezifiziert seinen Bedarf wie folgt:

Benötigt werden N Mähdrescher für Hirseernte in der Region R im Staat S.

Die geforderte Leistungsfähigkeit soll X ha in Y Stunden betragen. Die Anschaffungskosten sollen nicht mehr als AK, die Betriebskosten nicht mehr als BK betragen.

Über die Angabe der geforderten Leistungsfähigkeit kann z.B. bereits ein Gerätetyp ermittelt werden, von dem allerdings eine größere Anzahl von Varianten lieferbar ist.

Der Kunde hat das gewünschte Produkt in seiner eigenen Terminologie spezifiziert. Diese muß nun interpretiert werden. Das Expertensystem verfügt neben dem Wissen über die Problemstruktur zusätzlich über das zur Konfigurierung von Mähdreschern erforderliche Spezialwissen. Im Verlauf der Konsultation wird diejenige Variante zusammengestellt, die der Spezifikation am nächsten kommt.

Nachfolgend sind einige Regeln dargestellt, die die Auswahl bestimmter Baugruppenvarianten beeinflussen.

- In den Staaten S1, S2, ..., Sn muß aufgrund der gesetzlichen Abgasbestimmungen bei Verwendung von Benzinmotoren eine Abgasrückführung eingebaut sein.
- Im Staat Si ist eine Schalldämpfung auf 72 dBA erforderlich, wenn eine Landmaschine nach 20.00 Uhr in der Nähe von Wohngebieten eingesetzt wird.
- Wenn im Staat Si Landmaschinen auch in überdachten Räumen (stationär) verwendet werden, darf die Abgasleitung nicht nach oben führen.
- Wenn am Mähdrescher das Hydraulikaggregat Z über die Hinterachse montiert ist, darf die Abgasleitung nicht nach hinten führen.
- Wenn der Ackerboden nicht sehr steinig ist, kommen als Schneidwerkzeug die Varianten SW1, SW2, SW3 und SW12 in Frage, auf keinen Fall jedoch das Schneidwerkzeug SW6.
- Bei schwierigen Bodenverhältnissen ist die Radaufhängung X um 10% weniger störanfällig als die Ausführung Y.
- ...

Die Abarbeitung der Produktionsregeln erfolgt zielorientiert. Angaben, die in der Kundenspezifikation fehlen (z.B. über die Bodenverhältnisse, besondere Klimabedingungen, Einsatzhäufigkeit usw.), die zur Konfiguration notwendig sind und nicht aus Regeln erschlossen werden können, fragt das System beim Benutzer nach. Wenn in einem solchen Fall keine oder keine klaren Antworten gegeben werden, trifft das System selbständig Standardannahmen. Diese Standardannahmen werden aufgrund von

Erfahrungswerten oder durch Auswertung von Zielfunktionen bestimmt, um z.B. eine für den Kunden möglichst kostengünstige Variante zu finden.

Lassen die Restriktionen mehrere Lösungsalternativen zu, so kann das Expertensystem nach vorgegebenen Zielfunktionen die optimale Konfiguration ermitteln. Dies wäre beispielsweise denkbar, wenn der Kunde angibt, was er als Mußforderung, als Mindestforderung oder als Wunsch betrachtet. Sind die Restriktionen so eng, daß keine Konfiguration gefunden wird, so kann das Expertensystem Alternativlösungen anbieten, indem es versucht, die kritischen Restriktionen, die nicht auf gesetzlichen Vorschriften, sondern auf Kundenforderungen beruhen, zu entschärfen und die Anforderungen herabzusetzen.

Anderenfalls wäre vom Kundenberater zu entscheiden, ob speziell für diesen Kunden eine Sondervariante erzeugt werden soll. In diesem Fall müßten dann eine oder mehrere neue Varianten auf der Ebene der Baugruppen erzeugt werden.

D. Eigene Erfahrungen mit realisierten Expertensystem-Prototypen

Im Rahmen des ersten Projekts galt es, die Realisierungsmöglichkeiten zu untersuchen, ein wissensbasiertes Beratungs- und Konfigurationssystem für den Bereich der Lager- und Fertigungswirtschaft aufzubauen. Das zweite Expertensystem soll der Unterstützung des Einkaufs dienen. Es berät den Einkäufer bei der Lieferantenauswahl, wobei neben dem Preis und Kosten der Lieferung auch lieferantenspezifische Kriterien und vergangene Erfahrungen mit einem Lieferanten berücksichtigt werden.

Die unter II und III erläuterten Prototypen wurden bzw. werden mit namhaften deutschen Unternehmen entwickelt.

I. Vorgehensweise

Der Umgang mit den Expertensystemshells, Tools wie TWAICE oder KEE, und Programmierumgebungen wie LOOPS, verführt sehr leicht zu einer unstrukturierten Vorgehensweise bei der Entwicklung wissensbasierter Systeme. Diese Art der Systementwicklung, ähnlich wie bei der Handhabung der Sprachen der vierten Generation, bedeutet eine Verschwendung kostbarer Ressourcen sowohl auf der Seite des Experten zur Realisierung des wissensbasierten Systems (Knowledge Engineer) als auch auf der Seite des Experten des entsprechenden Fachgebiets (Wissensdomäne).

Es ist von großer Bedeutung, daß bei der Entwicklung wissensbasierter Systeme das vorliegende Know How und die Erkenntnisse des „konventionellen" Prozesses der Systemanalyse (Systementwicklung) berücksichtigt werden.

Von den traditionellen Phasenmodellen kann auch bei der Entwicklung von Expertensystemen die Abarbeitung eindeutig voneinander zu unterscheidenden Phasen übernommen werden. Die Abarbeitung dieser Phasen sollte nicht sequentiell, sondern in einem iterativen, zyklisch rückgekoppelten Modus erfolgen.

Es erweist sich nach unserer Erfahrung als günstig, in einem frühen Stadium einen sog. „lebenden" Prototypen des zu realisierenden Expertensystems zu erstellen. An diesem Beispielsystem kann der Experte das Funktionieren der bisherigen Expertise seines betreffenden Fachgebiets überprüfen, eventuell korrigieren und Umfang und Tiefe der Aufgaben erweitern.

Die Partizipation, die starke Einbeziehung der Betroffenen, ist eine ganz entscheidende Tatsache, die über die Leistungsfähigkeit und den Erfolg des zu realisierenden Expertensystems entscheidet. In wieviele Phasen nun der Prozeß der Systementwicklung eines Expertensystems zu unterteilen ist, wird von der Individualität des jeweiligen Autors stark beeinflußt werden.

Ein zweiphasiger Prozeß kann nach Schachter-Radig (8, S. 21) wie folgt aussehen:

1. Phase
– Festlegung der Rolle des zukünftigen wissensbasierten Systems
– Informationsverarbeitung über das Fachgebiet und die Einsatzumgebung
– Analyse der Funktionalität und der Komplexität des Systems

2. Phase
– detaillierte Spezifikation der Aufgabe, die das System erfüllen soll
– Ausarbeitung des gesammelten Wissens durch Bildung eines Interpretationsmodells
– Korrektur und vollständige Spezifikation des Modells

Diese zweiphasige Darstellung orientiert sich sehr stark an der Wissensakquisition und hebt deren Bedeutung heraus.

Eine andere Vorgehensweise der Systementwicklung stellt sich folgendermaßen dar:

1. Die Auswahl des Problemfeldes umfaßt die Analyse der zu behandelnden Fragen, die Evaluierung des Problemtyps, die Suche der Experten und sonstiger Wissensquellen.
2. Die Machbarkeitsstudie basiert auf der Auswahl des Wissensrepräsentationsformalismusses, der Shell und anderer Werkzeuge; der Analyse

der Unternehmensumgebung, der Grobdefinition des Begriffsinventars und der Testfälle sowie auf der Darstellung der Dialogsituation.

3. Die Erstellung eines Prototyps beinhaltet die Festlegung der Strukturen und deren Abbildung, die Verfeinerung des Inventars, die Erarbeitung einer Kommunikationsbasis für den Experten sowie die ersten Tests über die Verwendbarkeit der ausgewählten Methoden und Techniken.

4. Die Implementation und die Wissensvalidierung sehen die Zusammenarbeit mit dem Experten zur Festlegung der endgültigen Struktur und des Inventars im Mittelpunkt. Die Validierung des Wissens erfolgt durch die aufgestellten Testfälle.

5. Die Pflege des Systems umfaßt die Einarbeitung des Main-frame-Personals sowie die Übergabe und Schulung der Benutzer.

Vielleicht sollte an dieser Stelle schon erwähnt werden, daß die Mehrphasigkeit, also die Anzahl der Thesen des Entwicklungsprozesses in nächster Zeit nicht das Thema wesentlicher Überlegungen sein kann, sondern die inhaltliche Gestaltung einzelner Schritte mit möglichst klarer Zielvorgabe, insbesondere für die Wissensakquisition und -repräsentation.

II. Ein wissensbasiertes, betriebswirtschaftliches Beratungs- und Konfigurationssystem im Bereich der Lagerwirtschaft und Fertigungsorganisation

In der ersten Projektphase wurde eine Untersuchung der Einsetzbarkeit der Expertensystemtechnologie TWAICE im Bereich der Unternehmensberatung und der Konfiguration von Software durchgeführt. Hierzu mußte vor allem geprüft werden, inwieweit eine Beratung eines Unternehmens durch ein Expertensystem geleistet werden kann.

TWAICE ist von der NIXDORF COMPUTER AG entwickelt worden. Diese Shell lehnt sich in ihrer Funktionsweise an die Shell EMYCIN an, die wie TWAICE Porduktionsregeln als Repräsentationsformalismus verwendet. Als Inferenzmechanismen stehen „backward chaining" und „forward chaining" zur Verfügung, wobei die Verwendung von „forward chaining" nur sehr restriktiv genutzt werden sollte.

Fakten werden in Form von Objekt-Attribut-Wert-Tripeln dargestellt. Wie in EMYCIN wird die Strukturierung des Arbeitsgebietes durch eine Taxonomi dargestellt. TWAICE ist in der Lage, Unsicherheiten und Unschärfen darzustellen. Dies erfolgt mittels „certainly factors" (Sicherheitsfaktoren), die den Grad des Glaubens an ein Faktum durch eine Skala von 1 bis 1000 darstellen. Neben der Bewertung der Fakten können auch die Regeln durch einen Sicherheitsfaktor gewichtet werden.

Für die Gestaltung des Dialogs mit dem Benutzer stehen dem Ersteller des Expertensystems („knowledge engineer") Werkzeuge zur Verfügung.

Die Shell ist in PROLOG (MPROLOG oder IFPROLOG) implementiert und läuft unter UNIX auf VAX-Anlagen und NIXDORF TARGON, unter VM/ESX auf NIXDORF 8890 sowie unter VM/SP.

Um Aussagen über diese Bereiche machen zu können, wurde das Gebiet der Materialdisposition gewählt. Hier liegt ein leistungsfähiges Softwareprodukt COMET vor, das parametrisierbar ist und damit auf jeden Kunden zugeschnitten werden kann. Durch die hohe Anzahl der Installationen entsteht ein entsprechender Aufwand zur Konfiguration der Software, die schon heute zum Teil maschinell durchgeführt wird. Diese Aufgabe kann auch durch ein Expertensystem erfolgen, wie durch dieses Projekt erneut gezeigt werden konnte.

Ein schwerwiegendes Problem stellt die Beratung der Kunden dar. Die Software kann in den meisten Fällen auf die Bedürfnisse des Kunden zugeschnitten werden. Aber, wie die Erfahrung bei den bisherigen Installationen zeigte, kennen die Kunden mitunter nicht die für sie geeigneten Methoden und Verfahren der Materialdisposition. Diese Lücke versucht das im Projekt entwickelte Expertensystem mit seinem Beratungsteil abzudecken.

Die Beratungsleistung des Expertensystems kann nicht die eines langjährigen Beraters ersetzen. Der Vorteil des Systems ist vielmehr darin zu sehen, daß neben einer relativ problemlosen Datenaufnahme die zielgerichtete Beratung eines Benutzers bei einem Beratungsgespräch durch das System gefördert werden kann. Ebenso ist ein Schulungseffekt durch das System bei wenig erfahrenen Experten zu erwarten.

Wesentlich bei diesem System ist auch, daß die Beratungsergebnisse auf Wunsch unmittelbar in die Softwarekonfiguration einfließen können und somit ein integriertes Beratungs- und Konfigurationssystem zur Verfügung steht.

Aus den obigen Ausführungen läßt sich die folgende Struktur ableiten (siehe Abb. 8).

Die Methodenauswahl (in Abbildung 8) konzentriert sich auf den Bereich der Materialdisposition in der umfassenden Darstellung der betriebswirtschaftlichen Aspekte, wie

— bedarfsorientierte oder verbraucherorientierte Bedarfsermittlung,
— deterministische, stochastische oder Mischverfahren,
— Fragen zur Bestandsüberwachung

Reale Gegebenheiten wie Nachfragestruktur, Produktionstechnik, Artikeleigenschaften, Wertklassen usw. sind berücksichtigt worden. Ein

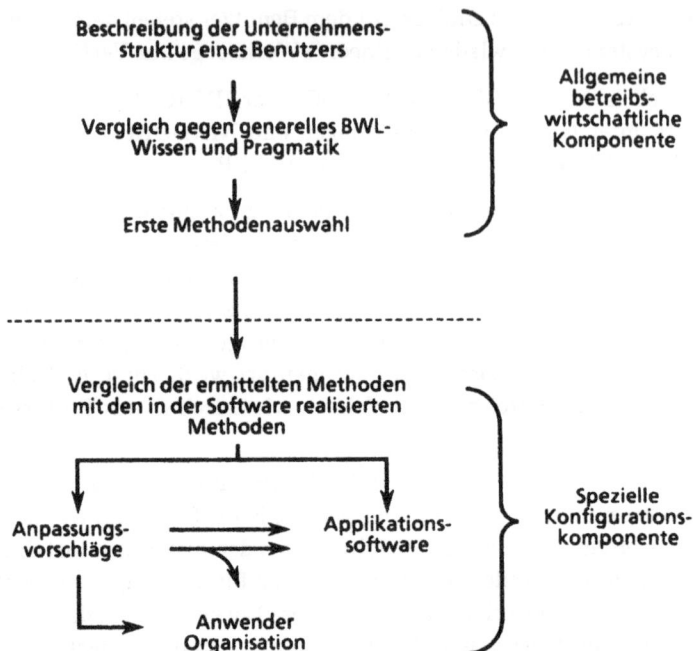

Abb. 8. Grundsätzliche Struktur des wissensbasierten Systems (Quelle: 9)

wesentlicher Schritt war der Aufbau der Regelbasis. Das heute existierende Beratungssystem beinhaltet ca. 800 Regeln und ist in der Lage, die gängigsten Dispositionsverfahren aus den Bereichen der stochastischen und deterministischen Bedarfsvorhersage, wie z.B. Mittelwertbildung, exponentielle Glättung 1. und 2. Ordnung, Fertigungsstufenverfahren, Dispositionsstufenverfahren und Net-change-Verfahren usw., für einen Benutzer gezielt vorzuschlagen und die Auswahl zu begründen.

Der Aufbau der Regelbasis beanspruchte einen Aufwand von ca. 10 Mann-Monaten. Dabei bestätigte sich, daß die gründlichen Vorarbeiten wesentlich zum schnellen Erstellen der Regel- bzw. Wissensbasis beitrugen (9).

Mit den Erkenntnissen aus dem Beratungsteil wird im Konfigurationsteil analysiert, ob die ermittelten Methoden mit COMET, durch notwendige Anpassungen von COMET, durch Veränderungen der Unternehmensorganisation oder Anpassung von Organisation und Softwarepaket realisiert und anschließend verwirklicht werden können.

III. EES – das Expertensystem zur Unterstützung des Einkaufs

EES ist ein beratendes Expertensystem zur Unterstützung des Sachbearbeiters im Einkauf bei der Bestellbearbeitung. Es liefert eine automatische Lieferantenauswahl, die Optimierung der Bestellmenge aufgrund der Preis-Mengenstaffelung und berücksichtigt bei der Bewertung der Bestellvorschläge die Einkaufspolitik des Unternehmens.

Das Einkäufer-Expertensystem trifft seine Lieferantenauswahl nicht nur anhand des Preises und der Lieferkosten, vielmehr gehen in die Entscheidung auch lieferantenspezifische Kriterien und Erfahrungen des Unternehmens mit einem Lieferanten in der Vergangenheit ein (10).

Bei dem Aufbau der Wissensbasis des Prototypen wurden folgende Wissensbereiche berücksichtigt:

- ob der Lieferant bestellte Qualität von Waren geliefert hat (Aspekt der Qualität),
- ob der Lieferant zugesagte Liefertermine eingehalten hat (Aspekte der Pünktlichkeit),
- wie das Preisverhalten des Lieferanten (z.B. Preistreiber, immer der Teuerste, Kartellführer) ist (Aspekte der Preispolitik),
- ob der Lieferant aufgeschlossen ist gegenüber Mängelrügen, d.h. schnellen Ersatz beschafft oder eher stur ist (Aspekt der Kulanz),
- wie beweglich der Lieferant ist, d.h. ob er die Fähigkeit besitzt, in angemessener Zeit Sonderanfertigungen, Großaufträge oder kurzfristigen Bedarf zu erfüllen (Aspekt der Flexibilität),
- die Marktstellung des Lieferanten, denn je stärker die Marktstellung des Lieferanten, um so ungünstiger werden sich Preis-, Liefer- und Zahlungsbedingungen gestalten lassen (Aspekt der Monopolisierung),
- die Dynamik des Lieferanten, unter der z.B. Forschungsaktivitäten, Aufgeschlossenheit für technischen Fortschritt, Fortschrittlichkeit des Managements u.a. subsummiert werden können.

Bei der Ermittlung des Expertenwissens, dem „knowledge engineering", kam dessen mehr oder weniger ungelöste Problematik zum Vorschein, die Mintsberg so treffend beschreibt:

"Manager often act before they think, if they ever do think – Analysts think, before they act, if they ever do act!"

Die Entwicklung des EES-Prototyps erfolgte auf der XEROX 1108 Artificial Intelligence Workstation. Als Programmierumgebung dienten INTERLISP-D und LOOPS. LOOPS ist eine von XEROX PARC entwickelte Programmierumgebung für die Implementierung von wissensbasierten Systemen. Im Gegensatz zu Systemen wie KEE kann LOOPS nicht als Expertensystem-Shell, sondern nur als Tool betrachtet werden, da es lediglich eine framebasierte Wissensrepräsentation zur Verfügung stellt. Weitere Komponenten, wie z.B. die Führung des Benutzerdialogs, die o.g. Shells auszeichnen, müssen durch zusätzlichen Programmieraufwand realisiert werden. LOOPS ergänzt das prozedurale Paradigma von INTERLISP um daten-, objekt- und regelorientierte Programmierelemente. Das regelorientierte Programmieren kann parallel zu den daten- und objektorientierten Paradigmen durchgeführt werden, wobei nahezu alle LISP-Funktionen in den Regeln eingesetzt werden können. Der LOOPS verwendende Programmierer erhält somit einen hohen Freiheitsgrad bei der Entwicklung seines Systems, wenngleich dies häufig mit großem Programmieraufwand erkauft werden muß.

EES enthält ca. 150 Regeln Domainwissen, verwendet das MYCIN-Evidenzmodell als Inferenzmethode und besitzt eine benutzerfreundliche Erklärungskomponente. Die Gründe für eine Lösung werden aufgezeigt und deren Plausibilität angezeigt. Scheinbar unlogische Lösungen werden dadurch nachvollziehbar gemacht; oder es wird die Möglichkeit geboten, Schlußfolgerungen des Systems zu überprüfen, wenn Fehler auftreten (Abb. 9).

Im Rahmen eines umfangreichen Projekts wird zur Zeit der vorhandene Prototyp durch die realen betrieblichen Restriktionen ergänzt, durch die Analyse des Umfeldes und des Nutzers und deren Umsetzung erweitert sowie durch das gesamte Aufgabenspektrum und die Expertise abgerundet.

Eine weitere wesentliche Herausforderung besteht in der Integration des wissensbasierten Systems in die betriebliche Beschaffungslogistik und in der Anpassung an die vorhandenen operativen Verfahren und Systeme des Unternehmens.

Das Expertensystem EES bzw. der Prototyp wird bzw. wurde in der speziellen Entwurfsumgebung „INTERLISP/LOOPS" realisiert, die nicht identisch ist mit der Umgebung, in der das Expertensystem zum produktiven Einsatz kommen soll. Das Ziel eines Teilvorhabens ist es, ein Verfahren zur Übertragung von einer in LOOPS entwickelten Anwendung für deren produktiven Einsatz auf einer realen, betrieblichen Ebene zu erstellen, wobei im ersten Schritt an die Zielsprache PL/1 anschließend an C gedacht ist. Die produktive Zielgebung wird charakterisiert durch die Merkmale Hardwareunabhängigkeit, Effizienz und Kommunikationsfähigkeit, die nicht notwendigerweise in der Entwurfsumgebung gewährleistet sein müssen (11, S. 3 - 6).

Da die Zielsprachen grundsätzlich von LISP abweichende Daten- und Programmstrukturen aufweisen, müssen auch die für LOOPS typischen Konstrukte andersartig nachgebildet werden. Diese Nachbildung ist nicht

EES: Einkäufer-Experten-Systems

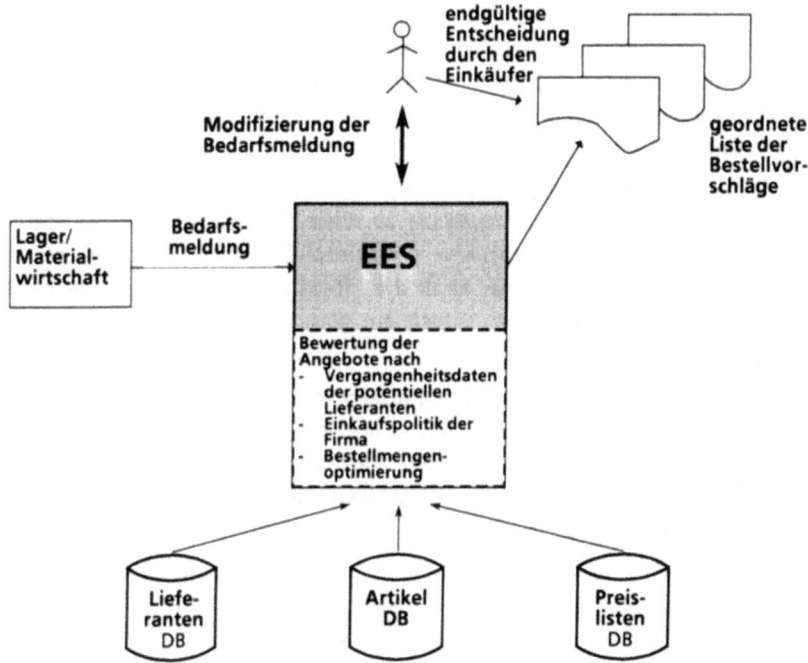

Abb. 9. Basiskomponente des EES

vollständig möglich, so daß Einschränkungen bei dem verwendbaren Satz von LOOPS-Elementen entstehen. Diese Einschränkungen entstehen bei dem vorliegenden Ansatz aus den folgenden Gründen, die nur stichwortartig ohne nähere Erläuterung aufgelistet werden sollen:

- Interpretation versus Kompilation,
- Listentechnik.

Die daraus resultierenden Restriktionen bezogen auf die zur Zeit vorliegende Version, können schlagwortartig wie folgt dargestellt werden:

- statisches Schema der Klassen, Instanzen und Methoden,
- feste Typenbindung der Variablennamen,
- beschränkte (erweiterbare) Listenprogrammierung,
- keine Übertragung von Kontaktpunkten.

Die Übertragung von LOOPS-Anwendungen in die konventionelle Programmiersprache PL/1 erfolgt durch einen Crosscompiler, der vollständig in elementarem LISP codiert ist. In der ersten Stufe der Crosscompilation werden die in der LOOPS-Sprache codierten Rulesets in elementares LISP übersetzt (Rukeset-Compiler). Die Klassendefinitionen werden in eine aktivierbare Datenstruktur überführt (Klassen-Compiler). In dieser Form sind die Anwendungen ausführbar, ohne daß die spezielle Umgebung von LOOPS vorhanden sein muß. Gleichzeitig ist diese Form Zwischencode für den folgenden Compilationsschritt.

In der zweiten Stufe wird von LISP nach der Zielsprache übersetzt. Dabei ist der berücksichtigte Sprachumfang an dem Umfang der von der ersten Stufe erzeugten Zwischensprache orientiert. Es sind allerdings einige Erweiterungen vorgesehen, die auch die Übertragung von direkt in LISP codierten Methoden gestatten, sofern ein gewisser einfacher Sprachstandard nicht überschritten wird.

Da in der zweiten Stufe die original interpretativen Vererbungsregeln und Initialisierungsbezüge der Variablen in statischen Code überführt werden müssen, wird diese Stufe von einem Variablen-Informationsnetz unterstützt, das aus der Datenstruktur der Klassen und aus den expliziten Deklarationen abgeleitet wird.

In der zweiten Stufe ist der Crosscompiler im Stil „data-driven" codiert: mit den Schlüsselworten des LISP-Zwischencodes sind Funktionen verbunden, die den zugehörigen Zielcode generieren. Für jede Zielsprache existiert ein separater Satz von produzierenden Funktionen.

Mit der derzeit vorliegenden Version ist es gelungen, die Übertragbarkeit einer LOOPS-Anwendung im Prinzip nachzuweisen. Der derzeit realisierte Sprachumfang orientiert sich primär an der vorliegenden LOOPS-Anwendung EES. Für einen generellen Produktionseinsatz wären einerseits bezüglich des Leistungsumfangs Erweiterungen erforderlich, die strukturell vorgesehen, aber noch nicht ausgeführt sind, und andererseits bezüglich der Benutzeroberfläche Verbesserungen notwendig.

E. Zusammenfassung und Ausblick

Die vorangegangenen dargelegten Beispiele und Ausführungen haben gezeigt, daß der CIM-Bereich ein sehr geeignetes Anwendungsgebiet für wissensbasierte Systeme ist. Die hier vorgestellten Projekte und Produkte können und müssen vielleicht auch noch – kritisch gesehen – als Insellösungen betrachtet werden. Der nächste Schritt heißt also, Expertsysteme zu entwickeln, die das Zusammenwachsen kaufmännischer und technischer Funktionen unterstützen:

– Expertensysteme, die den Konstruktionsprozeß begleiten und bewerten;

- Expertensysteme, die betriebswirtschaftliche Inhalte (Kostendenken) in die Arbeit des Konstrukteurs einbringen und somit seinen Arbeitsinhalt und -stil wesentlich beeinflussen.

Langfristig wird die Entwicklung eines wissensbasierten CIM-Managers Gegenstand von Forschung und Entwicklung sein. Folgende Funktionen müßten u. a. von einem solchen CIM-Manager abgedeckt sein:

- Ablauf, Organisation und Kontrolle vernetzter Systeme bei Ausfall eines Knotens,

- Steuerung von Sicherungs- und Wiederanlaufverfahren,

- Planung, Steuerung und Kontrolle von Produktionsabläufen unterschiedlicher, betrieblicher Ebenen.

Aber wie schon R. Mayer in seinem Beitrag „Artificial intelligence applied to manufacturing" (3) fünf Argumente anführt, die die Grenzen des „state-of-the-art" der Expertensysteme charakterisieren, ist auf dem Gebiet Expertensysteme noch sehr viel zu tun. Die doch sehr engen Wissensdomänen, die Qualität des hinterlegten Wissens im Vergleich zum menschlichen Expertenwissen, die nicht ausreichende Erklärungsfähigkeit bezogen auf getroffene Entscheidungen und die fehlende Lernfähigkeit stellen wesentliche Herausforderungen dar, die bearbeitet werden müssen, um derart langfristige Aufgaben zu bewältigen.

Literaturverzeichnis

(1) *Scholz*, B.: „Zukunft mit CIM" in: CIM MANAGEMENT, 4/85, Oldenbourg Verlag 1985.

(2) *Scheer*, A.-W.: „Konstruktionsbegleitende Kalkulation in CIM-Systemen" Veröffentlichung des Instituts für Wirtschaftsinformatik, August 1985.

(3) *Mayer*, R.: „Artificial Intelligence applied to manufacturing" in: CIM REVIEW, Fall 1985, S. 25 - 29.

(4) *Robbins*, J. H.: „PEPS: The Prototyp Expert Priority Scheduler" in: Proceedings Autofact '85, 4. - 7. Nov. 1985, Detroit, S. 13-11 - 13-34.

(5) *Mayer*, R. et al.: „An Assessment of Artificial Intelligence Applications to Manufacturing" AFWAL/MS Wright Patterson Air Force Base, OH 45 433.

(6) *Fox*, M. S.; *Smith*, S. F.: „ISIS – a knowledge-based System for Factory Scheduling" in: Expert Systems, the International Journal of Knowledge Engineering, Vol. 1, July 1984, Learned Information Inc., Medford NJ.

(7) *Phillips*, R. H.; *Mouleeswaran*, C. B.: „A Knowledge-Based Approach to Generative Process Planning" in: Proceedings Autofact '85, 4. - 7. Nov. 1985, Detroit, S. 10-1 - 10-15.

(8) *Schachter-Radig*, M.-J.: „Vorgehen beim Umsetzen der KI-Technologie in die industrielle Praxis" in: Tagungsband des Workshops „Expertensysteme im Unternehmen", BIG-TECH '85 (Publikation in Vorbereitung), 1986.

(9) *Mensel*, G.; *Michel*, J.: „Möglichkeiten des Einsatzes wissensbasierter Systeme in der Fertigung", Zeitschrift für wirtschaftliche Fertigung, ZWF 11, 1985.

(10) *Bader*, Ch.; *Huber*, A.; *Strauch*, P.; *Suhr*, R.: „EES – das Expertensystem für den Einkauf", Hannover-Messe 1985.

(11) *Melenk*, H.; *Neun*, W.: „Übertragung von LOOPS-Anwendungen in konventionelle Programmiersprachen, TUB & ZIB Arbeitspapier 1985.

Die Konjunkturreagibilität der Inlandsnachfrage nach Personenkraftwagen

Von *Klaus Bellmann*

Untersuchungen über die Entwicklung der inländischen Lebensdauer von Personen- und Kombinationskraftwagen – synonym im weiteren auch Personenkraftwagen (Pkw) oder Automobile genannt – legen das meist unerwartete Ergebnis dar, daß die Pkw-Lebenserwartung in den letzten 20 Jahren nahezu unverändert 10,7 Jahre beträgt. Den Diskussionen um die „Grenzen des Wachstums", Ressourcenverknappung, Umweltschonung und „Lebensqualität" entsprang der Gedanke, durch geplantes Verlängern der Nutzungsdauer von Pkw einer steigenden Umweltbelastung entgegenzuwirken. Im Forschungsprojekt „Langzeitauto" und in anderen Studien wurden die technischen Konzeptionen und die ökonomischen Konsequenzen einer in dieser Richtung forcierten automobilwirtschaftlichen Entwicklung analysiert[1].

Bei dieser Zielsetzung blieb weniger beachtet, daß die Lebensdauer von Personenkraftwagen zyklisch bei einer Periode zwischen sieben und acht Jahren mit 0,2 bis 0,7 Jahren um den Trendwert schwankt (Abb. 1). Es läßt sich zeigen, daß nicht nur die Lebensdauer der Pkw-Gesamtpopulation schwankt, sondern auch die Restlebensdauer der einzelnen Altersklassen des Pkw-Bestands. Allein Änderungen im Löschverhalten der Pkw-Halter können für diese Oszillationen ursächlich sein.

A. Die konjunkturelle Komponente der Pkw-Ersatznachfrage

Als Pkw-Ersatznachfrage wird derjenige Teil der gesamten Pkw-Inlandsnachfrage verstanden, der der Bestandserhaltung dient. Somit entspricht die Ersatznachfrage per definitionem den jährlichen Pkw-Löschungen.

---

[1] *Assmann*, W. / *Bellmann*, K. / *Braess*, H.-H. u. a.: Forschungsprojekt Langzeitauto. Aspekte einer Verlängerung der Lebensdauer von Personenkraftwagen im Hinblick auf technische Entwicklungsfortschritte, Umweltfragen, Verkehrs- und Industriestrukturprobleme. Bonn 1977. – *Schöttner*, J.: Ökonomische und soziale Konsequenzen aus einer Entwicklung zum Langzeitauto. Eine Technik-Folgenabschätzung unter Verwendung eines modifizierten System-Dynamics-Ansatzes. München 1980. – *Schunter*, W.: Die Projektion der langfristigen Auswirkungen automobiltechnologischer Entwicklungen in der Automobilindustrie am Beispiel des Langzeitautos. Weinheim 1980. – Bundesministerium für Forschung und Technologie (Hrsg.): Szenario Zukunfts-Pkw. Als Manuskript veröffentlicht. Bonn 1980.

Abb. 1. Entwicklung der Lebensdauer von Automobilen in der Bundesrepublik
Quelle: Kraftfahrt-Bundesamt und eigene Berechnungen

Die Trennung der Pkw-Ersatznachfrage in eine Trend- und Konjunkturkomponente läßt Schwankungen dieser Nachfragekomponente deutlich werden (Abb. 2). Der inländische Pkw-Bestand wächst jedoch noch, und demzufolge sind die jungen Pkw-Altersklassen gegenüber den älteren ungleichgewichtig stärker besetzt. Für detailliertere Aussagen ist deshalb von einem rechnerischen Gleichgewichtsbestand, der sog. Radixpopulation auszugehen. Da der Radixbestand konstant ist, sind die jährlichen Löschun-

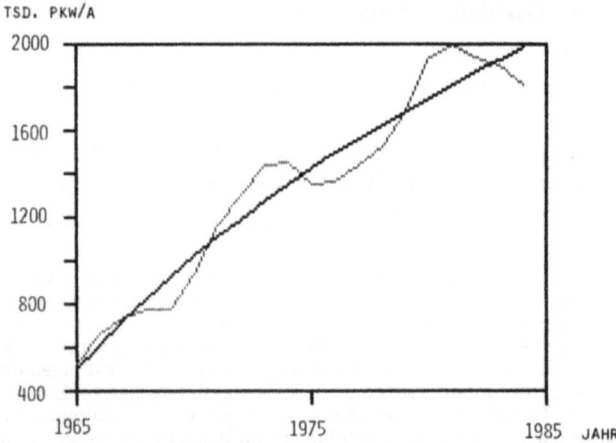

Abb. 2. Entwicklung der Ersatznachfrage nach Automobilen in der Bundesrepublik
Quelle: Kraftfahrt-Bundesamt und eigene Berechnungen

gen des Radixbestandes durch Bestandsänderungen nicht mehr verzerrt und werden deshalb miteinander vergleichbar. Die absoluten Größen von Bestand und Löschungen sind dabei unerheblich; aus dem Verhältnis von Bestand zu jährlichen Löschungen ist direkt die Lebensdauer der Radixpopulation ermittelbar. Wie Abb. 3 verdeutlicht, schwanken die Radixlöschungen mit derselben Periodendauer wie die Lebensdauer um die jeweilige Trendkomponente, jedoch gemäß der inhärenten Ursache-Wirkungs-Beziehungen in Gegenphase. Die Amplitude dieser Schwankungen beträgt zwischen 1% und 6% des Wertes der Trendkomponente und entspricht somit den relativen Schwankungen der Lebensdauer; im Trend nehmen die Radixlöschungen während der letzten 20 Jahre geringfügig um 5% ab, gleichbedeutend mit einem Anstieg der Lebensdauer um denselben Prozentsatz (vgl. Abb. 1).

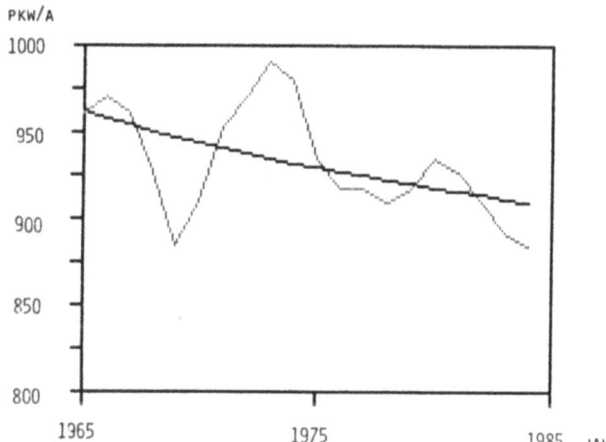

Abb. 3. Jährliche Löschungen der Automobil-Radixpopulation (Radixpopulation 10 000 Pkw)
Quelle: Eigene Berechnungen

Die Gründe für zyklische Schwankungen im Löschverhalten lassen sich in Änderungen der Löschmotivation von Pkw-Haltern vermuten. Ausschlaggebend hierfür könnten die Reaktionen der Wirtschaftssubjekte auf die konjunkturelle Entwicklung der Volkswirtschaft sein. Als Erklärungsfaktoren wären dann beispielsweise das Volkseinkommen, das Bruttosozialprodukt oder das Bruttoinlandsprodukt heranzuziehen, die jeweils ausgeprägte zyklische Schwankungen um ihre Trendkomponente vorweisen (Abb. 4). Absolut ist die Amplitude der jeweiligen Bezugsgröße Anfang der 80er Jahre nicht unterschiedlich zu derjenigen Anfang der 60er Jahre.

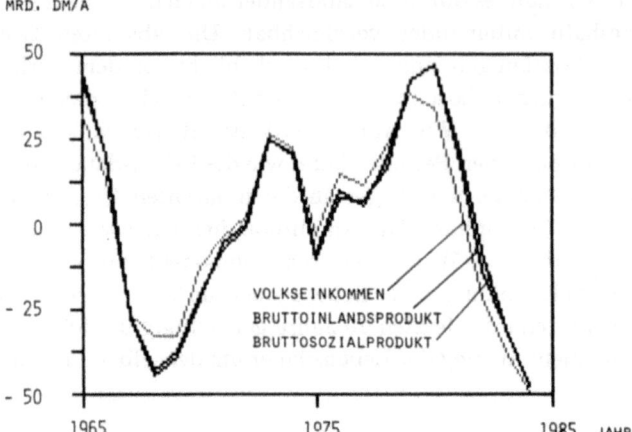

Abb. 4. Verlauf der konjunkturellen Komponente des Volkseinkommens, des Bruttosozialprodukts und des Bruttoinlandsprodukts
Quelle: Statistisches Bundesamt und eigene Berechnungen

Die vergleichende Darstellung der konjunkturellen Komponenten von Ersatznachfrage und beispielsweise Bruttosozialprodukt zeigt eine recht deutliche Abhängigkeit (s. Abb. 5): Im konjunkturellen Abschwung (1965/67, 1973/75, 1980/82) folgt die Löschkonjunktur im Abstand von 2 bis 8 Monaten, im konjunkturellen Aufschwung in den dazwischenliegenden

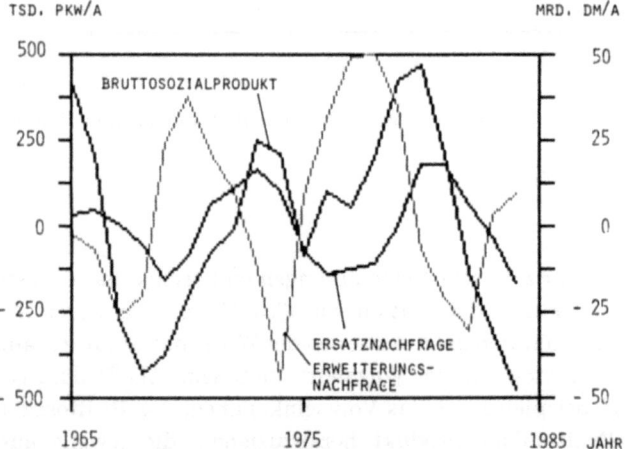

Abb. 5. Verlauf der konjunkturellen Komponenten von Bruttosozialprodukt, Ersatznachfrage und Erweiterungsnachfrage nach Automobilen in der Bundesrepublik
Quelle: Kraftfahrt-Bundesamt; Statistisches Bundesamt; eigene Berechnungen

Die Konjunkturreagibilität der Pkw-Inlandsnachfrage 147

Zeiträumen vergrößert sich der zeitliche Abstand jedoch auf bis zu 18 Monate. Die Wirtschaftssubjekte, insbesondere die privaten Autohalter, schieben bei rückläufiger Konjunktur eine Ersatzbeschaffung sehr schnell auf; ein konjunktureller Aufschwung wirkt jedoch noch längere Zeit nachfragehemmend in die nachfolgende Aufschwungsphase hinein. Eine Ausnahmesituation ist Anfang bis Mitte der siebziger Jahre gegeben: Mit der Politik der wirtschaftlichen Globalsteuerung wurde die Verstetigung des Wirtschaftswachstums angestrebt. Bei sehr wechselhaftem und im Zyklus kaum „berechenbaren" Verlauf der Wirtschaftskonjunktur, vestärkt durch die erste Ölpreiskrise, prägten neben Konjunkturbeobachtungen offensichtlich Konjunkturerwartungen im verstärkten Maß das Kaufverhalten privater Pkw-Konsumenten.

B. Die konjunkturelle Komponente der Pkw-Erweiterungsnachfrage

Die Differenz zwischen Pkw-Inlandsnachfrage und Pkw-Ersatznachfrage wird als Pkw-Erweiterungsnachfrage bezeichnet, da diese Komponente zum Bestandszuwachs führt. Die konjunkturelle Abhängigkeit der Ersatznachfrage legt die Vermutung nahe, daß auch die (rechnerische) Erweiterungsnachfrage nach Automobilen durch konjunkturelle Einflüsse geprägt ist. Wie Abb. 6 aufzeigt, liegt bei tendenziell abnehmender Trendkomponente die Zeitdauer der Schwankungen ebenfalls zwischen sieben und acht Jahren.

Die Phasenbeziehung der Ersatznachfrage zum Bruttoinlandsprodukt ist jedoch im Vergleich zur vorgenannten Ersatznachfrage eine grundlegend

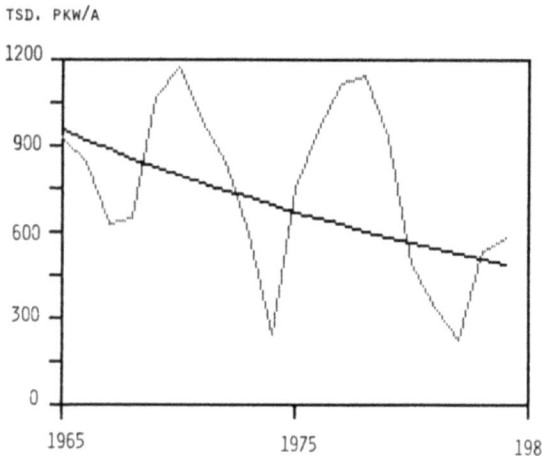

Abb. 6. Entwicklung der Automobil-Erweiterungsnachfrage in der Bundesrepublik
Quelle: Kraftfahrt-Bundesamt und eigene Berechnungen

andere (Abb. 5): Offensichtlich antizipiert die Erweiterungsnachfrage die wirtschaftliche Entwicklung, denn sowohl in Phasen wirtschaftlichen Aufschwungs als auch in Phasen wirtschaftlichen Abschwungs eilt die Erweiterungsnachfrage dem Bruttosozialprodukt um etwa zwei Jahre bis zweieinhalb Jahre voraus.

Die Phasendifferenz zwischen Erweiterungs- und Ersatznachfrage beträgt somit zwischen zweieinhalb und dreieinhalb Jahren, so daß sich die Konjunkturen von Ersatz- und Erweiterungsnachfrage nahezu gegenphasig verhalten (vgl. Abb. 5).

C. Die Pkw-Inlandsnachfrage

Die Pkw-Ersatz- und die Pkw-Erweiterungsnachfrage lassen sich zur Pkw-Inlandsnachfrage überlagern. Es überrascht deshalb nicht, daß die Inlandsnachfrage ebenfalls ein ausgeprägtes zyklisches Verhalten aufzeigt (Abb. 7). Da die Amplitude der konjunkturellen Komponente der Ersatznachfrage jedoch nur etwa ein Drittel der Amplitude der konjunkturellen Komponente der Erweiterungsnachfrage beträgt wird die Gesamtentwicklung im wesentlichen von der Erweiterungsnachfrage getragen. In den vergangenen 20 Jahren dominiert deshalb die konjunkturelle Entwicklung der Pkw-Erweiterungsnachfrage. Die augenscheinliche konjunkturelle Abhängigkeit kann deshalb dahingehend interpretiert werden, daß die Pkw-Inlandsnachfrage einen Wirtschaftsaufschwung mit eineinhalb bis zwei Jahren und einen Wirtschaftsabschwung mit etwa neun bis zwölf Monaten antizipiert (vgl. Abb. 8).

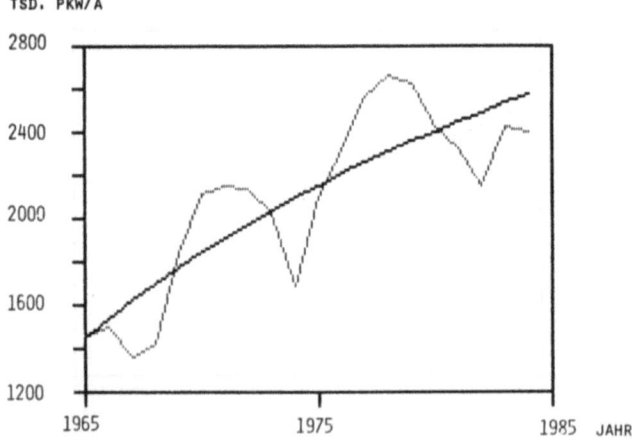

Abb. 7. Entwicklung der Automobil-Inlandsnachfrage in der Bundesrepublik
Quelle: Kraftfahrt-Bundesamt und eigene Berechnungen

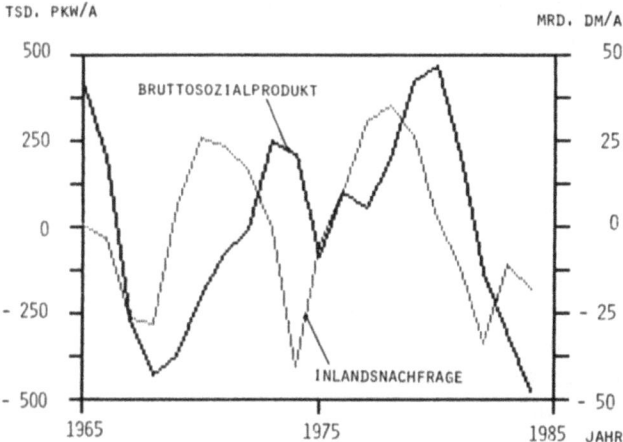

Abb. 8. Differenz der Inlandsnachfrage und des Bruttosozialprodukts in der Bundesrepublik zum jeweiligen Trendwert
Quelle: Kraftfahrt-Bundesamt; Statistisches Bundesamt; eigene Berechnungen

Die inländische Pkw-Gesamtproduktion zeigt nahezu dasselbe zyklische Verhalten wie die inländische Pkw-Nachfrage, obwohl mehr als die Hälfte der produzierten Automobile exportiert wird. Der Gleichklang der konjunkturellen Entwicklungen wird jedoch verständlich, wenn man sich vor Augen führt, daß etwa 50% der exportierten Pkw in Länder der Europäischen Gemeinschaft und weitere rund 20% in andere europäische Länder gehen und die bundesdeutsche Wirtschaftsentwicklung nicht abgekoppelt von der europäischen verlaufen kann.

Hierin wird deutlich, daß bis heute die Automobilnachfrage zu recht als „Konjunkturbarometer" apostrophiert wird. Aufgrund der intensiven wirtschaftlichen Verflechtung der Automobilindustrie induziert eine zunehmende Automobilnachfrage Wachstumsimpulse in nahezu allen Wirtschaftszweigen[2]. Somit liegt der Gedanke nicht fern, durch die Verstetigung der Automobilnachfrage auch die gesamtwirtschaftliche Entwicklung zu verstetigen, ein wichtiges Einzelziel im Zielbündel jeder Wirtschaftspolitik. Untersuchungen zu dieser Thematik führen zu unterschiedlichen Ansichten über die Ursächlichkeit der beiden Nachfragekomponenten bezüglich der Instabilitäten der Gesamtnachfrage. Die Mehrzahl der Analysen sieht in der Erweiterungsnachfrage den maßgeblichen Grund für die konjunkturelle Anfälligkeit der Inlandsnachfrage[3]. Das Rheinisch Westfälische Institut für

---

[2] *Dieckmann*, A.: Die Automobilnachfrage als Konjunktur- und Wachstumsfaktor. Eine Input-Output-Studie. Tübingen 1975.
[3] Prognos AG (Hrsg.): Soziale Auswirkungen des Technischen Wandels in der hessischen Automobilindustrie. Basel 1975, S. 52. – Deutsche Shell AG: Die Motorisie-

Wirtschaftsforschung (RWI) hingegen lokalisiert die Ersatznachfrage als wesentliche Determinante der Konjunkturreagibilität[4]. Mit einer Vielzahl von Hypothesen wird die jeweilige Nachfragekonjunktur aus dem Kaufverhalten der Pkw-Konsumenten zu erklären versucht. An dieser Stelle wird darauf nicht näher eingegangen; auf die entsprechende Literatur sei verwiesen.

Für die Zukunft ist abzusehen, daß der Pkw-Bestand nur noch bis etwa Ende dieses Jahrzehnts ansteigen wird[5]. Daraus folgt, daß die Inlandsnachfrage bei rückläufiger Erweiterungsnachfrage zunehmend von der Ersatznachfrage determiniert werden wird. In weiterer Konsequenz ist deshalb zu erwarten, daß die Konjunktur der Inlandsnachfrage in die Konjunktur der Ersatznachfrage übergeht. Da die Konjunkturen von Ersatz- und Erweiterungsnachfrage nahezu antizyklisch verlaufen, ist besonders das transiente Verhalten während des Phasenwechsels von Interesse.

Die rückläufige Erweiterungsnachfrage läßt erwarten, daß auch die Amplitude der konjunkturellen Komponente der Erweiterungsnachfrage in Zukunft abnimmt. Die Amplitude der konjunkturellen Komponente der Ersatznachfrage dürfte hingegen ansteigen, zumindest jedoch gleich bleiben. Als Beleg für diese Thesen ist das vorhandene Datenmaterial aber nicht ausreichend.

Schreibt man die konjunkturelle Entwicklung des Bruttoinlandsproduktes mit den für die vergangenen 20 Jahre beobachteten Gesetzmäßigkeiten fort und ermittelt mit Hilfe der bisherigen Erkenntnisse über Antizipation und Reaktion die damit korrelierenden konjunkturellen Pkw-Nachfragekomponenten, so zeigt sich um das Jahr 2000 der erwartete Übergang der Gesamtnachfrage von antizipativem zu reaktivem Verhalten bei abnehmender Amplitude der Nachfrageschwankungen (vgl. Abb. 9).

Besonders auffallend ist hierbei, daß nach dieser Übergangsphase die Pkw-Inlandsnachfrage sich infolge relativ kurzer Reaktionszeit fast prozyklisch verhält. Die abnehmende Kompensationswirkung der Erweiterungskonjunktur läßt die Amplitude der Nachfragekonjunktur wieder zunehmen,

---

rung geht weiter, in: Aktuelle Wirtschaftsanalysen. Hamburg, Jg. 1977, Nr. 8, S. 28. – Deutsche Shell AG: Verunsicherung hinterläßt Bremsspuren, in: Aktuelle Wirtschaftsanalysen. Hamburg, Jg. 1985, Nr. 17, S. 11 - 16.

[4] *Ballensiefen*, M.: Zur Konjunkturreagibilität der Pkw-Zulassungen, in: Rheinisch-Westfälisches Institut für Wirtschaftsforschung – Mitteilungen. Essen, 27. Jg. (1976), Nr. 4, S. 281 - 295.

[5] Forschungsvereinigung Automobiltechnik (Hrsg.): Energie für den Verkehr. Eine systemanalytische Untersuchung der langfristigen Perspektiven des Verkehrssektors in der Bundesrepublik Deutschland und dessen Versorgung mit Kraftstoffen im energiewirtschaftlichen Wettbewerb. Schriftenreihe der Forschungsvereinigung Automobiltechnik e.V. (FAT). Frankfurt 1982, Nr. 25. – Deutsche Shell AG: Aktuelle Wirtschaftsanalysen. Hamburg, Jg. 1985, Nr. 17, S. 22 - 25.

Die Konjunkturreagibilität der Pkw-Inlandsnachfrage

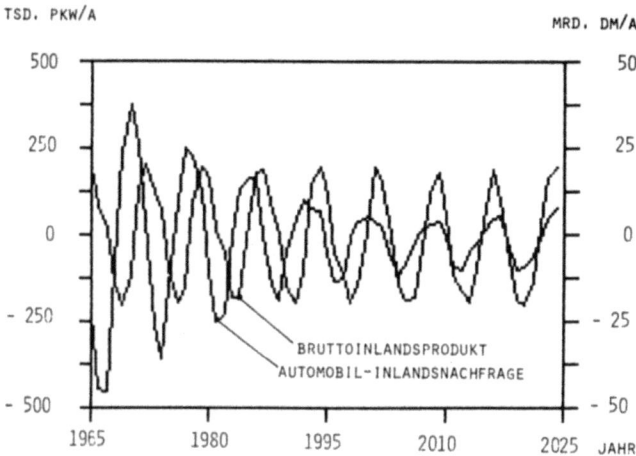

Abb. 9. Projektion der konjunkturellen Komponente der Inlandsnachfrage aus den Korrelationen von Ersatz- und Erweiterungsnachfrage nach Automobilen zur konjunkturellen Komponente des Bruttosozialprodukts.
Quelle: Eigene Berechnungen

jedoch wird die Schwankungsbreite der Nachfrage unterhalb der in den vergangenen 20 Jahren beobachteten liegen.

Sind in den übrigen westeuropäischen Ländern um die Jahrhundertwende die Pkw-Bestände ebenso wie in der Bundesrepublik gesättigt, dann folgt aus dieser Analyse, daß die Automobilnachfrage restlos ihren konjunkturbarometrischen Effekt und ihre wachstumsinduzierten Impulse verlieren wird. Weiterreichende Auswirkungen auf die gesamtwirtschaftliche Entwicklung sind zu erwarten. Ob infolge des Überwiegens prozyklischer Ursachen die Entwicklung von Automobil- und Gesamtkonjunktur ausgeprägter oder infolge geringerer Nachfrageamplituden und der Dominanz anderer Wirtschaftszweige ausgeglichener verläuft, kann hier nicht geklärt werden. Diese Frage wird in naher Zukunft sicher zum Objekt wirtschaftswissenschaftlicher Untersuchungen werden. Daß in den Managementetagen der deutschen Automobilindustrie diese Problematik bereits erkannt und angegangen wurde, kann unschwer aus den Diversifikationsbemühungen inländischer Automobilkonzerne gefolgert werden.

Innovationsmanagement unter besonderer Berücksichtigung der Verhältnisse in der Türkei

Von *Lâtif Çakici*

A. Zum Wesen der Innovation

Im allgemeinen Sprachgebrauch wird der Begriff „Innovation" häufig gleichgesetzt mit der Entwicklung von neuen Produkten und neuen technischen Verfahren, und zwar meistens mit Bezug auf die Hochtechnologie. In dieser Interpretation ist der Begriff Innovation eng mit der F + E-Funktion der Unternehmung verbunden. Abgesehen davon, daß es im technischen Bereich keine allgemeingültige Definition für Hochtechnologie gibt, ist diese enge Interpretation allerdings problematisch. Erstens kann Innovation nicht nur in den primären und sekundären Sektoren, sondern auch, und sogar überwiegend, im tertiären Sektor entstehen. Zweitens muß es sich bei einer Innovation – wie im Bereich der Hochtechnologie – nicht um ein technisches Wunderwerk handeln. Innovationen können technisch durchaus primitiv sein.

Innovationen sind grundsätzlich in jeder Branche und auf jedem Gebiet möglich; ihre Quellen oder Ursachen müssen also auch jenseits der Grenzen der F + E-Funktion der Unternehmung gesucht werden. Unter Innovation soll deshalb hier im weitesten Sinne jede Art von Neuerung in jeder Branche, auf jedem Gebiet und in jeder betrieblichen Funktion verstanden werden. Innovation kann innerhalb oder außerhalb der Unternehmung, aber auf jeden Fall über die von der Unternehmung kontrollierbaren Variablen verwirklicht werden. Durch Neuerungen und Änderungen in den kontrollierbaren Variablen können Unternehmungen versuchen, ihre Ziele noch ehrgeiziger zu gestalten oder noch effektiver zu erreichen. Innovationen jeder Art sind eine kardinale Voraussetzung für die Konkurrenzfähigkeit und für die Entwicklungsfähigkeit einer Unternehmung.

Innovationen kommen nach ihren Ursachen bzw. nach ihrer Herkunft vor als angebotsinduzierte oder nachfrageinduzierte Innovationen bzw. als technologieinduzierte oder marktinduzierte Innovationen. In jedem Falle geht der Innovation eine Idee voraus. Bei technologieinduzierten oder kurz technischen Innovationen wird die Idee durch eine Erfindung oder Entwicklung repräsentiert; bei marktinduzierten Innovationen ist die Ursache ein neues Bedürfnis oder eine neue Anwendung bzw. Verwendung einer Pro-

Markt \ Technologie	gegenwärtig	neu
gegenwärtig	/////	technologie-induzierte Innovationen
neu	marktinduzierte Innovationen	bilaterale Innovationen

Abb. 1. Innovationsarten

blemlösung. In Abb. 1 sind die Innovationen nach den Dimensionen Markt und Technologie skizziert.

Dabei wird deutlich, daß für das Vorliegen einer Innovation zumindest eine der beiden Dimensionen die Ausprägung „neu" aufweisen muß. Beide Dimensionen beschreiben gewissermaßen zwei unterschiedliche Prozesse, nämlich erstens den Vorgang des Entdeckens oder Erfindens einer neuen Lösung und zweitens den Vorgang des Aufspürens einer neuen Anwendung oder Verwendung. Demzufolge könnte auch, wenn die wirtschaftliche Verwertung einer Idee oder Erfindung nicht schon mit dem Begriff Innovation belegt wäre, einerseits von Entdeckungs- bzw. Erfindungsinnovationen und andererseits von Anwendungs- bzw. Verwendungsinnovationen gesprochen werden. Sind beide Dimensionen, Technologie und Markt bzw. Erfindung und Anwendung, in ihrer Ausprägung neu, so liegen bilaterale Innovationen vor. Diese sind, weil sie sich auf keinerlei Erfahrung stützen können, besonders risikobehaftet.

Die verschiedenen Innovationsarten implizieren unterschiedliche Aufgabenstellungen, und sie führen zu unterschiedlichen Ergebnissen. Technologieinduzierte Innovationen bedeuten neue Materialien, neue Produkte oder neue Verfahren. Ihr Zustandekommen erfordert entweder eigene F + E-Aktivitäten oder den Kauf von Know-how (z.B. durch Lizenznahme oder durch Erwerb einer Unternehmung). In marktorientierten Innovationen manifestiert sich das Ergebnis von Bemühungen zur Suche und Erschließung neuer Märkte (Absatz- und Beschaffungsmärkte) oder zur Deckung und Befriedigung neuer Bedürfnisse im Markt. Diese Innovationen setzen primär systematische Marktforschung und Marktschließung voraus.

Beide Innovationsaktivitäten sollten – gleichgültig, ob sie beispielsweise die Entwicklung neuer Produkte für gegenwärtige Märkte oder die Suche nach neuen Märkten für die gegenwärtigen Produkte oder aber vollkommen neue Produkt/Marktkombinationen betreffen – nicht losgelöst betrachtet werden; vielmehr sollten sie sich gegenseitig befruchten. Jede Innovationsaktivität, gleichgültig in welche Richtung sie erfolgt, bedeutet den Vorstoß in mehr oder weniger unbekanntes Neuland. Die dabei auftretenden Risiken können begrenzt und die Wahrscheinlichkeit des Innovationserfolges kann erhöht werden, wenn die Innovationstätigkeiten konzentriert oder zumindest abgestimmt erfolgen.

Der Begriff „Innovation" im hier verwendeten Sinne weckt Assoziationen zum Typ des „dynamischen Unternehmers" nach Schumpeter[1], der durch die „Durchsetzung neuer Kombinationen" den Wachstumsprozeß seiner Unternehmung und damit auch den Wachstumsprozeß der zugehörigen Volkswirtschaft in Gang hält. Nach Schumpeter hat der „dynamische Unternehmer" folgende Funktion[2]:
- die Herstellung neuer Güter oder neuer Qualitäten eines Gutes,
- die Einführung neuer Produktionsverfahren,
- die Erschließung neuer Beschaffungsmärkte und
- die Durchführung von Neuorganisationen.

In der Konjunkturtheorie von Schumpeter spielt die Figur des „dynamischen Unternehmers" eine zentrale Rolle; sie gilt als einer der ersten und heute wieder ernster genommenen Versuche, die Bedeutung der Innovation im Entwicklungsprozeß von Volkswirtschaften zu erklären.

B. Zu den Einflußfaktoren der Innovation

Die Unternehmung ist ein sozio-technisches System und als solches eingebettet in ein größeres Umsystem, mit dessen verschiedenen Teilen sie mannigfache Austauschbeziehungen unterhält (Abb. 2). In diesem Aktions-Reaktions-Gefüge[3] kommt es zu ständigen Veränderungen. Diese fungieren jeweils als Quelle von oder als Anstöße zu Innovationen. Dabei kann der Ausgangspunkt zu einer Innovation entweder in der Unternehmung oder in deren Umsystem liegen[4].

Zu den Veränderungen in der Umwelt, die Innovationen induzieren können, zählen vor allem
- marktliche Dynamik, in Form von Verhaltensänderungen seitens der Kunden, Lieferanten und Konkurrenten, sowie natürlich

---

[1] Vgl. *Schumpeter* (1934).
[2] Vgl. ebenda.
[3] Vgl. *Zahn* (1971, S. 88 ff.).
[4] Zu den Impulsen und zu den Ansätzen für technische Fortschritte vgl. *v. Kortzfleisch* (1969, S. 338/339).

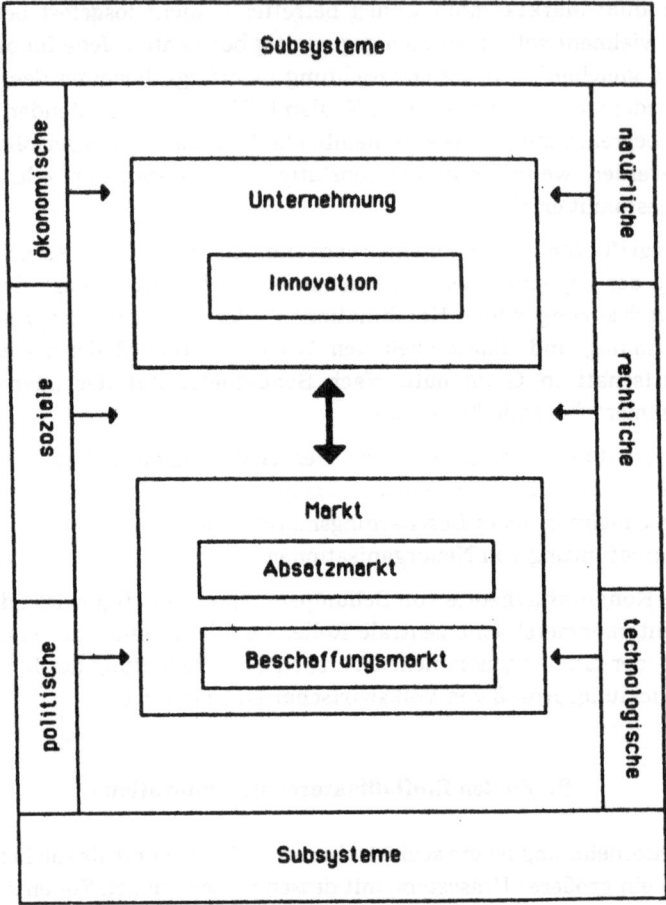

Abb. 2. Unternehmung und Umwelt

- technische Fortschritte, die u. a. effektivere, und effizientere Faktorkombinationen in der Unternehmung ermöglichen, aber auch
- ökonomische Entwicklungen i. S. v. Konjunktur und Wachstum,
- sozialer Wandel, z. B. in Gestalt des Wertewandels oder demographischer Prozesse,
- politische Umbrüche, die zu veränderten wirtschaftlichen Rahmenbedingungen führen,
- rechtliche Maßnahmen, die den Handlungsspielraum der Unternehmung tangieren, und

- ökologische Destruktionen, die neuen gesellschaftspolitischen Handlungsbedarf und damit auch neue unternehmenspolitische Aktionspotentiale schaffen.

Innovationskräfte im Unternehmen resultieren aus ingeniöser und unternehmerischer Kreativität. Diese Kreativität, die den Stellenwert eines Produktionsfaktors hat,[5] manifestiert sich hier zunächst in einer Vergrößerung des Wissenspotentials, auf dessen Grundlage eine Unternehmung Problemlösungen entwickeln und am Markt anbieten kann.

Für die Unternehmung sind Innovationen überlebensnotwendig. Sie sind das geeignete Mittel zur Anpassung der Unternehmensentwicklung an interne und externe Veränderungen. Diese Anpassungen können entweder reaktiv oder preaktiv sein. Die letzteren haben gewöhnlich einen weitaus innovativeren Gehalt als die ersteren. Jede preaktive Anpassung setzt die Möglichkeit einer Gestaltung voraus. Das bedeutet, daß Innovationen nur dort möglich sind, wo auf die Einflußfaktoren der Innovation gestaltend eingewirkt werden kann. Dazu zählen vor allem Faktoren, die innerhalb der Unternehmung, aber zum Teil auch solche, die außerhalb der Unternehmung liegen. Die Beeinflußbarkeit der außerbetrieblichen Faktoren ist häufig eine Frage der Unternehmensgröße und der Stellung der Unternehmung im Markt.

Daraus läßt sich allerdings nicht der Schluß ziehen, das große Unternehmungen innovativer sind als kleine. Die Realität beweist oft eher das Gegenteil. Zwar haben große Unternehmungen i.d.R. mehr Möglichkeiten, ihre relevante Umwelt mitzugestalten, auch verfügen sie gewöhnlich über mehr Know-how und Ressourcen, aber selten sind sie so flexibel und schnell im Aufgreifen und Durchsetzen von Neuerungen wie kleine Unternehmungen. Für das Zustandekommen von Innovationen kommt es schließlich nicht nur auf die vorhandenen Möglichkeiten zur Gestaltung oder Beeinflussung von Innovationsfaktoren an, sondern vor allem darauf, wie diese Möglichkeiten genutzt werden.

I. Innerbetriebliche Einflußfaktoren

Zu den innerbetrieblichen Einflußfaktoren der Innovation zählen neben der Unternehmensgröße das Produktionsprogramm, die Produktionstechnik, die Organisationsstruktur, die Humanressourcen, die Finanzmittel und insbesondere das Management.

In bezug auf das Produktionsprogramm können die Variablen Alter, Breite und Tiefe des Programms für die Intensität der Innovationstätigkeit bestimmend sein. Ein junges Produktionsprogramm bietet naturgemäß ein

---

[5] Vgl. v. *Kortzfleisch* (1983).

größeres Potential für Verbesserungsinnovationen als ein altes. Dagegen ist der Druck bzw. die Notwendigkeit grundlegender Basisinnovationen bei einem alten, bereits ausgereizten Produktionsprogramm höher als bei einem jüngeren. Ähnlich unterschiedlich kann die Programmbreite, die Innovationsfähigkeit und -tätigkeit beeinflussen. Ein breites Produktionsprogramm induziert zunächst ein quantitativ größeres, aber nicht notwendig gleichzeitig ein besseres Wissenspotential. Hinter einem engen Produktionsprogramm kann ein herausragendes Spezialkönnen stehen. Allerdings besteht hier die große Gefahr, daß das Spezialkönnen durch Substitution der Problemlösung überflüssig wird. Produktionsprogramme mit einer tiefen vertikalen Integration haben den Vorteil, auf verschiedenen Stufen innovativ zu sein. Sie haben aber auch den Nachteil, daß auf den Zwischenstufen Innovationsquellen, die ansonsten die Zulieferer und Abnehmer repräsentieren, wegfallen.

Bei der Produktionstechnik kommen Alter und Spezialisierung als Einflußfaktoren auf die Innovationstätigkeit in Betracht. Das Alter oder besser, der Reifegrad einer Produktionstechnologie hat für die Möglichkeiten zu weiteren inkrementalen Verfahrensinnovationen eine ähnliche Bedeutung wie das Alter einer Produkttechnologie für weitere Produkt-(Verbesserungs-)Innovationen. Hier gilt ebenso eine Art Gesetz vom abnehmenden Grenzertrag, und auch hier ist die Notwendigkeit zu grundlegenden Basisinnovationen groß, wenn die Möglichkeiten der inkrementalen Verbesserungsinnovationen erschöpft sind. Weniger eindeutig ist der Zusammenhang zwischen Innovationsneigung und Spezialisierungsgrad. Zuweilen läßt sich beobachten, daß einerseits die Innovationsneigung bei ausgeprägter Spezialisierung mit der Zeit abnimmt und daß andererseits die Innovationskraft mit der Zeit schwächer wird, wenn Unternehmungen im Wettbewerbskampf auf Prozeßinnovationen verzichten und statt dessen mit der Produktion in Niedriglohnländer ausweichen.

Eine große Bedeutung für die Innovationsfähigkeit einer Unternehmung haben Organisationsstruktur und Führungsstil. Erfahrungen zeigen, daß dezentrale Strukturen und partizipative Führungsstile ein fruchtbareres Innovationsklima schaffen als zentrale Strukturen und autoritäre Führungsstile. Innovative Menschen benötigen zur Nutzung ihrer Fähigkeiten eben gewisse Handlungsspielräume. Rosabeth M. Kanter kommt in ihrem Buch „The Change Masters"[6] zu dem Schluß, daß die stärksten Barrieren gegen Innovationen die Fragmentierung und Überspezialisierung sind und daß sich Innovationsfähigkeit am besten in solchen Organisationen entwickeln kann, die Interaktion und Kooperation zwischen den Funktionsbereichen und Organisationsebenen fördern. In japanischen Unternehmungen sind solche hierarchieüberschreitenden Kontakte üblich.

---

[6] Vgl. *Kanter* (1983).

Unternehmungen mit hoher Innovationsfähigkeit sind stets bemüht, ihre Mitarbeiter zu ermuntern, immer wieder neue Ideen einzubringen und in Innovationen umzusetzen. Sie haben erkannt, daß das kreative Potential ihrer Mitarbeiter die ergiebigste Innovationsquelle ist. Diese Unternehmen fördern deshalb bewußt sogenannte „Innovations-Champions". Darunter sind Mitarbeiter zu verstehen, die schöpferische Fähigkeiten besitzen, die sich durch Entschlossenheit und Ausdauer bei der Verfolgung von Ideen auszeichnen, die im Interesse des Erfolges stets bereit sind, bürokratische Abläufe zu durchbrechen und die bewußt nach Kontakten und Anregungen bei innovativen Vorhaben suchen. Eine wichtige Voraussetzung, um solche „Innovations-Champions" zu halten, zu motivieren und sich entfalten zu lassen, sind Anreizsysteme, die mehr bieten als nur finanzielle Anerkennung.

Damit wird deutlich, daß der Schlüssel zur Innovationsfähigkeit einer Unternehmung letztlich beim Management selbst liegt. Innovative Unternehmen stellen hohe Anforderungen an das Management. Dazu zählen

- hohe fachliche Qualifikation, verbunden mit der Fähigkeit, Zusammenhänge zu erkennen sowie ein Gespür für das Mögliche und Machbare,
- ausgeprägte Fähigkeiten zu schöpferischem Denken und zum Aufspüren von Kundenwünschen, verbunden mit der Bereitschaft, neue, auch schwierige Wege konsequent zu gehen,
- Mut zur Delegation von Verantwortung, verbunden mit der Fähigkeit, Mitarbeiter zur Risikobereitschaft zu ermuntern und ihnen glaubhaft zu machen, daß Mißerfolge toleriert werden können,
- Flexibilität bei der Planung und Durchführung von Neuerungen sowie
- strategisches Denken und Handeln als Voraussetzung zur zielbewußten und zielgerichteten Steuerung der Unternehmensentwicklung.

Innovative Unternehmungen verfügen gewöhnlich über eine Vision, die die zukünftige Entwicklungsrichtung angibt[7]. Die Verantwortung für die Gestaltung und Verbreitung einer derartigen Vision trägt die Unternehmensführung. Unternehmensvisionen sind eine grundlegende Voraussetzung für den Erfolg innovativer Unternehmungen, weil sie die Basis bilden für die gezielte Suche und konsequente Durchsetzung von marktrelevanten Innovationsstrategien[8].

---

[7] Vgl. hierzu den Beitrag von *Zahn* in diesem Band, Absatz C.
[8] Zur Problematik von Innovationsstrategien vgl. *Drucker* (1985, S. 295 ff.) sowie den Beitrag von *Zahn* in diesem Band, Absatz C III.

II. Außerbetriebliche Einflußfaktoren

Unternehmungen sind sozio-technische Subsysteme. Ihr Sein und Werden ist deshalb abhängig von den Bedingungen in den verschiedenen Segmenten ihrer Umsysteme. Das gilt auch in bezug auf die Auffindung und Durchsetzung von innovativen Ideen. Von den jeweils herrschenden Bedingungen in der technischen, ökonomischen, sozialen, politischen, rechtlichen und natürlichen Umwelt können auf die Innovationstätigkeit der Unternehmung sowohl fördernde als auch hemmende Einflüsse ausgehen, und zwar entweder direkt oder indirekt. Das soll an den Aspekten Technik, Wirtschaft und Politik skizziert werden.

Der naturwissenschaftlich-technologische Fortschritt ist der Nährboden für technische Innovationen i.S.v. neuen Produkten und neuen Produktionsverfahren. Sein direkter Einfluß auf technische Innovationen ist jedoch nicht in jedem Falle positiv. Einzelne technische Lösungen können miteinander konkurrieren. Gewöhnlich setzt sich nur immer eine Lösung durch; andere nicht notwendig schlechtere Lösungen bleiben dabei auf der Strecke, was die Innovationstätigkeit der sie forcierenden Unternehmung einschränkt. Technologische Fortschritte, die sich einmal im Markt durchgesetzt haben und damit zu technischen Fortschritten[9] geworden sind, eröffnen neue Innovationspfade. Gleichzeitig verschließen sie dabei u.U. andere, alternativ mögliche Innovationspfade.

Technische Fortschritte können auch indirekt die Innovationstätigkeit der Unternehmung anregen, und zwar indem sie[10]

- Branchen- und Marktgrenzen verschieben oder aufheben und damit die Chance für neue Betätigungsfelder eröffnen,

- Kräfte der Wettbewerbsdynamik (Verhandlungsmacht von Lieferanten und Abnehmern, Produktsubstitution, Markteintritte und Rivalität der Konkurrenten untereinander) beeinflussen und dabei Marktein- und -austrittsbarrieren verändern sowie

- Erfolgspotentiale von Wettbewerbsstrategien (Kostenführerschaft, Differenzierung, Fokussierung) vergrößern oder neu schaffen.

Technische Fortschritte können auf diese Weise für die einzelne Unternehmung neue Chancen im Wettbewerb generieren. Die Realisierung dieser Chancen erfordert allerdings eine intensive Innovationstätigkeit.

Ein starker Einfluß auf die Innovationstätigkeit der Unternehmung geht vom jeweiligen Zustand der wirtschaftlichen Entwicklung aus. Dieser ist verantwortlich für die Stärke des Leidensdrucks und damit auch des Inno-

---

[9] Vgl. v. *Kortzfleisch* (1969, S. 335 ff.).
[10] Vgl. *Porter* (1985, S. 164 ff.).

vationsdrucks[11], und er bestimmt, ob die Zeiten günstig sind für inkrementale Verbesserungsinnovationen oder für grundlegende Basisinnovationen[12]. Empirische Untersuchungen zeigen, daß Innovationen in Schwärmen auftreten[13], was den Schluß zuläßt, daß sich die Unternehmungen in der Gesamtheit hinsichtlich ihrer Innovationstätigkeit zyklisch verhalten. Dieses Verhalten kann z. T. auch dadurch erklärt werden, daß viele Unternehmungen einfach den Wunsch haben, bei einer erfolgsträchtigen Entwicklung mit dabei zu sein. In der Tat sind die Erfolgschancen eines zyklischen Innovationsverhaltens in der Entstehungs- und Entwicklungsphase einer Innovationswelle gewöhnlich beträchtlich. Gefährlich wird zyklisches Innovationsverhalten aber dann, wenn eine Innovationswelle ausläuft. Hier steigen die Erfolgschancen für ein antizyklisches Innovationsverhalten, wobei Unternehmungen auf Krisen nicht reaktiv, sondern antizipativ antworten.

Während wirtschaftliche Zustände den jeweiligen Innovationsdruck bestimmen, zeichnen politische Situationen für das Innovationsklima verantwortlich[14]. Eine instabile politische Situation kann sich insbesondere auf die Durchsetzung von Innovationen negativ auswirken. Innovationsfeindlich können auch Gesetze und Genehmigungsverfahren wirken. Auf der anderen Seite können staatliche Maßnahmen, etwa in Form projektbezogener Risikobeteiligungen und gezielter Subventionen die Innovationsbereitschaft fördern. Das gilt insbesondere für mittlere und kleinere Unternehmungen, die Hilfen zur Verbesserung ihrer Innovationstätigkeit oft in vieler Hinsicht benötigen. Eine marktwirtschaftliche und mittelstandsfreundliche Politik des Staates trägt erfahrungsgemäß zu einer Verbesserung des Innovationsklimas in einer Volkswirtschaft bei. Die Möglichkeiten des Staates zur Förderung der Innovationsfähigkeit der Unternehmungen sollten aber nicht überschätzt werden. Die Entwicklung und Durchsetzung von Innovationen ist in einem marktwirtschaftlichen System letztlich immer Aufgabe der Unternehmungen, oder in der Terminologie Schumpeters ausgedrückt, die Sache der „dynamischen Unternehmer". Deshalb sollte den in vielen Ländern heute zunehmend zu beobachtenden Rufen nach einer staatlichen Innovationsförderung mit Skepsis begegnet werden. Auf keinen Fall sollte den damit verbundenen Forderungen ungeprüft und unreflektiert nachgegeben werden. Ein solches Verhalten führt erstens selten zum Erfolg und zweitens schafft es häufig nur neue Sachzwänge. Wenn der Staat direkte Hilfen anbietet, dann sollte er darauf achten, daß sie die Marktkräfte unterstützen und ihnen nicht entgegenwirken.

---

[11] Vgl. *Zahn* (1983, S. 7 ff.).
[12] Vgl. *Forrester* (1979, S. 16 ff.).
[13] Vgl. *Albach* (1983, S. 3 ff.).
[14] Vgl. *Zahn* (1983, S. 7 ff.).

C. Innovationsproblematik in der Türkei

I. Aspekte der wirtschaftlichen Situation und Handlungsbedarf

Die Türkei ist ein Land, das sich in den letzten Etappen seiner Entwicklung auf dem Weg zur Industrialisierung befindet. Sie ist also in die Gruppe der sog. „Schwellenländer" oder „newly industrializing countries" einzustufen. Vor knapp sechs Jahren hat die Türkei ihre traditionelle Industrialisierungsstrategie der Importsubstitution aufgegeben und mit dem Stabilisierungsprogramm vom 24. Januar 1980 den Weg zu einer exportorientierten Industrialisierungsstrategie eingeschlagen. Diese Strategie ist als ein Teil einer umfassenden Liberalisierungspolitik in der Wirtschaft zu begreifen. Die Liberalisierungswelle in der Wirtschaft im allgemeinen und die exportorientierte Industrialisierungspolitik im besonderen haben die Bedeutung und Dringlichkeit von Innovationen für die Entwicklung der türkischen Wirtschaft ans Tageslicht gebracht.

Die Veränderungen in der weltwirtschaftlichen Arbeitsteilung seit den sechziger Jahren sind bekanntlich darauf zurückzuführen, daß viele Entwicklungsländer auf der Basis ihres niedrigen Lohnniveaus zunehmend in traditionelle Märkte der Industrieländer eingedrungen sind. Dieser Prozeß war i. d. R. verbunden mit einer Abkehr von einer über Jahrzehnte verfolgten Politik der Importsubstitution und einer Hinwendung zu einer weltmarktorientierten Entwicklungspolitik, die mehr auf den Absatz von Industrieprodukten als auf den Absatz von Rohstoffen setzt. In einer solchen exportorientierten Industrialisierung sehen diese Länder nicht nur die Chance, Devisen zu verdienen, sondern auch den Zwang zur Ausschöpfung komparativer Vorteile bei arbeitsintensiven Produktionen und die Möglichkeit zur systematischen und harmonischen Entwicklung ihrer Volkswirtschaft.

Die Türkei hat diesen Weg relativ spät zu Beginn der 80er Jahre eingeschlagen. In den 60er und 70er Jahren sah sich die Türkei zu einer solchen Politik noch nicht veranlaßt, wobei die Beobachtung schlechter Erfahrungen bei vielen Entwicklungsländern eine Rolle spielte. Viele Entwicklungsländer hatten die Erschütterungen der Weltwirtschaft in den 70er Jahren nicht einkalkuliert, ihre entwicklungspolitischen Ziele deshalb überzogen und die erhofften Effizienzsteigerungen nicht erreichen können. Nach der ersten Ölpreiskrise hatte sich das weltwirtschaftliche Wachstum deutlich verlangsamt. In den meisten Industrieländern war ein Erlahmen wirtschaftlicher Kraft und Dynamik unverkennbar. Zugleich etablierten sich auf dem Weltmarkt neue starke Konkurrenten, wie Japan, Korea, Taiwan, aber auch Singapur und Hongkong. Als Reaktion auf die allgemeine Wirtschaftskrise und den schärferen internationalen Wettbewerb neigten und neigen noch viele Länder dazu, ihre heimischen Industrien durch protektionistische

Maßnahmen zu schützen. Die natürliche Folge war und ist eine weitere Verschlechterung der Gesamtsituation.

Der verspätete industriestrategische Wandel in der Türkei von der Strategie der Importsubstitution zur exportorientierten Strategie auf den Weltmärkten warf die Frage nach der erfolgreichen Umsetzung dieser Strategie auf. Mit der üblichen „austerity"-Politik durfte nicht fortgefahren werden, weil sie den Anhängern der alten Importsubstitutionspolitik wieder Auftrieb verschafft hätte. Diese hätten im übrigen darauf verweisen können, daß Exportanstrengungen auf den Weltmärkten infolge der andauernden Wirtschaftskrise und des zunehmenden Protektionismus wenig Erfolg versprechen. Der Krieg zwischen Iran und Irak half in dieser Situation der Türkei, eine unerwartete Exportchance zu schaffen und dank ihrer Standortvorteile auch zu nutzen. In den anderen Arabischen Ländern, insbesondere in Saudiarabien, wurden ebenfalls große Exporterfolge erzielt. Aber um diese Erfolge dauerhaft zu etablieren und in neue Märkte eintreten zu können, brauchte man Innovationen. Die Unternehmer waren dazu nicht bereit, da ihnen die Einsicht in die Notwendigkeit dazu während der lang andauernden Politik der Importsubstitution abhanden gekommen war. Die Unternehmer hatten sich daran gewöhnt, in jeder Situation den Staat zur Hilfe zu rufen. Das vertrug sich zwar mit einer Importsubstitutionspolitik des Staates, die den Unternehmern durch Zölle und Subventionen eine Art von Reservat schuf, nicht aber mit einer liberalen Politik, die sich zur freien Wirtschaft bekennt und die eine exportorientierte Wettbewerbspolitik auf den Weltmärkten befürwortet.

Der Staat kann eine einmal verloren gegangene Wettbewerbsfähigkeit nicht wieder herstellen; er kann sie auch nicht auf Dauer konservieren. Die Erhaltung und Verbesserung der Wettbewerbsfähigkeit einer Volkswirtschaft ist und bleibt die ureigene Aufgabe der Unternehmungen. Dagegen führt eine staatlich genährte Subventionsmentalität der Unternehmen nur zum Verlust der Risiko- und Innovationsbereitschaft und damit zum Verlust der Fähigkeit, sich dem Wandel im Markt anzupassen.

Mit einer exportorientierten Industrialisierungsstrategie soll der Staat die Voraussetzungen schaffen, daß Innovationen und unternehmerischer Wagemut gebührend belohnt werden. Bedenkt man, daß in der Türkei die meisten Unternehmensrenditen noch unter den Renditen für Kapitalanlagen in festverzinsliche Wertpapiere liegen, so kann der bestehende Mangel an unternehmerischer Initiative nicht verwundern. Es ist daher die Aufgabe des Staates, durch entsprechend marktkonforme Rahmenbedingungen die Voraussetzungen dafür zu schaffen, daß dynamische Unternehmer Steuermannspositionen in der Wirtschaft übernehmen.

Technologieparks, öffentliche Innovationsprogramme und ähnliche Aktivitäten zur Förderung der Innovationsbereitschaft können nur dann

Früchte tragen, wenn auch die gesamtwirtschaftlichen und rechtlichen Rahmenbedingungen stimmen. Der Staat muß sich mit marktkonformen Maßnahmen um ein innovationsfreundliches Klima bemühen, in dem sich ein Unternehmertum entfalten kann.

II. Wendepolitik und Innovationsaufgabe

Mit dem Stabilisierungsprogramm vom 24. Januar 1980, das zugleich einen Wendepunkt in der Wirtschaftspolitik des türkischen Staates darstellt, hat es sich die Regierung zur Aufgabe gemacht, ein solches Klima zu schaffen. In Unternehmungs-, Regierungs- und anderen staatlichen Kreisen besteht heute die feste Überzeugung, daß wirtschaftliche Krisen dauerhaft nur durch echte Innovationen zu überwinden sind. Parallel zu dieser Überzeugung hat sich die Einsicht durchgesetzt, daß die Erzeugung von Innovationen seitens der Unternehmungen und die Erneuerung der Produktionsprogramme durch marktgerechte Leistungen im Vordergrund stehen müssen. Im einzelnen müssen neue Produkte entwickelt und für diese Bedürfnisse geweckt, Verwendungsmöglichkeiten gefunden und Absatzmärkte, insbesondere Exportmärkte, erschlossen werden. Innovationen sind ebenso zur Verbesserung der Kostensituation erforderlich, d. h. konkret in der Produktionstechnik und in der Produktionssteuerung sowie in der Lagerhaltung und in der Logistik. Technologien, die zu Zeiten einer Politik der Importsubstitution unterstützt und die deshalb ohne Bedenken angewendet werden konnten, erweisen sich inzwischen als Fehlinvestitionen. Betriebsgrößen, die damals nur für den Binnenmarkt eingerichtet und durch Zollmauern oder Mengenkontigentierungen oder sogar Einfuhrverbote vor der ausländischen Konkurrenz geschützt wurden, stellen sich nun als nicht optimal und damit als nicht konkurrenzfähig heraus. Während die Unternehmungen früher keine Absatz- und damit keine Lagerhaltungsprobleme kannten, sehen sie sich heute steigenden Lagerhaltungsproblemen gegenüber, was sich angesichts hoher Kapitalkosten als besonders schmerzlich erweist.

Die Unternehmungen in der Türkei sind nach internationalen Maßstäben als Klein- oder Mittelbetriebe zu bezeichnen. Eine effektive Forschungs- und Entwicklungstätigkeit ist von diesen Unternehmungen in den bevorstehenden Jahren nicht zu erwarten. Das gilt insbesondere für die Industriebetriebe. Diese Unternehmungen werden nur durch kooperative Zusammenarbeit ihre F + E-Funktionen effektiv gestalten können. Leider wurde dieser Weg in den letzten fünf Jahren nicht eingeschlagen; die türkischen Unternehmungen sind bislang kaum kooperationswillig.

Eine Alternative zur Forschung und Entwicklung in den Unternehmungen ist die Übernahme der F + E-Funktion durch den Staat. Die Türkei hat diesen Weg bereits vor 20 Jahren eingeschlagen. F + E-Tätigkeiten werden staatlicherseits im Institut TÜBITAK, Türkiye Bilimsel Arastirma Merkezi (Zentrum der wissenschaftlichen Forschung der Türkei) durchgeführt. Dieses Forschungszentrum arbeitet primär mit Staatsunternehmungen zusammen. Beziehungen zu Privatunternehmungen konnten bislang nicht in einer effektiven Weise gestaltet werden. Schuld daran sind zum einen die Privatunternehmungen selbst, die aus ihrem Subventionsschlaf, in den sie zu Zeiten einer Politik der Importsubstitution vor 1980 gefallen waren, noch nicht wieder erweckt werden konnten; zum anderen trägt aber auch das staatliche Forschungszentrum eine erhebliche Schuld, da hier Markttendenzen und Marktkräfte nicht gebührend berücksichtigt werden.

Im Gegensatz zu den gewerblichen Betrieben hat das Bedürfnis nach F + E-Tätigkeiten in landwirtschaftlichen Betrieben stark zugenommen. Durch Modernisierung und Vergrößerung der Betriebe gewinnt diese betriebliche Funktion zunehmende Bedeutung. Eine Barriere ist allerdings die finanzielle Situation der Betriebe. Zur Überwindung derselben und damit zur effektiveren und effizienteren Gestaltung der F + E-Funktion landwirtschaftlicher Betriebe kann die Kooperation ebenfalls ein vernünftiger und erfolgreicher Weg sein. Kooperationen könnten auf regionaler Ebene, aber auch – besonders in bezug auf Absatz und Verpackung – nach Produkten oder Produktgruppen organisiert werden. Der Staat könnte dabei auch eine aktive Rolle spielen. Das TÜBITAK könnte z. B. seine Arbeiten auf diesen Sektor konzentrieren und dabei seine zwanzigjährigen Erfahrungen nutzen.

III. Innovationsbedürfnisse und -aktivitäten türkischer Unternehmungen

Seit etwa fünf Jahren zeigt sich in türkischen Unternehmungen die Tendenz zu einem zunehmenden Innovationsbedürfnis und zwar in allen betrieblichen Funktionen. Kosten- und Qualitätsvorteile der ausländischen Konkurrenz haben den bestehenden Innovationsmangel nach der Wendepolitik offenbart. Es setzt sich immer mehr die Einsicht durch, daß komparative Lohnkostenvorteile allein nicht ausreichen, um in internationalen Märkten Schritt zu halten. Dies gilt in bezug auf einzelne Produkte auch für die Binnenmärkte, in denen die Zollschranken vorläufig für eine gewisse Zeit mehr oder weniger weit geöffnet wurden.

Die Beschaffung von preismäßig günstigeren und von qualitätsmäßig besseren Materialien gewinnt deshalb an Bedeutung. Dies gilt ebenfalls für den Energieinput. Auch die zeitliche Koordination von Beschaffung und Produktion hat als Folge der gestiegenen Lager- und Kapazitätskosten einen höheren Stellenwert als unternehmenspolitische Aufgabe bekommen. Das Innovationsbedürfnis in der Produktion wächst ebenfalls infolge des zugenommenen Kostendrucks und gewachsenen Qualitätsbedürfnisses. Im Vordergrund der unternehmerischen Bemühungen muß jedoch zunächst der Absatz stehen. Das gilt insbesondere für die exportorientierten Unternehmungen. Vielen dieser Unternehmungen ist es immer noch nicht gelungen, sich an die neuen Bedingungen anzupassen. Dagegen konnten diejenigen Unternehmungen, die im Absatzbereich rechtzeitig und konsequent innoviert haben, in kurzer Zeit wachsen und in die Klasse der größten türkischen Unternehmungen aufsteigen. Abgesehen von diesen wenigen „excellenten" Unternehmungen kann im allgemeinen behauptet werden, daß die Absatzfunktion der Unternehmungen den wesentlichen Engpaßfaktor in der exportorientierten Industrialisierungsstrategie der Türkei bildet und daß gerade hier ein kritischer innovativer Aufholbedarf besteht.

Die größten Innovationserfolge wurden bisher im Finanzbereich erzielt. Hier spielen natürlich die Knappheit des Kapitals und die rapide gestiegenen Kapitalkosten als Folge der neuen Geldpolitik des Staates sowie die andauernde hohe Inflationsrate eine große Rolle. Den Unternehmungen, die sich der neuen Situation nicht anpassen können, droht der Untergang. Viele Unternehmungen mußten bereits wegen unüberwindlichen Liquiditätsschwierigkeiten Konkurs anmelden oder sie mußten ihre Führung und zuweilen auch ihren Besitzer wechseln. Internationale Banken und Finanzierungsgesellschaften haben in den letzten Jahren mit der Gründung von Niederlassungen in der Türkei neue Finanzierungsmethoden, neue Finanzierungsinstitutionen und vor allem eine neue Finanzierungsmentalität ins Land gebracht. Die wirtschaftliche Entwicklung hat Innovatoren einen guten Boden bereitet, auf dem viele und effektive Neuerungen durchgeführt werden konnten. Diese manifestieren sich beispielsweise in der Verbreitung von Leasing-Gesellschaften.

In der Praxis haben sich für türkische Verhältnisse neue Finanzierungsbegriffe eingebürgert. Dazu zählen langfristige Finanzierungen durch Versicherungen, „Factoring", „offshore banking", „forefaiting", „cash-management" usw. Besondere Aufmerksamkeit wurde der Entwicklung des Kapitalmarkts geschenkt. Nach einer großen Bankenaffäre hat der Staat das Institut Sermaye Piyasasi Kurumu (S. P. K.) gegründet. Aufgabe dieses Instituts ist es, für eine effektivere und effizientere Gestaltung dieses Marktes zu sorgen.

Auch die wichtigste betriebliche Funktion im allgemeinen und in einem Entwicklungsland im besonderen, nämlich die Führungsfunktion, hat eine Reihe von Neuerungen erlebt. Die Rolle junger Führungskräfte, die durch ihre Kreativität und Vitalität Innovationsprozesse beschleunigen können, hat an Bedeutung gewonnen. Die Beherrschung einer Fremdsprache wurde zur sine qua non für den Aufstieg in eine Führungsposition. Ein hoher Stellenwert wird inzwischen der universitären Ausbildung zugemessen.

Als eine Erleichterung zur Durchführung von Innovationen haben sich auch die Vergrößerung der Betriebe und die Holdingstruktur vieler Unternehmungen sowie die damit verbundene Erweiterung und Diversifikation der Produktionsprogramme erwiesen.

Eine andere Besonderheit der türkischen Wirtschaft in bezug auf die Innovationstätigkeit sind die staatlichen Unternehmungen, die einen erheblichen Teil der Wirtschaft bilden. Staatsunternehmungen sind im allgemeinen keine guten Innovatoren. Ihre monopolistische Position und ihre bürokratische Struktur verbieten oder erschweren die Durchführung von Neuerungen. Die neue Wirtschaftspolitik in der Türkei nötigt auch die Staatsunternehmungen sich nach den Marktkräften zu richten und sich dem Konkurrenzkampf zu stellen.

IV. Beurteilung der neuen Wirtschaftspolitik

Für eine endgültige Bewertung der neuen exportorientierten Industrialisierungsstrategie der Türkei auf der Grundlage des Stabilitätsprogramms vom 24. Januar 1980 ist es noch zu früh. Dazu ist im übrigen auch die weltwirtschaftliche Entwicklung einzubeziehen.

Die außergewöhnlich lange Rezessionsphase der Wirtschaft wurde dem Anschein nach erst 1983/84 überwunden. Einen starken Konjunkturaufschwung haben 1984 die USA und – in etwas abgeschwächter Form – Japan erlebt. Auch in den meisten europäischen Ländern sind die Ansätze einer wirtschaftlichen Aufwärtsentwicklung – wenn auch in unterschiedlicher Ausprägung – unverkennbar. Es ist allerdings fraglich, ob die Weltwirtschaft damit bereits auf einen neuen Wachstumspfad zurückgekehrt ist. Es ist zu hoffen. Entscheidend dafür wird es sein, daß die Industrieländer und ölexportierenden Länder wieder eine ausreichende wirtschaftliche Dynamik entwickeln, um den weltwirtschaftlichen Kreislauf in Schwung zu bringen. Nur dann werden die Schwellen- und Entwicklungsländer in der Lage sein, die zur Lösung ihrer drückenden Schuldenprobleme und zur Finanzierung ihrer Industrialisierung unbedingt erforderlichen Exporte zu tätigen. Dazu bedarf es letztlich eines wieder stabilisierten Welthandels ohne protektionistische Entartungen.

Zusammenfassend kann behauptet werden, daß der Innovationsprozeß eine sine qua non für die Industrialisierung unseres Landes darstellt. Um diesen Prozeß erfolgreich durchzuführen, benötigen wir in erster Linie „dynamische Unternehmer" im Sinne Schumpeters, die die für die Industrialisierung erforderlichen Neuerungen schaffen. Dabei darf aber nicht vergessen werden, daß intensive Innovationstätigkeit guten sozialen und politischen Nährboden voraussetzt. Der Innovationserfolg der Unternehmungen hängt schließlich nicht unerheblich von den Bedingungen der

Umwelten ab, in denen Unternehmungen operieren müssen. In diesem Zusammenhang lassen sich die folgenden Thesen aufstellen:

- Protektionismus verzögert oder behindert notwendige Neuerungen. Er muß weltweit bekämpft werden.

- Subventionen sind in der Regel innovationsfeindlich; sie verschleiern die Notwendigkeit von Neuerungen und wirken oft gegen tatsächliche Marktentwicklungen. Subventionen führen zum Verlust der Risiko- und Innovationsbereitschaft der Unternehmungen, und sie vermindern ihre Fähigkeit, sich dem Wandel im Markt anzupassen. Die Unternehmungen müssen sich deshalb vor dem Bazillus einer schleichenden Subventionsmentalität hüten, und der Staat muß hier Selbstdisziplin üben.

- Innovationen lassen sich nicht anordnen. Sie setzen ein hohes Maß an Freiheit und einen großen Entfaltungsspielraum voraus. Deshalb können Innovationen insbesondere in einer freien Marktwirtschaft gut gedeihen. Dagegen ist Dirigismus ein Erzfeind der Kreativität und damit auch der Innovation.

- Es muß gesellschaftlicher Grundkonsens vorhanden sein, nachdem allein die Marktkräfte, also die Verbraucher und Anwender oder Verwender, über die Akzeptanz von Innovationen entscheiden. Jede Art von Akzeptanzbevormundung ist abzulehnen. Der Grundkonsens muß auch die Bereitschaft einschließen, alte Produkte und Verfahren und damit auch alte Arbeitsplätze zu ersetzen.

- Von der Gesellschaft müssen Wagemut honoriert und Fehlschläge toleriert werden. Dadurch werden die Risiko- und damit die Innovationsbereitschaft der Unternehmungen erhöht und zugleich ein guter Nährboden für mutige Innovatoren geschaffen.

Literaturverzeichnis

Albach, H. (1983): Innovationen für Wirtschaftswachstum und internationale Wettbewerbsfähigkeit, in: Rheinische Westfälische Akademie der Wissenschaften, Vorträge N 322, 1983, S. 3 - 58.

Drucker, P. (1985): Innovations-Management für Wirtschaft und Politik, Düsseldorf 1985.

Forrester, J. W. (1979): Innovation and the economic long wave, in: Management Review, June 1979, S. 16 - 24.

Kanter, R. M. (1983): The Change Masters, New York 1983.

v. Kortzfleisch, G. (1969): Zur mikroökonomischen Problematik des Technischen Fortschritts, in: Die Betriebswirtschaftslehre in der zweiten industriellen Revolution, Festgabe für Theodor Beste zum 75. Geburtstag, hrsg. v. G. v. Kortzfleisch, Berlin 1969, S. 323 - 349.

v. Kortzfleisch, G. (1983): Kreativität und Innovationsklima als Produktionsfaktoren, in: Rissener Jahrbuch 1983/84, Heft 9/83, Hamburg 1983.

Porter, M. (1985): Competitive Advantage, New York 1985.

Schumpeter, J. A. (1934): Theorie der wirtschaftlichen Entwicklung, Berlin 1934.

Zahn, E. (1971): Das Wachstum industrieller Unternehmen, Wiesbaden 1971.

Zahn, E. (1983): Some Aspects of High Technology and Economic Development, in: Proceedings of the 10th International Congress on Cybernetics, Symposium XII „Man in a High Technology Environment", Namur 1983, S. 3 - 16.

Technologietransfer und Strukturwandel in Wirtschaft und Gesellschaft

Von *Michel Mavor Agbodan*

A. Begriffe

Wenn in westlichen Industrienationen über alltägliche Gegenstände gesprochen wird, empfindet niemand das Bedürfnis danach zu fragen, wie das Objekt zu definieren sei. Jedermann weiß, wovon die Rede ist. Was für einen Sprachraum zutrifft, sollte ebenso für einen „Fachkreis" gelten. Wenn aber ein Begriff unterschiedliche Inhalte suggeriert oder noch keine festen Konturen angenommen hat, werden Definitionen gefordert.

Was ist Technologie?

Technologie ist ein „Wissen-wie". „Wissen wie was?" möchte man fragen! Nicht Wissen schlechthin, sondern wissen, wie etwas Bestimmtes gemacht, durchgeführt, gestaltet, organisiert, konkretisiert wird.

Es gibt eine Technologie des Haarflechtens (ausgeprägt in Afrika), eine Technologie des Buchführens. Wer tatsächlich Brücken bauen kann verfügt über das Wissen, das dazu befähigt.

Ist eine Maschine eine Technologie? In unserem Sinne hier nicht. Das Wissen wie eine Maschine zu konstruieren ist oder das Wissen wie sie zu bedienen ist, sind verschiedene Technologiearten. Die Amerikaner haben mehrere Mondreisen unternommen. Sie verfügen nun über die Technologie des Reisens zum Mond.

Immer wenn mich ein Wissen befähigt, ohne „Versuch und Irrtum"[1] etwas Konkretes zu realisieren, verfüge ich über eine Technologie, ein gebrauchsfähiges Wissen in bezug auf diese bestimmte Situation. „Know-how" in englisch, „savoir-faire" in französisch besagen das Gleiche: wissen wie.

Technologietransfer ist demnach nichts anderes als das Übertragen von Know-how von einem Subjekt zum anderen.

---

[1] „Versuch und Irrtum" ist immer nur ein Suchverfahren, ein Suchen nach Wissen oder nach „Wissen-wie".

B. Transfer und Transport von Technologien

Wann können wir sagen, daß ein Technologietransfer erfolgt ist? Die Frage wird gestellt, um auf einen unklaren Sachverhalt hinzuweisen. Transferieren kann unterschiedliches bedeuten.

Ein Know-how oder ein Know-how-Bündel kann von einem Raum zum anderen transportiert werden. Ein deutscher Bootsbauer kann seine Fabrik von der Elbe zum Rheingebiet verlegen. Die Einrichtung einer Niederlassung einer japanischen Firma in Frankreich wird immer mit einem Technologietransport verbunden sein.

Können wir in solchen Fällen immer von Technologietransfer sprechen? Die Bejahung dieser Frage stellt den größten Irrtum der Vergangenheit und vielleicht sogar der Gegenwart unter den Forschern über Technologietransfer dar. Das war (ist) nicht nur ein Irrtum, sondern ein gigantischer Irrweg. Aus diesem Irrtum ableitend werden internationale Unternehmungen als Träger des Technologietransfers apostrophiert und aufgefordert, sich stärker vor allem in Entwicklungsländern zu engagieren. Man hofft dadurch, die Wissenslücke zu mindern.

Trotzdem benötigen nach einem Vierteljahrhundert Unabhängigkeit die Regierungen in Entwicklungsländern immer noch europäische und amerikanische Träger von Technologien (Experten), um die Funktion ihrer Ministerien und Produktionsanlagen zu erhalten.

Wir müssen also zwischen Technologietransport und Technologietransfer unterscheiden. Der eine ist eine räumliche Übertragung, der andere erfolgt von einer Person A zu einer Person B.

Immer wenn A an B eine Technologie weitergibt und B Träger dieser Technologie wird, können wir von Technologietransfer sprechen. Wir haben dann nicht nur ein, sondern zwei Subjekte, die über das Know-how verfügen. Der Prozeß setzt sich fort und der Kreis der Sachkenner weitet sich immer weiter aus, je mehr Menschen Träger dieses Know-hows werden. Das ist das Grundprinzip jeder Schule.

C. Technologietransfer zwischen Mitgliedern verschiedener Gruppen

Soziologen bzw. Sozialpsychologen mögen darüber streiten, was eine Gruppe ist[2]. Für unseren Zweck ist diese Diskussion nicht relevant und es mögen Beispiele genügen, um zunächst ein „Wir-Verhalten", das uns hier interessiert, zu charakterisieren.

---

[2] Siehe dazu *Hofstätter*, Peter R.: Gruppendynamik, Kritik der Massenpsychologie, Hamburg 1964, besonders S. 20 ff.: die Erfindung der Gruppe.

In Belgien stellen Walonen und Flamen zwei ethnische Gruppen dar. Englisch sprechende und französisch sprechende Kanadier wären in diesem Sinne zwei unterschiedliche Gruppen. Protestanten und Katholiken in einem Staat bilden verschiedene Gruppen. Für Afrikaner sind Asiaten eine andere Gruppe und umgekehrt.

Wir haben schon festgelegt, daß der Transfer von Know-how immer von Person zu Person erfolgt. Wenn die Teilnehmer (Sender und Empfänger) ein und derselben Gruppe angehören, wird die Übertragung von „Wissen-wie" nicht als Problem empfunden, es sei denn, unbeabsichtigte negative Erscheinungen (z.B. ökologische Schäden) wären damit verbunden.

Ja geradezu die gesamte Gemeinschaft ist darauf angelegt, daß „Savoirfaire" übertragen wird. Das Bildungs- und Ausbildungssystem dient einzig diesem Ziel. Eine Gesellschaft, die diesen Lernprozeß unterbinden würde, träte den Rückschritt in Richtung des Urmenschen an.

Gehören die Teilnehmer eines Technologietransfers zwei unterschiedlichen Gruppen an, so tauchen eine Fülle anders gearteter Probleme auf. Von diesen Schwierigkeiten wollen wir das Wesentliche, was in der Regel übersehen bzw. nicht beachtet wird, herausgreifen: das Behindern bzw. das Verhindern des Transfers.

Ägypten, China, Indien und die Arabische Welt waren große Träger des Wissens und des „Wissens-wie" in der Vergangenheit. Inwieweit diese Kulturen versucht haben, die anderen Kulturkreise bewußt von ihren Innovationen fernzuhalten ist mir nicht bekannt. Vermutungen hierüber wären angebracht, zumal Kasten bzw. Priesterschaften Erfinder und Hüter des Wissens waren.

Während und nach der industriellen Revolution wissen wir aber mit Sicherheit, daß England versucht hat, die europäischen Länder daran zu hindern, sich seine Technologien anzueignen. Als Deutschland vor allem im Bereich der Großchemie führend war, traf es auch Vorkehrungen, den Wissenstransfer zu unterbinden. Das Gesetz McMahon der USA verbietet den Export von nuklearem Know-how und nuklearen Anlagen[3].

Warum versuchen einzelne Gruppen, einander das Know-how vorzuenthalten?

In einer Konkurrenzsituation verschafft Know-how einen Vorsprung, mit dem Vorteile verschiedenster Art verbunden sind. Waffentechnologie sichert politische Dominanz. Wirtschaftlich nutzbares Wissen kann in Geld umgewandelt werden, sei es direkt (z.B. über Nutzungsrechte) oder indirekt über gewinnbringende Produktion und Verkauf von Gütern.

---

[3] *Rosenberg*, N.: Les transferts internationaux de technologie: le passé et le présent, in: OECD, Les enjeux des Transferts de Technologie Nord/Sud, études analytiques, Paris 1982, S. 28 - 59.

Medizinmänner in Afrika hüten bis zu ihrem Tode ihr „Kräuterwissen". Sie leben davon, und sie verhalten sich nicht anders als die großen Chemiekonzerne, um nur sie als Beispiel für die moderne Industrie anzuführen.

Es werden Walonen den Flamen, Protestanten den Katholiken, Europäer den Afrikanern ihr Know-how nicht ohne weiteres zur Verfügung stellen. Dies sind heterogene und konkurrierende Gruppen. Sogar innerhalb jeder Leistungsgesellschaft bis hin zur individuellen Ebene ist dieses Verhalten bei gleichen Bedingungen identisch: vorenthalten des Know-hows aus Konkurrenz- oder Sicherheitsgründen. Wie können wir Technologietransfer ermöglichen bzw. sichern?

D. Auswirkungen des Technologietransportes

Schon allein der Transport von Know-how von einem Ort zum anderen löst positive Wirkungen aus. Dazu werden die Belege aus zwei Untersuchungen angeführt:

Biato, Guimaraes und Poppe de Figueiredo haben 1971 die 500 größten brasilianischen Industriebetriebe auf den Ursprung ihrer Technologie hin untersucht. 62% der 500 untersuchten Firmen beziehen ihr Know-how von außen, ⅔ davon in der ursprünglichen Form, ohne jegliche Modifikation[4].

Die Untersuchung einer ähnlichen Fragestellung durch den Verfasser dieses Aufsatzes in Togo hat ergeben, daß alle 39 analysierten Kleinbetriebe ihre Technologien zu 100% importieren[5]. So gibt es in Togo und in den meisten Ländern Afrikas Unternehmen, deren technische und wirtschaftliche Leistung seit 25 Jahren in den Händen von Europäern liegt. Trotz dieses den Technologietransfer behindernden Umstandes gibt es Formen der Knowhow-Übertragung auf den unteren Ebenen. Man muß nicht mehr in allen Bereichen ohne Know-how beginnen.

Der Transport von „Lösungswissen" schafft neue gesellschaftliche Strukturen. Die oben angeführten 310 brasilianischen Unternehmungen (62% von 500) und die 39 untersuchten togoischen Firmen verdanken ihre Existenz in erster Linie dem Transport von Know-how.

Trotz weiterer Vorteile des Transports von Know-how ist diese Form der Wissensübertragung äußerst gefährlich und fortschrittshemmend. Sie verhindert und neutralisiert auf Jahre hinaus die multiplikative Wirkung des Know-how-Transfers, wie wir es hier definiert haben. Französische Firmen,

---

[4] Siehe dazu *Lopes*, J. L.: Transfert de Technologie et rôle de la recherche dans le Tiers-Monde, in: Revue Tiers-Monde, Nr. 78, April/Juni 1979, S. 295 - 303, hier S. 298.

[5] *Agbodan*, M. M.: L'entreprise et le rôle de l'entrepreneur, Forschungsergebnisse im Auftrag der Industrie- und Handelskammer Lomé, März 1985, S. 2f.

die sich in Deutschland mit ihrem Know-how niederlassen und die Deutschen daran hindern, sich das „Wissen-wie" anzueignen, würden die Ausbreitung des Fortschritts für eine gewisse Zeit verlangsamen.

Fortschritt ist eine zusammenhängende Konstruktion in dem Sinne, daß Wissen auf anderen „Wissens-Bausteinen" aufbaut. Sprünge sind kaum denkbar. Die Aneignung von Wissen und von „Wissen-wie" ist eine unabdingbare Zwischenkette zu neuem bzw. effektiverem Wissen.

Wenn wir davon ausgehen, daß Fortschritt als Problemlösung für jede Gesellschaft besser ist als Status quo bzw. Unwissen, dann ist alles, was den Fortschritt blockiert, aufzuheben und zu beseitigen. Von daher liegt es nahe, bei oberflächlicher Verfolgung der Argumentation, den reinen Transport von Technologien zu unterbinden und dafür nur den Transfer von Technologien zu unterstützen.

Nicht der Technologietransport an sich ist die fortschrittshemmende Komponente. Es ist vielmehr die Tatsache, daß die Teilnehmer zwei unterschiedlichen Gesellschaften angehören, die miteinander konkurrieren oder zueinander in Konkurrenz zu stehen glauben. Eine Laissez-faire-Politik ist hier einem weltweiten technologischen Fortschritt nicht dienlich. Jede Gruppe, die einen Vorsprung errungen hat, wird versuchen, ihn den anderen vorzuenthalten, um länger daraus Vorteile ziehen zu können.

Unter welchen Bedingungen kann diese Neigung unterbunden oder abgeschwächt werden? Mit anderen Worten, wie kann es uns gelingen, den Technologietransport zum Technologietransfer werden zu lassen.

E. Bedingungen und Vorteile des Technologietransfers

Eine Technologie verläßt einen Kulturraum nur über drei Hauptwege: die Direktinvestition, die Lizenzvergabe, die Emigration bzw. Rückwanderung von Technologieträgern.

Nach Rosenberg betrugen die Direktinvestitionen Großbritanniens von 1870 bis 1913 4% des Sozialproduktes. Dieser Prozentsatz lag zwischen 1905 und 1913 sogar bei 7%. Die USA, Kanada, Argentinien, Australien, Neu-Seeland und Südafrika waren die Hauptziele dieser Direktinvestitionen[6]. Nicht die Inländer führten die Betriebe im Ausland, sondern die Engländer selbst. In den Entwicklungsländern heute läßt sich dieses Phänomen ebenfalls beobachten.

Direktinvestitionen können Technologietransfer im Sinne von „Beherrschung des Know-how durch die Empfänger" nur induzieren, wenn sie im

---

[6] *Rosenberg*, N.: Les transferts internationaux de technologie, S. 40.

Rahmen begleitender Maßnahmen erfolgen. Welches sind nun diese Maßnahmen?

Zum ersten muß der Sender – der Technologieträger – entschädigt und wenn nötig geschützt werden. Nicht (nur) aus Nächstenliebe werden Direktinvestitionen vorgenommen. Aus der Literatur über Direktinvestitionen sind eine Reihe von Schutz- und Entschädigungsvorschriften bekannt: Doppelbesteuerungsabkommen, Staatsgarantien gegen Nationalisierung, Reexportverbot der produzierten Güter usw.

Diese Garantien genügen allein nicht, um den Know-how-Transfer zu sichern. Ausländische Betriebe existieren seit mindestens einem Vierteljahrhundert in Afrika[7]. Dort wo keine zusätzlichen Vorkehrungen getroffen werden, sind nach wie vor die Ausländer die Technologieträger. Ihr Rückzug würde die Existenz dieser Betriebe in Frage stellen.

Kurzfristig und einzelwirtschaftlich gesehen ist es für Deutsche nicht evident, warum togoische Techniker bei gleicher Qualifikation deutsches Fachpersonal in einem deutschen Unternehmen in Togo ersetzen sollen. Die Vorteilhaftigkeit liegt nicht auf der Hand. Der Ersatz wäre deshalb kein zu erwartendes Gruppenverhalten. Es ist ferner zu berücksichtigen, daß das Personal aus den Industrieländern, welches in der Dritten Welt arbeitet, mindestens das Anderthalbfache dessen verdient, was es im Heimatland an Gehalt beziehen würde. Zusätzlich beträgt der sogenannte Heimaturlaub in der Regel zwei Monate und jeder Europäer in Afrika hat das Recht Hauspersonal anzustellen[8]. Es wird deutlich, daß auch von seiten des Personals kein Grund zur Veränderung des Status quo besteht.

Gesellschaftliche Umstrukturierungen, die mit Unsicherheit behaftet sind und zugleich bestehende Vorteile aufheben bzw. gefährden, können nur durch äußere Umstände erfolgen.

Somit müssen die Staaten Verträge mit Direktinvestoren schließen mit dem Inhalt, daß innerhalb einer zu bestimmenden Frist die zu beschäftigenden Inländer die Technologieträger der Firma werden. Dies impliziert, daß bei der Auswahl des Personals Qualifikation und Wissensstand zu beachten sind. Der ungeschulten Landbevölkerung kann nicht innerhalb von vier Jahren ingenieurwissenschaftliche Technologie angeeignet werden.

Diese Überlegungen gelten ebenfalls für die Lizenzvergabe. Das Patentrecht, wie es aus der Darlegung von Bergner hervorgeht, zeigt, daß die gesamte Aufmerksamkeit darauf gerichtet ist, die Rechte des Patentmelders zu schützen, um seine wirtschaftlichen Vorteile zu wahren[9].

---

[7] Seit Anfang der sechziger Jahre, der Ära der Unabhängigkeit.
[8] *Hoeltgen, D.*: Les salaires des Africains, in: Journal de L'Economie Africaine, Nr. 73, Nov. 1985, S. 42 - 54, siehe besonders S. 45, siehe auch die Nr. 74 derselben Zeitschrift.

Das Haupthindernis der Lizenzvergabe in Entwicklungsländern ist der niedrige Wissensstand. Dieses Handikap ist um so größer, je rückständiger ein Land ist. Zur Veranschaulichung wollen wir folgendes systemanalytisches Bild betrachten.

Das technische Niveau (TN) hängt ab

- vom Bildungs- und Ausbildungsstand des Landes (BAB)
- von den bereits realisierten Innovationen
- vom Technologietransfer (TT) (Beherrschung des technischen Wissens aus dem Ausland).

Obwohl noch sehr lückenhaft, ist die erste Determinante – BAB – die einzige, die in Afrika ein relativ hohes Niveau aufweist. Von der Primärschule bis zur Universität sind alle Disziplinen vertreten. Dagegen ist das Niveau der realisierten Innovationen äußerst gering.

Vom 20. bis zum 31. August 1979 hat in Wien die Konferenz der Vereinten Nationen für Forschung und Entwicklung stattgefunden. Seit dieser Zeit ist bekannt, daß die gesamte Dritte Welt nur etwa 3% der weltweit für Forschung und Entwicklung aufgewendeten Summe aufbringt. Hieran ist der Anteil Afrikas unbedeutend[10].

Geht man davon aus, daß Forschung und Entwicklung ohne Finanzmittel heute kaum denkbar sind, so wird sichtbar, wie gering der Beitrag Afrikas bei der Durchsetzung von Innovationen sein muß[11]. Die Zielsetzung, den Anteil der Dritten Welt an den Ausgaben für Forschung und Entwicklung von 3% auf 20% bis 25% anzuheben, wird bis zum Jahr 2000 ein Wunschtraum bleiben[12].

Da die Lizenzvergabe vom technischen Niveau (TN) abhängt (s. Abb. 1) und dieses Niveau gering ist, wird die Eigendynamik des gesamten Prozesses erst einsetzen, wenn das technische Niveau (TN) durch Joint Ventures angehoben werden kann.

Träger technischen Know-hows müssen in die Dritte Welt entsandt werden. Deren Aufgabe muß es sein, den Inländern die Beherrschung des technischen Wissens zu ermöglichen und Forschungs- und Entwicklungsaktivitäten in der Dritten Welt einzuleiten bzw. zu intensivieren.

---

[9] *Bergner*, H.: Patentrecht, S. 209 dieser Festschrift.
[10] *Gottstein*, K.: Science and Technology for the Third World, in: Economics, Vol. 21, Tübingen 1980, S. 136 - 151, hier S. 136.
[11] *v. Kortzfleisch*, G.: Mikroökonomische Quantifizierung technischer Fortschritte, Uni-Press Mannheim, 1970, siehe S. 44 zur zusammenhängenden Darstellung verschiedener Determinanten von Forschung und Entwicklung.
[12] *Gottsein*, K.: Science and Technology for the Third World, S. 146.

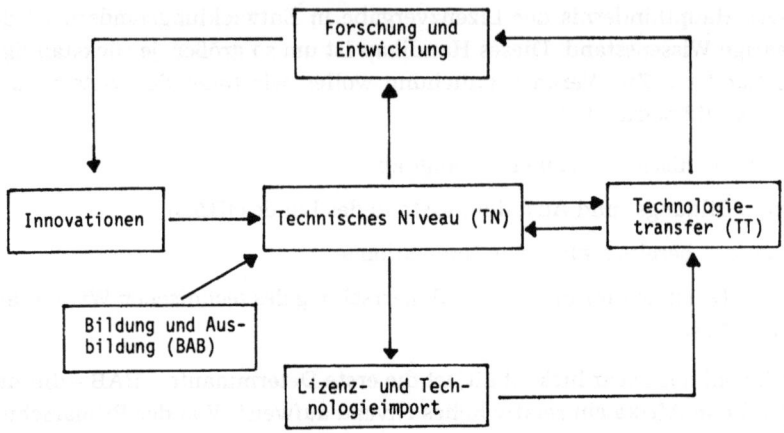

Abb. 1. Feedback-Loops des Technologietransfers

Ein afrikanischer Bauernsohn müßte 10 Jahre nach Abschluß eines Universitätsstudiums ein erfahrener Maschinenbauer, ein Bauingenieur etc. werden können. Die Aneignung von Know-how bzw. von Wissen durch „Versuch und Irrtum" dauert länger als mit Hilfe des Transfers. Die nachfolgende Abbildung soll diese Aussage veranschaulichen.

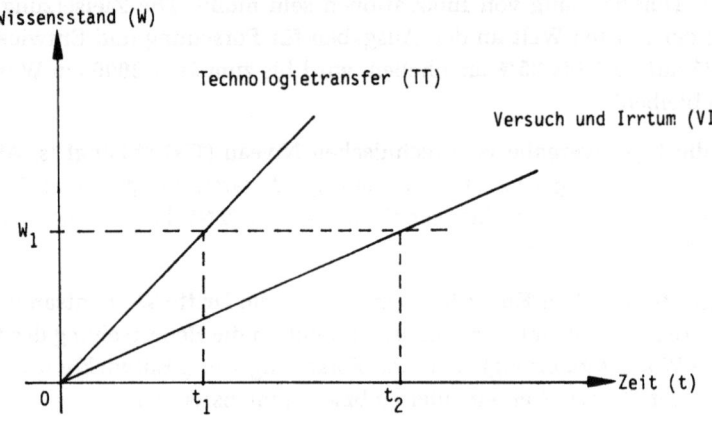

Abb. 2. Zwei Verläufe der Wissensakkumulation

Die Zielsetzung jedes Übertragungssystems von Wissen und Know-how besteht darin t, d.h. t2 - t1 zu minimieren bzw. VI in Richtung TT zu bewegen.

Wir können mit Gewißheit behaupten, daß unser afrikanischer Bauernsohn nie ein Maschinenbauer werden kann, sollte er allein auf sich gestellt, das gesamte dafür notwendige Wissen durch individuellen „Versuch und Irrtum" erarbeiten müssen. Besäße er die geistige Fähigkeit hierzu, so würde ihm die Zeit $t2$ fehlen, die dazu notwendig wäre. $t2$ ist nämlich der Zeitraum, den Generationen vor uns benötigt haben, um den Wissensstand $W1$ zu erreichen.

Ohne Wissens- und Know-how-Übertragung würde jedes gesellschaftliche System zusammenbrechen bzw. sich im Kreise drehen: „Un peuple qui oublie son histoire tourne en rond." Forschung und Entwicklung und damit auch Innovation im heutigen Tempo sind ohne den historischen Background an Wissen und Know-how undenkbar.

Vom verfügbaren Know-how der Welt aus gesehen ist die Entwicklung noch nie so leicht gewesen wie heute. Der Transfer von Know-how macht es möglich, ein unterentwickeltes Land innerhalb von wenigen Jahrzehnten zu entwickeln. In diesem Sinne stellt Südkorea das neueste Paradigma dar.

Die Auswirkungen des Technologietransfers bleiben nicht auf den wirtschaftlichen Sektor beschränkt. Sie erfassen das gesamte soziokulturelle System. Die moderne Anthropologie scheint dies erkannt zu haben[13].

In der Regel ist die Innovation das Werk einzelner Individuen, die das gewohnte Verhalten der Gruppe verlassen und „Neues" ausprobieren. Hier muß notgedrungen die Phase „Versuch und Irrtum" berücksichtigt werden bis Erfolge eintreten. Im Gegensatz dazu ist der Technologietransfer von Anbeginn an ein gesellschaftliches Phänomen. Jedes Unternehmen ist damit konfrontiert. Modernste Betriebe werden in der Nähe primitivster Dörfer errichtet. Nicht der Einzelne initiiert und trägt die Veränderung, sondern das gesamte System „Unternehmung". Der Erfolg ist offenbar garantiert. Die neuen Technologien haben die Probe bereits früher an einem anderen Ort in der westlichen Welt bestanden!

F. Unternehmen und Effizienz von Know-how-Übertragungen

In der modernen Industriegesellschaft ist also das Unternehmen Initiator und Träger des Technologietransfers. Innerbetrieblich wird die Übertragung und Anwendung von gebrauchsfertigem Wissen ermöglicht und gefördert. Mit Recht werden daher internationale Gesellschaften aufgefordert, in der Dritten Welt zu investieren, um den Transfer von Technologie zu för-

---

[13] *Bernard,* R. / *Pelto,* P.: Le choc technologique, Paris 1975, S. 13; das ist eine Übersetzung des amerikanischen Titels: Technology and social change.

dern. Der Trugschluß besteht jedoch darin – wie wir gesehen haben –, homogene Milieubedingungen dort zu postulieren, wo sie gänzlich fehlen.

Technische Kooperation zwischen Unternehmen verschiedener Länder ist eher geeignet den Technologietransfer zu fördern. Die spektakulärsten Beispiele stellen die Kooperationsverträge zwischen japanischen und amerikanisch-europäischen Firmen dar. Seit 1983 arbeiten folgende Firmen technisch eng zusammen:

- Burroghs und TEC (Tokyo Electric Company), eine Filiale von Toshiba
- Siemens und Fujitsu
- Hitachi und Olivetti
- BASF und Hitachi.

Das Hauptinteresse gilt jeweils der gegenseitigen Befruchtung auf technischem Gebiet[14]. So betreiben z.B. Bull-ICL und Siemens ein gemeinsames Forschungszentrum[15].

Weiterhin ist wichtig, daß Know-how-Übertragung erst effizient ist, wenn sie Anwendung findet. Unternehmen sind wiederum das geeignete Feld hierfür. Wenn die Aufgabe eines Brauingenieurs darin besteht, Bierflaschen zu reinigen, liegt sein brautechnisches Wissen brach[16]. Es wird also deutlich, daß die Unternehmen dem Know-how-Transfer und seiner Effizienz vor- und nachgelagert sind.

G. Schlußbetrachtungen

Problemlösungswissen verändert unsere Lebensbedingungen nachhaltig. Auch der gesellschaftliche Strukturwandel beruht hierauf.

Wir kennen nur zwei Wege, Wissen bzw. gebrauchsfertiges Wissen zu erlangen: durch Versuch und Irrtum oder durch Übernahme. Das meiste, was dem Menschen bekannt ist, besteht aus Übertragungswissen. Die Zeitspanne eines individuellen Menschenlebens reicht nicht aus, um die Menschheitsgeschichte im Alleingang zu wiederholen.

Forschung und Entwicklung haben nur Sinn, weil wir mit Berechtigung davon ausgehen, daß noch nicht alle Zusammenhänge entdeckt und bekannt sind. Wäre diese Hypothese falsch, müßten sämtliche F + E-Aktivitäten eingestellt werden. Die Menschheit sucht nicht nach dem, was sichtbar ist. Ent-

---

[14] *Creton,* L.: Stratégie et maîtrise du transfert technologique, in: Revue Française de Geston, Nr. 49, Nov. - Dez. 1984, S. 27 - 38, hier S. 28.

[15] Ebenda, S. 29.

[16] Fälle dieser Art sind uns aus verschiedenen Unternehmen bekannt.

wicklungsländer müssen hier ansetzen. Es mangelt in der Welt nicht an gebrauchsfertigem Wissen, das Entwicklungsländer zur Veränderung ihrer rückständigen Strukturen benötigen. Vielmehr fehlen die Bedingungen zur Anwendung solchen Wissens. Diese Aufnahmefähigkeit zu schaffen, ist eine Aufgabe, die man den Entwicklungsländern erleichtern, aber nicht abnehmen kann[17].

---

[17] Das Industrieseminar I der Universität Mannheim gehört sicherlich zu den fruchtbarsten deutschen Lehr- und Forschungsinstituten, bezüglich der Wissensübertragung zugunsten von Drittländern. An diesem Institut haben verschiedene Kollegen aus Japan, Südkorea, aus der Türkei, aus Mali, Kamerun und Togo promoviert bzw. sich habilitiert, neben den unzähligen Diplomanden. Dem Institutsleiter Gert von Kortzfleisch gebührt für diesen besonderen Einsatz Dank und Ehre.

Das System des deutschen Findungsschutzes

Von *Heinz Bergner*

Teil 1

Innovationen und neues Wissen

A. Begriffliches zum Terminus Innovation. Kritische Anmerkungen

Zu Recht wird behauptet, daß ein Land wie die Bundesrepublik Deutschland (mit Berlin West), einerseits mit zu wenig eigenen natürlichen Ausgangsstoffen begabt, andererseits hoch industrialisiert, auf ständige Innovationen angewiesen ist, um seine Wirtschaft zu erhalten und möglichst noch fortzuentwickeln. Innovation (von lat. innovatio) bedeutet wörtlich Erneuerung, Veränderung. Von dieser Erneuerung wird angenommen, daß sie letztlich wirtschaftliche Fortschritte bringe. In der freien Marktwirtschaft wird jener Erneuerung die größte Bedeutung zugemessen, die in den einzelwirtschaftlichen *Unternehmungen* stattfindet.

In den Unternehmungen wird in der Tat ständig Erneuerung betrieben. Sie bezieht sich hier auf alle betriebswirtschaftlich denkbaren Entitäten: auf die betrieblichen Dinge, auf ihre Eigenschaften und auf die Beziehungen, mit denen die Dinge untereinander verbunden sind. Konkret richten sich die Erneuerungsbemühungen etwa auf die in den Unternehmungen tätigen Menschen, um sie beruflich weiter- und fortzubilden; auf die Betriebsmittel (Grundstücke, technische Anlagen und Maschinen usw.), um ihre quantitative und/oder qualitative Kapazität günstig zu verändern; auf die Rationalisierung der Werkstoffe; auf die Bessergestaltung der betrieblichen Organisation (im Sinn der Struktur von Aufgaben, Aufgabenträgern und zugehörigen Sachmitteln und/oder im Sinn verhaltens- oder entscheidungstheoretischer Ansätze usw.); auf die Erneuerung des Produktionsprogramms und der zum Absatz bestimmten Produkte.

I. Typische Annahmen zum Innovationsbegriff

Beim Gebrauch des Wortes Innovation treten zwei bemerkenswerte Umstände in Erscheinung. Der eine ist, daß offenbar wie selbstverständlich unterstellt wird, die Innovation sei von ganz neuem Wissen abhängig, das erst erworben werden müsse, um Innovation bewirken zu können. Die Phase, in der neues Wissen geschaffen wird, wird *Invention* genannt. Invention (von lat. inventio) meint das Auffinden, Erfindung. Verkürzt lautet also die Meinung, eine Innovation sei eine Neuerung, *die auf einer (neuen) Erfindung* beruhe.

Als zweiter Umstand verdient Beachtung, daß die Bezeichnung Innovation auf einen wesentlich enger begrenzten Bereich von Dingen, Dingeigenschaften und Dingbeziehungen angewendet wird, als er oben beispielhaft genannt worden ist. Man bringt Innovation in erster Linie mit (körperlichen) *Produkten* und (technischen) *Verfahren* in Beziehung. Damit im Zusammenhang steht, daß gewöhnlich die *technische* Erneuerung dieser Objekte gemeint ist. Eine Innovation nach diesem Sprachgebrauch liegt also dann vor, wenn technisch neue Wege begangen werden, die es ermöglichen, daß ein Produktionsmittel, ein Produktionsverfahren oder ein zum Absatz bestimmtes (körperliches) Produkt seine Zwecke besser erfüllt als zuvor (und infolgedessen womöglich auch wirtschaftlich einen Fortschritt bringt).

Die beiden hier hervorgehobenen, mit Innovation assoziierten Annahmen treffen gewiß häufig zu. Man kann auch anders argumentieren und sagen, daß es bei der wissenschaftlichen Freiheit von Definitionen zulässig ist, den Terminus Innovation wie beschrieben begrifflich einzugrenzen.

Dieses Vorgehen darf jedoch nicht den Blick für viele andere erfolgreiche unternehmerische Anstrengungen um Neuerungen verstellen, die für die Erhaltung und Förderung der gesamtwirtschaftlichen Kraft ebenfalls von großer Bedeutung sind.

II. Erneuerungen ohne neues Wissen und Nichterneuerungen als vorkommende unternehmerische Aufgaben

Was zunächst die Meinung anbelangt, Erneuerungen müßten stets auf ganz neu erworbenem Wissen – neuen Erfindungen – beruhen, so soll wenigstens daran erinnert werden, daß sowohl die Erhaltung und Vermehrung der gesamtwirtschaftlichen Kraft wie auch die Rentabilität vieler Unternehmungen keineswegs allein von so zustandegekommenen Neuerungen abhängen. So können Unternehmungen bemerkenswerte positive Erfolge erzielen, indem sie mit durchaus bekannten, aber bisher außer acht gelassenen betriebswirtschaftlichen Mitteln und Methoden ihre *Kostenwirtschaftlichkeit* erhöhen und dadurch den Abstand zwischen Kosten und Erlösen vergrößern. Was ferner Erneuerungen technischer *Verfahren, Produkte* oder ganzer *Produktionsprogramme* betrifft, so ist zu beobachten, daß nicht wenige Unternehmungen eine – in bestimmten Fällen sogar besonders hohe – Rentabilität mit einer Unternehmungspolitik erreichen, bei der längst erfundene und bekannte, zwischenzeitlich aber weitgehend vom Markt verschwundene – also eigentlich „entfundene" – Erzeugnisse im Produktionsprogramm neu aufgenommen oder wenigstens verstärkt herausgestellt werden; dabei wird oder muß oft auch auf die alten technischen Verfahren zurückgegriffen werden. So haben heute Korbwaren aller Art, vor Jahren durch entsprechende Kunststoffprodukte verdrängt, erheblichen Absatz zurückgewonnen; ein Frankfurter Unternehmen (Sinn) fertigt wieder mit großem Erfolg mechanische, mit Federwerken versehene Taschen-, Flieger- und Taucheruhren; nach einer Erfindung von 1830, die erstmals das Biegen von Holz erlaubte, werden von einer Frankenberger Unternehmung (Thonet) in großer Zahl Möbel in Bugholz-Technik – insbesondere der weltbekannte Wiener Kaffeehausstuhl Nr. 14 – hergestellt. Die Beispiele ließen sich vielfach vermehren.

In diesem Zusammenhang muß auch beachtet werden, daß es für viele Unternehmungen darauf ankommt, Produktionsprogramm, Produkte und/ oder technische Produktionsverfahren *in keiner Weise zu verändern*; sie erneuern also gar nicht, weder ohne noch mit neuem Wissen. Das ist der Fall, wenn ihre Erzeugnisse z.B. aus technischen oder Nachfragegründen Neuerungen überhaupt nicht zugänglich sind. Um ihren Erfolg zu sichern, müssen sie ihre Produkte gerade möglichst unverändert weiterfertigen.

Aus alledem folgt, daß auch in einem hoch industrialisierten Land nicht nur Erneuerungen und ferner, soweit es sich um Neuerungen handelt, nicht nur die auf absolut neuem Wissen beruhenden Neuerungen Aufmerksamkeit verdienen.

III. Die Notwendigkeit des Einbezugs von Innovationen und neuem Wissen außertechnischer Art

Wie oben zweitens erwähnt, wird Innovation hauptsächlich technisch gesehen und auf die Erneuerung körperlicher Produkte und technischer Verfahren bezogen. Darin liegt eine bedauerliche Einseitigkeit. Es wird im Lande ständig und in großer Menge auch neues Wissen *ganz anderer Art* und für *andere Erzeugnisse* hervorgebracht. Dieses Wissen manifestiert sich z.B. in neuen Schöpfungen auf den Gebieten der Literatur, Wissenschaft und Kunst, künstlerischen Gestaltungen der Oberfläche und Form von Erzeugnissen, Hervorbringungen von Bild-, Wort- oder Bild/Wortzeichen zur besonderen Kennzeichnung von Waren und anderem mehr.

Die damit erzielten Innovationen sind für die Wirtschaft als Ganze und einzelne ihrer Zweige von sehr großer Bedeutung. So bringen heute Verlagsbuchhandel und Verleger jährlich etwa 70 000 *Buchtitel* auf den Markt, von denen jeweils der sehr große Anteil von 80 % erstmals erscheint, also auf neuem Wissen beruht. Noch höher ist der innovative Anteil zwangsläufig bei *Zeitungen* und *Zeitschriften;* er wird zur Zeit bei Zeitungen täglich in fast

30 Millionen Exemplaren und bei Zeitschriften je Erscheinungstag in 260 Millionen Exemplaren ausgebreitet. Höchsten Neuheitsgrad haben viele *Programme für die Datenverarbeitung;* dabei ist die Zahl der durch Computerfirmen, Betriebsberater, unternehmenseigene Datenverarbeitungsfachleute usw. stetig erstellten Programme nicht annähernd abschätzbar. Auf neuem literarischem Wissen gründet jährlich auch ein Teil der Spielpläne der von der öffentlichen Hand unterhaltenen 85 *Kulturtheater* mit 225 Spielstätten und der weiteren rund 80 *Privattheater,* ein großer Teil der Hörfunk- und Fernsehfunkprogramme der *Rundfunkanstalten* sowie der Produktion der *Filmindustrie* (die letzte mit 22 000 ständigen Filmschaffenden). Das neue Wissen in der *Musik* wird in den Ländern der Europäischen Gemeinschaft zur Zeit jährlich auf etwa 400 Millionen Schallplatten und Musikkassetten dargestellt; dabei hängen in Europa mehr als 400 000 Arbeitsplätze von der Musikwirtschaft ab. In der Bauwirtschaft beruht bei den in der Mehrzahl individuellen Gestaltungsanforderungen ein entsprechend großer Teil der *Bauwerke* auf neuen Formideen. Unübersehbar ist die Zahl der in der deutschen Wirtschaft täglich erstellten *Zeichnungen, Pläne, Karten, Skizzen, Tabellen* usw., die neue Gedanken zum Ausgangspunkt haben. In der Bundesrepublik Deutschland bringen allein 1000 festangestellte und als solche bezeichnete *Designer* täglich neues Wissen bei der schönen Gestaltung von Erzeugnissen hervor. Die neuen Ideen der deutschen Unternehmungen zur *Kennzeichnung von Waren* manifestieren sich zur Zeit in einem Bestand von einer Million eingetragener Zeichen und in ebenso vielen vorliegenden Anmeldungen.

Erst wenn man die Fülle des soeben angedeuteten neuen Wissens berücksichtigt und sie gedanklich noch durch das neue Wissen technischer Art bei körperlichen Produkten und technischen Verfahren ergänzt, wird ein zutreffender Eindruck von den ständig in der Wirtschaft wirklich stattfindenden Innovationen erzeugt. Es ist zweckmäßig, für jedes hier in Betracht kommende neue Wissen, gleich welcher Art und welchen Ursprungs, einen knappen, handhabbaren Namen zu verwenden. Wenn man so vorgeht, wird es möglich, einen gemeinsamen Überbau für alles derartige neue Wissen zu konstruieren. Als gemeinsamer Name scheint sich die Bezeichnung *Findung* zu eignen. Der Hauptteil der vorliegenden Abhandlung bezieht sich, wie im Thema ausgewiesen, auf das deutsche – genau: auf das in der Bundesrepublik Deutschland (einschließlich Berlin West) bestehende – System zum Schutz von Findungen in diesem Sinn.

B. Die geistigen Findungen vom Standpunkt der Wirtschaftswissenschaften

I. Die Findungen als Dienstleistungen

Alle Findungen – technische Erfindungen, Schöpfungen auf den Gebieten der Unterhaltungs-, Sach- und wissenschaftlichen Literatur, Kompositionen neuer Musikstücke, Erschaffungen von Werken der Tanzkunst und der bildenden Künste usw. – sind immaterielle Leistungen. Damit gehören sie zunächst zu den wirtschaftlichen Immaterial- oder Nichtsachgütern. Diese Nichtsachgüter nennen wir auch *Dienstleistungen;* wir stellen sie den Sachgütern (Grundstücken, Bauten, technischen Anlagen und Maschinen, Roh-, Hilfs- und Betriebsstoffen, unfertigen und fertigen Erzeugnissen usw.) gegenüber.

Wir erkennen weiter, daß Dienstleistungen entweder von einzelnen Personen oder von Unternehmungen erbracht werden können. Dienstleistungen einzelner Personen sind z.B. die Leistungen der in den Unternehmungen tätigen Menschen oder die Dienste selbständiger Notare, Rechtsanwälte und Steuerberater; Dienstleistungen von Unternehmungen treten in Form von Leistungen z.B. industrieller Veredelungsbetriebe, Handelsunternehmungen, Banken, Wirtschaftsprüfungsgesellschaften auf. Die hier in Betracht stehenden Findungen sind – bis auf wenige Ausnahmen – *Dienstleistungen einzelner Personen* (Erfinder, Urheber).

Ferner können Dienstleistungen danach unterschieden werden, ob sie physischer oder geistiger Natur sind. Physische Dienstleistungen werden z.B. von körperlich arbeitenden Personen in den Unternehmungen erbracht. Auch ganze Unternehmungen sind als solche zu physischen Dienstleistungen fähig wie die Verkehrsbetriebe im Vollzug ihrer Beförderungsaufgaben. Geistige Dienstleistungen sind z.B. die dispositiven Leistungen der selbständigen und der angestellten Unternehmer sowie der leitenden und nichtleitenden Unternehmensangestellten. Die Leistungen in Gestalt von Findungen sind ebenfalls *geistige Dienstleistungen*. Oft ist mit der geistigen Leistung ein bestimmtes Maß an schöpferischer Kraft verbunden, mittels derer der geistig Arbeitende etwas Bedeutendes hervorbringt, etwas erschafft. Das ist besonders bei den Personen der Fall, die Findungen hervorbringen. Je nach dem Gebiet, auf dem ihre Findungen entstehen, ist das Maß an eingesetzter schöpferischer Kraft größer oder geringer. Am größten ist es bei Urhebern von Literatur, Musik, Tanzkunst und bildender Kunst; ihre Findungen werden daher geradezu als persönliche geistige Schöpfungen bezeichnet. Geringere Schöpferkraft wird bei technischen Erfindungen angenommen. Am geringsten erscheint sie z.B. bei Findungen, die die Kennzeichnung von Waren betreffen.

II. Das Findungsrecht als Recht des geistigen Eigentums

Das System des Findungsschutzes, das hier dargestellt wird, enthält für die geistigen Findungen jeweils auf ihre Art besonders zugeschnittene Schutzbestimmungen. In den Rechtswissenschaften wird dieses System als Immaterialgüterrecht bezeichnet. Seine einzelnen Rechtsbereiche sollen gewährleisten, daß die Benutzung und/oder Verwertung von Findungen in der Regel für eine gewisse Zeit allein denjenigen vorbehalten ist, die sie hervorgebracht haben. Das wird durch Verleihung bestimmter positiver Rechte oder Befugnisse, teilweise zusätzlich auch von negativen Verbietungsrechten, an die Berechtigten bewirkt. Mit diesen Rechten erhalten die geistigen Leistungen einen ähnlichen Schutz wie die Sachgüter durch das bürgerlich-rechtliche Eigentumsrecht. Folgerichtig ist daher für wichtige Immaterialgüterrechte durch höchstrichterliche Rechtsprechung anerkannt, daß die Befugnisse des Hervorbringers der geistigen Erfindung als „Eigentum" im Sinn des Artikels 14 Grundgesetz anzusehen und seinem Schutzbereich zu unterstellen sind; die grundgesetzliche Eigentumsgarantie erstreckt sich also auch auf die hier in Betracht kommenden geistigen Leistungen[1].

Vom Standpunkt der Wirtschaftswissenschaften wird durch das Immaterialgüterrecht die Grundlage dafür geschaffen, daß mit geistigen Findungen überhaupt gewirtschaftet werden kann; denn jedes Wirtschaften in der modernen Gesellschaft beruht auf der heute nicht mehr ausdrücklich ausgesprochenen Voraussetzung, daß die Tauschpartner über die Güter eine wirksame Verfügungsgewalt besitzen. Wirksam ist sie dann, wenn sie einen Wirtschaftsteilnehmer sowohl in den Stand versetzt, ein Gut selbst zu gebrauchen wie auch, es im Wirtschaftsverkehr zu tauschen.

Wenn man den Tatsachen entsprechend zwei grundsätzlich verschiedene Arten von Verfügungsgewalten berücksichtigt: die *tatsächliche, natürliche* oder *physische* Verfügungsgewalt über ein Gut einerseits, die *rechtliche* andererseits, so war vordem – etwa in Frühzeiten der Menschheit – die physische Gewalt ebenso unentbehrlich wie ausreichend, denn der Gebrauch des Gutes ist ursprünglich ein im weitesten Sinn physischer Akt. Das Zusammenleben der Menschen in Gemeinschaften bringt es nun aber mit sich, daß die natürlichen Verfügungsgewalten über Güter von der Rechtsordnung gesichert werden müssen, um Übergriffe gegen sie auszuschalten. So wurde vor allem das Eigentumsrecht an Sachen gebildet. Ein Wirtschaften in Gesellschaften ist ohne ein solches Recht schlechterdings nicht denkbar. Zwar bildet auch heute für viele Wirtschaftsakte die *physische* Gewalt über ein Gut eine unentbehrliche Voraussetzung; man kann auf sie keinesfalls verzichten, wenn das Gut unmittelbar zur Bedürfnisbefriedigung ein-

---

[1] Vgl. z.B. folgende Entscheidungen des Bundesverfassungsgerichts: 31, 229, 238, 275, 276, 291, 764, 765.

gesetzt werden soll, und auch nicht wenige Formen des Tauschverkehrs erfordern sie. Andererseits ist die *rechtliche* Verfügungsgewalt allein in allen Fällen zum Wirtschaften wichtig, wo ein Tauschobjekt den Marktteilnehmer körperlich nicht mehr unbedingt berühren muß. Aber stets auch dann, wenn es der physischen Gewalt bedarf, können die Wirtschaftsakte nur ordnungsmäßig und mit voller ökonomischer Wirkung vollzogen werden, wenn ein bisher Eigentumsberechtigter seinem Partner das einwandfreie Eigentum an dem Gut verschaffen kann. Das Eigentumsrecht ist aber auch für bloße Teilverfügungen wie Miete, Pacht, Lizenzvergabe usw. unerläßlich, und sie können nur auf seinem Grunde mit vollem wirtschaftlichen Effekt vergeben werden. Diese Teilrechte, dem Umstand entsprungen, daß nicht zu allen wirtschaftlichen Zwecken die rechtliche Gewalt so umfassend sein muß wie beim Eigentum, bleiben dennoch von diesem als ihrer Wurzel abhängig.

Diese hier zuletzt hauptsächlich an Sacheigentum orientierte Erörterung trifft in vollem Umfang auch für das „geistige Eigentum" zu. Beide unterscheiden sich, abgesehen von der jeweils rechtsdogmatisch unterschiedlichen Ausgestaltung, allerdings in zwei wesentlichen Punkten. Erstens sind die Immaterialgüterrechte, anders als das Eigentumsrecht an Sachen, gewöhnlich *zeitlich begrenzt;* nach Ablauf der jeweiligen Schutzdauer sind die geistigen Leistungen frei. Zweitens besteht bei den Immaterialgüterrechten der – gelegentlich durchbrochene – Grundsatz, daß sich die Verwertungsrechte des Rechtsinhabers *verbrauchen,* nachdem der Gegenstand, in dem die geistige Findung verwirklicht worden ist, die Wirtschaftsstufen bei Herstellern durchlaufen hat und erstmals in Verkehr gebracht, d.h. auf den allgemeinen Markt gelangt ist. Daher benötigt z.B. der private Käufer eines Romanbuches oder einer patentierten Küchenmaschine nicht mehr die Erlaubnis des Autors bzw. Erfinders, um den Gegenstand auf irgendeine Weise zu verwerten (das Buch zu lesen bzw. die Küchenmaschine zu benutzen, Buch und Maschine zu verleihen, zu vermieten, weiterzuverkaufen usw.). Infolgedessen entfällt auch jede Entgeltzahlung für eine solche Verwertung. Dagegen beim Sacheigentum wandert das Eigentum bei Verkäufen bis zum völligen Verbrauch des Gegenstandes von Hand zu Hand, und es kann dafür jedesmal der Verkäufer vom Käufer ein Entgelt verlangen.

III. Das Findungsrecht als Bestandteil des institutionellen Rahmens der Wirtschaft

Das Recht zum Schutz geistiger Findungen hat wie anderes gesetzliches Recht, wie Verträge, wie gesellschaftlich anerkannte Traditionen und Konventionen einen großen Einfluß auf die Wirtschaft; für einen bestimmten Ausschnitt des wirtschaftlichen Lebens setzt es Bedingungen, die *zum wirtschaftlichen Handeln berechtigen* oder – in umgekehrter Sichtweise – dieses

Handeln *als Restriktionen* beeinträchtigen. Die Volkswirtschaftslehre ist heute wieder dahin zurückgekehrt, derartige Verfügungs-, Handlungs-, Nutzungs- oder Eigentumsrechte als den *institutionellen Rahmen* des Wirtschaftens in die Theorie einzubeziehen. Dies geschieht unter dem angelsächsischen Schlagwort „Property Rights". Nachdem das Fach die Handlungsrechte in den traditionellen neoklassischen Ansätzen als Datum behandelt hatte, knüpft es nun wieder an die praktisch vergessene deutsche Tradition des Institutionalismus (z.B. v. Böhm-Bawerk, Eucken und Großmann-Doerth) an[2].

Die Betriebswirtschaftslehre mit ihrer Neigung zur Wirklichkeitsnähe hat derartige wirtschaftsprägende Rechte niemals aus dem Auge verloren; einige Rechtsbereiche (z.B. Handelsrecht und Arbeitsrecht) werden seit jeher in Lehre und Forschung sogar äußerst intensiv bearbeitet. Ein gewisses Defizit liegt jedoch schon immer auf dem Gebiet des Findungsrechts. Das gibt Veranlassung, es hier vollständig in einer zusammenhängenden Abhandlung vorzustellen. Dabei wird auf eine möglichst verständliche und außerdem abgekürzte, sich auf Wesentliches beschränkende Darstellung geachtet. So bleiben durchweg zivil- und strafrechtliche Fragen des Gebiets unbehandelt. Im übrigen ist die Breite der Ausführungen unterschiedlich; das sog. Erfinderrecht ist am breitesten angelegt.

IV. Graphische Übersicht über das Findungsrecht

Den Ausführungen möge eine graphische Übersicht über das gesamte Findungsrecht vorangestellt werden (vgl. die Übersicht auf S. 191). Die darin aufgeführten einzelnen Rechtsgebiete werden anschließend in der gleichen Reihenfolge, die in der Übersicht eingehalten ist, behandelt. Jedes der Rechtsgebiete ist ein Recht im *objektiven* Sinn und besteht aus den zugehörigen Rechtsnormen sowie Gewohnheitsrecht (dagegen werden die aus dem Recht im objektiven Sinn ableitbaren einzelnen Rechte und Befugnisse, kraft derer die Berechtigten ihre Leistungen greifbar verwerten und nutzen können, Rechte im *subjektiven* Sinn genannt).

Das Findungsrecht ist im großen in die zwei Bereiche *Urheberrecht* einerseits, *gewerblicher Rechtsschutz* andererseits unterteilt. Darin kommen wichtige Unterschiede beider Bereiche zum Ausdruck. Urheberleistungen sind stark individuell geprägte, persönliche geistige Schöpfungen auf kulturellem Gebiet; sie werden auch ohne Rücksicht auf ihre gewerbliche Verwertbarkeit geschützt. Dagegen erscheinen Individualität und Maß an Schöpferkraft bei Leistungen des gewerblichen Rechtsschutzes geringer bis

---

[2] Eine sehr gute Einführung in die Thematik geben die vielfältigen Beiträge in: Property Rights und ökonomische Theorie, herausgegeben von Alfred *Schüller*, München 1983.

Übersicht über das System des deutschen Findungsschutzes

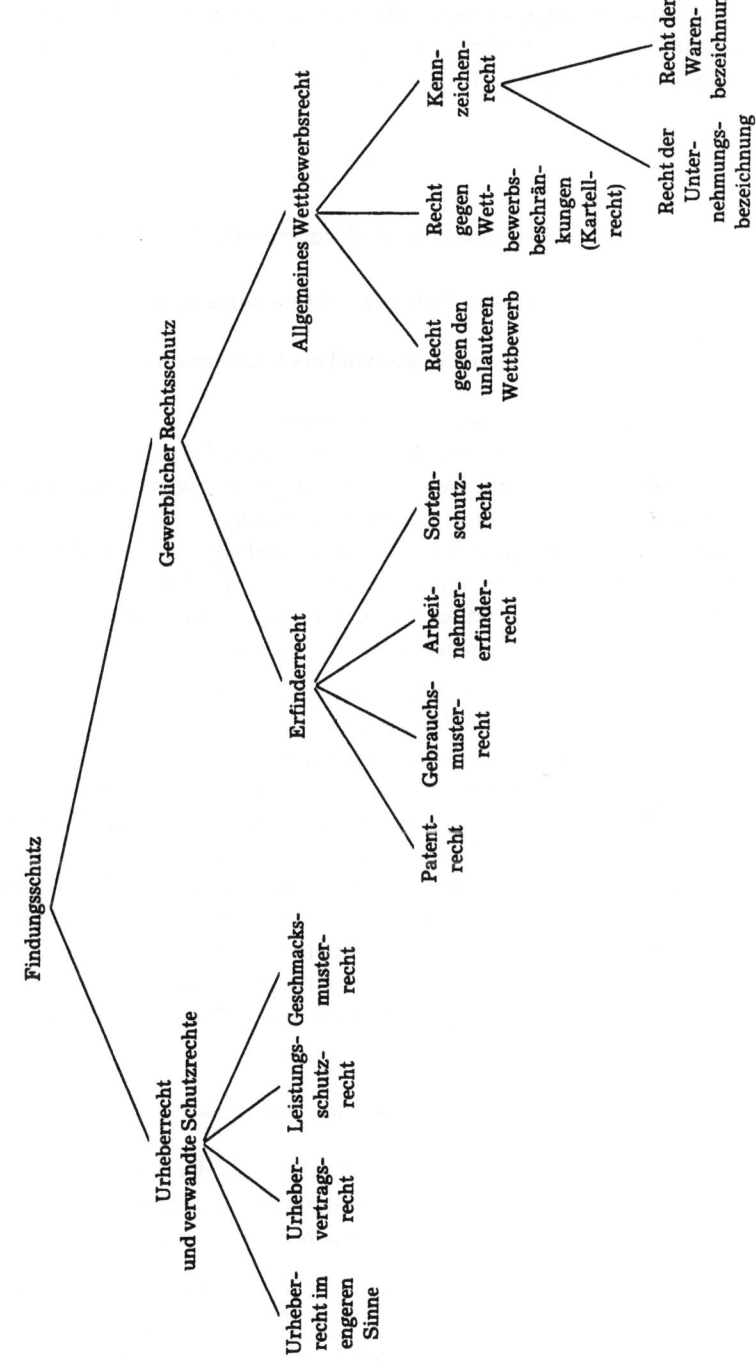

sehr gering; bei diesen Leistungen muß in der Regel auch die gewerbliche Verwertbarkeit gegeben sein, falls sie Schutz erlangen sollen. Endlich müssen die urheberrechtlichen Leistungen überhaupt nicht in irgendeiner Weise brauchbar oder für die Gesellschaft nützlich sein.

Teil 2

Das Urheberrecht und verwandte Schutzrechte

A. Das Urheberrecht im engeren Sinn

I. Der Gegenstand des Urheberrechts

Die geistigen Findungen auf urheberrechtlichem Gebiet werden vom Gesetz Werke genannt (gemäß § 1 UrhG)[3]. Ein Werk im Sinn des Urheberrechts ist eine „persönliche geistige Schöpfung" (gemäß § 2 Abs. 2 UrhG). Solche Schöpfungen müssen, um schutzwürdig zu sein, in äußerlich wahrnehmbarer Gestalt auftreten (z. B. als Manuskript, als Ölgemälde, als Werkstück aus Bildhauerton oder – flüchtiger – als Rede). Aber nicht die so zutage tretenden Werkstücke oder Werkmaterialisationen sind geschützt, sondern die dahinterstehende Idee oder geistige Schöpfung.

Die persönliche geistige Schöpfung als Gegenstand des Urheberschutzes muß der Literatur, der Wissenschaft oder der Kunst angehören. Als Beispiele geschützter Werke werden aufgeführt (gemäß § 2 UrhG): Sprachwerke, wie Schriftwerke und Reden, sowie Programme für die Datenverarbeitung; Werke der Musik; pantomimische Werke einschließlich der Werke der Tanzkunst; Werke der bildenden Künste einschließlich der Werke der Baukunst und der angewandten Kunst und Entwürfe solcher Werke; Lichtbildwerke einschließlich der Werke, die ähnlich wie Lichtbildwerke geschaffen werden; Filmwerke einschließlich der Werke, die ähnlich wie Filmwerke geschaffen werden; Darstellungen wissenschaftlicher oder technischer Art, wie Zeichnungen, Pläne, Skizzen, Tabellen und plastische Darstellungen.

II. Der Träger des Urheberrechts

Urheber, und damit Träger der Rechte ist „der Schöpfer des Werkes" (gemäß § 7 UrhG). Damit ist festgelegt, daß nur einzelne menschliche Individuen – und nicht z. B. juristische Personen – Urheber sein können. Bearbei-

---

[3] Für den Bereich der Bundesrepublik Deutschland ist heute Kern des Urheberrechts das Gesetz über Urheberrecht und verwandte Schutzrechte (UrhG) vom 9. September 1965 (BGBl. I S. 1273), zuletzt geändert durch das Gesetz zur Änderung von Vorschriften auf dem Gebiet des Urheberrechts vom 24. Juni 1985 (BGBl. I S. 1137).

tern wird ein selbständiges Urheberrecht zuteil (mit Ausnahmen bei Werken der Musik; vgl. § 3 UrhG). Wenn mehrere Schöpfer in der Weise zusammenwirken, daß sich ihre Anteile nicht gesondert verwerten lassen, gelten sie als Miturheber, woraus sich bestimmte Folgen ergeben (vgl. § 8 UrhG).

III. Die Entstehung des Urheberrechts

Als stark individuell geprägte schöpferische Leistung ist und bleibt das urheberrechtliche Werk gleichsam für immer außerordentlich eng, ja untrennbar mit seinem Erschaffer verbunden. Das hat verschiedene Konsequenzen. So *beginnt* der volle Schutz für die Urheberleistung kraft Gesetzes mit ihrer Hervorbringung, also ohne Erfüllung irgendwelcher formaler Voraussetzungen (dagegen entsteht der analoge Schutz etwa für patentfähige Erfindungen erst mit der Patenterteilung, für gebrauchsmusterfähige Erfindungen mit der Eintragung in die Gebrauchsmusterrolle usw.).

Ferner kann das Urheberrecht als solches außer durch Vererbung *nicht* auf andere Personen *übertragen* werden (vgl. §§ 28 bis 30 UrhG); anderen können nur Nutzungsrechte eingeräumt werden (gemäß § 31 ff. UrhG).

IV. Der Inhalt des Urheberrechts

Die kräftige Verbundenheit von Urheber und Werk hat auch Einfluß auf den *Inhalt* des Urheberrechts und des entsprechenden Schutzes. Das Urheberrecht schützt den Urheber sowohl in seinen geistigen und persönlichen Beziehungen zum Werk wie auch in deren Nutzung (gemäß § 11 UrhG); infolgedessen ist zwischen sog. *Persönlichkeitsrecht* und einem Recht zu unterscheiden, das den materiellen Interessen des Schöpfers dient (sog. *Vermögensrecht*).

1. Das Persönlichkeitsrecht

Das Persönlichkeitsrecht schützt die ideellen Interessen des Urhebers an seiner persönlichen geistigen Schöpfung. Diese Interessen werden für wenigstens ebenso wichtig, wenn nicht für wichtiger gehalten als die materiellen. Das kommt in der starken Betonung der persönlichkeitsrechtlichen Aspekte zum Ausdruck, die für sich allein keine direkten materiellen Wirkungen haben: z.B. in dem Recht des Urhebers auf Anerkennung der Urheberschaft (gemäß § 13 UrhG); in dem Recht, das Ob und Wie der Veröffentlichung seines Werkes zu bestimmen (gemäß § 12 UrhG); in den Rechten des Zugangs zum Werkstück (gemäß § 25 UrhG), des Rückrufs, wenn das Werk seiner Überzeugung nicht mehr entspricht (gemäß § 42 UrhG), der Zustimmung zu einer Weiterübertragung eines Nutzungsrechts (gemäß § 34 Abs. 1 UrhG) und einigen weiteren Rechten.

2. Das Vermögensrecht

Aus dem urheberrechtlichen Vermögensrecht fließen dem Schöpfer der geistigen Leistung gleichsam zwei Arten von Rechten zu: sog. *Verwertungsrechte* und sog. *Nutzungsrechte*.

a) Die Verwertungsrechte

Der Urheber hat das ausschließliche Recht, sein Werk in körperlicher oder unkörperlicher Form zu verwerten (gemäß § 15 UrhG). Dabei handelt es sich um ein allgemeines, umfassendes, absolutes Recht, das alle nicht nur gegenwärtig bekannten, sondern auch künftig etwa neu entstehenden Verwertungsmöglichkeiten umfaßt. Das Recht bewirkt, daß der Urheber die Verwertung jedem anderen verbieten kann.

Da der Urheber in der Regel auf die wirtschaftliche Verwendung seines Werkes durch andere angewiesen ist, hat dieses Recht praktisch nur den Zweck, ihn in die Lage zu versetzen, Art und Umfang der Verwendung seiner geistigen Leistung zu überwachen und die Verwendung von der Zahlung eines Entgelts abhängig zu machen.

Das Gesetz zählt beispielhaft Verwertungsrechte auf (zusammengefaßt in § 15 Abs. 1 und 2, einzeln in den §§ 16 bis 22 UrhG). Hinsichtlich der Verwertung des Werkes in *körperlicher* Form sind dies das Vervielfältigungsrecht (Herstellung von Vervielfältigungsstücken wie Büchern, Zeitschriften, Musiknotenausgaben, Schallplatten, Tonbändern usw.); das Verbreitungsrecht (Anbieten und Inverkehrbringen von Werkstücken z. B. durch Verkauf von Büchern, Schallplatten usw.); schließlich das Ausstellungsrecht (öffentliche Zurschaustellung von Werkstücken eines unveröffentlichten Werkes der bildenden Künste oder eines unveröffentlichten Lichtbildwerkes). Hinsichtlich der Verwertung des Werkes in *unkörperlicher* Form werden dem Urheber vorbehalten: das Vortragsrecht bei einem Sprachwerk (persönliche Darbietung z. B. einer Rede oder anläßlich einer Dichterlesung), das Aufführungsrecht (persönliches Spiel eines Musikstücks, bei allen anderen Werken die bühnenmäßige Darbietung) und das Vorführungsrecht (mit technischen Mitteln bewirkte Vorführung z. B. von Lichtbildern oder Filmen); das Senderecht; das Recht der Wiedergabe durch Bild- und Tonträger; schließlich das Recht der Wiedergabe von Funksendungen.

Alle diese Rechte sichern den Urheber nur vor der *öffentlichen* (und nicht auch privaten nichtöffentlichen) Verwertung seines Werkes. Die Verwertungen der körperlichen Werkformen durch Vervielfältigung, Verbreitung und erst recht Ausstellung sind ihrem Charakter nach ohnehin regelmäßig mit dem Gang in die Öffentlichkeit verbunden; für die Verwertungen der unkörperlichen Werkformen behält das Gesetz dem Urheber ausdrücklich nur das Recht der öffentlichen Wiedergabe vor.

b) Das Urheberwerk im Wirtschaftsverkehr: Die Nutzungsrechte

aa) Die grundsätzlichen Möglichkeiten der Nutzungsvergabe

Falls und insofern der Urheber seine Schöpfung nicht selbst verwerten kann oder will, besteht die Möglichkeit, daß er ihre wirtschaftliche Verwendung anderen überläßt. Das geschieht durch Einräumung von Nutzungsrechten (mit einem älteren Ausdruck: Lizenzen). Dabei erlaubt der Urheber einem anderen, das Werk auf *eine* einzige, auf *mehrere* verschiedene oder auf *alle* möglichen Nutzungsarten auszubeuten (gemäß § 31 Abs. 1 Satz 1 UrhG). Als Nutzungsarten können alle bereits bei den Verwertungsrechten genannten Verwertungsarten (Vervielfältigung, Verbreitung usw.) auftreten, darüber hinaus die Nutzungen von Werkbearbeitungen (eine Werkbearbeitung ist z.B. die Übersetzung oder die Verfilmung). Für noch nicht bekannte Nutzungsarten ist die Einräumung von Nutzungsrechten nicht möglich (gemäß § 31 Abs. 4 UrhG). Diese Bestimmung dient dem Schutz des Urhebers, der in diesem Fall die materielle Bedeutung künftiger neuer Nutzungsmöglichkeiten ja nicht abschätzen kann.

Will der Urheber das Recht nicht für alle Nutzungsarten an einen anderen vergeben, so kann er die einzelnen Nutzungsrechte an *verschiedene* Benutzer abgeben.

Ein Nutzungsrecht kann als einfaches oder als ausschließliches Recht eingeräumt werden (gemäß § 31 Abs. 1 Satz 2 UrhG). Als *einfaches* Recht gestattet es dem Empfänger, das Werk neben dem Urheber und anderen Berechtigten auf die erlaubte Art zu nutzen (gemäß § 31 Abs. 2 UrhG). Als *ausschließliches* Recht berechtigt es den Empfänger, das Werk unter Ausschluß aller anderen Personen und sogar des Urhebers selbst zu nutzen und auch seinerseits an andere einfache Nutzungsrechte einzuräumen (gemäß § 31 Abs. 3 UrhG; dabei ist die eventuelle Zustimmungsbedürftigkeit gemäß § 35 UrhG zu beachten). Das ausschließliche Nutzungsrecht kann *räumlich*, *zeitlich* oder *inhaltlich* beschränkt eingeräumt werden (gemäß § 32 UrhG); in diesen Grenzen muß es jedoch ein Alleinbenutzungsrecht des Empfängers bleiben.

bb) Die Nutzungsvergabe zur Wahrnehmung im besonderen

Bei der Eigenart mancher Werke und/oder des Marktes für einzelne Nutzungsarten kann der Urheber zwecks Einräumung bestimmter Nutzungsrechte nicht selbst mit den Interessenten in Verbindung treten. Das Problem lösen sog. *Verwertungsgesellschaften;* ihnen überläßt der Urheber die betreffenden Nutzungsrechte zur Wahrnehmung. In einigen Fällen ist dieser Weg sogar gesetzlich vorgeschrieben (vgl. z.B. Folgerechtsbeteiligung gemäß § 26 Abs. 5, Ausleihtantieme gemäß § 27 Abs. 1 Satz 2, Abgabebeteiligung bei Vervielfältigunggeräten gemäß § 54 Abs. 6 UrhG).

In Erfüllung ihrer Wahrnehmungsaufgabe erteilen die Gesellschaften anstelle des Urhebers den Interessenten die Zustimmung zur Nutzung und übernehmen die Einziehung des Entgelts (der Zustimmung des Urhebers wiederum dazu bedarf es im Falle der Wahrnehmung gemäß § 35 Abs. 1 Satz 2 UrhG nicht). Für Komponisten, Textdichter und Musikverleger steht dafür die GEMA (Gesellschaft für musikalische Aufführungs- und mechanische Vervielfältigungsrechte, Berlin/München) zur Verfügung. Wortautoren und ihre Verleger können sich zu gleichen Zwecken der Verwertungsgesellschaft Wort, München, bedienen. Bestimmte Rechte bildender Künstler (einschließlich Photographen, Graphikern und anderen) verwaltet die Verwertungsgesellschaft Bild und Kunst, Frankfurt a. M.

Alle diese und noch andere Verwertungsgesellschaften und -stellen üben ihre Tätigkeit aufgrund des Gesetzes über die Wahrnehmung von Urheberrechten und verwandten Schutzrechten (WahrnG vom 9. September 1965, BGBl. I S. 1294) und unter Staatsaufsicht aus; das Patentamt in München fungiert als Aufsichtsbehörde.

V. Schranken des Urheberrechts

Das Urheberrecht unterliegt verschiedenen Schranken. Sie bestehen im Interesse z.B. der Rechtspflege und öffentlichen Sicherheit (vgl. § 45 UrhG), der Durchführbarkeit des Kirchen-, Schul- oder sonstigen Unterrichts (vgl. §§ 46 und 47 UrhG) und der Informationsaufgabe der Medien (vgl. §§ 48 bis 50 UrhG). In diesen Fällen wird die urheberrechtliche Nutzung praktisch freigegeben. Auch die Vervielfältigung eines Werks zum persönlichen oder sonstigen Gebrauch (z.B. zum eigenen wissenschaftlichen Gebrauch) ist vom Erlaubniszwang befreit. Oft wird dabei allerdings bestimmt, daß dem Urheber eine angemessene Vergütung zu zahlen sei.

VI. Die Dauer des Urheberrechts

Im Normalfall endet das Urheberrecht 70 Jahre nach dem Tod des Urhebers (gemäß § 64 Abs. 1 UrhG). Es erlischt jedoch frühestens 10 Jahre nach der Veröffentlichung des Werkes (gemäß § 64 Abs. 2 UrhG). Das hat zur Folge, daß unveröffentlichte Werke auch dann, wenn der Urheber schon länger als 70 Jahre tot ist, geschützt bleiben.

Bei anonym und pseudonym erschienenen Werken (mit Ausnahme der Werke der bildenden Künste) erlischt das Urheberrecht schon 70 Jahre nach der *Veröffentlichung*.

B. Das Urhebervertragsrecht

I. Der Zweck des Urhebervertragsrechts

Das Urhebervertragsrecht ist unmittelbar mit dem Urheberrecht im engeren Sinn verbunden. Es hat für den Fall, daß der Urheber Verträge über die Nutzung seines Werkes abschließen will, die rechtlichen Beziehungen zwischen ihm und denjenigen, denen Nutzungsrechte eingeräumt werden sollen, zu regeln.

Bis heute kennt das Urheberrecht keine umfassende gesetzliche Regelung der Verträge über Nutzungsrechte, die sämtliche Urheberwerke und alle Nutzungsarten berücksichtigte. Ein entsprechendes allgemeines Urhebervertragsgesetz war beabsichtigt, ist aber nicht zustande gekommen. Ersatzweise wurden in das Gesetz über Urheberrecht und verwandte Schutzrechte (vgl. Fußnote auf S. 192) einige besonders wichtig erscheinende Teilregelungen eingearbeitet; ihr Inhalt ist im vorigen Abschnitt A. bei der Erörterung der Nutzungsrechte wiedergegeben worden. Im Rahmen dieser eher nur grundsätzlichen Vorschriften kann der Urheber Verträge, die an keine Form gebunden sind, selbst gestalten.

II. Das Verlagsgesetz im besonderen

Es gibt jedoch eine Ausnahme. Nur für Werke der Literatur und der Tonkunst (z.B. Romane und wissenschaftliche Abhandlungen, musikalische Konzertstücke), und hier nur für die Nutzungsarten Vervielfältigung und Verbreitung, besteht ein eigenes Urhebervertragsrecht in Gestalt des Verlagsgesetzes[4]. Dabei ist der Begriff der Vervielfältigung nach diesem Gesetz gegenüber demjenigen des Urhebergesetzes eingeschränkt, denn unter Vervielfältigung ist beim Verlagsgesetz nur die Anfertigung solcher Werkstücke gemeint, die gelesen werden können (und nicht auch z.B. die Herstellung von Bild- und Tonträgern, durch die das Werk gesehen und/oder gehört werden kann)[5].

---

[4] Gesetz über das Verlagsrecht (VerlG) vom 19. Juni 1901 (RGBl. S. 217) i.d.F. des Gesetzes vom 22. Mai 1910 zur Ausführung der revidierten Berner Übereinkunft zum Schutze von Werken der Literatur und Kunst vom 13. November 1908 (RGBl. S. 793), zuletzt geändert durch das Gesetz über Urheberrecht und verwandte Schutzrechte (UrhG) vom 9. September 1965 (BGBl. I S. 1273).

[5] Das gilt jedenfalls im Grundsatz. Allerdings sind die Bestimmungen des Verlagsgesetzes – mit Ausnahmen – abdingbar. So kommt es z.B., daß in der Praxis Verträge speziell über Bühnenwerke und Musikwerke auch Bestimmungen über die Einräu-

Das Verlagsgesetz betrifft nach dem Gesagten einerseits nur Schriftsteller und Komponisten, andererseits nur Verleger, die deren Werke etwa in Buchform bzw. als Notenausgaben vervielfältigen und verbreiten. Auch der Verlagsvertrag ist formfrei. Mit ihm werden dem Verleger meist ausschließliche Nutzungsrechte eingeräumt (bei Zeitungen kommen einfache Nutzungsrechte in Betracht). Der Verfasser ist nach dem Gesetz verpflichtet, dem Verleger das Werk zur Vervielfältigung und Verbreitung für eigene Rechnung zu überlasssen; der Verleger ist zur Vervielfältigung und Verbreitung sowie auch zur Zahlung der vereinbarten (oder einer angemessenen Vergütung) an den Verfasser verpflichtet (gemäß den §§ 1, 14 und 22 VerlG).

Weiter finden sich Bestimmungen über die je Auflage dem Verfasser zustehenden Freiexemplare (vgl. § 25 Abs. 1 und 2 VerlG), über Sonderabzüge bei Sammelwerken (vgl. § 25 Abs. 3 VerlG) sowie über den Preis von zusätzlich verlangten Exemplaren (vgl. § 26 VerlG). Das Gesetz legt als Standard *eine* Auflage von 1000 Stück zugrunde (gemäß § 5 VerlG); in der Praxis läßt sich der Verleger jedoch in der Regel das Recht zur Veranstaltung aller Auflagen in jeweils von ihm zu bestimmender Auflagenhöhe einräumen. Zu neuen Auflagen ist der Verleger andererseits nicht verpflichtet (gemäß § 17 VerlG). Die Bestimmung des Ladenpreises steht für jede Auflage dem Verleger zu (gemäß § 21 VerlG). Bei nicht rechtzeitiger Ablieferung oder nicht vertragsgemäßer Beschaffenheit des Werkes kann der Verleger vom Vertrag zurücktreten (gemäß §§ 30 und 31 VerlG).

Weitere Vorschriften, auch besondere auf das Verlagsvertragsverhältnis anwendbare Normen des Urhebergesetzes, sollen hier nicht erörtert werden.

C. Das Leistungsschutzrecht

I. Der Inhalt des Leistungsschutzrechts

Als Ergebnis längerer, auch internationaler Auseinandersetzungen um angeblich an das Urheberrecht angrenzende, ihm benachbarte oder mit ihm verwandte Schutzrechte sind in das Urheberrechtsgesetz (vgl. Fußnote auf S. 192) 1965 in größerem Umfang Bestimmungen über einen sog. *Leistungsschutz* aufgenommen worden. Das Leistungsschutzrecht betrifft nicht Urheber im ursprünglichen Sinn mit ihren persönlichen geistigen Schöpfungen, sondern verschiedenartige Personen und Institutionen, deren Leistungen *nicht* in vollem Umfang *persönlich* und/oder *geistig* und/oder *schöpferisch* sind, ja sogar in einigen Fällen bloße *wirtschaftliche* Leistungen darstellen. Diese Personen oder Institutionen bringen echte Urheberschöpfungen (Werke) nur ans Licht, interpretieren sie, bieten sie in Veran-

---

mung und Wahrnehmung von Aufführungsrechten und Nutzungsrechten für Bild- und Tonträger enthalten können.

staltungen dar, verarbeiten sie zu Sendungen des Hörfunks und Fernsehfunks oder fügen sie zu neuen Erzeugnissen (wie Filmen) zusammen.

II. Gegenstände und Träger der einzelnen Leistungsschutzrechte

1. Der Schutz bestimmter Ausgaben

Zunächst erhalten Verfasser von *wissenschaftlichen Ausgaben* urheberrechtlich nicht geschützter Werke und Texte (wie alter Urkunden, Inschriften und musikalischer Manuskripte) ein praktisch dem Urheberrecht gleichgestelltes Leistungsschutzrecht, das allerdings im Regelfall auf 10 Jahre nach dem Erscheinen der Ausgaben beschränkt ist (gemäß § 70 UrhG).

Ebenso lange, aber hauptsächlich auf das Vervielfältigungs- und Verbreitungsrecht begrenzt, besteht ein Leistungsschutz für die Herausgeber von *Ausgaben nachgelassener Werke* (gemäß § 71 UrhG; solche Ausgaben werden z. B. für Volksmärchen und Volkslieder veranstaltet)[6].

2. Der Schutz der Lichtbilder

Ein praktisch wie ein Urheberrecht bei künstlerischen Lichtbildwerken wirkender Leistungsschutz wird für alle nichtkünstlerischen Lichtbilder (Liebhaberphotographien. Lichtbilder photographischer Betriebe) und ähnliche Erzeugnisse (z. B. photochemisch hergestellte Druckbilder) für 25 Jahre gewährt (gemäß § 72 UrhG).

3. Der Schutz des ausübenden Künstlers

Zu einem Schutz der ausübenden Künstler hat der Umstand geführt, daß heute technische Möglichkeiten es anderen Wirtschaftsteilnehmern erlauben, die Leistungen (Interpretationen) solcher Künstler auf viele verschiedene Weisen zu nutzen. Als ausübende Künstler (vgl. § 73 UrhG) werden erstens Personen angesehen, die ein Sprachwerk vortragen, d. h. es durch persönliche Darbietung zu Gehör bringen (wie Schauspieler, die ein Drama mit verteilten Rollen vorlesen). Zweitens zählen zu den ausübenden Künstlern diejenigen, die ein Werk der Musik aufführen, d. h. das Werk durch persönliche Darbietung öffentlich zu Gehör bringen (wie bei der Aufführung eines Musikstückes in einem Konzert) oder es bühnenmäßig darstellen (wie bei der Theateraufführung einer Oper). Den Leistungsschutz genießen nicht

---

[6] Bei wissenschaftlichen Ausgaben und Ausgaben nachgelassener Werke werden die Rechte an Erst- und Neuausgaben urheberrechtlich freier Musikwerke von der Interessengemeinschaft musikwissenschaftlicher Herausgeber und Verleger, Kassel, wahrgenommen.

nur die Träger von Solopartien (Solisten), sondern sämtliche künstlerisch Mitwirkenden. Mithin gilt er für Regisseure, Dirigenten, Schauspieler, Sänger, Tänzer, Pantomimen und die Mitglieder von Orchester-, Chor- und Ballettensembles. Während die Regisseure, Dirigenten und Solisten ihre Rechte selbständig wahrnehmen können, ist dies bei den Ensembles nur den gewählten Vorständen der betreffenden Künstlergruppen (z.B. Orchestervorständen) oder – mangels Vorständen – den Leitern der Gruppen möglich (gemäß § 80 UrhG)[7].

Die Rechte ausübender Künstler sind auf genau umschriebene Tatbestände beschränkt. In bestimmter Weise kann man *drei Arten* von Leistungsschutzrechten unterscheiden. Die *erste Art* Rechte bezieht sich auf Vermarktungskategorien, die auf eine *unmittelbare* Ausbeutung der künstlerischen Darbietung hinauslaufen. Hier wird dem Künstler überhaupt die *Einwilligung* zu der beabsichtigten Benutzung seiner Leistung vorbehalten (und ihm damit praktisch die Möglichkeit gegeben, eine Vergütung zu beanspruchen). Er muß einwilligen, wenn man, kurz gesagt, seine Darbietung über den Raum der Veranstaltung hinaus durch technische Einrichtungen (Bild- und/oder Tonübertragung) öffentlich wahrnehmbar machen, also z.B. durch Übertragung in Nebenräume einem größeren Publikumskreis zugänglich machen will (gemäß § 74 UrhG). Ferner bedarf sowohl die Aufnahme seiner Darbietung auf Bild- oder Tonträger sowie die Vervielfältigung dieser Träger (gemäß § 75 UrhG) und schließlich die (Live-)Funksendung seiner Darbietung (gemäß § 76 Abs. 1 UrhG) seiner Einwilligung[8].

Die *zweite Art* von Leistungsschutzrechten betrifft *mittelbare* Nutzungsmöglichkeiten der künstlerischen Darbietung. Sie sind ohne Einwilligung des ausübenden Künstlers zulässig; er kann sie also nicht verbieten. Doch steht ihm eine angemessene Vergütung zu. Das trifft für die Funksendung von bereits mit seiner Erlaubnis hergestellten und auf dem Markt befindlichen Aufnahmen seiner Darbietung auf Bild- oder Tonträgern zu (gemäß § 76 Abs. 2 UrhG; so müssen die an einer Schallplattenaufnahme beteiligt gewesenen Sänger und Musiker die Rundfunksendung der Schallplatte, wenn auch gegen Entgelt, dulden). Hierher gehört ferner die öffentliche Wiedergabe von Darbietungen mittels Bild- oder Tonträgern oder über Rundfunk (gemäß § 77 UrhG; gemeint ist die Wiedergabe z.B. in Gaststätten und Supermärkten, als Pausenmusik in Filmtheatern usw.).

---

[7] Die Rechte von ausübenden Künstlern (und von Schallplattenherstellern) werden von der Gesellschaft zur Verwertung von Leistungsschutzrechten mbH, Hamburg, wahrgenommen.

[8] In den bisher genannten Fällen (erste Art der Rechte) muß zusätzlich die Einwilligung des veranstaltenden Unternehmers (z.B. Theaterunternehmers) eingeholt werden (gemäß § 81 UrhG), so daß hier bereits ein Schutz der nichtkünstlerischen Unternehmerleistung zutage tritt.

Eine *dritte Art* des künstlerischen Leistungsschutzrechts ist ein Persönlichkeitsrecht: das Recht, eine Entstellung oder sonstige Beeinträchtigung der künstlerischen Darbietung zu verbieten (gemäß § 83 UrhG).

Falls die Darbietung des ausübenden Künstlers auf einen Bild- oder Tonträger aufgenommen worden ist, erlöschen die Leistungsschutzrechte des Künstlers (und des Veranstalters; vgl. Fußnote 8 auf S. 200) im Regelfall 25 Jahre nach dem Erscheinen der Träger (gemäß § 82 UrhG).

4. Der Schutz des Herstellers von Tonträgern

Leistungsschutz wird auch Unternehmern für rein wirtschaftliche Leistungen gewährt, teils um ihre kulturellen Bemühungen zu belohnen, teils um ihre wirtschaftlichen Anstrengungen vor ungerechtfertigter Ausnutzung durch andere Markteilnehmer zu schützen.

Fälle der ersten Art sind bereits erwähnt worden (vgl. Fußnote auf S. 200 und den zugehörigen Haupttext). Der jetzt zu erörternde Schutz des Herstellers von Tonträgern dient z.B. der Sicherung der Schallplattenindustrie vor dem ungenehmigten Nachpressen von Schallplatten. Diese und andere neuere Tonträger (z.B. bespielte Tonkassetten) können technisch einfach (besonders nach dem Magnettonverfahren) kopiert werden, daher ist den Tonträgerherstellern für die Erstherstellung ihrer Tonträger (also für die unmittelbare Aufnahme von Tonereignissen auf den Trägern) ein Schutzrecht zuerkannt (gemäß § 85 UrhG). Das Recht ist ausschließlich, beschränkt sich jedoch andererseits auf die Vervielfältigung und Verbreitung der Tonträger[9]. Im übrigen besteht das Recht unabhängig und selbständig von den Nutzungsrechten des Urhebers oder den Rechten der ausübenden Künstler, deren Genehmigungen der Hersteller braucht. Im Regelfall besteht das Leistungsschutzrecht für 25 Jahre nach dem Erscheinen des Tonträgers.

5. Der Schutz des Sendeunternehmens

Öffentlich-rechtliche und privat-rechtliche Hörfunk- und/oder Fernsehfunkbetriebe sind mit Rücksicht auf ihre regelmäßig hohen wirtschaftlichen Anstrengungen im Besitz eines ausschließlichen Rechts, das ihre gesendeten Programminhalte in mehrfacher Weise vor ungenehmigter Ausnutzung schützt (gemäß § 87 UrhG) und es ihnen so erlaubt, gegebenenfalls entspre-

---

[9] Wegen dieser Beschränkung der Nutzungsarten sieht das Urheberrechtsgesetz (in § 86) andererseits eine Beteiligung der Tonträgerhersteller an den Vergütungen ausübender Künstler für Funksendungen von Bild- oder Tonträgern und deren öffentliche Wiedergabe (im Sinn der §§ 76 Abs. 2 und 77) vor (vgl. dazu oben den Abschnitt 3. „Der Schutz des ausübenden Künstlers").

chende Entgelte zu fordern. Schutz besteht erstens vor der Weitersendung, d.h. vor der Ausweitung des Sendebereichs durch gleichzeitige Ausstrahlung des Programminhalts über andere Rundfunkbetriebe (wie z.B. bei Eurovisionssendungen üblich). Ferner sind die Sendeunternehmen davor geschützt, daß ihre Sendungen durch andere auf Bild- oder Tonträger aufgenommen werden (z.B. auf Videokassetten), daß Lichtbilder von ihren Sendungen hergestellt werden (wie gelegentlich von Zeitungsunternehmungen zur Verwendung in Zeitungen oder Zeitschriften), und daß die Bild- oder Tonträger oder Lichtbilder vervielfältigt werden. Schließlich richtet sich der Schutz gegen die öffentliche Wiedergabe speziell von Fernsehsendungen an Stellen, wo die Zahlung eines Eintrittsgeldes verlangt wird (wie in Lichtspieltheatern oder Fernsehstuben). Das Recht erlischt 25 Jahre nach der Funksendung.

Das Sendeunternehmen genießt in der Regel gleichzeitig noch andere Rechte aufgrund anderer Vorschriften, z.B. als Hersteller von Tonträgern (vgl. oben den Abschnitt „Der Schutz des Herstellers von Tonträgern") und als Filmhersteller (vgl. den nächsten Abschnitt „Besondere Bestimmungen für Filme").

6. Besondere Bestimmungen für Filme
(Der Schutz des Filmherstellers)

a) Der Schutz gegen Benutzer in der gleichen oder in nachgelagerten Wirtschaftsstufen

Für die im Urheberrechtsgesetz genannten Filmwerke (vgl. hierzu die Aufzählung auf S. 192) ist die Urheberschaft seit jeher umstritten und bis heute offengelassen. Zur Herstellung eines Films werden in der Regel viele verschiedenartige urheberrechtliche Zutaten verbunden, die zusammen keinesfalls eine neue Urheberschaft am Film selbst begründen. Am wenigsten kann der Filmproduzent, der manchmal nicht einmal eine natürliche, sondern eine juristische Person ist, als Hervorbringer einer entsprechenden persönlichen geistigen Schöpfung und mithin als Urheber angesehen werden. Um aber seinen wirtschaftlichen Einsatz gegen Mißbrauch zu sichern, wird ihm ein umfassender, einheitlicher Leistungsschutz für den Gesamtfilm gewährt (gemäß § 94 UrhG). Der Schutz beruht auf dem ausschließlichen Recht, den Bildträger (bei Stummfilm) oder Bild- und Tonträger (bei Tonfilm), auf dem das Filmwerk aufgezeichnet ist, zu vervielfältigen, zu verbreiten und zur öffentlichen Vorführung oder Funksendung zu benutzen; daneben hat der Filmhersteller das Recht, eine seine berechtigten Interessen gefährdende Entstellung oder Kürzung der Aufzeichnungsträger zu verbieten. Diese Rechte erlöschen im Normalfall 25 Jahre nach Erscheinen der Träger.

Das ist ein Leistungsschutz, der sich gleichsam gegen im Wirtschaftsgefüge auf gleicher Stufe stehende andere potentielle Benutzer (etwa Konkurrenten), dazu aber auch gegen nachgelagerte Interessenten an seiner Leistung richtet (wie Filmverleih und -theater, Rundfunkbetriebe).

b) Der Schutz gegen Urheber und Leistungsschutzberechtigte in den Vorstufen der Filmherstellung

Das Urheberrechtsgesetz schützt den Filmhersteller aber außerdem gegen mögliche gefährliche Ansprüche, die in den Vorstufen der Filmherstellung, gleichsam von den Vorlieferanten, gestellt werden könnten. Er regelt insofern zusätzlich das Verhältnis des Filmherstellers zu *drei Gruppen* von Personen:

erstens zu den Urhebern der von ihm benutzten, also gleichsam „vorbestehenden" Werke (z.B. zu den Autoren von Romanen, Bühnenwerk, Drehbuch, Filmmusik);

zweitens zu den von ihm durch Arbeits-, Dienst-, Werk- oder sonstigen Vertrag verpflichteten Mitwirkenden, sofern sie bei der Filmherstellung möglicherweise ein Urheberrecht am Filmwerk erwerben (wie der Filmarchitekt für seine Filmbauten);

drittens zu denjenigen, die ebenfalls vertraglich mitwirken, dabei aber kein Urheberrecht, sondern ein Leistungsschutzrecht durch die Verfilmung ihrer Leistungen erwerben, wie einerseits der Lichtbildner (Kameramann), andererseits die ausübenden Künstler (Schauspieler, Sänger, Tänzer usw.).

Die Regelungen, durch die der Filmhersteller abgeschirmt wird, sind für die drei Gruppen in mehrfacher Hinsicht verschieden.

Was die *erste Gruppe,* die Urheber zur Verfilmung benutzter oder vorstehender Werke betrifft, so stellt das Gesetz durch eine Auslegungsregel klar, daß sie dem Filmhersteller im Zweifel *folgende* ausschließliche *Nutzungsrechte* einräumen (vgl. dazu § 88 UrhG): das vorbestehende Werk unverändert oder verändert zur Herstellung eines Filmwerkes zu benutzen; das Filmwerk zu vervielfältigen und zu verbreiten; das zur Vorführung (im Filmtheater) bestimmte Filmwerk öffentlich vorzuführen; das zur Funksendung bestimmte Filmwerk durch Funk zu senden; Übersetzungen und andere Bearbeitungen oder Umgestaltungen des Filmwerks im gleichen Umfang wie dieses zu verwerten. Diese Befugnisse berechtigen den Filmhersteller im Zweifel andererseits nicht zu einer Wiederverfilmung; ferner kann der Urheber sein vorbestehendes Werk im Zweifel 10 Jahre nach Vertragsablauf anderweit filmisch verwerten.

Die zur *zweiten Gruppe* gehörenden Personen, die sich zur Mitwirkung bei der Verfilmung verpflichten, räumen nach einer weiteren gesetzlichen Auslegungsregel für den Fall, daß sie ein Urheberrecht am Filmwerk erwerben, dem Filmhersteller im Zweifel nicht einzelne Nutzungsrechte, sondern das ausschließliche (d. h. örtlich und zeitlich unbeschränkte, sich gegen jedermann richtende) Recht für schlechthin *alle* bekannten *Nutzungsarten* ein (gemäß § 89 UrhG).

Beide Gruppen von Urhebern unterliegen noch weiteren, hier nicht näher zu erörternden Einschränkungen ihrer Rechte (vgl. dazu § 90 UrhG).

Hinsichtlich der *dritten Gruppe* der Leistungsschutzberechtigten bestehen folgende Bestimmungen. Der Filmhersteller erwirbt vom *Kameramann* nicht „im Zweifel", sondern in der Regel das bei der Verfilmung entstehende *Leistungsschutzrecht* (gemäß § 91 UrhG; vgl. dazu auch oben den Abschnitt „Der Schutz der Lichtbilder"). Dagegen bezüglich der *ausübenden Künstler* wird der Filmhersteller vor einer möglichen Beeinträchtigung der Verwertung des Films einfach dadurch geschützt, daß verschiedene, diesen Künstlern sonst zugebilligte *Rechte* im Regelfall erst *gar nicht zur Entstehung gelangen* (vgl. dazu § 92 UrhG). Die Bild- oder Tonträger, auf denen ihre Darbietung aufgezeichnet worden ist, können ohne ihre Einwilligung vervielfältigt und durch Funk gesendet werden; ferner haben sie keinen Anspruch auf angemessene Vergütung bei öffentlicher Wiedergabe ihrer Darbietung in irgendeiner Form (vgl. oben Abschnitt „Der Schutz des ausübenden Künstlers").

D. Das Geschmacksmusterrecht

I. Wesen und Zweck des Geschmacksmusterrechts

Das Geschmacksmusterrecht wird gewöhnlich zum Urheberrecht gezählt, weil es mit diesem gewisse Gemeinsamkeiten hat[10]. So schützt es *eigentümliche geistige Leistungen* eines Urhebers, und die betroffenen Erzeugnisse haben Verwandtschaft mit den „Werken der bildenden Künste einschließlich ... der Werke der angewandten Kunst", wie sie das Urheberrecht kennt (vgl. dazu oben „Das Urheberrecht im engeren Sinn", S. 192). Andererseits weist das Geschmacksmusterrecht Züge des gewerblichen Rechtsschutzes auf, wie schon sein ursprünglicher Zweck nahelegt, die geistige Tätigkeit zu schützen, „die den industriellen Erzeugnissen schönere und edlere Formen zu geben sucht"[11]. Hieraus und aus dem Gesetz ergibt sich, daß die zu schüt-

---

[10] Grundlage des Geschmacksmusterrechts ist noch heute das Gesetz betreffend das Urheberrecht an Mustern und Modellen (GeschmMG) vom 11. Januar 1876 (RGBl. S. 11), zuletzt geändert durch das Einführungsgesetz zum Strafgesetzbuch (EGStGB) vom 2. März 1974 (BGBl. I S. 469).

[11] Reichstagskommission, Aktenstück Nr. 76 vom 4. Dezember 1875, Abschnitt III.

zenden Formen geeignet sein sollen, als Vorbilder oder Vorlagen für handwerklich oder industriell zu fertigende, gewerblich verwertbare Erzeugnisse zu dienen (gemäß § 1 Abs. 1 GeschmMG); im Extremfall sind sie also sogar Prototypen für Erzeugnisse der Massenanfertigung. Die Art der Erzeugnisse, deren Formen schützbar sind, ist gleichgültig; es kann sich um Produktionsmittel (wie Maschinen) oder konsumfähige Erzeugnisse handeln, die Erzeugnisse können unfertige oder fertige Produkte sein.

II. Der Gegenstand des Geschmacksmusterrechts

Gegenstand des Schutzes ist wieder nicht der körperliche Gegenstand, in dem der Urheber seine Schöpfung festgehalten hat, sondern diese Schöpfung selbst, der zugrundegelegte immaterielle Formgedanke. Der Formgedanke wird geschützt, wenn er in einer Erzeugnisgestalt Ausdruck findet, deren optischer Eindruck in irgendeiner Weise auf den Geschmackssinn des Betrachters wirkt und sein ästhetisches Empfinden anregt. Nach dem Geschmacksmustergesetz ist *sowohl das Muster wie das Modell* schutzfähig (gemäß § 1 Abs. 2 GeschmMG). In heute üblicher Sprache bezeichnet das Muster die Gestaltung eines Gegenstandes in der (zweidimensionalen) Fläche, mithin seiner Oberfläche; geschützt wird insofern also z. B. bei Stoffen oder Tapeten die Gestaltung von Linienmustern, die Farbgebung, die Oberflächenstrukturierung, die Hervorbringung von Licht- und Glanzwirkungen usw. Dagegen unter *Modell* ist die räumliche (plastische, dreidimensionale) Formgebung bei einem Gegenstand zu verstehen; geschützt werden hier demnach die geometrischen Umrisse, Proportionen usw. bei Möbeln, Glas-, Porzellan- und Keramikgeschirr, Bestecken, Haushaltsgeräten, Uhren und nicht zählbaren sonstigen Gegenständen.

Wie bereits erwähnt, besteht eine Verwandtschaft zwischen einerseits vom Urheberrecht erfaßbaren Werken der bildenden Kunst, andererseits unter das Geschmacksmusterrecht einordenbaren Erzeugnissen. Ob eine Formschöpfung als Kunstwerk angesehen werden kann und mithin unter das Urheberrecht fällt, ist eine Frage des ihr innewohnenden sogenannten ästhetischen Überschusses. Liegt dieser Überschuß nicht vor, muß sich die Schöpfung als „kleinere Münze" mit dem Geschmacksmusterrecht bescheiden. Übrigens können hinsichtlich desselben Gegenstandes beide Schutzrechte nebeneinander existent sein, falls die Schutzvoraussetzungen beider Rechte erfüllt sind.

Der Schutz des Geschmacksmusterrechts setzt ausdrücklich *Neuheit* des Musters oder Modells voraus (gemäß § 1 Abs. 2 GeschmMG). Dabei gilt der sogenannte relativ-objektive Neuheitsbegriff; ihm zufolge ist ein Muster oder Modell neu, wenn es – obwohl möglicherweise irgendwo auf der Welt schon einmal vorgekommen – einschlägigen inländischen Fachkreisen unbekannt ist und ihnen auch bei zumutbarer Beobachtung auf dem einschlägigen oder benachbarten Gewerbegebiet innerhalb unseres Kulturkreises (z. B. auch in den USA) nicht bekannt sein kann. In anderer Hinsicht schadet es der Anerkennung als Neuheit nicht, wenn an sich bekannte Formelemente neuartig kombiniert oder auf andere Anwendungen übertragen werden (z. B. von Polstermöbeln auf Holzmöbel), vorausgesetzt, es liegt eine schöpferische Leistung vor, die eine eigentümliche Wirkung ergibt.

III. Der Träger des Geschmacksmusterrechts

Urheber und damit Inhaber des Schutzrechts ist derjenige, der das Muster oder Modell geschaffen hat (gemäß § 1 Abs. 1 GeschmMG). In bestimmten Wirtschaftszweigen sind Urheber daher oft die dort hauptberuflich mit Entwurf und Gestaltung von Mustern und Modellen befaßten Personen wie Zeichner, Graphiker, Kunstmaler, Bildhauer und (in der Textilindustrie) Dessinateure. Anders als sonst im Urheberrecht und auch im gewerblichen Rechtsschutz gilt für den Fall, daß diese Personen in einem arbeitsrechtlichen Verhältnis zu einem Unternehmer stehen, der Unternehmer als Urheber (gemäß § 2 GeschmMG). Dies ist eine gesetzliche Auslegungsregel; durch Vertrag kann etwas anderes vereinbart werden.

IV. Der Inhalt des Geschmacksmusterrechts

Das Geschmacksmusterrecht kennt nur Rechte *vermögensrechtlichen* Charakters: diese erscheinen zudem eingeengter als im übrigen Immaterialgüterrecht. Dem Urheber steht das ausschließliche Recht zu, sein Muster oder Modell ganz oder teilweise nachzubilden (gemäß § 1 Abs. 1 GeschmMG). Damit wird ihm nur die gewerbliche Vervielfältigung und Verbreitung (Anbieten und Inverkehrbringen) der Erzeugnisse, die nach seinem Formgedanken gestaltet werden, vorbehalten; das Nachbildungsrecht erfaßt, anders ausgedrückt, Vervielfältigungsstücke, die in der Absicht ihrer Verbreitung hergestellt werden. Im gleichen Umfang wie dieses positive Nutzungsrecht hat der Urheber ein negatives Verbietungsrecht; verboten ist jede Nachbildung eines Musters oder Modells, die in Verbreitungsabsicht ohne Genehmigung des Berechtigten hergestellt wird (gemäß § 5 GeschmMG). Nachbildungen für den *persönlichen Gebrauch* sind dagegen frei (gemäß § 6 Ziffer 1 GeschmMG), insbesondere die (manuelle) Nachbildung in Form einer sogenannten Einzelkopie, sofern die Absicht fehlt, sie gewerbsmäßig zu verwerten (wie bei der Benutzung eines Stickereimusters für den privaten Gebrauch). Kritische Beurteilung verdient die gesetzliche Erlaubnis der sogenannten *Dimensionsvertauschung;* danach ist es nicht verboten, für Flächenerzeugnisse bestimmte Muster durch plastische Erzeugnisse nachzubilden, und umgekehrt (gemäß § 6 Ziffer 2 GeschmMG).

Gegen den dadurch möglichen Mißbrauch hilft die doppelte Anmeldung desselben Formgedankens zur Eintragung im Musterregister einmal als Muster, zweitens als Modell (vgl. dazu unten die Ausführungen zur Anmeldung und Eintragung des Geschmacksmusters). Schließlich dürfen Abbildungen einzelner Muster oder Modelle in ein *Schriftwerk* (z. B. Kunstband) aufgenommen werden (gemäß § 6 Ziffer 3 GeschmMG).

V. Die Entstehung des Geschmacksmusterrechts

Anders als im übrigen Urheberrecht entsteht der volle Geschmacksmusterschutz nicht schon mit dem ersten wahrnehmbaren Auftreten des Formgedankens in einem körperlichen Gegenstand; damit erwirbt der Urheber zunächst nur ein Recht an der Schöpfung einschließlich eines Anwartschaftsrechts auf das Geschmacksmuster. Das Anwartschaftsrecht verwandelt sich erst zu einem vollen Geschmacksmusterrecht durch den formellen Akt der *Anmeldung* zur Eintragung (nicht erst Eintragung selbst) und *Niederlegung* (Hinterlegung) eines Exemplares oder einer Abbildung des Musters bei der zuständigen Registerbehörde (gemäß § 7 Abs. 1 GeschmMG)[12]. Die Berechtigung des Anmelders und die materiellen Voraussetzungen des Schutzes werden nicht geprüft (gemäß § 10 GeschmMG)[13]. Die Eintragung und die Bekanntmachung des Geschmacksmusters im Bundesanzeiger (vgl. § 9 Abs. 6 GeschmMG) haben nur deklaratorische Bedeutung.

VI. Das Geschmacksmusterrecht im Wirtschaftsverkehr

Das Geschmacksmusterrecht kann frei auf andere übertragen (und vererbt) werden (gemäß § 3 GeschmMG). Außer der vollen ist auch eine zeitlich, räumlich und inhaltlich beschränkte Rechtsübertragung möglich. Frei übertragbar ist jedoch auch schon vor der Anmeldung das Recht an der Schöpfung einschließlich des Anwartschaftsrechtes auf das Geschmacksmuster; in diesem Fall kann der Rechtsnachfolger allein das Geschmacksmusterrecht durch Anmeldung und Niederlegung erwerben. Es ist sogar möglich, eine

---

[12] § 9 GeschmMG und die Bestimmungen über die Führung des Musterregisters vom 29. März 1876 i. d. F. der VO über die Gebühren in Musterregistersachen vom 21. Dezember 1923 (RGBl S. 494) (neu veröffentlicht in BGBl. III S. 442-1) enthalten diesbezügliche Regelungen. Musterregister bestehen bei Amtsgerichten und – für Urheber ohne Niederlassung oder Wohnsitz im Inland – beim Deutschen Patentamt.

[13] Falls das angemeldete und in Körperform hinterlegte Muster oder Modell keine geschmacksmusterfähige Schöpfung ist, erwirbt der Anmeldende kein Geschmacksmusterrecht. Das gleiche gilt, falls er selbst nicht zur Anmeldung berechtigt war. Ferner entsteht das Recht nicht, wenn vor der Anmeldung und Niederlegung des Musters oder Modells ein danach gefertigtes Erzeugnis verbreitet wird, denn das würde dem Erfordernis der Neuheit – selbst gegenüber dem eigenen Urheber – entgegenstehen (vgl. § 7 Abs. 2 GeschmMG).

Übertragung an noch nicht existierenden künftigen Formschöpfungen zu vereinbaren, wenn ihr Charakter wenigstens ungefähr bestimmt ist; bei Entstehung des Musters oder Modells erhält der Begünstigte das Recht an der Schöpfung einschließlich des Anwartschaftsrechts. Auf solchen Abmachungen beruht häufig die Zusammenarbeit zwischen Unternehmern und selbständigen Formgestaltern.

VII. Die Dauer des Geschmacksmusterrechts

Die Schutzfrist des Geschmacksmusterrechtes beträgt nach Wahl des Urhebers 1 bis 3 Jahre; sie kann auf 10 Jahre und auf 15 Jahre verlängert werden (gemäß § 8 GeschmMG und geübter Praxis).

Teil 3

Der gewerbliche Rechtsschutz

A. Das Erfinderrecht

Mit den folgenden Ausführungen wird das Gebiet des gewerblichen Rechtsschutzes betreten. Der Bestandteil „gewerblich" soll darauf aufmerksam machen, daß Gegenstand der Rechte Findungen sind, bei denen die gewerbliche oder wirtschaftliche Verwertung – anders als im Urheberrecht – im Vordergrund des Interesses steht. Einigen der vom gewerblichen Rechtsschutz betroffenen Leistungen (z. B. patentierbaren technischen Erfindungen) kann eine geistig-schöpferische Grundlage, wie sie beim Urheberrecht stets Voraussetzung ist, nicht abgesprochen werden, aber darauf kommt es für den Schutz nicht an. So werden Patente für Erfindungen erteilt, die neu sind, auf einer erfinderischen Tätigkeit beruhen und gewerblich anwendbar sind. Für die übrigen Teilgebiete des gewerblichen Rechtsschutzes kann gelten, daß geistig-schöpferisches Schaffen in geringerem Maß (wie bei gebrauchsmusterfähigen Findungen), sonst sehr gering (und in einigen Fällen praktisch gar nicht) zugrunde liegt.

Diejenigen Gebiete des gewerblichen Rechtsschutzes, die es im besonderen mit technischen Erfindungen zu tun haben, werden hier unter der Bezeichnung „Erfinderrecht" zusammengefaßt. Dabei handelt es sich um eine nicht gesetzesoffizielle, pragmatische Sammelbezeichnung. Unter sie sind das Patentrecht, das Gebrauchsmusterrecht und das Arbeitnehmererfinderrecht einzuordnen. Eine gewisse Verwandtschaft zu diesen Gebieten hat das Sortenschutzrecht, das ebenfalls berücksichtigt wird.

Für die Erfindung und ihren Schutz haben in der Praxis noch andere Rechtsgebiete Bedeutung. Abgesehen z.B. vom Bürgerlichen Recht, trifft dies für das Urheberrecht, für das Recht gegen den unlauteren Wettbewerb, für einen Teil des Rechts der Warenbezeichnung sowie für das Recht gegen Wettbewerbsbeschränkungen (Kartellrecht) zu. Das Urheberrecht ist bereits behandelt worden; die anderen genannten Rechte werden später unter der Bezeichnung „Das allgemeine Wettbewerbsrecht" erörtert (ab S. 258).

I. Das Patentrecht

1. Die Erfindung als Gegenstand des Patentrechts

a) Das Wesen der Erfindung

Das Patentrecht schützt technische Erfindungen. Das Patentgesetz sagt nicht, was eine Erfindung ist[14]. Es nennt nur einzelne Bedingungen, die gegeben sein müssen, damit eine Erfindung als *schutzfähig* gelten kann. Selbst dies geschieht nicht vollständig. Erst Rechtswissenschaft und Rechtsprechung haben präzisiert, wann eine erfinderrechtlich schutzfähige Erfindung vorliegt[15]. Soviel kann zunächst allgemein gesagt werden, daß Erfindungen im Sinne des PatG *geistig-schöpferische* Leistungen auf *technischem* Gebiet sind, denn anders beschaffene Leistungen werden durch andere Rechte geschützt, so einerseits die geistig-schöpferischen Leistungen der Literatur, Wissenschaft und Kunst vor allem durch das Urheberrecht, andererseits die zwar technischen, aber weniger oder gar nicht schöpferischen technischen Leistungen z.B. durch das Gebrauchsmusterrecht (vgl. unten „Das Gebrauchsmusterrecht", S. 231 ff.) und andere Rechte.

Erfinderische Leistungen können nur Schutz erlangen, falls und sobald sie fertig sind und in äußerlich wahrnehmbarer Form in die Außenwelt gelangen, sei es durch mündliche oder schriftliche Mitteilung (z.B. anläßlich eines Vortrags, durch eine Skizze oder Beschreibung in der Fachliteratur), sei es in Gestalt z.B. körperhafter Gegenstände (wie als Modell oder als funktionstüchtiges Probeerzeugnis). Vom Patentrecht geschützt wird aber nicht die so zutage tretende Materialisation der Erfindung, sondern der hinter ihr stehende technische Gedanke. An den Materialisationen – natürlich auch, soweit es sich um die dann aufgrund der Erfindung gefertigten Investitions-, Produktions- oder Konsumgüter handelt –, besteht wie üblich

---

[14] Das Patentrecht ist in der Bundesrepublik Deutschland hauptsächlich fixiert im Patentgesetz (PatG) i.d.F. der Bekanntmachung vom 2. Januar 1968 (BGBl. I S. 1), zuletzt geändert durch Neubekanntmachung des Patentgesetzes vom 16. Dezember 1980 (BGBl. 1 S. 1).

[15] Auch damit wird natürlich nicht erklärt, was eine Erfindung ist, sondern nur, welche Erfindung patentrechtlich schutzfähig ist. Im übrigen wird selbst von Juristen häufig schon von Erfindung gesprochen, wenn nur von dem neuen technischen Gedanken die Rede ist, dessen Schutzfähigkeit eigentlich erst noch zu prüfen ist.

Sacheigentum oder ein anderes Sachenrecht zugunsten beliebiger Personen (bei dem Modell oder Probeerzeugnis in der Regel zugunsten des Erfinders selbst, bei den endgültig gefertigten Erzeugnissen z. B. zugunsten des Herstellers, der Händler und letztlich der Konsumenten).

b) Die für das Patentrecht erheblichen Arten von Erfindungen

Erfindungen können nach verschiedenen technischen, wirtschaftlichen, soziologischen oder juristischen Gesichtspunkten eingeteilt und benannt werden. Für das Patentrecht ist in erster Linie die Unterscheidung in *Sacherfindungen* und *Verfahrenserfindungen* von Bedeutung (gemäß § 9 Satz 2 Ziffer 1 und 2 PatG). Bei den Verfahrenserfindungen treten noch zwei verschiedene Formen auf, so daß es im großen zu drei Patentkategorien kommt.

aa) Die Sacherfindung

α) Die Sacherfindung im allgemeinen

Die Sacherfindung (auch Erzeugniserfindung genannt) ist die Erfindung eines körperlichen Erzeugnisses, das als solches geschützt wird. Das Patent erstreckt sich also unmittelbar und ausschließlich auf das Erzeugnis selbst; für die Patentierung ist daher z. B. der Weg, auf dem es hergestellt worden ist, hergestellt werden kann oder hergestellt werden wird, ohne jede Bedeutung. Durch das Sachpatent werden dabei alle möglichen Verwertungen der Erfindung in Produktion und Verwendung geschützt, ohne daß der Patentinhaber sie kennen müßte. Die Sacherfindung bezieht sich entweder auf die körperliche Gestaltung eines Produkts (wie bei einer Glühlampe) oder – wie bei chemischen Stoffen oder Stoffgruppen – auf die stoffliche Zusammensetzung, im Patentrecht Beschaffenheit oder Konstitution genannt.

β) Besondere Arten der Sacherfindung

Die Sacherfindung, die sich auf ein Erzeugnis bezieht, kann ein Betriebsmittel des Produktionsprozesses betreffen (technische Anlage, Maschine, Gegenstand der Betriebsausstattung wie Werkzeug, Werkgerät und Modell, Prüf- und Meßmittel usw.). Jeder solche Gegenstand heißt im Patentrecht „Vorrichtung"; daher spricht man hier im besonderen von einer *Vorrichtungs-* oder auch *Einrichtungserfindung*. Besteht die Erfindung darin, die Funktion eines bereits bekannten Betriebsmittels (z. B. Werkzeug) auf ein anderes technisches Gebiet zur Lösung einer gleichartigen Aufgabe zu übertragen, bezeichnet man sie als *Übertragungserfindung*.

Bei der *Anordnungs-* oder *Schaltungserfindung* liegt der erfinderische Gedanke in der besonderen Auswahl, Vereinigung und Anordnung elektrischer und/oder elektronischer Bauelemente (in Sendern, Empfängern, Verstärkern, Maschinensteuerungsgeräten usw.).

Sacherfindungen, die es mit Stoffen oder Stoffgruppen zu tun haben, werden als *Stofferfindungen* bezeichnet. Unter ihnen hat die *Chemieerfindung* größte Bedeutung; sie befaßt sich vorwiegend mit der neuartigen Anwendung chemischer Elemente und Auswahl chemischer Stoffkombinationen aus dem Bestand überhaupt möglicher Verbindungen. Ist der wesentliche Inhalt der Erfindung der *Zweck* des Stoffes, so liegt eine sog. *Mittelerfindung* vor; fällt das aus dem Stoff resultierende Patentrecht weg, so kann dennoch unter bestimmten Umständen das Recht aus dem sog. Mittelanspruch bestehenbleiben (wie bei Erfindungen zum Zweck der Bekämpfung von Metallkorrosionen).

Es ist noch zu bemerken, daß allgemein eine Erfindung, durch die an sich bekannte technische Komponenten auf neuartige Weise kombiniert werden und hierdurch zu einem bisher unbekannten Ziel führen, *Kombinationserfindung* genannt wird.

bb) Die Verfahrenserfindung

Nach dem PatG kann sich, wie gesagt, eine Erfindung nicht nur auf ein körperliches Erzeugnis, sondern auch auf ein (technisches) Verfahren beziehen. Im Unterschied zur Sacherfindung spricht man hier von Verfahrenserfindung. Allgemein handelt es sich bei einem technischen Verfahren um die besondere Art der manuellen und/oder maschinellen Einwirkung auf feste, flüssige oder gasförmige Materialien, um damit ein bestimmtes Ergebnis (Erzeugnis) zu erzielen. Die Verfahren bewirken je nachdem Formänderungen an den Materialien (durch Trennen, Zusammenfügen, Vereinigen oder Verbinden; Umformen)[16], Materialumwandlungen (durch mechanische, thermische, elektrische, chemische und andere Prozesse), Lageveränderungen (durch Fördervorgänge aller Art) oder Meßvorgänge.

α) Die Herstellungserfindung

Für den Bereich des Patentrechts werden von Lehre und Rechtsprechung nun zwei Formen der Verfahrenserfindung unterschieden, um einer Bestimmung des § 9 PatG in richtiger Weise Rechnung zu tragen. Falls durch ein Verfahren die Ausgangsmaterialien so verändert werden, daß ein wirt-

---

[16] Materialtrennung geschieht z.B. durch Zerkleinern, Zerschneiden, Stanzen. Zusammengefügt, vereinigt oder verbunden wird z.B. durch Kleben, Löten, Nieten, Schweißen. Umformprozesse sind z.B. Walzen, Pressen, Schmieden.

schaftlich gesehen neues (verbessertes) Ergebnis oder Erzeugnis entsteht, wird speziell von Herstellungsverfahren und entsprechend von Herstellungserfindung gesprochen. Bei dieser Erfindungsform wird nicht nur das Verfahren als solches patentiert, sondern zugleich wird das durch das Verfahren unmittelbar hergestellte Erzeugnis so behandelt, als stände es selbst unter Patentschutz, und zwar ohne Rücksicht darauf, ob es im Sinn des Patentrechts neu und damit selbständig patentfähig wäre (wie ein Sachpatent) oder nicht (vgl. § 9 Satz 2 Ziffer 3 PatG)[17].

β) Die Arbeitserfindung

Dagegen beim sogenannten Arbeitsverfahren und entsprechend bei der Arbeitserfindung ist das Ergebnis des zugrunde liegenden Verfahrens nicht gemäß § 9 Satz 2 Ziffer 3 PatG mitgeschützt. Von Arbeitsverfahren wird gesprochen, wenn die Einwirkungen derart sind, daß sie keine grundlegenden Veränderungen am Erzeugnismaterial und demzufolge auch kein entsprechend „neues" Erzeugnis hervorrufen, sondern bloß, wie etwas vage formuliert wird, einen Zustand. Derartige Einwirkungen sind z.B. Reparieren, Fördern, Erhitzen, Gefriertrocknen, Zählen, Messen und ähnliche Prozeduren. Allerdings sind noch Ausnahmefälle denkbar, wo auch durch ein Arbeitsverfahren (z.B. Färben und Stoffdrucken) neue Erzeugnisse im Sinn des Patentrechts entstehen (im Beispiel gefärbte Wolle und bedruckte Stoffe). Sie sind dann dennoch nicht nach § 9 Satz 2 Ziffer 3 PatG schützbar, können aber selbständig den für eine Sacherfindung vorgesehenen Schutz erlangen.

γ) Eine besondere Art der Herstellungs-
   oder Arbeitserfindung

Schließlich ist zu erwähnen, daß sowohl bei der Herstellungs- wie bei der Arbeitserfindung eine bestimmte Unterform vorkommt. Dabei handelt es sich um die *Verwendungs-* oder *Anwendungserfindung*. Von ihr wird gesprochen, wenn der erfinderische Gedanke darin liegt, bei einem an sich bekannten Stoff oder Erzeugnis auf eine neue Verwendung hinzuweisen (wie beim Karotin der Mohrrübe auf die neue Verwendung als Farbstoff für

---

[17] Grund der Vorschrift ist die Tatsache, daß ein patentiertes Verfahren nur durch den Absatz der damit hergestellten Erzeugnisse sinnvoll benutzt werden kann. Würden die Erzeugnisse nicht ebenfalls geschützt (weil sie nach dem Stand der Technik nicht neu und daher nicht durch ein Sachpatent selbst geschützt werden könnten), so wäre es möglich, nach dem Verfahren im Ausland hergestellte Erzeugnisse ohne weiteres im Inland einzuführen; dadurch würde das Verfahrenspatent entwertet.
Übrigens besteht auch die Möglichkeit, im Patent für eine Herstellungserfindung zugleich Sacherfindungen in der speziellen Form der Vorrichtungserfindung für die von dem Verfahren benötigten Betriebsmittel schützen zu lassen.

Lebensmittel). Je nachdem, ob die neue Anwendung zu einem Erzeugnis oder zu einem Zustand führt, fällt die Idee unter die Kategorie Herstellungs- oder Arbeitserfindung.

2. Die sachlichen Voraussetzungen für die Patentierung einer Erfindung

Die patentrechtliche Schützbarkeit von Erfindungen ist an verschiedene Voraussetzungen gebunden. Die sachlichen Voraussetzungen bestimmen, ob eine Erfindung überhaupt unter Patentschutz gestellt werden kann[18].

a) Die Zugehörigkeit zum Gebiet der Technik

Zwar vom Gesetz nicht ausdrücklich bestimmt, aber seinem Grundzweck entsprechend müssen schutzwürdige Erfindungen dem Gebiet der Technik angehören. Man formuliert diese Voraussetzung heute so, daß Erfindungen auf dem Einsatz beherrschbarer Naturkräfte beruhen müssen. Daraus folgt zunächst, daß es genügt, wenn die mit der Erfindung anvisierte Aufgabe mit technischen Mitteln gelöst wird; die Aufgabe selbst oder das Ergebnis brauchen nicht im Bereich der Technik zu liegen (wie bei der künstlichen Beatmung des Menschen durch eine patentgeschützte medizinische Apparatur). Darüber hinaus brauchen die als Mittel eingesetzten Naturkräfte nicht notwendig, wie früher unterstellt, auf physikalischen oder chemischen Naturkräften und/oder -gesetzen zu beruhen; die Erfindung kann sich auch biologische Naturkräfte zunutze machen, um mit ihrer Hilfe bestimmte Lebensvorgänge zu steuern (wie bei der Produktion chemischer Stoffe über den Stoffwechsel von Mikroorganismen oder wie bei der Sterilisation männlicher Insekten zur Bekämpfung von Insektenplagen).

b) Abgrenzungen zur Entdeckung, zur Verstandestätigkeit und zu sonstigen Tatbeständen

Eine Anzahl weiterer Voraussetzungen für patentierbare Erfindungen wird vom Gesetz negativ beschrieben (vgl. § 1 Abs. 2 PatG). Bei den Leistungen darf es sich nicht um *Entdeckungen, wissenschaftliche Theorien* und *mathematische Methoden* handeln (gemäß § 1 Abs. 2 Ziffer 1 PatG). Entdeckungen bestehen nicht in der geforderten Anwendung von Naturkräften und/oder -gesetzen, sondern in deren Erkennen (wie die Entdeckung des Urmaßes für den elektrischen Widerstand durch den 1985 mit dem Nobelpreis ausgezeichneten Deutschen Klaus von Klitzing); erst Anwen-

---

[18] Zu den wichtigsten förmlichen Voraussetzungen vgl. unten „Die Patentanmeldung als Voraussetzung der Entstehung des Anspruchs", S. 222 ff.

dungen der entdeckten Erkenntnisse (im Beispiel Erfindungen besonders präzise arbeitender elektronischer Meßgeräte oder -verfahren, die sich die Entdeckung des genannten Urmaßes zunutze machen) sind gegebenenfalls patentierbare Erfindungen. Das gleiche gilt für wissenschaftliche Theorien und mathematische Methoden, die als solche in das Gebiet der reinen Erkenntnis gehören.

Nicht als Erfindungen werden ferner *ästhetische Formschöpfungen* angesehen (gemäß § 1 Abs. 2 Ziffer 2 PatG), weil sie nur den Form- oder Farbsinn anregen[19].

Weiter zählen zu den Erfindungen nicht *Pläne, Regeln* und *Verfahren für gedankliche Tätigkeiten*, für *Spiele* oder für *geschäftliche Tätigkeiten* (wie Regeln und Verfahren der Buchhaltung) sowie *Programme für Datenverarbeitungsanlagen* (gemäß § 1 Abs. 2 Ziffer 3 PatG). Bei alledem handelt es sich um eine Abgrenzung der Erfindung zur sogenannten Verstandestätigkeit oder zu den „Anweisungen an den menschlichen Geist"; im einzelnen ist die Abgrenzung oft schwierig und strittig.

Endlich gehören Verfahren und Hilfsmittel zur *Wiedergabe von Informationen* (wie Tabellen und Formulare) nicht zu den Erfindungen (gemäß § 1 Abs. 2 Ziffer 4 PatG).

Alle diese hier erwähnten Gegenstände oder Tätigkeiten sind nur insoweit unpatentierbar, als für sie „als solche" Schutz begehrt wird (§ 1 Abs. 3 PatG); damit ist ausgedrückt, daß die Beschränkungen eng ausgelegt werden sollen.

c) Die Ausführbarkeit (technische Brauchbarkeit, Wiederholbarkeit)

Die patentfähige Erfindung muß die Lösung einer Aufgabe enthalten, d.h. sie muß zeigen (nach den Worten der neueren Rechtsprechung), wie durch planmäßige Benutzung der beherrschbaren Naturkräfte unmittelbar ein kausal übersehbarer Erfolg herbeigeführt werden kann. Insofern hat sie eine „Lehre zum technischen Handeln" zu geben. Es muß nun möglich sein, nach der Lehre oder Anweisung zu arbeiten und nicht nur zufällig oder gelegentlich, sondern hinreichend zuverlässig den angegebenen Erfolg mit den angegebenen Lösungsmitteln zu erzielen. Gefordert ist damit die *Ausführbarkeit* oder technische *Brauchbarkeit* der Erfindung. Diese setzt auch voraus, daß die angegebenen Mittel überhaupt zur Verfügung stehen, sei es, daß sie bereits allgemein bekannt sind oder gleichzeitig mit der Erfindung zur

---

[19] Ästhetische Formschöpfungen werden aber gegebenenfalls als Werke der angewandten Kunst vom Urheberrecht (gemäß § 1 Abs. 2 Ziffer 4 UrhG) oder durch das Geschmacksmusterrecht geschützt.

Verfügung gestellt werden[20]. Um die Unabhängigkeit der Ausführbarkeit vom Zufall zu betonen, spricht man auch von dem Erfordernis der *Wiederholbarkeit* der Erfindung.

d) Die Neuheit

Die patentfähige Erfindung muß ferner neu sein (gemäß § 1 Abs. 1 PatG). Das Neue wird in der Regel in dem zur Aufgabenlösung eingesetzten Mittel liegen, kann aber auch die Aufgabenstellung betreffen. In gesetzlich unwiderlegbarer Vermutung gilt eine Erfindung als neu, wenn sie nicht zum *Stand der Technik* gehört (gemäß § 3 Abs. 1 PatG). Zum Stand der Technik rechnen – weltweit und ohne Rücksicht auf die benutzte Sprache und/oder Schrift – alle Kenntnisse, die vor dem Tag der Patentanmeldung durch schriftliche oder mündliche Beschreibung, durch Benutzung oder in sonstiger Weise der Öffentlichkeit – und sei es nur einem unbestimmten beliebigen Personenkreis – zugänglich gemacht worden sind (gleich, ob die Erfindung auch tatsächlich zur Kenntnis genommen wurde). Dabei muß die Erfindung allerdings als vollständige technische Lehre vorbeschrieben worden sein (eine teilweise Übereinstimmung mit schon veröffentlichten Kenntnissen ist in der Regel nicht neuheitsschädlich).

Als *Vorveröffentlichungen* kommen Druckschriften aller Art wie Bücher, Zeitschriften und Patentschriften in Betracht, jedoch auch Manuskripte. Ferner können alle übrigen denkbaren Informationsmittel den Stand der Technik repräsentieren wie technische Vorträge auf Schallplatten, Kassetten und Filmen. Auch bloße mündliche Beschreibungen z. B. in Vorlesungen und öffentlichen Vorträgen gehören zum Stand der Technik.

Ebenso neuheitsschädlich ist die *offenkundige Vorbenutzung* der Erfindung in der Öffentlichkeit (auch im Ausland), z. B. in der Weise, daß entsprechende Gegenstände bereits hergestellt, angeboten, in Verkehr gebracht, gebraucht und auch in einem öffentlichen Museum ausgestellt worden sind.

Schließlich fingiert das Gesetz ausdrücklich die Inhalte bloßer Patentanmeldungen älteren Zeitrangs – nämlich nationaler, europäischer und internationaler Anmeldungen – als Stand der Technik, ohne daß diese bereits der Öffentlichkeit zugänglich gemacht worden sind (gemäß § 3 Abs. 2 PatG).

Auch Vorveröffentlichungen oder Vorbenutzungen *durch den Erfinder selbst* gelten als zum Stand der Technik gehörig und sind somit neuheitsschädlich. Der Erfinder ist nicht selten gezwungen, die Erfindung im Ver-

---

[20] So war ein von Ernst Abbe erfundenes und 1897 theoretisch dargestelltes anamorphotisches Linsensystem nicht patentierbar, weil die für die Linse nötige Glassorte seinerzeit nicht hergestellt werden konnte. Als dies längst möglich war, erhielt die Erfindung nach 1950 große Bedeutung für das von der Filmindustrie verwendete Breitwandverfahren namens Cinemascope.

lauf der Entwicklungsarbeiten praktisch zu erproben, mögliche Interessenten ins Vertrauen zu ziehen und überhaupt die technische und wirtschaftliche Nutzung vorzubereiten. Etwa bei solchen Gelegenheiten kann die Erfindung an die Öffentlichkeit gelangen, bevor sie zum Patent angemeldet wurde. Nur falls eine solche Offenbarung auf einen offensichtlichen Mißbrauch durch jemanden zurückgeht, der die Kenntnis der Erfindung unredlich erworben oder mit der Offenbarung vertragliche oder gesetzliche Pflichten verletzt hat, ist sie nicht neuheitsschädlich; allerdings darf außerdem die Offenbarung höchstens innerhalb von sechs Monaten vor der Patentanmeldung geschehen sein (gemäß § 3 Abs. 4 Ziffer 1 PatG). Unschädlich und mit einer gleich langen *Neuheitsschonfrist* ausgestattet ist ferner eine Offenbarung, die darauf zurückgeht, daß der Anmelder (oder sein Rechtsnachfolger) die Erfindung auf amtlichen oder amtlich anerkannten internationalen Ausstellungen zur Schau gestellt hat (gemäß § 3 Abs. 4 Ziffer 2 PatG).

Abschließend ist festzustellen, daß das Erfordernis der Neuheit entweder überhaupt oder in dieser Schärfe nur im Patentrecht auftritt. Dies erscheint einerseits durch die zahlreich denkbaren Möglichkeiten gleichzeitig hervorgebrachter Erfindungen durch verschiedene Personen, andererseits durch die langfristige Schutzwirkung des Patents gerechtfertigt.

e) Die erfinderische Tätigkeit als Grundlage

Voraussetzung der Patentierbarkeit von Erfindungen ist ferner, daß sie auf einer erfinderischen Tätigkeit beruhen (gemäß § 1 PatG). Eine Erfindung gilt als auf einer erfinderischen Tätigkeit beruhend, wenn sie sich für das durchschnittliche Fachwissen eines (fiktiven) das betreffende Gebiet beherrschenden Fachmanns nicht in naheliegender Weise aus dem Stand der Technik ergibt (gemäß § 4 PatG). Gefordert ist also eine besondere technische Leistung mit genügender Erfindungshöhe, wobei die Erfindungshöhe an objektiven Maßstäben zu messen ist (und nicht etwa an dem persönlichen Aufwand, den der Erfinder dazu aufzubringen hatte; so ist gleichgültig, ob die Erfindung einem Zufall, einem schöpferischen Einfall oder mühsamer systematischer Forschungs- und Entwicklungsarbeit zu danken ist).

Ob ausreichende Erfindungshöhe gegeben ist, ist praktisch häufig schwer bestimmbar. Sie ist z.B. anzunehmen, wenn die Erfindung ein Problem löst, das trotz großer Anstrengungen bisher nicht gelöst werden konnte, oder wenn durch die Erfindung bestehende technische Vorurteile überwunden werden. Gegebenenfalls zeigt ein positives wirtschaftliches Ergebnis an, daß die Erfindung im hier beschriebenen Sinn patentwürdig ist.

f) Die gewerbliche Anwendbarkeit und soziale Nützlichkeit

Die *gewerbliche Anwendbarkeit* der Erfindung ist ein weiteres Erfordernis der Patenterteilung (gemäß § 1 Abs. 1 und § 5 PatG). Danach muß der Gegenstand der Erfindung auf irgendeinem gewerblichen Gebiet einschließlich der Landwirtschaft hergestellt oder benutzt werden können. Das besagt jedoch nicht etwa, daß die Erfindung mit Gewinn, also rentabel, verwertbar sein müsse. Es bedeutet aber zum Beispiel, daß gewisse nur in wissenschaftlichen Einrichtungen, Behörden usw. benutzbare Sachen oder Verfahren (wie astronomische Messungsmethoden oder steuerliche Vergällungsverfahren) nicht patentfähig sind. Aus ethischen Gründen ausdrücklich von der Patentierbarkeit ausgeschlossen (gem. § 5 Abs. 2 PatG) sind chirurgische oder therapeutische Behandlungsverfahren sowie Diagnostizierverfahren für Mensch und Tier; allerdings die dazu nötigen medizinischen Apparate oder Stoffe sind patentfähig.

Teils aus dem Erfordernis der gewerblichen Anwendbarkeit, teils aus der bevorrechtigten Stellung des Erfinders gegenüber der Allgemeinheit läßt sich schließlich die *soziale* Nützlichkeit der Erfindung als Patentiervoraussetzung ableiten. Die Erfindung muß geeignet sein, tatsächliche oder wenigstens mögliche soziale Bedürfnisse zu befriedigen. Dabei ist es ohne Bedeutung, ob die Bedürfnisse gleichsam lebensnotwendig sind oder nur den Wünschen nach Bequemlichkeit, Bildung, Ästhetik, Unterhaltung usw. entspringen. Die Bedingung der sozialen Nützlichkeit gewährleistet, daß sinnlose Patentanmeldungen zurückgewiesen werden können (wie die einst angemeldete Vorrichtung zum Köpfen von Fliegen).

3. Patentierungshindernisse und -ausnahmen

Wenn die bisher genannten Schutzvoraussetzungen für eine Erfindung vorliegen, ist diese grundsätzlich patentierbar. Allerdings bestehen noch folgende Hindernisse und Ausnahmen.

a) Verstoß gegen die öffentliche Ordnung oder die guten Sitten

Patente werden nicht für Erfindungen erteilt, deren Veröffentlichung (in den Offenlegungs- und Patentschriften; vgl. zu diesen Schriften unten „Die Patentanmeldung als Voraussetzung der Entstehung des Anspruchs", S. 222 ff.) oder Verwertung gegen die öffentliche Ordnung oder die guten Sitten verstoßen würde (gemäß § 2 Abs. 1 PatG).

Erfindungen dürfen demnach erstens nicht tragende Grundsätze der Rechtsordnung verletzen. Da eine solche Mißbrauchsmöglichkeit im Grunde vielen schutzwürdigen Erfindungen zumindest innewohnt, besagt die Vorschrift lediglich, daß einer Erfindung der Patentschutz versagt wird, wenn ihre Verwertung als solche gesetzwidrig ist, oder wenn die Erfindung gar besonders zu gesetzwidrigem Gebrauch erdacht ist (wie Einbruchsgerät). Für die Sittenwidrigkeit gilt das gleiche; nur die bestimmungsgemäße Sittenwidrigkeit nimmt der Erfindung die Patentierbarkeit.

Für Geheimpatente (im Sinn des § 50 PatG) ist übrigens die Patentierbarkeit in den vorgenannten Fällen dennoch nicht ausgeschlossen.

b) Pflanzensorten oder Tierarten sowie biologische Züchtungsverfahren

Bestimmte Ausnahmen der Patenterteilung bestehen für Pflanzensorten oder Tierarten (vgl. § 2 Abs. 2 PatG). Tierarten sind überhaupt nicht patentfähig, Pflanzensorten dann nicht, wenn sie durch das für sie eigens geschaffene Sortenschutzrecht (vgl. unten „Das Sortenschutzrecht", S. 251 ff.) ausreichend geschützt werden können. Was die Verfahren zur Züchtung anbelangt, so können diese patentierbar sein, wenn sie im wesentlichen technisch sind (wie Bestrahlungsverfahren zur Erzeugung von Mutationen zu Züchtungszwecken). Mikrobiologische Züchtungsverfahren und die damit gewonnenen Erzeugnisse sind stets patentierbar.

c) Behandlungs- und Diagnostizierverfahren

An dieser Stelle sei daran erinnert, daß das Patentgesetz in anderem Zusammenhang (und mit anderer Begründung: wegen Fehlens der gewerbchen Anwendbarkeit; vgl. oben Abschnitt „Die gewerbliche Anwendbarkeit und soziale Nützlichkeit"; S. 217) Behandlungsverfahren sowie Diagnostizierverfahren für Mensch und Tier von der Patentierbarkeit ausschließt.

d) Übereinstimmung mit älterer Patentanmeldung

Ein weiterer Fall der Unpatentierbarkeit tritt ein, *wenn mehrere die Erfindung unabhängig voneinander gemacht* haben (sog. Doppelerfindung). Dann steht das Recht auf das Patent demjenigen zu, der die Erfindung zuerst beim Patentamt angemeldet hat (gemäß § 6 Satz 3 PatG); alle anderen Anmelder gehen leer aus. Dieser Grundsatz des Zeitvorrangs (Priorität) soll Doppelpatentierungen verhindern. Zunächst gilt allerdings jeder Anmelder als berechtigt, die Erteilung des Patents zu verlangen (gemäß § 7 Abs. 1 PatG); erst wenn demjenigen, der früher angemeldet hatte, das Patent erteilt worden ist, verliert der spätere Anmelder sein Recht auf das Patent. Die spätere Anmeldung kann jedoch von Bedeutung werden, falls die Erstanmeldung aus bestimmten Ursachen fortfällt (z. B. durch Zurücknahme des Patents gemäß § 24 Abs. 2 PatG).

Unter gewissen Voraussetzungen kann für eine Erfindung eine frühere Priorität als diejenige des Anmeldezeitpunkts beim Deutschen Patentamt in Betracht kommen. Das ist möglich, wenn die Erfindung zuerst im Ausland angemeldet worden war und ein Staatsvertrag besteht, demzufolge die Angehörigen der Vertragsländer für eine inländische Anmeldung das frühere ausländische Anmeldedatum beanspruchen dürfen (sog. Unionspriorität; vgl. § 41 PatG). Ein solcher Staatsvertrag ist z. B. die Pariser Verbandsübereinkunft (PVÜ); nach ihr begründet die Anmeldung in einem der Verbandsländer eine Priorität gegenüber späteren Anmeldungen derselben Erfindung in allen übrigen Verbandsländern (gemäß Art. 4 PVÜ), vorausgesetzt, der Anmelder unternimmt die dazu nötigen Schritte innerhalb von zwölf Monaten nach der prioritätsbegründenden Anmeldung, die er im anderen Verbandsland getätigt hatte (gemäß Art. 4C PVÜ). In gleicher Weise prioritätsbegründend wie diese nationalen Patentanmeldungen sind auch europäische Patentanmeldungen nach dem Europäischen Patentübereinkommen (EPÜ; vgl. Art. 87) sowie internationale Anmeldungen nach dem Patentzusammenarbeitsvertrag (PCT).

Nur kurz seien noch folgende weitere Fälle angedeutet, wo eine Rückdatierung der Anmeldepriorität in Betracht kommen kann. Wird ein Patent wegen widerrechtlicher Entnahme der Erfindung (vgl. den nächsten Abschnitt) aufgrund des Einspruchs des wahren Erfindungsbesitzers amtlich widerrufen oder vom Verletzer zurückgenommen, so kann der Einsprechende unter Einhaltung bestimmter Formalitäten die Erfindung selbst anmelden und dabei die Priorität der ursprünglichen unberechtigten Anmeldung für sich in Anspruch nehmen (gemäß § 7 Abs. 2 PatG). – Ferner steht demjenigen, der bereits früher ein Patent oder sogar nur ein Gebrauchsmuster beim Deutschen Patentamt angemeldet hat und danach innerhalb von zwölf Monaten im Rahmen derselben Erfindung eine weitere Anmeldung tätigt, für diese ein Prioritätsrecht zu (gemäß § 40 PatG); das heißt praktisch: einjährige Weiterentwicklungen der Erfindung werden in die ursprüngliche Anmeldung einbezogen. Der Sachverhalt wird als „innere Priorität" bezeichnet. Die Bestimmung ist von großer Bedeutung für Fälle, wo die Weiterentwicklungen für sich allein nicht patentierbar wären; wären sie jedoch selbständig patentfähig, so entfallen durch die Regelung wenigstens die Kosten einer neuen Anmeldung und Patentierung.

e) Widerrechtliche Entnahme

Ein Patenthindernis ist schließlich die widerrechtliche Entnahme der einem Patent zugrunde liegenden Erfindung aus dem sog. Erfindungsbesitz eines anderen. Ein Patent wird nämlich widerrufen (gemäß § 21 Abs. 1 Ziffer 3 PatG), wenn der wesentliche Inhalt des Patents den Beschreibungen, Zeichnungen, Modellen, Gerätschaften oder Einrichtungen eines anderen oder einem von diesem angewendeten Verfahren ohne dessen Einwilligung entnommen worden ist und der Verletzte gegen das Patent Einspruch erhebt (gemäß § 59 PatG; der Einspruch muß innerhalb von drei Monaten nach der Veröffentlichung der Patenterteilung erfolgen). Da die im Gesetz aufgeführten Wege, auf denen entnommen wurde, nur beispielhaft gemeint sind, ist auch jeder andere Weg – z. B. private Mitteilung durch den Erfinder selbst oder durch Dritte, öffentliche Vorträge – einbegriffen. Eben die Entnahme

„ohne Einwilligung" des Berechtigten begründet die Widerrechtlichkeit; dabei kann die Kenntnis von der Erfindung durchaus rechtmäßig – wie gesagt, auch vom Erfinder selbst – erlangt worden sein.

Naturgemäß muß beim Verletzten schon eine allen Voraussetzungen der Patentierbarkeit genügende Erfindung vorliegen, diese muß mit der entnommenen Erfindung identisch sein, und das Patent, gegen das eingesprochen wird, muß wirklich auf der Kenntnis der entnommenen Erfindung beruhen (und nicht nur durch diese angeregt worden sein). Bei Klärung dieser Sachverhalte entstehen in der Praxis regelmäßig mannigfache und zum Teil schwierige Fragen.

Es wurde schon darauf hingewiesen, daß der erfolgreich Einsprechende die Priorität der früheren Anmeldung des widerrufenen Patents für eine eigene entsprechende Anmeldung in Anspruch nehmen kann (vgl. im vorhergehenden Abschnitt S. 219).

4. *Der Erfinder und seine Rechte*

Die Erfindung erzeugt Rechte verschiedener Art, von denen das schließlich entstehende Patentrecht das wichtigste ist. Erfinder, und damit Träger der Rechte, ist, wer die Erfindung als erster ersonnen und mitgeteilt hat. Haben mehrere gemeinsam eine Erfindung gemacht, so stehen ihnen die Rechte an der Erfindung gemeinschaftlich zu (gemäß § 6 Satz 2 PatG). Aus alledem wird klar, daß nur einzelne menschliche Individuen (natürliche Personen) – und nicht juristische Personen – Erfinder sein können. Juristische Personen können jedoch die Rechte an einer Erfindung erwerben und zum Patent anmelden.

Die *Rechte*, die dem Erfinder zukommen, gewähren ähnlich wie im Urheberrecht Schutz in zweierlei Hinsicht. Einmal werden die ideellen *persönlichkeitsrechtlichen* Interessen des Erfinders, die sich aus seiner Beziehung zu der Erfindung ergeben, geschützt; Schutzgegenstand ist insofern die sogenannte Erfinderehre. Zweitens dient der Schutz den materiellen *vermögensrechtlichen* Erfinderinteressen.

a) Das Recht an der Erfindung
(Allgemeines Erfinderrecht)

Im einzelnen ergeben sich von der Vollendung einer Erfindung bis zur Erteilung des zugehörigen Patents verschiedene Rechtsphasen. Am Anfang steht das Recht an der Erfindung, auch Allgemeines Erfinderrecht genannt. Dieses Recht fließt dem Erfinder mit der Entstehung seiner Erfindung ohne Erfüllung irgendwelcher Formalitäten zu.

aa) Die persönlichkeitsrechtlichen Elemente

Schon hier treten sowohl persönlichkeitsrechtliche wie vermögensrechtliche Elemente auf. Speziell die persönlichkeitsrechtlichen Elemente fußen auf dem allgemeinen Persönlichkeitsrecht des Grundgesetzes (gemäß Artikel 1 und 2 GG) und als „sonstiges Recht" auch auf § 823 BGB. Das Persönlichkeitsrecht ist – auch in seinen konkreten Fixierungen ab Beginn des Patenterteilungsverfahrens im Patentgesetz – ein absolutes Recht, weil es sich gegen jeden Dritten wendet (zum Patenterteilungsverfahren vgl. unten Abschnitt „Die Patentanmeldung als Voraussetzung der Entstehung des Anspruchs", S. 222 ff.). Das Persönlichkeitsrecht enthält insbesondere das Recht des Erfinders, daß sein Name in Verbindung mit der Erfindung überhaupt und richtig genannt wird, und ferner die Rechte über das Ob, Wann und Wie der Bekanntgabe der Erfindung. Das Persönlichkeitsrecht ist ferner ein höchstpersönliches Recht, das nicht auf andere übertragen oder veräußert und nicht gepfändet werden kann.

bb) Das Recht auf das Patent als wichtigstes Vermögensrecht

Ein vermögensrechtliches Element des Rechts an der Erfindung ist unter anderem das Recht des Erfinders, seine Erfindung zu benutzen. Praktisch bedeutsamer ist ein anderes diesbezügliches Recht: „Das Recht auf das Patent hat der Erfinder oder sein Rechtsnachfolger" (§ 6 Satz 1 PatG). Sie allein sind berechtigt, ein Patent anzumelden und zu erhalten. Das Erfindervermögensrecht ist zwar auch ein absolutes Recht, gewährt jedoch in dieser Phase gegenüber anderen Benutzern der Erfindung kein Verbietungsrecht und ist insofern ein „unvollkommen absolutes" Recht. Im übrigen ist es – anders als das Persönlichkeitsrecht – vererblich, kann auf andere übertragen werden und Gegenstand von Lizenzen sein (gemäß § 15 Abs. 1 und 2 PatG). Daraus folgt, daß das Erfindervermögensrecht bereits *unmittelbar nach* Entstehung der Erfindung noch vor der Anmeldung zum Patent und auch später in allen Phasen des Patenterteilungsverfahrens vererblich und übertragbar ist. Dies hat in der Praxis nicht geringe Bedeutung, ebenso wie der Umstand, daß sogar *vor* Entstehung von Erfindungen die zugehörigen Vermögensrechte übertragen werden können; das geschieht z. B. in sog. Entwicklungsverträgen zwischen Unternehmungen und (potentiellen) Erfindern.

b) Der Anspruch auf Erteilung des Patents

aa) Allgemeines

Wird die Erfindung zum Patent angemeldet, so entsteht ein Anspruch auf Erteilung des Patentes, wobei aus Zweckmäßigkeitsgründen „der Anmelder" als dazu berechtigt gilt (§ 7 Abs. 1 PatG). Um hier den Anspruch des wirklichen Erfinders zu schützen, hat der Anmelder innerhalb einer bestimmten Frist den oder die Erfinder zu benennen und zu versichern, daß weitere Personen seines Wissens an der Erfindung nicht beteiligt sind. Ist er nicht oder nicht allein der Erfinder, so muß er auch angeben, wie der Patenterteilungsanspruch (etwa rechtsgeschäftlich) an ihn gelangt ist (§ 37 Abs. 1 PatG). Fristversäumnis sowie unrechtmäßige Anmeldung haben verschiedene Rechtsfolgen (Erlöschung des Patents, zivilrechtlicher Anspruch des Erfinders usw.). Die Pflicht zur Nennung des Erfinders wird auch teilweise persönlichkeitsrechtlich gedeutet, um darzutun, daß das mit der Patentanmeldung beginnende Patenterteilungsverfahren sogar ausdrücklich einen Schutz des Erfinderpersönlichkeitsrechts vorsehe[21].

Der Anspruch auf Erteilung des Patents ist im übrigen vermögensrechtlicher Natur; auch er kann somit auf andere übertragen werden.

bb) Die Patentanmeldung als Voraussetzung
der Entstehung des Anspruchs

Eine schriftliche Anmeldung des Patentsuchers setzt das Patenterteilungsverfahren in Gang (vgl. hierzu und zu dem folgenden § 35 PatG)[22]. Die Anmeldung muß einen *Antrag auf Patenterteilung* enthalten, in dem die Erfindung kurz und genau bezeichnet ist. Ferner muß angegeben sein, was als patentfähig unter Schutz gestellt werden soll; dieser sog. *Patentanspruch,* dessen endgültige Formulierung häufig erst während des Verfahrens in Zusammenarbeit mit dem Prüfer zustande kommt, ist von großer Bedeutung, weil er den Schutzbereich des Patents und der Patentanmeldung bestimmt (vgl. dazu § 14 PatG). Ebenso wichtig ist die beizufügende schriftliche *Beschreibung der Erfindung;* mit ihr wird die Erfindung offenbart. Diese Offenbarung ist nicht nur eine materielle Voraussetzung der Patentierbarkeit, sondern begrenzt auch ein für allemal den Patentschutz. Die Offenbarung muß so deutlich und vollständig sein, daß ein zuständiger Durchschnittsfachmann mit seinem Wissen und Können sie ausführen kann, ohne daß weitere erfinderische Gedanken erforderlich wären. Schließlich muß die Anmeldung noch die *Zeichnungen* enthalten, auf die sich die Patentansprüche oder die Beschreibung beziehen.

Zunächst wird die Patentanmeldung von Amts wegen, und zwar nur auf offensichtliche Formmängel, geprüft (gemäß § 42 PatG); diese *Offensichtlichkeitsprüfung* bezieht sich z. B. darauf, ob der Anmeldungsgegenstand eine Erfindung ist, gewerb-

---

[21] Als weitere das Erfinderpersönlichkeitsrecht begründende Bestimmung des Patentgesetzes ist § 63 Abs. 1 anzusehen. Ihm zufolge ist auf der „Offenlegungsschrift" (§ 32 Abs. 2 PatG), auf der „Patentschrift" (§ 32 Abs. 3 PatG) sowie in der „Veröffentlichung der Erteilung des Patents" (§ 58 Abs. 1 PatG) der Erfinder zu benennen. Diese Schriften bzw. Veröffentlichung werden noch im folgenden an gehöriger Stelle erwähnt.

[22] Die in § 35 PatG genannten Erfordernisse der Anmeldung einer Erfindung sind in einer besonderen Verordnung präzisiert. Vgl. Anmeldebestimmungen für Patente vom 30. Juli 1968 (BGBl. I S. 1004) i. d. F. der Änderungsverordnung vom 22. Dezember 1976 (BGBl. I S. 217) und der VO zur Änderung der Anmeldebestimmungen vom 28. April 1978 (BGBl. I S. 629).

liche Anwendung erlaubt, nicht mit Rücksicht auf die öffentliche Ordnung oder die guten Sitten unpatentierbar ist usw. – 18 Monate später werden sodann die Unterlagen der Anmeldung (formulierter Patentanspruch, Erfindungsbeschreibung und zugehörige Zeichnungen) durch das Patentamt in vervielfältigter Form als *Offenlegungsschrift* veröffentlicht (gemäß § 32 PatG). Zugleich erfolgt im Patentblatt ein Offenlegungshinweis, von dessen Veröffentlichung an der Anmeldungsgegenstand einen vorläufigen Schutz genießt (Begründung eines Entschädigungsanspruchs des Anmelders gegen unrechtmäßige Benutzer gemäß § 33 PatG).

Nur auf Antrag des Patentsuchers oder eines beliebigen Dritten kann ein nächster Schritt des Patentamtes darin bestehen, die veröffentlichten Druckschriften zu ermitteln, die für die Beurteilung der Patentfähigkeit der angemeldeten Erfindung in Betracht zu ziehen sind (gemäß § 43 PatG). Mit dieser sogenannten *Neuheitsrecherche* wird der Stand der Technik ermittelt und somit dem Anmelder sowie der Öffentlichkeit Gelegenheit geschaffen, die Aussichten auf Patentierung zu schätzen. Um die Öffentlichkeit zur Angabe einschlägiger Druckschriften zu veranlassen, wird der Eingang des Antrages im Patentblatt veröffentlicht.

Gleichgültig, ob die Neuheitsrecherche beantragt worden ist oder nicht, kann das Patentamt ferner – und zwar wiederum nur auf Antrag des Patentsuchers oder eines beliebigen Dritten – dazu veranlaßt werden, eine umfassende und daher aufwendige *Anmeldungs- und Patentfähigkeitsprüfung* zu veranstalten, die sich im Unterschied zu der weiter oben erwähnten, von Amts wegen unternommen Offensichtlichkeitsprüfung nunmehr auf alle formalen Erfordernisse sowie auf die materielle Patentfähigkeit der Erfindung erstreckt (vgl. § 44 PatG). Gegebenenfalls wird das Ergebnis einer Neuheitsrecherche mitverwendet. Für die Beantragung dieser weitergehenden Prüfung hat der Antragsteller – gerechnet ab Anmeldungszeitpunkt – 7 Jahre Zeit. Inzwischen ist sein Zeitvorrang (Priorität) gewahrt, und er kann die Nutzungsmöglichkeiten der Erfindung untersuchen; verspricht die Erfindung insofern keine Aussichten, erübrigt sich die (gebührenpflichtige) Prüfung überhaupt. Kommt das Prüfungsverfahren erst in Gang, so kann es nur durch Zurücknahme der Anmeldung beendet werden[23].

Die Anmeldung des Patentsuchers kann entweder aufgrund der Offensichtlichkeitsprüfung oder der Anmeldungs- und Patentfähigkeitsprüfung zurückgewiesen werden, falls gerügte Anmeldungsmängel nicht beseitigt werden oder eine patentfähige Erfindung nicht vorliegt (gemäß § 48 PatG). Genügt jedoch die Anmeldung allen formalen und materiellen Bedingungen, so beschließt die Prüfungsstelle die *Erteilung des Patents* (vgl. § 49 Abs. 1 PatG). Die Patenterteilung wird im Patentblatt veröffentlicht mit der Folge, daß die gesetzlichen Wirkungen des Patents eintreten; gleichzeitig wird die *Patentschrift* als solche veröffentlicht (vgl. § 58 Abs. 1 PatG). Um dem Anmelder Zeit für Vorbereitungen zu einer wirtschaftlichen Nutzung der Erfindung zu verschaffen, wird ihm die Möglichkeit geboten, die Aussetzung des Erteilungsbeschlusses bis zu 15 Monaten zu beantragen (gemäß § 49 Abs. 2 PatG). Das sog. Geheimpatent – Patent für eine Erfindung, die ein Staatsgeheimnis ist – unterliegt besonderen Bestimmungen (§§ 50 ff. PatG); bei ihm unterbleibt jede Veröffentlichung.

Innerhalb von 3 Monaten nach der Veröffentlichung der Erteilung des Patents kann jeder gegen das Patent Einspruch erheben (gemäß § 59 Abs. 1 PatG); wurde der wesentliche Patentinhalt den Unterlagen, Einrichtungen usw. eines anderen wider-

---

[23] Das Prüfungsverfahren wird also nicht einfach dadurch beendet, daß der Antrag auf Prüfung zurückgenommen wird (§ 44 Abs. 5 PatG). Die Vorschrift soll verhindern, daß zu diesem Zeitpunkt der Abbruch der Prüfung aus taktischen Erwägungen geschieht.

rechtlich entnommen (vgl. dazu § 21 Abs. 1 Ziffer 3 PatG), so kann nur dieser einsprechen. Sonst sind Einspruchsgründe solche der allgemeinen Patentunfähigkeit wie fehlende Neuheit, gewerbliche Unanwendbarkeit, Unausführbarkeit und andere (vgl. dazu im einzelnen § 59 Abs. 1 mit der Verweisung auf § 21 und ferner §§ 1 bis 5 PatG). Dieses nachgeschaltete Einspruchsverfahren führt zu einer erneuten Prüfung durch das *Patentamt;* gegen dessen abschließende Entscheidung kann jeder Beteiligte – sowohl Patentinhaber wie Einsprechender – an das Bundespatentgericht Beschwerde einlegen. Wiederum gegen dessen Entscheidung kann (gemäß § 100 PatG) bei Vorliegen bestimmter Gründe Rechtsbeschwerde an den *Bundesgerichtshof* zugelassen werden, der die Entscheidung nur auf Rechtsfehler prüft.

c) Das Recht aus dem Patent (Patentrecht)

aa) Die Wirkung des Patents

Das Patent hat die Wirkung, daß allein der Patentinhaber befugt ist, die patentierte Erfindung zu benutzen (§ 9 Satz 1 PatG). Neben dieses alleinige umfassende *Benutzungsrecht* treten noch ausdrückliche *Verbote* für Dritte, ohne Erlaubnis des Patentinhabers den Patentgegenstand herzustellen, anzubieten, in Verkehr zu bringen, zu gebrauchen oder zu den genannten Zwecken entweder einzuführen oder zu besitzen (gemäß § 9 Satz 2 PatG); verboten ist dabei stets die – weit auszulegende – *gewerbsmäßige* Benutzung (die Benutzung zu persönlichen Zwecken oder zu häuslichem Gebrauch ist nicht untersagt; gemäß § 11 Ziffer 1 PatG). Beide Rechte – das Benutzungsrecht und das aus den Verboten folgende Abwehrrecht – ergeben zusammen für den Patentinhaber ein umfassendes, absolutes Recht; es bewirkt, daß der Patentinhaber jedem anderen die Benutzung des Patentgegenstandes verbieten kann. Nach dem Territorialitätsgrundsatz (vgl. auch § 10 PatG) ist die Wirkung des deutschen Patents auf die Bundesrepublik Deutschland und Berlin (West) beschränkt[24].

Bei den hier genannten Verboten differenziert das Gesetz (in § 9) gemäß den früher erörterten Unterscheidungen in Sacherfindungen und Verfahrenserfindungen (vgl. oben S. 210ff.). Patentierte *Sacherfindungen,* das heißt als solche geschützte körperliche Erzeugnisse, darf ein Dritter nicht herstellen, gleich auf welchem Weg (nach welchem Herstellungsverfahren) er dies möchte; im übrigen sind hier auch das Anbieten, Inverkehrbringen oder Gebrauchen sowie das Einführen oder Besitzen zu diesen Zwecken verboten[25].

---

[24] Beim europäischen Patent, das für mehrere Staaten erteilt werden kann, wird die Wirkung ebenfalls jeweils auf den einzelnen Staat beschränkt. Dagegen das sog. Gemeinschaftspatent ist als einheitliches Patent für das gesamte Gebiet der EG-Staaten konzipiert.

[25] *Herstellen* umfaßt die gesamte Fertigungstätigkeit auf allen Produktionsstufen, nicht aber das übliche Reparieren.
Anbieten geschieht z. B. durch Werben in Anzeigen oder durch Ausstellen in Schaufenstern oder Verkaufsräumen.

Bei *Verfahrenserfindungen* jener Art, wo zugleich auch ein neues Erzeugnis entsteht (speziell Herstellungserfindung genannt), gelten für diese Erzeugnisse die gleichen Verbote wie für als solche geschützte Erzeugnisse (gemäß § 9 Satz 2 Ziffer 3 PatG). Bedeutende Anwendungsfälle sind hier chemische und pharmazeutische Produkte, bei denen regelmäßig schwer erkennbar ist, nach welchem Verfahren sie hergestellt wurden; bis zum Beweis des Gegenteils gilt ein gleiches von einem anderen hergestelltes Erzeugnis als nach dem patentierten Verfahren hergestellt (Umkehrung der Beweislast zuungunsten eines beklagten Verletzers gemäß § 139 Abs. 3 PatG).

Bezüglich des geschützten Verfahrens an sich, gleich ob es neue Erzeugnisse hervorbringt oder nicht (im letzten Fall spricht man speziell von Arbeitserfindung), gilt stets, daß seine Anwendung oder auch schon das Anbieten der Anwendung durch einen Dritten verboten ist (gemäß § 9 Satz 2 Ziffer 2 PatG).

bb) Beschränkungen der Wirkung des Patents

Die vorgeschilderte Wirkung des Patents wird vom Gesetz gewissen Einschränkungen unterworfen, um einen Ausgleich mit Interessen teils privaten, teils öffentlichen Charakters herbeizuführen. So ist, wie schon angedeutet, die Benutzung geschützter Erfindungen zu nicht gewerblichen, also *persönlichen Zwecken* oder zu häuslichem Gebrauch erlaubt (vgl. dazu und zu dem folgenden § 11 PatG). Im Interesse des internationalen Verkehrs ist weiter bestimmt, daß sich die Patentwirkungen nicht auf patentierte Teile von Einrichtungen in *Wasser-, Luft- und Landfahrzeugen,* die vorübergehend oder zufällig in den Geltungsbereich des Patentgesetzes gelangen, erstrecken.

Beschränkungen der Patentwirkung können ferner durch Verwaltungsakte angeordnet werden, um die Erfindung im Interesse der *öffentlichen Wohlfahrt oder Sicherheit* zu benutzen (gegen angemessene Vergütung; vgl. § 13 PatG).

Das Gesetz sieht auch eine *Zwangslizenz* vor (§ 24 PatG). Weigert sich der Patentinhaber, die Benutzung der Erfindung einem anderen gegen Zahlung

---

Das dem gewerbsmäßigen Anbieten gewöhnlich vorausgehende *Inverkehrbringen* heißt, die geschützte Erfindung z.B. auf den Wegen des Kaufs, der Miete, der Leihe usw. einem „Vierten" zugänglich zu machen, so daß dieser die Erfindung nutzen kann.
Gebrauchen bedeutet die unmittelbare Verwendung des Gegenstandes bzw. Anwendung des Verfahrens.
Einführen ist das Verbringen von Sachen aus fremden Wirtschaftsgebieten in die Bundesrepublik Deutschland oder nach Berlin (West).
Unter *Besitz* wird die tatsächliche (von der rechtlichen Zuordnung unabhängige) Herrschaft einer Person über eine Sache verstanden.

einer angemessenen Lizenzgebühr zu gestatten, so ist diesem, wenn die Erlaubnis im öffentlichen Interesse liegt, die Befugnis zur Benutzung zuzusprechen. Eine Zwangslizenz hat es seit dem letzten Krieg nicht in einem Fall gegeben.

Von größerer praktischer Bedeutung ist eine Beschränkung der Patentwirkung, durch die verhindert werden soll, daß wirtschaftliche Werte durch die nachträgliche Erteilung eines Patents an einen anderen vernichtet werden. Es handelt sich um das sog. *Vorbenutzungsrecht* (gemäß § 12 PatG). Wer im Inland zur Zeit der Anmeldung eines Patents bereits die Erfindung gewerblich benutzt (hergestellt, angeboten, in Verkehr gebracht, gebraucht) oder wenigstens ernsthaft die dazu erforderlichen Veranstaltungen getroffen hatte, darf die Erfindung für eigene Zwecke in den eigenen Werkstätten (gegebenenfalls auch in fremden Werkstätten, wenn er dort einen bestimmenden wirtschaftlichen Einfluß hat) weiter ausnutzen. Die Befugnis kann nur zusammen mit dem Betrieb vererbt oder veräußert werden, ist also – um ein Auswuchern dieses Privilegs zu vermeiden – betriebsgebunden.

5. *Erfindung und Patent im Wirtschaftsverkehr*

a) Die Übertragung von Rechten

Das Recht auf das Patent, der Anspruch auf Erteilung des Patents und das zuletzt behandelte Recht aus dem Patent sind vererblich und beschränkt oder unbeschränkt auf andere übertragbar (gemäß § 15 Abs. 1 PatG)[26]. Das gilt jedoch nur für die vermögensrechtlichen (und nicht auch persönlichkeitsrechtlichen) Bestandteile der Rechte.

Zu der meist unbeschränkten Übertragung, also vollständigen Übergabe der Rechte an andere kommt es, wenn der Erfindungs- oder Patentinhaber seine Leistung in keiner Weise selbst praktisch verwerten will oder kann. Der Übertragung liegen in der Regel sogenannte obligatorische Grundgeschäfte zugrunde wie Einbringung in eine Gesellschaft, Schenkung, Tausch, vor allem aber der Kauf (gemäß § 433 Abs. 1 BGB). Durch Kauf geht das Schutzrecht mit allen Rechten und Pflichten gewöhnlich gegen Zahlung eines Pauschalpreises – unter Umständen in mehreren Raten zahlbar – auf den Käufer über. Da der Kauf besonders für den Käufer in der Regel ein Wagnisgeschäft ist, ist es heute üblich, vor Abschluß des Kaufvertrages einen Vor- oder Optionsvertrag zu schließen, der die Rechtsbeziehungen für die Zwischenzeit regelt[27].

---

[26] Die sog. Übertragung der Rechte erfolgt durch formlose einfache Abtretung gemäß den §§ 413, 398 BGB. Auf Antrag werden die Übertragung eines Patents und die Einräumung einer ausschließlichen Lizenz (vgl. dazu die folgenden Ausführungen) in die Patentrolle eingetragen (gemäß §§ 30 Abs. 2, 34 PatG).

b) Die Vergabe von Lizenzen

Will der Erfindungs- oder Patentinhaber sich nicht so gründlich von seinen Rechten trennen, so kann er anderen gestatten, die Erfindung in bestimmtem Umfang zu nutzen; dabei wird das Patentrecht selbst nicht übertragen, sondern verbleibt in der Verfügungsmacht des Erfindungs- oder Patentinhabers. Stattdessen werden Lizenzen vergeben (gemäß § 15 Abs. 2 PatG).

aa) Zwangslizenz und Erklärung der Lizenzbereitschaft als Sonderfälle

Der Vollständigkeit halber sind zuerst zwei Sonderfälle der Lizenz zu erwähnen. Der eine ist die bereits erwähnte *Zwangslizenz* (vgl. oben „Beschränkungen der Wirkung des Patents", S. 225), die wegen öffentlichen Interesses auf Antrag vom Patentamt zuzusprechen ist. Sie ist erst nach Erteilung des Patents zulässig und verschafft einem anderen die Befugnis zur Benutzung der Erfindung.

Die zweite Sonderform beruht auf der sogenannten *Lizenzbereitschaft* (gemäß § 23 PatG). Danach kann ein Erfindungs- oder Patentinhaber sich dem Patentamt gegenüber bereiterklären, jedermann die Benutzung der Erfindung gegen angemessene Vergütung zu gestatten (dafür ermäßigen sich für ihn die Patentgebühren auf die Hälfte). Die Erklärung ist unwiderruflich; sie wird in die Patentrolle eingetragen und einmal im Patentblatt veröffentlicht.

bb) Normalformen der Lizenz

Das normale Lizenzverhältnis wird jedoch durch besondere Vereinbarung für jeden Einzelfall begründet. Die Lizenz entsteht dabei durch einen formfreien Vertrag, so daß nahezu unbegrenzt viele verschiedenartige Gestaltungsmöglichkeiten denkbar sind. Obwohl der Lizenzvertrag wirtschaftlich den BGB-Verträgen über die Einräumung von Teilrechten beim Sacheigentum – z.B. Miete oder Pacht – ähnlich ist, gilt er rechtlich als mit ihnen nicht genau vergleichbar; danach ist er ein Vertrag eigener Art.

α) Einfache und ausschließliche Lizenz

Die Erlaubnisse zur Benutzung von Erfindungen können als ausschließliche oder nicht ausschließliche (sog. einfache) Lizenzen vergeben werden (gemäß § 15 Abs. 2 PatG).

---

[27] Für die praktische Gestaltung patentrechtlicher Verträge vgl. *Habersack*, Hans-Jörg: Erfindungsverwertung, 5. Aufl. Bad Wörishofen 1982.

Die *einfache Lizenz* ist dadurch gekennzeichnet, daß dem Lizenznehmer nur obligatorische Rechte zustehen; Verbietungsrechte (gemäß §§ 9 bis 13 PatG) hat er nicht, so daß er nicht selbständig gegen Patentverletzer vorgehen kann. Das bleibt vielmehr Sache des Lizenzgebers, der im übrigen die volle Nutzung der Erfindung behält und sie entweder selbst auch benutzen oder weitere Lizenzen vergeben kann.

Bei der *ausschließlichen Lizenz* verbleibt die Erfindung zwar grundsätzlich beim Lizenzgeber, jedoch wird die Verwertung vollständig einem Lizenznehmer überlassen; der Lizenzgeber hat in der Regel nicht einmal ein eigenes Benutzungsrecht. Die ausschließliche Lizenz ist ein absolutes Recht, das dem Lizenznehmer die Erteilung von Unterlizenzen erlaubt. Auch kann er selbständig und im eigenen Namen gegen Patentverletzer vorgehen.

Eine ausschließliche Lizenz kann übrigens nicht mehr erteilt werden, wenn die Lizenzbereitschaft erklärt worden ist (vgl. oben Abschnitt „Zwangslizenz und Erklärung der Lizenzbereitschaft als Sonderfälle", S. 227, sowie § 34 Abs. 2 PatG).

In der Praxis sind einfache und ausschließliche Lizenz oft schwer und nur anhand verschiedener Anhaltspunkte durch Auslegung des Vertrags zu unterscheiden.

β) Beschränkte und unbeschränkte Lizenz

Sowohl die einfache wie die ausschließliche Lizenz kann entweder als beschränkte oder als unbeschränkte Lizenz vergeben werden.

Die beschränkte Lizenz kann *zeitlich* befristet sein (im Zweifel gilt sie als für die Dauer des Patents erteilt). Eine Beschränkung ist ferner *räumlich* möglich (Bezirkslizenz). Auch kann die *Menge* begrenzt sein. Weiter ist denkbar, daß die Lizenz an eine bestimmte *Person* oder an einen bestimmten *Betrieb* gebunden ist (Betriebslizenz). Häufig ist die technische Beschränkung auf ein bestimmtes *Anwendungsgebiet* oder auf eine bestimmte *Produktionsweise*. Die Lizenz kann endlich auf bestimmte *Verwertungsarten* beschränkt sein, z. B. auf die Benutzung zur Herstellung (Herstellungslizenz; naturgemäß ist damit aber gewöhnlich auch der Vertrieb der Erzeugnisse erlaubt), zum Vertrieb (Vertriebslizenz), zum Import (Einführungslizenz), usw.

Wie kaum erwähnt zu werden brauchte, enthält die unbeschränkte Lizenz keinerlei solche Beschränkungen.

γ) Allgemeine Vertragspflichten

Allgemein übernimmt der *Lizenzgeber* die Pflicht, dem Lizenznehmer die Benutzung der Erfindung in dem vereinbarten Umfang zu gestatten. Dabei haftet er einmal überhaupt dafür, über die Rechte frei verfügen zu können. Ferner haftet er für den rechtlichen Bestand der Erfindung zumindest bei Vertragsabschluß. Voraussetzung für den Bestand ist bei Patenten unter anderem, daß der Lizenzgeber die bei Beginn des dritten Laufjahres einsetzenden Jahresgebühren an das Patentamt gezahlt hat, zahlt oder zahlen wird. Ein stets drohender Rechtsmangel, der aber vertraglich ausgeschlossen werden kann, ist ein später bekanntwerdendes Vorbenutzungsrecht eines anderen (vgl. dazu oben S. 226). Die Haftung des Lizenzgebers erstreckt sich des weiteren auf die Ausführbarkeit (technische Brauchbarkeit) der Erfindung, übrigens auch – falls vertraglich zugesichert – für die behaupteten Eigenschaften. Wenn auf dem Gebiet der Erfindung verbindliche Bau- und/oder Prüfungsvorschriften öffentlich-rechtlicher Art bestehen (wie bei Heizkesseln), haftet der Lizenzgeber dafür, daß die Erfindung diesen Anforderungen genügt. Nicht jedoch haftet er für die Neuheit und ebenso wenig für die wirtschaftliche Verwertbarkeit. Im übrigen ist häufig vereinbart, daß der Lizenzgeber den Lizenznehmer in der Benutzung der Erfindung zu unterrichten und ihm möglicherweise für die gesamte Vertragsdauer Erfahrungen und Verbesserungen mitzuteilen habe.

Auch dem *Lizenznehmer* kann vertraglich der ständige Erfahrungsaustausch auferlegt sein. Er ist übrigens grundsätzlich nicht zur Benutzung der Erfindung gehalten, es sei denn, der Vertrag sieht dies ausdrücklich vor (sog. *Verlagslizenz*). Allerdings ist im Zweifel stets dann eine Nutzungsverpflichtung anzunehmen, wenn die vereinbarte Vergütung (Lizenzgebühr) vom Umfang der Nutzung abhängt, oder wenn eine ausschließliche Lizenz erteilt wird.

Nutzt der Lizenznehmer die Erfindung, so hat er vor allem die Pflicht, die Lizenzgebühr zu zahlen.

δ) Möglichkeiten zur Berechnung der Lizenzgebühr

Für die Berechnung der Lizenzgebühr bestehen vielfältige Möglichkeiten. Bei der *Pauschallizenz* wird die Zahlung einer Pauschale vereinbart, die entweder als einmalige Abfindung für die Lizenz zu leisten ist oder als periodisch (z. B. jährlich) wiederkehrende Gebühr in gleicher oder veränderlicher Höhe.

Üblich sind jedoch Lizenzgebühren, die vom Umfang der Nutzung der Erfindung abhängen. Bei der (häufigen) *Stücklizenz* erhält der Lizenzgeber einen festen Betrag für jedes mittels der Erfindung hergestellte und/oder verkaufte Erzeugnisexemplar. Bei der *Quotenlizenz* wird die Gebühr als verhältnismäßiger Anteil – als Quote – fällig. Der Anteil kann vom Umsatz zu berechnen sein *(Umsatzlizenz);* die Gebühr wird entweder als Prozentsatz vom Erlös (Kaufpreis) je Erzeugniseinheit oder vom Gesamtumsatz aller lizensierten Erzeugnisse errechnet. Der Lizenzgeber kann aber auch prozentual am Gewinn beteiligt werden *(Gewinnlizenz)*, entweder am Gewinn je Stück oder am periodischen Gesamtgewinn, soweit dieser von den Lizenzerzeugnissen erzielt worden ist. Besonders bei allen vom Gewinn abhängigen Gebührenregelungen sind genaue Vereinbarungen über Art und Zusammensetzung der Bezugsgröße (z.B. darüber, welche der mehreren möglichen Gewinngrößen zugrunde zu legen ist, welcher Aufwand oder welche Kosten als einbezogen gelten, usw.) nötig. Quotenlizenzen werden häufig mit einer Mindestlizenzgebühr kombiniert: entweder ist die Mindestgebühr stets zu zahlen oder sie wird nur fällig, wenn überhaupt ein Absatz erzielt worden ist.

Als *Lizenz-Lizenz* läßt sich der seltenere Fall bezeichnen, wo die Gegenleistung des Lizenznehmers für eine überlassene Lizenz darin besteht, daß er seinerseits eine Lizenz für eine eigene Erfindung erteilt. Ferner kommt die *Gratislizenz* vor; hier verzichtet der Lizenzgeber überhaupt auf eine Gebühr (z.B. um die Erhebung einer Nichtigkeitsklage durch den Lizenznehmer zu vermeiden).

c) Patentnutzung durch Gesellschafteraufnahme oder Unternehmungskauf

Es ist noch zu erwähnen, daß sich die Benutzung einer Erfindung auch dadurch sichern läßt, daß der Interessierte den Erfindungsinhaber z.B. als *Gesellschafter* in seine Unternehmung aufnimmt oder auch, indem er eine Unternehmung, die entsprechende Patente besitzt, *kauft*.

d) Die Pseudolizenz

Der Vollständigkeit halber sollen noch Vertragsverhältnisse erwähnt werden, die sich vor allem mit ausländischen Partnern ergeben können. Es handelt sich um *Know-how-Verträge*, auch Pseudolizenzen genannt.

Bundesdeutsche Patente wirken bekanntlich wegen des Territorialitätsgrundsatzes nicht im Ausland. Eine andere normale Lizenzvergabe an ausländische Interessenten kann aus verschiedenen Ursachen unmöglich sein: entweder sind rechtzeitige ausländische Patentanmeldungen bewußt oder unbewußt versäumt worden, oder tatsächlich erworbene Auslandspatente sind bereits abgelaufen; auch gibt es Fälle, wo das betreffende Ausland – in der Regel ein Entwicklungsland – überhaupt keinen Immaterialgüterschutz kennt. Dennoch kann in dem Ausland ein Interesse am Erwerb des mit einer Erfindung verbundenen Know-hows bestehen, z.B. an den Fragen, mit welchen Maschinen mit welchen Einstellungen und Drehzahlen zweckmäßig zu arbeiten ist, welche Werkzeuge und Hilfsstoffe günstig zu verwenden sind, an welchen Stellen der Fertigung gewisse entscheidende Eingriffe und/oder Zutaten sinnvoll eingeschaltet werden sollten usw. Dann kann es zu Verträgen kommen, die in der Praxis ebenfalls als Lizenzen bezeichnet werden, obwohl kein Schutzrecht zugrunde liegt. In der Regel verpflichtet sich der Geber einer solchen Lizenz zusätzlich zu sonst üblichen Lizenzvertragsbestimmungen zu besonders ausführlichen Mitteilungen von Fertigungs- und Betriebserfahrungen, zu laufender Beratung, zur Bekanntgabe von Lieferanten einschlägiger Materialien und Teile, zur Ausbildung von Arbeitnehmern des Lizenznehmers im inländischen Betrieb des Lizenzgebers usw. Nicht garantieren kann er den Ausschluß von Verletzungen des Vertragsgegenstandes und deren rechtliche Verfolgung, da ja die Grundlagen eines ordentlichen Rechtsschutzes fehlen.

Andererseits wird der Lizenznehmer wegen der labilen speziellen Rechtssituation und auch wegen der möglicherweise in dem betreffenden Ausland allgemein unbefriedigenden Rechtsausprägung häufig dazu verpflichtet, das Entgelt in Form einer hohen Einmalvergütung zu leisten (z.B. in Höhe fiktiver Stückgebühren für zehn Jahre zuzüglich des Ersatzes der bei derartigen Auslandslizenzen gewöhnlich hohen Kosten für den Vertragsabschluß).

6. Die Dauer des Patentrechts

Die Schutzdauer des Patents beträgt in der Regel 20 Jahre ab Anmeldung der Erfindung (gemäß § 16 Abs. 1 PatG). Aus verschiedenen Ursachen erlischt das Patent früher, z.B. durch Verzicht des Patentinhabers, durch nicht rechtzeitige Entrichtung der Jahresgebühren (gemäß § 20 PatG), durch Rücknahme (gemäß § 24 Abs. 2 PatG), durch Widerruf (gemäß § 21 PatG) und durch Nichtigkeitserklärung (gemäß § 22 PatG). Das Erlöschen erfolgt für die Zukunft (ex nunc), bei Widerruf und Nichtigkeitserklärung rückwirkend (ex tunc).

II. Das Gebrauchsmusterrecht

1. Die Bedeutung des Gebrauchsmusterrechts

Ebenfalls zum Erfinderrecht gehört das Gebrauchsmusterrecht, das außer in Deutschland nur noch in elf anderen Staaten gleich oder ähnlich existiert[28]. Es ist dem Patentrecht verwandt und schützt ebenfalls technische

---

[28] In der Bundesrepublik Deutschland ist Hauptquelle das Gebrauchsmustergesetz (GebrMG) in der Fassung der Bekanntmachung vom 2. Januar 1968 (BGBl. I S. 24), zuletzt geändert durch das Gesetz über die Prozeßkostenhilfe vom 13. Juni 1980 (BGBl. I S. 677).

Erfindungen, wobei allerdings der Kreis der schutzfähigen Erfindungen in bestimmter Weise eingeengt ist. Ein Vorzug des Gebrauchsmusterrechts ist die einfache, rasch und mit geringen Kosten mögliche Anmeldung und Eintragung beim Patentamt. Das Eintragungsverfahren dauert praktisch nur 3 bis 6 Monate; demgegenüber erstreckt sich das Patenterteilungsverfahren – nicht zuletzt wegen verschiedener Prüfungen (auf Neuheit und/oder Patentfähigkeit; vgl. oben S. 223) – gegebenenfalls über mehrere Jahre. Vergleichbare Prüfungen kennt das Gebrauchsmusterrecht nicht; dies hat allerdings den Nachteil der Unsicherheit über den Bestand des Schutzrechts zur Folge. Als weiterer Nachteil soll sogleich die kurze Schutzdauer des Gebrauchsmusters erwähnt werden.

Ein weiterer Vorzug des Gebrauchsmusterrechts sind die geringeren Anforderungen, die an die Neuheit der Erfindung und – in der Regel – an die dabei aufgewendete erfinderische Tätigkeit, d.h. praktisch an die Erfindungshöhe, gestellt werden (vgl. dazu oben S. 215f.).

Ferner ist das Gebrauchsmusterrecht von Interesse, weil es gewisse Lücken des Schutzes schließt, die das Patentgesetz aufweist. So ermöglicht insbesondere das Gebrauchsmusterrecht wirksam, in der Zeit während der Offenlegung der Erfindung in der Offenlegungsschrift (vgl. dazu oben S. 223) und der Patenterteilung gegen Verletzer vorzugehen. Auch kennt das Gebrauchsmusterrecht – anders als das Patentrecht – keine neuheitsschädliche offenkundige Benutzung *im Ausland* (vgl. dazu oben S. 215). Andererseits sichert es eine unbeschränkte, d.h. auch für *nationale* Ausstellungen geltende Ausstellungspriorität (vgl. dazu oben S. 215). Schließlich gilt für das Gebrauchsmusterrecht eine Beschreibung oder Benutzung durch den Erfinder, die innerhalb von sechs Monaten vor der Anmeldung erfolgt, nicht als neuheitsschädlich.

Wegen der genannten und anderer Vorzüge wird in der Praxis, falls es der Charakter der Erfindung erlaubt, üblicherweise neben dem Patent zugleich ein Gebrauchsmuster angemeldet. Dabei kann der Anmelder beantragen, daß die Eintragung in die Gebrauchsmusterrolle erst vorgenommen wird, wenn die Patentanmeldung erledigt ist (gemäß § 2 Abs. 6 GebrMG). Diese sog. *Gebrauchsmusterhilfsanmeldung* hat den Vorteil, daß die angemeldete Erfindung nicht vorzeitig bekannt wird, der Anmelder aber dennoch bei Zurückweisung der Patentanmeldung den Zeitvorrang (Priorität) des Anmeldetages für das Gebrauchsmuster behält. Im übrigen ist bei der Gebrauchsmusterhilfsanmeldung nur die Hälfte der Anmeldegebühr, die andere Hälfte erst vor der Eintragung zu entrichten.

Das Gebrauchsmusterrecht beruht auf etwa den gleichen Rechtsgrundsätzen, wie sie für das Patentrecht gelten und dort beschrieben wurden (vgl. oben „Das Patentrecht" S. 209ff.); daher verweist das Gesetz auch mehrfach auf das Patentgesetz.

2. Die gebrauchsmusterfähige Erfindung

Vom Gebrauchsmustergesetz werden Arbeitsgerätschaften oder Gebrauchsgegenstände oder Teile davon insoweit geschützt, als sie dem Arbeits- oder Gebrauchszweck durch eine neue Gestaltung, Anordnung oder Vorrichtung dienen sollen (gemäß § 1 Abs. 1 GebrMG). Diese Formulierung engt für das Gebrauchsmustergesetz den Bereich der schutzfähigen Erfindungen gegenüber dem Patentgesetz in mehrfacher Hinsicht und insgesamt nicht unbeträchtlich ein.

a) Die Raumform als Erfordernis

Zunächst ist Schutzgegenstand des Gebrauchsmustergesetzes also nur eine Erfindung, die sich auf eine Gestaltung, Anordnung oder Vorrichtung bezieht. Diese drei Bezeichnungen werden dahingehend interpretiert, daß es um die sog. Raumform geht. Bei der *Gestaltung* handelt es sich um die Form eines Einzelgegenstandes. Die *Anordnung* meint das räumliche Verhältnis mehrerer Teile eines Gegenstandes zueinander. Unter *Vorrichtung* ist jeder körperliche Gegenstand (Arbeits- oder Gebrauchsgegenstand) zu verstehen. Der Erfindungsgedanke muß sich in einer bestimmten räumlichen (dreidimensionalen) Ausbildung eines Gegenstandes manifestieren, die Erfindung muß dadurch charakterisiert sein, daß die technische Aufgabe des von ihr betroffenen Gegenstandes durch eine besondere Form seiner räumlichen Gestaltung erfüllt wird. Dabei ist allerdings nicht erforderlich, daß die im Gegenstand aufscheinenden erfinderischen Besonderheiten selbst dreidimensionale Form besitzen; sie müssen nur mit einer solchen verbunden sein.

Auch das Geschmacksmusterrecht schützt (bei sog. Modellen) die räumliche Formgebung, jedoch wird hier der Formgedanke nur bezüglich seiner optischen Wirkung auf Geschmackssinn und ästhetisches Empfinden des Betrachters geschützt (vgl. oben „Das Geschmacksmusterrecht", S. 204 ff.), dagegen das Gebrauchsmusterrecht stellt, wie anfangs bemerkt, auf die Fähigkeit der Raumform ab, dem Arbeits- oder Gebrauchszweck zu dienen.

Da Stoffe ohne feste Gestalt (z. B. Flüssigkeiten, Gase, Pulver, Granulate) als solche nicht räumlich geformt werden können, sind sie selbst nicht gebrauchsmusterfähig. Dagegen eignet sich eine Erfindung, die darauf gerichtet ist, bei einem körperlichen Gegenstand das bisher verwendete Material durch ein neues zu ersetzen (Stoffvertauschung), grundsätzlich zum Gebrauchsmuster.

b) Die Beschränkung auf Arbeitsgerätschaften, Gebrauchsgegenstände oder Teile davon

Nur Arbeitsgerätschaften oder Gebrauchsgegenstände oder Teile davon sind gebrauchsmusterfähig. Diese Formulierung engt den Kreis der schutzfähigen Erfindungen – teilweise auch gegenüber dem Patentgesetz – weiter ein.

Bei den genannten Gegenständen handelt es sich um Sachen. Daher können nur *Sacherfindungen* Gebrauchsmuster sein; mithin scheiden Verfahrenserfindungen (Herstellungs- und Arbeitserfindungen; vgl. zu den Begriffen oben „Das Patentrecht", S. 210ff.) aus.

Was ferner besonders die Bezeichnung *Arbeitsgerätschaften* betrifft, so handelt es sich um bewegliche Betriebsmittel wie Maschinen, Werkzeuge u. ä. Ursprünglich war es Sinn des Gesetzes, für kleinere einfache Arbeitsgeräte, Werkzeuge usw. einen Schutz zu schaffen. Heute ist es für die Schutzfähigkeit ohne Bedeutung, ob die Betriebsmittel einfach oder verwickelt aufgebaut und auch, ob sie klein oder groß sind. So können große und komplizierte Maschinen Gebrauchsmusterschutz erhalten. Den Begriff von Arbeitsgerätschaften sprengen jedoch (als solche unbewegliche) Gesamtanlagen mit einer Vielzahl selbständiger Maschinen und maschineller Anlagen; sie sind daher nicht gebrauchsmusterfähig.

Einschränkungen anderer Art enthält die Bezeichnung *Gebrauchsgegenstände*. Sie meint bewegliche Sachen, die dem Gebrauch des Menschen dienen. Auch hier scheiden wiederum unbewegliche Sachen (wie Gebäude und Brücken) für die Gebrauchsmusterfähigkeit aus. Dagegen sind die darin verbauten, vorher als selbständige bewegliche Sachen marktgehandelten Einzelgegenstände (z. B. Bausteine, Installationsteile) grundsätzlich gebrauchsmusterfähig; das gleiche gilt für Teile, die sich ohne Zerstörung vom Bauwerk trennen und wiederverwenden lassen.

Bezüglich der „Gebrauchsgegenstände" ist noch eine weitere Beschränkung zu erwähnen. Der in der Bezeichnung zum Ausdruck kommende Gebrauch begreift eine zeitlich längere Handhabung des Gegenstandes ein, nicht aber seinen sofortigen Verbrauch. Infolgedessen scheiden aus der Gebrauchsmusterfähigkeit Gegenstände, die zum sofortigen Verbrauch bestimmt sind, aus. Daher gehören nicht zu den Gebrauchsgegenständen z. B. Nahrungs- und Genußmittel, Tiere und Pflanzen. Doch treten dann Grenzfälle auf, wenn durch eine bestimmte räumliche Gestaltung gewisse Eigenschaften des Gegenstandes entweder vor dem bestimmungsgemäßen Verbrauch (bei der Lagerung, Verpackung, Versendung) oder auch während dieses Verbrauchs verbessert werden (z. B. bei Schokolade die Erhöhung der Bruchfestigkeit durch eine bestimmte Form der Schokoladentafel).

3. Die sachlichen Voraussetzungen für die Eintragung eines Gebrauchsmusters[29]

Auch für die vom Gebrauchsmustergesetz geschützten Erfindungen gilt die Voraussetzung, daß sie dem *Gebiet der Technik* angehören; die in einer Raumform in Erscheinung tretende Erfindung muß technisch neu sein. Wie beim Patentrecht ist darunter zu verstehen, daß die Erfindung auf dem Einsatz beherrschbarer Naturkräfte beruht.

Ferner gehören wiederum nicht *Entdeckungen, wissenschaftliche Theorien* und *mathematische Methoden,* also sog. Anweisungen an den menschlichen Geist, zu den schutzwürdigen Objekten. So sind z.B. Farbmarkierungen an Schlüsseleinsätzen nicht gebrauchsmusterfähig, weil sie sich an die menschliche Verstandstätigkeit richten.

Weiter wird für die Erfindung wie im Patentrecht die *Ausführbarkeit* verlangt. Dazu muß die Erfindung als eine „Lehre zum technischen Handeln" angesehen werden können, nach der der angegebene Erfolg hinreichend zuverlässig erzielt werden kann.

Ebenfalls wie im Patentrecht ist die *Neuheit* der Erfindung Schutzvoraussetzung, wie die Formulierung „durch eine neue Gestaltung, Anordnung oder Vorrichtung" zeigt (vgl. § 1 Abs. 1 GebrMG). Dabei muß im Gebrauchsmusterrecht die Raumform (und nicht z.B. der Verwendungszweck) neu sein. Als neu gilt im übrigen auch hier eine Erfindung, wenn sie nicht zum Stand der Technik gehört. Jedoch wird dieser Stand der Technik anders, und zwar milder, bestimmt (vgl. dazu § 1 Abs. 2 GebrMG). Zu ihm rechnen lediglich Vorbeschreibungen in öffentlichen Druckschriften, nicht aber mündliche Vorbeschreibungen (wie im Patentrecht). Ferner ist (anders als im Patentrecht) nur die inländische (und nicht auch die ausländische) Vorbenutzung neuheitsschädlich. Endlich wird im Gebrauchsmusterrecht (anders als im Patentrecht) dem Anmelder eine Neuheitsschonfrist von sechs Monaten vor der Anmeldung gewährt (gemäß § 1 Abs. 2 Satz 2 GebrMG), d.h. für die genannte Frist sind Vorbeschreibung oder Vorbenutzung dann nicht neuheitsschädlich, wenn sie auf der Ausarbeitung des Anmelders (oder seines Rechtsvorgängers) beruhen.

Über das Patentrecht hinausgehend verlangt das Gebrauchsmusterrecht nach hergebrachter Meinung heute noch, daß durch die neue Raumform ein *technischer Fortschritt* bewirkt wird. Das ist dann der Fall, wenn die Erfindung objektiv die Technik bereichert. Da es aber Sinn des Gebrauchsmusterrechts ist, möglicherweise nicht patentierbaren Erfindungen einen

---

[29] Zu den folgenden Ausführungen vgl. man gegebenenfalls die früheren entsprechenden, wesentlich ausführlicheren Darstellungen zum Patentrecht, S. 213 ff. Zu den wichtigsten förmlichen Voraussetzungen vgl. unten „Der Anspruch auf Eintragung und die Anmeldung des Gebrauchsmusters", S. 237 f.

Schutz zu verschaffen, werden in der Regel an die Weite dieses Fortschrittes keine zu hohen Anforderungen gestellt. Andererseits muß die Erfindung der neuen Raumform über eine bloße handwerkliche Routineleistung hinausgehen.

Was die *erfinderische Tätigkeit* anbelangt, so erfordert auch das Gebrauchsmusterrecht eine besondere, über die normale Entwicklung hinausgehende technische Leistung, also eine Leistung mit genügender Erfindungshöhe. Die neue Raumform muß sich für das durchschnittliche Fachwissen eines das betreffende Gebiet beherrschenden Fachmanns nicht in naheliegender Weise aus dem Stand der Technik ergeben. Im Verhältnis zum Patentrecht sind auch hier geringere Anforderungen zu stellen.

4. Ausnahmen von der Gebrauchsmusterfähigkeit[30]

Selbst wenn nach den zuvor erwähnten Schutzvoraussetzungen eine Erfindung grundsätzlich gebrauchsmusterfähig ist, bestehen noch folgende Ausnahmen.

Ohne daß das Gebrauchsmustergesetz eine entsprechende Bestimmung enthält, wird (wie im Patentrecht) einer Erfindung der Schutz versagt, wenn sie *gegen die öffentliche Ordnung oder die guten Sitten* verstößt.

Der Gebrauchsmusterschutz tritt ferner nicht ein bei *Übereinstimmung mit einer älteren Patent- und Gebrauchsmusteranmeldung,* wenn also ein genau gleiches Muster bereits früher als Gebrauchsmuster oder Patent geschützt worden ist (gemäß § 5 Abs. 2 GebrMG). Das ist schon deshalb zwingend, weil die Erfindung durch die früheren Anmeldungen in öffentlichen Druckschriften des Patentamts (z.B. in den Unterlagen eingetragener Gebrauchsmuster) vorbeschrieben ist; außerdem liegt bei Gleichheit mit früheren Patenten oder Gebrauchsmustern kein technischer Fortschritt mehr vor. Infolgedessen würden wesentliche Voraussetzungen des § 1 Abs. 2 GebrMG fehlen.

Schließlich kann der Schutz bei *widerrechtlicher Entnahme* nicht gegenüber dem Verletzten ausgeübt werden, dessen Beschreibungen, Zeichnungen, Modellen usw. der wesentliche Inhalt der Gebrauchsmustereintragung ohne seine Einwilligung entnommen ist (gemäß § 5 GebrMG). Dem Verletzten steht außerdem ein Anspruch auf Löschung zu (gemäß § 7 Abs. 2 GebrMG).

Anders als im Patentrecht offenbaren sich die zuvor genannten Schutzhindernisse beim Gebrauchsmuster allerdings nicht schon beim Erteilungs-

---

[30] Zu den folgenden Ausführungen vgl. man gegebenenfalls die früheren Darstellungen zum Patentrecht, S. 217 ff.

verfahren, weil keine entsprechende Prüfung stattfindet. Sie treten daher erst dann zutage, wenn es anläßlich eines Verletzungsfalles zu einer solchen Prüfung kommt.

5. Der Erfinder und seine Rechte

a) Das Recht an der Erfindung mit dem Recht auf das Gebrauchsmuster

Die gebrauchsmusterfähige Erfindung erzeugt verschiedene Rechte. *Träger* der Rechte ist der Erfinder. Die Rechte gewähren ihm einen Schutz, der mit der Fertigstellung der Erfindung entsteht. Wirklicher Gegenstand des Schutzes ist wiederum nicht die körperliche Sache, in der der Erfindungsgedanke materialisiert ist, sondern dieser Erfindungsgedanke selbst.

Beim Gebrauchsmusterrecht kommt dem Erfinder auch erstens ein absolutes *Persönlichkeitsrecht* zu, das nicht auf andere übertragbar ist. Anders als beim Patentrecht ist darin jedoch nicht das Recht auf Nennung seines Namens enthalten.

Zweitens genießt der Erfinder ein absolutes, vererbliches und übertragbares *Vermögensrecht*. Es erlaubt ihm unter anderem, seine Erfindung zu benutzen.

Auch beim gebrauchsmusterfähigen Gegenstand steht am Anfang das *Recht an der Erfindung* mit den entsprechenden persönlichkeitsrechtlichen und vermögensrechtlichen Bestandteilen. Aus dem vermögensrechtlichen Fundus fließt ihm das für die nächsten Phasen wichtige *Recht auf das Gebrauchsmuster* zu (gemäß § 5 Abs. 4 GebrMG in Verbindung mit § 6 Satz 1 PatG).

b) Der Anspruch auf Eintragung und die Anmeldung des Gebrauchsmusters

Wird die Erfindung beim Patentamt zur Eintragung in die Rolle für Gebrauchsmuster angemeldet (gemäß § 2 Abs. 1 GebrMG), so entsteht ein *Anspruch auf Eintragung des Gebrauchsmusters;* wie beim Patentgesetz gilt aus Zweckmäßigkeitsgründen der Anmelder als berechtigt, die Eintragung zu verlangen (gemäß § 5 Abs. 4 GebrMG in Verbindung mit § 7 Abs. 1 PatG).

Das Verfahren zur Erlangung eines Gebrauchsmusters wird durch eine schriftliche Anmeldung in Gang gesetzt (vgl. hierzu und zu dem folgenden §§ 2 und 3 GebrMG)[31].

---

[31] Die in §§ 2 und 3 GebrMG genannten Erfordernisse der Anmeldung sind in einer besonderen Verordnung präzisiert: Anmeldebestimmungen für Gebrauchsmuster vom 30. Juli 1968 (BGBl. I S. 1008) i.d.F. der Änderungsverordnung vom 22. Dezem-

Die Anmeldung muß einen *Antrag* auf Eintragung eines Gebrauchsmusters enthalten. Darin ist der Erfindungsgegenstand kurz und genau technisch zu bezeichnen. Weiter ist der Anmeldung eine *Beschreibung* beizufügen, in der angegeben werden muß, welche neue Gestaltung, Anordnung oder Vorrichtung dem Arbeits- und Gebrauchszweck dienen soll. Ferner sind in der Anmeldung die *Schutzansprüche* anzugeben. Schließlich müssen *Zeichnungen* oder *Modelle* zur Anmeldung eingereicht werden.

Das Patentamt prüft nur die Einhaltung der vorbeschriebenen Anmeldeformalitäten sowie die grundsätzliche Schutzfähigkeit der angemeldeten Erfindung: ob die Erfindung dem Gebiet der Technik angehört, ob eine Raumform vorliegt und ob es sich um ein (bewegliches) Arbeitsgerät oder einen Gebrauchsgegenstand oder Teile davon handelt (und z. B. nicht um ein Verfahren). Es prüft dagegen nicht, ob die Erfindung neu, fortschrittlich und erfinderisch ist. Darin unterscheidet sich das Verfahren grundlegend vom Patentanmeldeverfahren. Deshalb stellt sich der Wert eines Gebrauchsmusters gewöhnlich erst in einem Löschungsverfahren oder Verletzungsprozeß heraus[32].

Falls die Anmeldung den vorgenannten Anforderungen entspricht, verfügt das Patentamt die Eintragung (gemäß § 3 Abs. 1 GebrMG). Damit entsteht das *Recht aus dem Gebrauchsmuster*, d. h. das Gebrauchsmusterrecht.

c) Das Recht aus dem Gebrauchsmuster (Gebrauchsmusterrecht)

aa) Die Wirkung des Gebrauchsmusters[33]

Die Eintragung eines Gebrauchsmusters hat die Wirkung, daß allein dem Inhaber das Recht zusteht, gewerbsmäßig das Muster nachzubilden, die durch Nachbildung hervorgebrachten Gegenstände in Verkehr zu bringen, feilzuhalten oder zu gebrauchen (§ 5 Abs. 1 GebrMG). Damit wird dem Inhaber ein umfassendes absolutes Benutzungsrecht zuteil und zugleich das Recht, jedem anderen die Benutzung des Gebrauchsmusters zu verbieten. Die verbotene Gewerbsmäßigkeit der Benutzung durch andere ist (wie im Patentgesetz) weit auszulegen, so daß nur die Benutzung zu persönlichen Zwecken oder zum häuslichen Gebrauch statthaft ist.

Die gegenüber dem Patentgesetz teilweise andere Bezeichnung der Befugnisse des Rechtsinhabers darf nicht darüber hinwegtäuschen, daß die Benutzungsrechte, soweit sie überhaupt im Gebrauchsmustergesetz aufgeführt sind, gleich sind. Das „Nachbilden" des Gebrauchsmusters entspricht dem „Herstellen" im Patentgesetz. „In Verkehr bringen" der Gegenstände

---

ber 1976 (BGBl. I S. 218). Außerdem existieren ein vom Deutschen Patentamt herausgegebenes Merkblatt für Gebrauchsmusteranmelder (Ausgabe 1968 BlPMZ 1968, 294 = TABU DPA Nr. 156) sowie eine patentamtsinterne Verwaltungsanordnung mit Richtlinien für die Eintragung von Gebrauchsmustern vom 12. November 1973 (BlPMZ 1973, 348 = TABU DPA Nr. 499, S. 232 ff.).

[32] Zu den Löschungsgründen und -verfahren vgl. §§ 7, 8 und 9 GebrMG.

[33] Zu den folgenden Ausführungen vgl. man gegebenenfalls die früheren Darstellungen zum Patentrecht, S. 224 f.

lautet in beiden Gesetzen gleich und bedeutet das gleiche, nämlich die geschützte Erfindung z.B. auf den Wegen des Kaufs, der Miete, der Leihe usw. einem Interessenten zu dessen Nutzung zugänglich zu machen. „Feilhalten" im Gebrauchsmustergesetz meint das patentgesetzliche „Anbieten" z.B. durch Werben oder Ausstellen in Geschäften. Schließlich benutzen beide Gesetze den Ausdruck „Gebrauchen" mit gleichem Bedeutungsinhalt[34].

bb) Beschränkungen der Wirkung des Gebrauchsmusters[35]

Gleich wie im Patentrecht – auf dieses wird sogar verwiesen – erstrecken sich die Wirkungen des Gebrauchsmusters nicht auf eigentlich von ihm erfaßte Teile von Einrichtungen in *Wasser-, Luft-* und *Landfahrzeugen,* die vorübergehend oder zufällig in den Geltungsbereich des Gebrauchsmustergesetzes gelangen; sonst würde der internationale Verkehr gestört werden (vgl. § 5 Abs. 4 GebrMG in Verbindung mit § 11 Ziffer 4 bis 6 PatG).

Beschränkungen der Gebrauchsmusterwirkung können ferner durch Verwaltungsakte angeordnet werden, um die Erfindung im Interesse der *öffentlichen Wohlfahrt oder Sicherheit* zu benutzen (gemäß § 5 Abs. 4 GebrMG in Verbindung mit § 13 PatG). Weiter besteht auch im Gebrauchsmusterrecht die Möglichkeit der *Zwangslizenz* (gemäß § 11a GebrMG in Verbindung mit § 24 Abs. 1 PatG). Sie ist also wie im Patentrecht einem anderen zuzusprechen, dem der Gebrauchsmusterinhaber die Benutzung der Erfindung verweigert, obwohl der andere eine angemessene Vergütung anbietet. Voraussetzung ist allerdings, daß dafür ein öffentliches Interesse vorliegt. Die praktische Bedeutung der Vorschrift ist gleich Null.

Schließlich wird die Gebrauchsmusterwirkung durch das bekannte *Vorbenutzungsrecht* eingeschränkt (gemäß § 5 Abs. 4 GebrMG in Verbindung mit § 12 PatG). Wer zur Zeit der Anmeldung des Gebrauchsmusters bereits im Inland die Erfindung in Benutzung genommen oder die dazu erforderlichen Veranstaltungen getroffen hatte, kann die Erfindung für die Bedürfnisse seines eigenen Betriebs weiter ausnutzen. Die Befugnis ist an den Betrieb gebunden, um eine Vermehrfachung des Vorbenutzungsrechts zu unterbinden.

6. Erfindung und Gebrauchsmuster im Wirtschaftsverkehr

Das Recht auf das Gebrauchsmuster, der Anspruch auf seine Eintragung und das durch die Eintragung begründete Recht aus dem Gebrauchsmuster sind analog dem Patentrecht vererblich und beschränkt oder unbeschränkt

---

[34] Vgl. zu den Begriffen besonders Fußnote 25 auf S. 224 f.
[35] Zu den folgenden Ausführungen vgl. man gegebenenfalls die früheren Darstellungen zum Patentrecht, S. 225 f.

auf andere übertragbar (gemäß § 13 GebrMG). Das gilt wieder nur für die vermögensrechtlichen (und nicht auch persönlichkeitsrechtlichen) Bestandteile der Rechte. Es können insoweit die gleichen Rechtsgeschäfte wie beim Patent getätigt werden. Ferner sind Lizenzen an einem Gebrauchsmuster möglich[36]. Die Vorschriften des Patentgesetzes für die Zwangslizenz gelten für eingetragene Gebrauchsmuster entsprechend.

7. Die Dauer des Gebrauchsmusters

Die regelmäßige Schutzdauer des Gebrauchsmusters beträgt 3 Jahre ab Anmeldung der Erfindung. Sie kann einmalig um weitere 3 Jahre verlängert werden (gemäß § 14 Abs. 1 und 2 GebrMG).

Angesichts der Umstände, daß die Laufzeit bereits mit der Anmeldung beginnt und die Schutzdauer verhältnismäßig kurz ist, ist es für den Berechtigten kein geringer Nachteil, daß die Zeit zwischen Anmeldung und Eintragung als Schutzzeitraum verloren geht.

III. Das Arbeitnehmererfinderrecht

Das Arbeitnehmererfinderrecht ist kein Findungsrecht in dem Sinn, daß es aus sich selbst einen eigentumsähnlichen Schutz für eine gewisse Art neuen Wissens begründete. Es regelt vielmehr nur die Ansprüche bestimmter Partner (Arbeitgeber und Arbeitnehmer) bei Neuerungen, die schon von den erörterten beiden Rechtsgebieten Patentrecht und Gebrauchsmusterrecht Schutz erhalten; darüber hinaus bei genau spezifizierten Neuerungen, die zwar von diesen zwei Rechten nicht schützbar sind, aber dem Arbeitgeber eine ähnliche wirtschaftliche Vorzugsstellung verschaffen. Wegen der engen Beziehung zu Findungen kann hier auf eine Darstellung des Arbeitnehmererfinderrechts nicht verzichtet werden.

1. Der Ausgleich zwischen Findungsrechten und Arbeitsrecht als Zweck des Arbeitnehmererfinderrechts

In der Neuzeit wird nicht nur ein großer Teil von Erfindungen, sondern auch von technischen Verbesserungsvorschlägen (die nicht durch ein Immaterialgüterrecht schützbar sind) von Arbeitnehmern hervorgebracht. Hier entsteht im Prinzip ein Widerstreit; einerseits steht das Recht an seinen technischen Neuerungen dem *Arbeitnehmer* zu (so hat gemäß § 6 PatG der Erfinder das Recht auf das Patent), andererseits hat der *Arbeitgeber* nach einer dem Arbeitsrecht innewohnenden Grundtendenz Anspruch auf das

---

[36] Vgl. dazu oben Abschnitt „Erfindung und Patent im Wirtschaftsverkehr", S. 226 ff.

Arbeitsergebnis des Arbeitnehmers. Nun gehört allerdings das Ersinnen technischer Neuerungen nicht zur normalen Arbeitsleistung des Arbeitnehmers, jedoch wird dem Arbeitgeber ein berechtigtes Interesse an den Neuerungen zugebilligt, weil er oder sein Betrieb in der Regel durch das Stellen der Arbeitsaufgaben und Bereitstellen der zu ihrer Erfüllung nötigen Mittel mehr oder weniger stark an dem Aufkommen neuer technischer Findungen beteiligt ist. Den Konflikt zwischen technischen Findungsrechten (Patentrecht und Gebrauchsmusterrecht; daneben auch nicht schützbaren „Rechten" an anderen technischen Neuerungen) und Arbeitsrecht sucht das Arbeitnehmererfindergesetz zu lösen[37]. Dabei betreffen die Bestimmungen des Gesetzes im großen drei Hauptfragen:

(1) Welche technischen Neuerungen welcher Arbeitnehmer fallen unter das Gesetz?

(2) Wie und mit welcher Wirkung kann der Arbeitgeber die unter das Gesetz fallenden technischen Neuerungen von Arbeitnehmern in Anspruch nehmen?

(3) Welche Vergütungsansprüche haben Arbeitnehmer gegen den Arbeitgeber, der ihre technischen Neuerungen in Anspruch nimmt?

2. Der persönliche Geltungsbereich des Arbeitnehmererfindergesetzes (Die Arbeitnehmer)

Das Gesetz betrifft zunächst Arbeitnehmer, die aufgrund eines privatrechtlichen (oder ähnlichen) Rechtsverhältnisses im Dienst eines anderen zur Arbeit verpflichtet sind und unselbständig fremdbestimmte Arbeit in persönlicher Abhängigkeit zum Arbeitgeber leisten; es handelt sich insoweit um die normalen Arbeitnehmer in privatwirtschaftlichen Unternehmungen (vgl. dazu und zu dem folgenden § 1 ArbnErfG). Ferner gilt das Gesetz für Arbeitnehmer im öffentlichen Dienst (in öffentlichen Betrieben und Verwaltungen, in Körperschaften, Anstalten und Stiftungen des öffentlichen Rechts usw.). Endlich sind Beamte und Soldaten betroffen.

3. Technische Neuerungen als sachlicher Geltungsbereich des Arbeitnehmererfindergesetzes

Die weitere Frage ist, welche technischen Neuerungen bei dem Interessenausgleich zwischen Arbeitgeber und Arbeitnehmer von Bedeutung sein sollen. Zur Beantwortung ist eine Auffächerung der technischen Neuerungen

---

[37] Arbeitnehmererfindungsgesetz (ArbnErfG) vom 25. Juli 1957 (BGBl. I S. 756), zuletzt geändert durch das Gesetz zur Änderung des Patentgesetzes, des Warenzeichengesetzes und weiterer Gesetze vom 4. September 1967 (BGBl. I S. 953).

nötig. Eine graphische Übersicht soll die folgenden Ausführungen unterstützen (vgl. die Übersicht auf S. 243).

Das Gesetz unterscheidet zunächst *Erfindungen* und *technische Verbesserungsvorschläge* (gemäß §§ 1, 2 und 3 ArbnErfG).

a) Die patent- oder gebrauchsmusterfähigen Erfindungen

Erfindungen im Sinn des Gesetzes sind nur Erfindungen, die patent- oder gebrauchsmusterfähig sind (nach § 1 PatG bzw. § 1 GebrMG). Das bedeutet insbesondere, daß lediglich nach dem Immaterialgüterrecht schützbare Erfindungen eine Vergütungspflicht des Arbeitgebers auslösen; denn nicht schutzfähige Erfindungen kann der Arbeitgeber ohnehin als gleichsam normales und ihm gehöriges Arbeitsergebnis (ohne besondere Vergütung und Formalitäten) in Anspruch nehmen.

Bei den schützbaren Erfindungen sind wiederum *freie* und *gebundene Erfindungen (Diensterfindungen)* zu unterscheiden, die das Gesetz in seinen Regelungen verschieden behandelt.

aa) Freie Erfindungen

Freie Erfindungen des Arbeitnehmers (gemäß § 4 Abs. 3 ArbnErfG) sind nicht besonders definiert; es handelt sich einfach um Erfindungen, die nicht Diensterfindungen sind (vgl. weiter unten). Die freie Erfindung kann vom *Arbeitnehmer* zum Patent oder Gebrauchsmuster angemeldet werden. Im übrigen sieht das Gesetz für sie lediglich eine Mitteilung an den Arbeitgeber vor, nach der dieser insbesondere beurteilen kann, ob es sich wirklich um eine freie Erfindung handelt (gemäß § 18 ArbnErfG); die Mitteilung ist nur dann erforderlich, wenn der Arbeitgeberbetrieb mit seinen Kräften und Mitteln überhaupt zur Produktion nach der neuen Erfindung eingerichtet ist. Außerdem muß dem Arbeitgeber befristet mindestens ein Benutzungsrecht angeboten werden, wie es bei den völlig freien (also nicht unter das Arbeitnehmererfindergesetz fallenden) Erfindungen als *einfache Lizenz* eingeräumt zu werden pflegt (gemäß § 19 ArbnErfG; zu diesen Lizenzen vgl. oben „Das Patentrecht", S. 227 ff.). Macht der Arbeitgeber von dem Angebot Gebrauch, so bedarf es eines Vertrages, wie er unter fremden Partnern üblich wäre.

Obwohl diese Bestimmungen milde erscheinen, führen sie doch dazu, daß freie Erfindungen von Arbeitnehmern nicht vollkommen den Erfindungen sog. freier Erfinder vergleichbar sind.

Die Erfindungen, die bei der wissenschaftlichen Arbeit von Professoren, Dozenten und wissenschaftlichen Assistenten von wissenschaftlichen Hochschulen gemacht werden, gelten stets als freie Erfindungen; für diese Personen besteht auch grundsätz-

Das System des deutschen Findungsschutzes

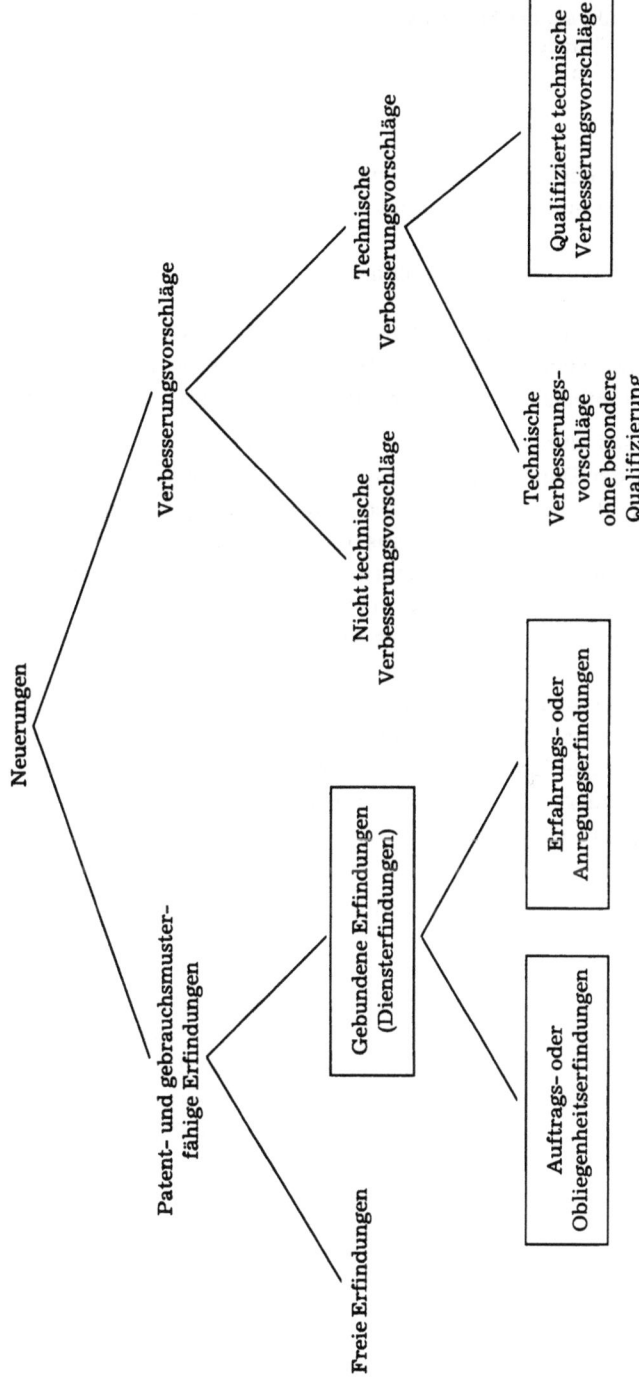

Übersicht über technische und nicht technische Neuerungen von Arbeitnehmern

Die Neuerungen, auf die sich das Arbeitnehmererfindergesetz im Kern bezieht, sind eingerahmt.

lich weder Mitteilungs- noch Anbietungspflicht (gemäß § 42 ArbnErfG; die Vorzugsstellung beruht auf der Freiheit von Wissenschaft, Forschung und Lehre gemäß Artikel 5 Abs. 3 Grundgesetz). Der Dienstherr kann jedoch, falls er besondere Mittel für die betreffenden Forschungsarbeiten zur Verfügung gestellt hatte, Kostenersatz verlangen.

bb) Gebundene Erfindungen (Diensterfindungen) als erster Hauptgegenstand des Gesetzes

α) Die Auftrags- oder Obliegenheitserfindung

Diensterfindungen (gemäß § 4 Abs. 2 ArbnErfG) sind neben den weiter unten erwähnten qualifizierten technischen Verbesserungsvorschlägen der eigentlich interessierende Gegenstand des Arbeitnehmererfinderrechts.

Diensterfindungen werden – wie übrigens schon die freien Erfindungen – während der Dauer des Arbeitsverhältnisses gemacht, wobei ohne Bedeutung ist, ob dies während der Arbeitszeit oder während der Freizeit geschieht. Sie können erstens aus der dem Arbeitnehmer obliegenden Tätigkeit, d.h. aus der Arbeit innerhalb des ihm ausdrücklich zugewiesenen Pflichtenkreises, entstehen (gemäß § 4 Abs. 2 Ziffer 1 ArbnErfG); dabei ist gleichgültig, ob die Aufgabe des Arbeitnehmers gerade darin besteht, möglichst Erfindungen zu machen (wie beim Konstrukteur, Forschungsingenieur, Laborchemiker usw.), oder ob er eine an sich nicht auf Erfindungen gerichtete sonstige Tätigkeit ausübt. Besteht so auf die eine oder andere Weise ein enger Zusammenhang zwischen der hervorgebrachten Erfindung und den Obliegenheiten des Arbeitnehmers, spricht man von *Auftrags-* oder *Obliegenheitserfindung*.

β) Die Erfahrungs- oder Anregungserfindung

Nicht selten läßt sich in der Praxis die dem Arbeitnehmer obliegende Tätigkeit nicht eindeutig bestimmen. Darauf kann verzichtet werden, wenn wenigstens feststeht, daß die Erfindung maßgeblich auf Erfahrungen oder Arbeiten des Betriebes beruht (gemäß § 4 Abs. 2 Ziffer 2 ArbnErfG). Bei dieser offenbar in ihrem Begriffsumfang erweiterten zweiten Form der Diensterfindung wird also nicht mehr auf einen Zusammenhang zwischen der Erfindung und dem speziellen Arbeits- und Pflichtenkreis des Arbeitnehmers abgestellt. Man nennt sie *Erfahrungs-* oder *Anregungserfindung*.

b) Die Verbesserungsvorschläge

Schließlich sind noch, wie bereits angedeutet, technische Verbesserungsvorschläge von Interesse. Bei ihnen handelt es sich um technische Neuerun-

Das System des deutschen Findungsschutzes 245

gen, die – anders als wirkliche Erfindungen – nicht patent- oder gebrauchsmusterfähig sind (vgl. § 3 ArbnErfG). Die technischen Verbesserungsvorschläge machen einen Teil dessen aus, was als betriebliches *Vorschlagswesen* bezeichnet wird. Diese Einrichtung hat heute bekanntlich vor allem in der Industrie größte Bedeutung.

aa) Nicht technische Verbesserungsvorschläge

Um zu erkennen, welche Verbesserungsvorschläge das Gesetz regelt, muß man zunächst beachten, daß derartige Vorschläge „nicht technisch" sein können (wie organisatorische Verbesserungsvorschläge) oder aber technisch. Das Gesetz kümmert sich ausschließlich um technische Verbesserungsvorschläge.

bb) Technische Verbesserungsvorschläge

α) Technische Verbesserungsvorschläge ohne besondere Qualifizierung

Wiederum unter den technischen Vorschlägen kommen solche vor, die für den Arbeitgeber zwar sehr wertvoll sein können, ihn aber dennoch nicht gegenüber seinen Mitbewerbern in eine merklich bevorzugte Marktstellung bringen. Für derartige Vorschläge enthält das Gesetz ebenfalls keine Bestimmungen außer derjenigen, daß ihre Behandlung der Regelung durch Tarifvertrag oder Betriebsvereinbarung überlassen bleibe (vgl. § 20 Abs. 2 ArbnErfG; für Arbeitnehmer im öffentlichen Dienst vgl. die Möglichkeit der Behandlung durch Dienstvereinbarungen in § 40 Ziffer 2 ArbnErfG).

β) Qualifizierte technische Verbesserungsvorschläge
als zweiter Hauptgegenstand des Gesetzes

Endlich gibt es technische Verbesserungsvorschläge, die dem Arbeitgeber eine ähnliche wirtschaftliche Vorzugsstellung verschaffen wie ein gewerbliches Schutzrecht (vgl. § 20 Abs. 1 ArbnErfG; gemeint sind Patent- oder Gebrauchsmusterrecht). Eine solche monopolartige Vorzugsstellung hat zwar nach Lage der Dinge keine rechtliche Grundlage, kann aber wohl faktisch vorliegen, etwa weil das dem technischen Verbesserungsvorschlag zugrunde liegende Verfahren geheimgehalten, durch außerbetriebliche Analysen auch nicht durchschaut und infolgedessen nicht nachgeahmt werden kann. Hier spricht man von einem *qualifizierten* technischen Verbesserungsvorschlag (gemäß § 20 Abs. 1 ArbnErfG). Nur um ihn kümmert sich das Gesetz näher. Der Arbeitgeber kann den Vorschlag unbeschränkt in Anspruch nehmen (vgl. Hinweis auf § 9 Abs. 1 ArbnErfG) und in jeder möglichen Weise verwerten. In diesem Fall hat der Arbeitnehmer einen Anspruch auf angemessene Vergütung, wobei sich die Vereinbarungen über die Vergütung nach den Vorschriften für die Diensterfindung (§ 12 ArbnErfG) richten.

4. Die Diensterfindungen im besonderen

a) Das Inanspruchnahmerecht des Arbeitgebers

Die Diensterfindung kann der Arbeitgeber unbeschränkt oder beschränkt in Anspruch nehmen (gemäß § 6 ArbnErfG). Nach den patentrechtlichen Grundsätzen (vgl. § 6 PatG) entsteht das Erfinderrecht zwar auch bei Diensterfindungen in der Person des Erfinders, also hier des Arbeitnehmers, aber der Arbeitgeber (Unternehmung, Betrieb) erwirbt originär ein Recht auf Inanspruchnahme der Erfindung; die Erfindung ist von vornherein mit einem Recht auf Aneignung des Erfinderrechts durch den Arbeitgeber belastet. Damit dieser sein Recht geltend machen kann, und um überhaupt die gesamte Sachlage eindeutig klarzustellen, ist der Arbeitnehmer verpflichtet, die fertige Diensterfindung unter Einhaltung bestimmter einzelner formaler und inhaltlicher Vorschriften unverzüglich zu melden (gemäß § 5 ArbnErfG; demgegenüber ist bei der freien Erfindung nur eine formal nicht festgelegte, inhaltlich beschränkte Mitteilung erforderlich, beim Verbesserungsvorschlag nicht einmal eine solche).

Daraufhin kann der Arbeitgeber die Diensterfindung durch schriftliche Erklärung in Anspruch nehmen. Tut er dies, so gehen die übertragbaren Rechte an der Erfindung ohne besonderen Übertragungsakt auf ihn über (gemäß § 7 ArbnErfG). Nicht übertragbar ist bekanntlich das Erfinderpersönlichkeitsrecht (so das Recht auf Erfindernennung nach § 63 Abs. 1 PatG).

b) Die unbeschränkte und die beschränkte Inanspruchnahme

Wie bereits angedeutet, kann der Arbeitgeber die Erfindung *unbeschränkt* in Anspruch nehmen. Bei unbeschränkter Inanspruchnahme wird er voll zum Rechtsnachfolger des Arbeitnehmererfinders. Der *Arbeitgeber* ist dann verpflichtet, die Diensterfindung im Inland zur Erteilung des Patent- und/oder Gebrauchsmusterschutzes anzumelden (gemäß § 13 Abs. 1 ArbnErfG; bezüglich Berechtigung zur Anmeldung im Ausland vgl. § 14 ArbnErfG). Weitere Pflichten (und Rechte) von Arbeitgeber und Arbeitnehmer, z. B. Informationspflichten des Arbeitgebers und Unterstützungspflichten des Arbeitnehmers, enthält § 15 ArbnErfG.

Bei *beschränkter* Inanspruchnahme erwirbt der Arbeitgeber nur ein nicht ausschließliches Recht zur Benutzung der Diensterfindung; es gleicht in der

Das System des deutschen Findungsschutzes 247

Wirkung der einfachen Lizenz, wie sie sonst unter Fremden vertraglich vereinbart werden kann (vgl. oben „Das Patentrecht", S. 227 ff.); hier allerdings tritt die Wirkung *gesetzlich* ein. Abgesehen von diesem Benutzungsrecht, verbleibt das sonstige Schutzrecht beim Arbeitnehmererfinder, der die Erfindung insoweit anders verwerten kann. Dabei muß er aus arbeitsrechtlichen Treueverpflichtungen jedoch berechtigte Interessen des Arbeitgebers berücksichtigen (gemäß § 25 ArbNErfG). Anders als der Arbeit*geber* bei unbeschränkter Inanspruchnahme ist der Arbeit*nehmer* nicht verpflichtet, die Erfindung zum Patent- oder Gebrauchsmusterschutz anzumelden.

Falls die anderweitige Verwertung, die der Arbeitnehmer betreibt, durch das Benutzungsrecht des Arbeitgebers unbillig erschwert wird, kann der Arbeitnehmer vom Arbeitgeber verlangen, innerhalb von zwei Monaten die Diensterfindung entweder unbeschränkt in Anspruch zu nehmen oder sie vollständig freizugeben (gemäß § 7 Abs. 2 Satz 2 ArbNErfG).

e) Das Freiwerden der Diensterfindung

Eine Diensterfindung wird frei (gemäß § 8 ArbNErfG), wenn der Arbeitgeber sie schriftlich freigibt. Die gleiche Folge tritt ein, wenn er sie nicht innerhalb von vier Monaten nach Eingang der Meldung in Anspruch nimmt.

Speziell für die *beschränkte* Inanspruchnahme stellt das Gesetz ausdrücklich fest, daß die Diensterfindung nur hinsichtlich des vom Arbeitgeber zu erwerbenden Benutzungsrechts im Sinne der einfachen Lizenz gebunden, im übrigen aber frei wird. Vollständig frei wird sie bei dieser Form der Inanspruchnahme dann, wenn der zuvor erwähnte Fall der unbilligen Erschwerung vorliegt und der Arbeitgeber nicht innerhalb von zwei Monaten dem Verlangen nach unbeschränkter Inanspruchnahme oder nach Freigabe nachkommt.

Nach Freiwerden der Diensterfindung kann der Arbeitnehmer grundsätzlich in jeder denkbaren Weise über sie verfügen. Umstritten ist, ob und inwieweit er darin durch arbeitsrechtliche Treuepflichten gehindert wird, falls dem Arbeitgeber durch die Verfügungen Nachteile entstehen.

5. Die Vergütung bei Diensterfindungen und qualifizierten technischen Verbesserungsvorschlägen

a) Der Vergütungsanspruch des Arbeitnehmers

Anders als die übrigen Immaterialgüterrechte regelt das Arbeitnehmererfinderrecht die Vergütungsansprüche derjenigen, die auf dem Gebiet Leistungen hervorbringen, bis in letzte Einzelheiten. Während das Gesetz die

Vergütungsgrundsätze und -modalitäten festlegt (in den §§ 9 und 12 ArbnErfG), befassen sich besondere Vergütungsrichtlinien (gemäß § 11 ArbnErfG vom Bundesminister für Arbeit erlassen) im einzelnen mit den Fragen der Ermittlung der angemessenen Vergütung[38]. Die Richtlinien sind allerdings keine verbindlichen Vorschriften, sondern geben nur Anhaltspunkte für die Vergütung. Die Gesetzesvorschriften und – mit geringen Besonderheiten – die Richtlinien sind sinngemäß bei qualifizierten technischen Verbesserungsvorschlägen anzuwenden (gemäß § 20 Abs. 1 ArbnErfG). Aufgrund einer besonderen Vorschrift gelten die Richtlinien auch für Arbeitnehmer im öffentlichen Dienst, Beamte und Soldaten.

Ausgangspunkt des Vergütungswesens sind die Vorschriften, daß der Arbeitnehmererfinder und der Vorbringer eines qualifizierten technischen Verbesserungsvorschlages gegen den Arbeitgeber einen Anspruch auf *angemessene Vergütung* hat (§§ 9 Abs. 1, 10 Abs. 1 und 20 Abs. 1 ArbnErfG). Der Anspruch entsteht bei *unbeschränkt* in Anspruch genommenen Diensterfindungen mit der *Inanspruchnahme,* bei *beschränkt* in Anspruch genommenen Diensterfindungen mit der *Benutzung* und bei qualifizierten technischen Verbesserungsvorschlägen mit der *Verwertung* durch den Arbeitgeber[39].

b) Die Bemessung der Vergütung

Was die Bemessung der Vergütung betrifft, so sollen nach dem Gesetz insbesondere die wirtschaftliche Verwertbarkeit der Diensterfindung (sog. Erfindungswert), ferner die Aufgaben und die Stellung des Arbeitnehmers im Betrieb sowie der Anteil des Betriebes an dem Zustandekommen der Diensterfindung maßgebend sein (§ 9 Abs. 2 ArbnErfG).

aa) Die Ermittlung des Erfindungswertes

Es ist also zunächst der Erfindungswert festzustellen[40]. Dafür werden drei Hauptmethoden genannt (vgl. Nr. 3 bis 24 der Richtlinien). Bei Anwendung der *Lizenzanalogie* stellt man fest, wie hoch die in vergleichbaren Fällen an freie Erfinder in der Praxis üblich gezahlte Lizenzgebühr je Erzeugniseinheit ist, und multipliziert sie mit der Zahl der mittels der Diensterfindung

---

[38] Richtlinien für die Vergütung von Arbeitnehmererfindungen im privaten Dienst vom 20. Juli 1959 (Beilage zum BAnz. Nr. 156), zuletzt geändert durch Richtlinie vom 1. September 1983 (BAnz. Nr. 169 = BArbBl. 11/1983, S. 27).

[39] Die Verwertung ist umfassender als die Benutzung; sie schließt auch Verkauf und Lizenzvergabe ein.

[40] Die Ausführungen zur Feststellung sowohl des Erfindungswertes wie auch des im folgenden behandelten Anteilsfaktors beschränken sich auf das Grundsätzliche. Die in den Richtlinien ebenfalls berücksichtigten nicht wenigen Sonderfälle und -gestaltungen bleiben mithin außer Betracht.

hergestellten Erzeugnisse; das Ergebnis ist der Erfindungswert. Man verfährt also wie bei der Stücklizenz (vgl. oben „Das Patentrecht", S. 229). Oder es wird die Umsatzlizenz nachgeahmt: ein in der Praxis an freie Erfinder gewährter Prozentsatz auf den Umsatz wird auf den mit der Diensterfindung erzielten Umsatz angewendet. Die Richtlinien behandeln im einzelnen noch verschiedene Umstände, die zu einer Erhöhung oder Ermäßigung der Diensterfindungsvergütung führen können. Auch sehen sie *andere Analogien* vor (z. B. die Möglichkeit, von der Analogie zum Kaufpreis auszugehen, wenn eine Gesamtabfindung des Arbeitnehmererfinders angezeigt ist).

Die Ermittlung des Erfindungswertes nach dem *erfaßbaren betrieblichen Nutzen* stellt auf die vorteilhafte Veränderung der Differenz zwischen Kosten und Erträgen ab, die durch die Diensterfindung herbeigeführt wird. Der Vorteil stellt den Erfindungswert dar. Die Methode kommt vor allem in Betracht, wenn mit der Erfindung Kostensenkungen erzielt werden, die Zahl oder der Umsatz von Erzeugnissen als Maßstab nicht angemessen ist und/oder technische Neuerungen an betriebseigenen Anlagen, Verfahren oder innerbetrieblichen Erzeugnissen Erfindungsgegenstand sind.

Die zwei zuvor genannten und andere Methoden können versagen, etwa weil keine vergleichbaren Fälle vorliegen oder ein Nutzen nicht quantifizierbar ist. Dann läßt sich der Erfindungswert überhaupt nicht oder nur mit unvertretbar hohen Kosten feststellen (wie bei ausschließlich im eigenen Betrieb verwertbaren Arbeitsschutzmitteln). In solchen Fällen ist die *Schätzung* angebracht.

Abschließend ist zu bemerken, daß es ratsam sein kann, nach Möglichkeit eine der Berechnungsmethoden zur Überprüfung des Ergebnisses heranzuziehen, das mit Hilfe anderer Methoden gefunden worden ist.

bb) Die Ermittlung des Anteilsfaktors
 (Prozentualer Anteil des Arbeitnehmers am Erfindungswert)

Nachdem der Erfindungswert auf die eine oder andere Weise festgestellt worden ist, wird er mit dem sog. Anteilsfaktor – einem Prozentsatz – multipliziert und dadurch praktisch gekürzt, um den Anteil des Arbeitnehmererfinders am Erfindungswert zu ermitteln; was dem Arbeitnehmer zusteht, wird ja wegen seiner Aufgaben und Stellung im Betrieb sowie wegen der Mitwirkung des Betriebes an der Erfindung in der Regel weniger als der volle – also 100%ige – Erfindungswert sein.

Das Zustandekommen des Anteilsfaktors ist im einzelnen geregelt (vgl. Nr. 30 bis 38 der Richtlinien). Der Faktor wird aus *drei Gruppen von Wertzahlen* berechnet, die für den konkreten Erfindungsfall aus drei entsprechenden Listen zu entnehmen sind. Die *erste Liste* beschreibt sechs mögliche Tatbestände zur sog. *Stellung der Aufgabe*; sie reichen von dem Fall, wo der Betrieb die Aufgabe gestellt und den Lösungsweg beschrieben hat, bis zu dem Sachverhalt, wo sich der Arbeitnehmer die Aufgabe selbst gestellt hat, und dies sogar außerhalb seines eigentlichen Aufgabenbereichs. Demzufolge sind hier sechs Wertzahlen (1 - 6) vorgesehen, von denen die Wertzahl 1 dem hier genannten am wenigsten verdienstvollen, 6 dem verdienstvollsten Fall zugeordnet ist.

Die *zweite Liste* enthält drei Tatbestände zur *Lösung der Aufgabe*, die das Maß an eigenen beruflich geläufigen Überlegungen des Erfinders zur Lösung und der betrieblichen Unterstützung dabei berücksichtigen. Liegen alle drei Tatbestände vor, so wird die Wertzahl 1 zugrunde gelegt; konnte dagegen der Erfinder keine beruflich geläufigen Überlegungen einsetzen und hatte er auch keine Unterstützung durch den Betrieb, so gilt die Wertzahl 6. Ein dazwischen liegender Tatbestand wird mit einer Wertzahl zwischen 1 und 6 bewertet.

Die *dritte Liste* bezieht sich auf *Aufgaben und Stellung des Arbeitnehmers im Betrieb*. Dazu werden acht Gruppen von Arbeitnehmern unterschieden und entsprechend die Wertzahlen 1 bis 8 zugeordnet. Die geringste Wertzahl 1 ist für Leiter der gesamten Forschungsabteilung eines Unternehmens und die technischen Leiter größerer Betriebe vorgesehen, die höchste Wertzahl 8 für solche Arbeitnehmererfinder, die im wesentlichen ohne Vorbildung für die im Betrieb ausgeübte Tätigkeit sind (z. B. ungelernte und angelernte Arbeiter, Auszubildende). Die Wertzahlen dieser Liste wirken sich wegen der Spanne von 1 bis 8 für den Arbeitnehmer am stärksten aus.

Nachdem die Erfindung gemäß den drei Listen mit je einer Wertzahl charakterisiert worden ist, werden die drei Wertzahlen, da sie untereinander als gleichwertig gelten, einfach *addiert* (Beispiel: „Stellung der Aufgabe" ergab die Wertzahl 4, „Lösung der Aufgabe" ergab die Wertzahl 6, „Aufgaben und Stellung des Arbeitnehmers im Betrieb" ergab die Wertzahl 5; Additionsergebnis 15). Für die zustande gekommene Wertzahlensumme ist jetzt in einer Tabelle (vgl. Nr. 37 der Richtlinien) der dafür vorgesehene *Anteilsfaktor in Prozent* abzulesen (im Beispiel ergibt sich für die Wertzahlensumme 15 ein Anteilsfaktor von 55). Je höhere Wertzahlen aus den drei Listen zugrunde gelegt worden sind, um so höher ist der Anteilsfaktor gemäß Tabelle. Dieser Faktor kennzeichnet, wie gesagt, den *prozentualen Anteil des Arbeitnehmererfinders am Erfindungswert* (im Beispiel stände dem Arbeitnehmer ein Anteil von 55 % am Erfindungswert zu).

Insgesamt gesehen, führt die Konzeption der Listen und des weiteren Verfahrens offensichtlich dazu, daß einerseits das besonders engagierte, selbständige Denken und Handeln auf unbekanntem Gebiet (erste und zweite Liste) tendenziell zu einer Erhöhung der Vergütung führt; andererseits wird die Vergütung bei höher bezahlten Personen, von denen nach Ausbildung und betrieblicher Stellung am ehesten Neuerungen zu erwarten sind, tendenziell gemindert gegenüber geringer bezahlten Personen mit mangelnder Ausbildung, die am wenigsten die Aufgabe haben, Erfindungen und qualifizierte technische Verbesserungsvorschläge zu machen (dritte Liste).

c) Die Art der Zahlung der Vergütung

Ist die Höhe der Vergütung aus Erfindungswert und Anteilsfaktor berechnet, so ergibt sich weiter die Frage nach der Art der Zahlung (vgl. Nr. 40 der Richtlinien). Die Vergütung kann in Form einer laufenden Beteiligung erfolgen. Falls ihre Höhe vom Umsatz, von der Zahl der hergestellten Erzeugnisse oder vom erfaßbaren betrieblichen Nutzen abhängt, wird die Vergütung zweckmäßig ex post errechnet und abgerechnet; gegebenenfalls werden dann zuvor Abschlagszahlungen geleistet. Bei Verwertung der Erfindung durch Lizenzvergabe kann die Vergütungszahlung der Lizenzzahlung angepaßt werden. Es kommen auch einmalige oder mehrmalige Pauschalzahlungen sowie Kombinationen zwischen pauschalen und laufenden Zahlungen in Betracht.

d) Vereinbarungen über die Vergütung

Im übrigen sollen Art und Höhe der Vergütung durch Vereinbarung zwischen dem Arbeitgeber und dem Arbeitnehmer festgestellt werden (gemäß § 12 Abs. 1 ArbnErfG). Kommt eine Vereinbarung nicht zustande, so hat der Arbeitgeber die Vergütung festzusetzen (gemäß § 12 Abs. 3 ArbnErfG). Sie wird für beide Teile verbindlich, falls der Arbeitnehmer nicht innerhalb von zwei Monaten widerspricht (gemäß § 12 Abs. 4 ArbnErfG). Bei Widerspruch kann ein Schiedsverfahren und danach ein gerichtliches Verfahren in Gang gesetzt werden.

IV. Das Sortenschutzrecht

1. Züchtungen und Entdeckungen von Pflanzensorten als Gegenstand des Sortenschutzrechts

Das Sortenschutzrecht ist ein dem Patentrecht ähnliches Recht, das für Züchtungen und sog. Entdeckungen von Pflanzensorten einen Schutz gewährt[41]. Es ist für solche Sorten zuständig, die im sog. Artenverzeichnis

---

[41] Kern des Sortenschutzrechts ist in der Bundesrepublik Deutschland das Gesetz über den Schutz von Pflanzensorten (Sortenschutzgesetz, SortSG) vom 20 Mai 1968 (BGBl. I S. 429) unter Berücksichtigung des Änderungsgesetzes vom 8. Dezember 1974 in der am 4. Januar 1977 bekanntgemachten Neufassung (BGBl. I S. 105) und der Berichtigung vom 7. Februar 1977 (BGBl. I S. 286), zuletzt geändert durch Neufassung des Sortenschutzgesetzes vom 11. Dezember 1985 (BGBl. I S. 2170).

zum Sortenschutzgesetz (vgl. dazu §§ 1 und 2 SortSG) aufgeführt sind. Für andere Pflanzensorten und Züchtungsverfahren kann ein Schutz nach dem Patentgesetz (gemäß § 2 Abs. 2 PatG; vgl. dazu auch oben „Das Patentrecht", S. 218) in Betracht kommen, falls die Voraussetzungen für eine Erfindung vorliegen.

Biologisch versteht man unter Pflanzen*sorten* die spezifischen Erscheinungsformen, in denen Pflanzen*arten* auftreten. Pflanzensorten im Sinn des Gesetzes sind im einzelnen Zuchtsorten, Klone, Linien, Stämme und Hybriden, ohne Rücksicht darauf, ob das Ausgangsmaterial, aus dem sie entstanden sind, künstlich oder natürlichen Ursprungs ist (gemäß § 1 Abs. 2 SortSG 1977). Unter *Zuchtsorten* versteht man die Ergebnisse von Züchtungen; *Klone* nennt man die durch vegetative Vermehrung gewonnenen, genetisch einheitlichen Nachkommen; *Linien* und *Stämme* entstehen aus geschlechtlicher Fortpflanzung; *Hybriden* sind die aus Kreuzungen entstehenden Nachkommen.

2. Die Voraussetzungen der Sortenschutzfähigkeit

Die Voraussetzungen der Sortenschutzfähigkeit werden im Gesetz zunächst insgesamt genannt (in § 1 Abs. 1 SortSG) und dann in einzelnen Bestimmungen näher ausgeführt.

Erstens muß die schutzwürdige Sorte *unterscheidbar* sein. Sie ist unterscheidbar, wenn ihre Pflanzen sich in ihrer Ausprägung wenigstens eines wichtigen Merkmals von den Pflanzen jeder anderen Sorte deutlich unterscheiden, die am Antragstag allgemein bekannt ist (gemäß § 3 Abs. 2 SortSG). Das Bundessortenamt (eine Einrichtung gemäß §§ 16 ff. SortSG) teilt auf Anfrage für jede Art die Merkmale mit, die es für die Unterscheidbarkeit der Sorten dieser Art als wichtig ansieht. In der älteren Fassung des Gesetzes werden morphologische oder physiologische Merkmale als Unterscheidungsmerkmale genannt (vgl. dazu § 2 Abs. 1 SortSG 1977). Dabei hat man unter *morphologischen* Merkmalen die äußerlich wahrnehmbaren Eigentümlichkeiten einer Pflanzensorte zu verstehen (wie Aufbau der Pflanze, Form und Farbe von Wurzeln und Blättern, Form, Farbe und Zahl von Blüten und Früchten usw.). *Physiologische* Merkmale werden durch Beobachtung der Pflanze erkannt (wie klimatische Verträglichkeit, Widerstandsfähigkeit, Ertrag, Haltbarkeit von Pflanze, Blüte und Früchten usw.).

Zum bekannten Bestand an Pflanzensorten gehören insbesondere bereits in einem öffentlichen Verzeichnis eingetragene, in einer Veröffentlichung genau beschriebene, in offenkundiger Weise, etwa auf eigenem Grund und Boden, laufend oder in einer Vergleichssammlung angebaute oder als Vermehrungsgut (Samen, Pflanzen oder Pflanzenteile) oder Erntegut gewerbsmäßig in den Verkehr gebrachte Sorten, darüber hinaus auch Sorten, für die schon die Erteilung des Sortenschutzes beantragt wurde, und die Aussicht auf Erteilung des Sortenschutzes haben (alles gemäß § 3 Abs. 2 SortSG).

Ein weiteres Erfordernis des Sortenschutzes ist die *Homogenität* der Sorte. Die Forderung wird erfüllt, wenn die Pflanzen der Sorte, von wenigen Abweichungen abgesehen, in der Ausprägung der für die Unterscheidbarkeit wichtigen Merkmale hinreichend gleich sind; dabei sind die Besonderheiten der generativen oder vegetativen Vermehrung der Pflanzen zu berücksichtigen (gemäß § 4 SortSG). Daraus folgt, daß die Pflanzen entweder äußerlich-morphologisch oder physiologisch wesentlich gleiche Merkmale aufweisen müssen (z.B. gleiche Halmlänge; z.B. gleicher Beginn der Blüte).

Weiterhin wird *Beständigkeit* der Sorte verlangt. Sie ist beständig, wenn ihre Pflanzen in den für die Unterscheidbarkeit wichtigen Merkmalen nach jeder Vermehrung oder nach jedem Vermehrungszyklus den für die Sorte festgestellten Ausprägungen entsprechen (gemäß § 5 SortSG). Die wesentlichen Merkmale der Sorte müssen sich also von Generation zu Generation vererben.

Ferner muß die Sorte im Zeitpunkt der Anmeldung *neu* sein. Sie ist neu, wenn Vermehrungsmaterial oder Erntegut der Sorte mit Zustimmung des Berechtigten oder seines Rechtsvorgängers vor dem Antragstag nicht oder nur innerhalb bestimmter Zeiträume gewerbsmäßig in den Verkehr gebracht worden ist (vgl. dazu § 6 Abs. 1 SortSG).

Schließlich muß die Sorte, um Schutz zu genießen, durch eine *eintragungsfähige Sortenbezeichnung* bezeichnet sein (vgl. dazu §§ 7 und 22 SortSG).

3. Der Ursprungszüchter oder Entdecker und seine Rechte

a) Die Begriffe Ursprungszüchter und Entdecker

Die Züchtung und auch die Entdeckung einer Sorte erzeugen verschiedene Rechte, von denen das schließlich entstehende Sortenschutzrecht das wichtigste ist. Träger der Rechte ist der Ursprungszüchter oder Entdecker der Sorte (oder sein Rechtsnachfolger; gemäß § 8 Satz 1 SortSG).

Unter *Ursprungszüchter* ist der Züchter zu verstehen, der die neue Sorte durch bewußte Züchtung hervorbringt. Die Züchtung geschieht durch menschliche Selektionen, gelenkte Kreuzungen oder künstlich erzeugte Mutationen, letztere hervorgerufen durch chemische Wirkstoffe, physikalische Mittel (wie z.B. Röntgen- oder Laserstrahlen) oder manuelle Eingriffe (wie bei der Genchirurgie). Dagegen *Entdecker* im Sinn des Sortenschutzrechts ist, wer ohne eigene Züchtertätigkeit eine z.B. durch natürliche

Mutation entstandene neue Pflanzensorte auffindet, wobei gleichgültig ist, ob er sie in der freien Natur, auf bearbeitetem Feld, im Garten oder noch an anderer Stelle entdeckt.

Daraus, daß Ursprungszüchter und Entdecker einzelne menschliche Individuen sind, und auch aus der Zugehörigkeit des Sortenschutzrechts zu dem Rechtsbereich, der die persönlichen Findungen schützt, ergibt sich, daß nur einzelne menschliche Individuen (natürliche Personen) Sorteninhaber sein können.

Haben mehrere die Sorte gemeinsam gezüchtet oder entdeckt, so steht ihnen das Sortenschutzrecht gemeinschaftlich zu (gemäß § 8 Satz 2 SortSG). Wer als Arbeitnehmer im Rahmen seiner abhängigen Tätigkeit eine neue Sorte züchtet oder entdeckt, ist nach Literatur und Rechtsprechung der Ursprungszüchter bzw. Entdecker mit der Folge, daß er wie der Arbeitnehmererfinder im Arbeitnehmererfinderrecht zu behandeln ist (vgl. zu diesem Recht oben S. 240 ff.).

b) Der Inhalt des Sortenschutzrechts und das Recht auf Sortenschutz als wichtigstes Vermögensrecht

Das Sortenschutzrecht schützt den Ursprungszüchter oder Entdecker sowohl in seinen persönlichen wie Vermögensbeziehungen zur neuen Pflanzensorte.

Das *Persönlichkeitsrecht* fußt auf dem Grundgesetz (gemäß Artikel 1 und 2 GG) und als „sonstiges Recht" auch auf § 823 BGB. Im Sortenschutzgesetz zeigt es sich konkret darin, daß der Steller des Sortenschutzantrags den oder die Ursprungszüchter oder Entdecker zu benennen hat (gemäß § 22 Abs. 1 Satz 1 SortSG). Der Züchter oder Entdecker wird auch bei der Bekanntmachung des Antrags und in der Sortenschutzrolle genannt (gemäß §§ 24 Abs. 1 und 28 Abs. 1 unter Ziffer 3 SortSG). Er hat ferner die Rechte, über das Ob, Wann und Wie der Bekanntgabe der Züchtung oder Entdeckung zu bestimmen. Das Persönlichkeitsrecht ist nicht vererblich und unveräußerlich.

Aus dem *Vermögensrecht* kommt dem Ursprungszüchter oder Entdecker das Recht zu, die Züchtung oder Entdeckung gewerbsmäßig zu verwenden. Sehr bedeutsam ist hier ein weiteres Recht: „Das Recht auf Sortenschutz steht dem Ursprungszüchter oder Entdecker der Sorte oder seinem Rechtsnachfolger zu" (gemäß § 8 Abs. 1 SortSG). Allein der Ursprungszüchter oder Entdecker ist berechtigt, den Sortenschutzantrag zu stellen und das Sortenschutzrecht zu erhalten. Das Vermögensrecht ist vererblich und kann auch auf andere übertragen werden (gemäß § 11 Abs. 1 SortSG). Daher kann ein Rechtsnachfolger den Antrag stellen und das Sortenschutzrecht erhalten.

c) Der Anspruch auf Erteilung des Sortenschutzes

Wird die Sorte zum Sortenschutz beantragt, so entsteht ein Anspruch auf Erteilung des Sortenschutzes (im Sinne von § 11 Abs. 1 SortSG). Aus Zweckmäßigkeitsgründen gilt dabei „der Antragsteller" als berechtigt, die Erteilung des Sortenschutzes zu verlangen, es sei denn, daß dem Bundessortenamt die Nichtberechtigung des Antragstellers bekannt wird (gemäß § 8 Abs. 2 SortSG). Um den Anspruch des wirklichen Finders der Sorte zu schützen, hat der Antragsteller auch Ursprungszüchter oder Entdecker zu benennen und zu versichern, daß weitere Personen seines Wissens an der Züchtung oder Entdeckung nicht beteiligt sind. Ist er nicht oder nicht allein Ursprungszüchter oder Entdecker, so muß er angeben, wie die Sorte (etwa rechtsgeschäftlich) an ihn gelangt ist (gemäß § 22 Abs. 1 Satz 2 SortSG). Bei unrechtmäßiger Beantragung kann der Berechtigte innerhalb einer Frist die Übertragung des Anspruchs auf Erteilung des Sortenschutzes, bei bereits erfolgter Erteilung die Übertragung des Sortenschutzes verlangen (gemäß § 9 SortSG).

Der Anspruch auf Erteilung des Sortenschutzes ist wiederum vererblich und kann auf andere übertragen werden (gemäß § 11 Abs. 1 SortSG).

Das Sortenschutzerteilungsverfahren wird durch einen schriftlichen Antrag in Gang gesetzt (vgl. hierzu die SoSVO)[42]. Der Antrag begründet, wie gesagt, den Anspruch auf Erteilung des Sortenschutzes sowie dessen Zeitrang (Priorität) (gemäß § 8 Abs. 1 Satz 3 SortSG).

Das Bundessortenamt macht den Sortenschutzantrag bekannt (gemäß § 24 Abs. 1 SortSG). Damit beginnt einerseits ein vorläufiger Sortenschutz: wer jetzt Vermehrungsmaterial der Sorte zum gewerbsmäßigen Vertrieb erzeugt oder gewerbsmäßig vertreibt, kann hierfür mit einer angemessenen Vergütung in Anspruch genommen werden (gemäß § 37 Abs. 3 SortSG). Andererseits werden mit der Bekanntmachung Einwendungen von jedermann gegen die Erteilung des Sortenschutzes möglich (gemäß § 25 SortSG). Sie können sich nur gegen behauptete Mängel an Unterscheidbarkeit, Homogenität, Beständigkeit und Neuheit der Sorte, gegen die Berechtigung des Antragstellers, oder gegen die Eintragbarkeit der Sortenbezeichnung richten.

Der weitere Schritt des Bundessortenamtes besteht in der Prüfung, ob die Sorte schutzfähig ist (vgl. dazu § 26 SortSG). Dazu fordert das Amt das erforderliche Vermehrungsgut an und baut die Sorte an oder läßt sie durch fachlich geeignete Stellen anbauen oder untersuchen. Das Amt kann auch bereits vorliegende Ergebnisse von Anbauprüfungen und Untersuchungen zugrundelegen.

Ist die Erteilung des Sortenschutzes unanfechtbar, so wird die Sorte in die Sortenschutzrolle eingetragen und die Eintragung bekanntgemacht (gemäß § 28 SortSG).

---

[42] Die Sortenschutzverordnung (SoSVO) vom 16. Dezember 1974 (BGBl. I S. 3551) i. d. F. der Verordnung über Verfahren vor dem Bundessortenamt vom 30. Dezember 1985 (BGBl. I S. 23) enthält einzelne Regelungen für das Verfahren.

d) Das Recht aus dem Sortenschutz
(Die Wirkung des Sortenschutzes)

Der Sortenschutz hat die Wirkung, daß allein der Sortenschutzinhaber befugt ist, Vermehrungsmaterial (wie Samen, Ableger, Stecklinge, Reiser usw.) der geschützten Sorte *gewerbsmäßig in den Verkehr zu bringen* (d.h. anzubieten, feilzuhalten, zu verkaufen usw.; vgl. dazu § 2 Ziffer 3 SortSG) oder hierfür zu erzeugen (gemäß § 10 Ziffer 1 SortSG). Bei Zierpflanzen (wie Blumen, Ziersträuchern und -bäumen) ist er darüber hinaus allein befugt, Pflanzen oder Pflanzenteile, die üblicherweise zu anderen als Vermehrungszwecken in den Verkehr gebracht werden, *gewerbsmäßig zur Erzeugung von Zierpflanzen oder Schnittblumen zu verwenden* (gemäß § 10 Ziffer 2 SortSG). Damit hat der Sorteninhaber ein ausschließliches *Vermehrungsrecht*. Dem positiven Recht zur eigenen Verwertung (oder zur Vergabe von Nutzungsrechten) entspricht ein negatives Recht, anderen die ihm vorbehaltenen Verwendungen zu verbieten. Das ausschließliche Recht des Sorteninhabers ist jedoch nicht umfassend, denn die genannten Verwertungsarten erfassen offenkundig nicht alle denkbaren Verwertungsmöglichkeiten. Abgesehen davon, daß die *nicht gewerbliche,* also private Erzeugung von Vermehrungsgut statthaft ist, wird z.B. auch die *Erzeugung zu Versuchs- oder Erprobungszwecken* innerhalb anderer Betriebe nicht vom Sortenschutz erfaßt. Ferner bei Sorten, die nicht Zierpflanzen oder Schnittblumen sind, sind gewerbliche *Erzeugung und Vertrieb gezogener* Pflanzen durch andere statthaft. Wiederum bei Zierpflanzen und Schnittblumen ist der *gewerbliche Vertrieb* freigestellt. Im übrigen erstreckt sich der Sortenschutz nur auf das Gebiet der Bundesrepublik Deutschland (einschließlich Berlin West).

4. Züchtung oder Entdeckung und Sortenschutz im Wirtschaftsverkehr

a) Die Übertragung von Rechten

Die vermögensrechtlichen Bestandteile des Rechts auf Sortenschutz, des Anspruchs auf Erteilung des Sortenschutzes und des gerade zuvor erörterten Rechts aus dem Sortenschutz können auf andere übertragen werden (gemäß § 11 Abs. 1 SortSG).

b) Die Vergabe von Lizenzen

Das Sortenschutzrecht berücksichtigt ausdrücklich auch die Möglichkeit, daß der Berechtigte einem anderen das Recht zur *Nutzung* der geschützten

Sorte einräumt (gemäß § 11 Abs. 2 SortSG). Dies geschieht durch Vergabe einer Lizenz.

aa) Zwangsnutzungsrecht als Sonderfall

Ein Sonderfall mag vorangestellt werden. Soweit es im öffentlichen Interesse geboten ist, kann das Bundessortenamt dann, wenn der Sortenschutzinhaber kein oder kein genügendes Nutzungsrecht einräumt, auf Antrag ein Zwangsnutzungsrecht an dem Sortenschutz erteilen. Dabei muß die wirtschaftliche Zumutbarkeit für den Sortenschutzinhaber berücksichtigt werden. Das Bundessortenamt setzt die Bedingungen, insbesondere die Höhe der an den Sortenschutzinhaber zu zahlenden Vergütung fest. Das Gesetz regelt im einzelnen weitere Voraussetzungen und Modalitäten (vgl. § 12 SortSG).

bb) Normalformen der Lizenz

Im Sortenschutzrecht können die Lizenzen in den gleichen Formen wie im Patentrecht ausgestaltet werden: insbesondere als *einfache* oder *ausschließliche* Lizenz. Ferner sind die *Vertragspflichten* der Partner grundsätzlich gleich. Endlich kommen die gleichen Möglichkeiten zur *Berechnung der Lizenzgebühr* in Betracht (zu den Einzelheiten vgl. oben „Das Patentrecht", S. 227 ff.).

5. *Die Dauer des Sortenschutzes*

Die Dauer des Sortenschutzes beträgt im Normalfall 25 Jahre ab Erteilung. Für bestimmte Pflanzenarten (Hopfen, Kartoffel, Rebe und Baumarten) dauert der Schutz 30 Jahre (gemäß § 13 Abs. 1 SortSG).

Aus verschiedenen Gründen und Ursachen erlischt der Sortenschutz früher. Hier soll nur ein Fall genannt werden, der sich aus der Eigenart des Schutzgegenstandes ergibt. Das Bundessortenamt prüft das Fortbestehen der Sorte nach (vgl. § 8 Abs. 1 SoSVO). Falls der Sortenschutzinhaber gewissen Pflichten der Einsendung von Prüfungsmaterial, der Auskunftserteilung usw. nicht fristgerecht nachkommt, kann der Sortenschutz aufgehoben werden (gemäß § 31 Abs. 4 Ziffer 2 SortSG).

Er *ist* aufzuheben, wenn sich herausstellt, daß die Sorte bei der Sortenschutzerteilung nicht unterscheidbar oder nicht neu war (Rücknahme gemäß § 31 Abs. 2 SortSG) oder wenn sich ergibt, daß die Sorte nicht homogen oder nicht beständig ist (Widerruf gemäß § 31 Abs. 3 SortSG).

B. Das allgemeine Wettbewerbsrecht

Zum allgemeinen Wettbewerbsrecht gehören das Recht gegen den unlauteren Wettbewerb, das Recht gegen Wettbewerbsbeschränkungen (sog. Kartellrecht) und das Kennzeichenrecht.

Die Aufgabe dieser drei Rechtsgebiete besteht darin, in einem System der freien Marktwirtschaft den angestrebten freien Wettbewerb zu sichern; Anbieter sollen allein aufgrund ihrer besseren wirtschaftlichen Leistungen, etwa durch höhere Qualität oder größere Preiswürdigkeit ihrer Erzeugnisse, ihren Absatz erhöhen können, nicht aber durch wettbewerbsfremde Umstände.

Dazu ist einmal nötig, daß nichtfaires Verhalten von Anbietern, das die Mitbewerber schädigt, ausgeschaltet wird. Dieser Aufgabe dient das *Recht gegen den unlauteren Wettbewerb*. Indem es die Interessen anbietender Wettbewerber schützt, dient es zugleich den Interessen der Nachfrager und letztlich denjenigen der Allgemeinheit.

Zweitens erfordert die Sicherung des freien Wettbewerbs, daß er in seiner Grundstruktur, als Einrichtung der freien Marktwirtschaft, nicht durch Vereinbarungen vertraglicher oder nichtvertraglicher Art unter den Wirtschaftsteilnehmern beeinträchtigt wird. Diesem Ziel dient das *Recht gegen Wettbewerbsbeschränkungen* (Kartellrecht). Es schützt zugleich Individualinteressen von Anbietern, ebenso aber auch die Interessen von Nachfragern.

Wiederum dem Schutz gegen unlauteren Wettbewerb dient auf einem Sondergebiet das *Kennzeichenrecht,* indem es dafür sorgt, daß die Kennzeichen eines Wettbewerbers nicht unberechtigt benutzt oder in ihrer Schutzwirkung beeinträchtigt werden.

Ist auch rechtlich die Zugehörigkeit des Wettbewerbsrechts in den drei eben dargestellten Formen zum Immaterialgüterrecht unstreitig, so könnte doch nach dem Gesagten zweifelhaft sein, ob es in einer für Betriebswirtschaftler gedachten Abhandlung Platz finden sollte, die dem Findungsschutz gewidmet ist. Die Frage muß bejaht werden. Das oben als erstes genannte Recht gegen den unlauteren Wettbewerb berührt den Findungsschutz insofern, als bei nicht oder nicht mehr durch ein besonderes Findungsrecht (Urheberrecht, Geschmacksmusterrecht, Patentrecht usw.) geschützten geistigen Leistungen unter Umständen ein Schutz eben aus diesem Teil des Wettbwerbsrechts in Betracht kommen kann. Das oben zweitens erwähnte Recht gegen Wettbewerbsbeschränkungen (Kartellrecht) interessiert für den Findungsschutz, weil es seiner Natur nach gleichsam argwöhnisch auch jene Verträge beobachten muß, die Inhaber technischgewerblicher Schutzrechte (Patentinhaber, Gebrauchsmusterinhaber usw.) sowie auch Inhaber nicht besonders geschützter geheimer Finderleistungen mit solchen Wirtschaftsteilnehmern abschließen, die die Leistungen verwerten oder benutzen möchten (wie die Lizenznehmer); das Recht hat darüber zu wachen, daß die monopolartige Stellung dieser Inhaber den Wettbewerb nicht ungebührlich behindert. Sowohl in dem Recht gegen den unlauteren Wettbewerb wie im Kartellrecht machen die das Finderrecht berührenden Vorschriften nur einen Bruchteil aus. Daraus ist hier die Folgerung gezogen, den übrigen hauptsächlichen Regelungsbereich der Rechte so kurz wie möglich darzustellen und die Erörterungen auf die den Findungsschutz betreffenden Bestimmungen zu konzentrieren.

Schließlich das drittens genannte Kennzeichenrecht führt wieder direkt in das Gebiet des Findungsschutzes. Was die Bezeichnungen von Unternehmungen betrifft, so sind diese mindestens insoweit geistige Findungen, als sie frei geschaffen werden. Warenbezeichnungen gründen stets mehr oder weniger stark auf geistig-schöpferischen Leistungen.

I. Das Recht gegen den unlauteren Wettbewerb

1. Der allgemeine Inhalt des Rechts gegen den unlauteren Wettbewerb

Der Rechtsbereich wird in der Bundesrepublik Deutschland insbesondere durch das Gesetz gegen den unlauteren Wettbewerb (UWG) repräsentiert[43]. Das Gesetz enthält außer Bestimmungen über Einzeltatbestände die sog. Große Generalklausel, die im Notfalle fehlende Einzelregelungen ersetzt, aber auch zu vorhandenen Einzelregelungen verschärfend hinzutreten kann; sie macht das Recht offen und für die Rechtsprechung stark gestaltbar. Die Generalklausel in § 1 UWG lautet: „Wer im geschäftlichen Verkehre zu Zwecken des Wettbewerbes Handlungen vornimmt, die gegen die guten Sitten verstoßen, kann auf Unterlassung und Schadensersatz in Anspruch genommen werden."

Grob systematisiert, richtet sich das Recht gegen drei Kategorien von Wettbewerbsverstößen. Die erste Kategorie von Verstößen sind unmittelbare Einwirkungen auf *Kunden*, um sie z.B. durch Irreführung, Belästigung, psychologischen Zwang oder sachlich ungerechtfertigte Zuwendungen zum Kauf von Gütern zu bewegen. Die zweite Kategorie betrifft Verstöße in

---

[43] Vom 7. Juni 1909 (RGBl. S. 499). Ergänzende Regelungen befinden sich u.a. in folgenden Normen: Verordnung über die Sommer- und Winterschlußverkäufe vom 13. Juli 1950 (BAnz. Nr. 135); Anordnung zur Regelung von Verkaufsveranstaltungen besonderer Art vom 4. Juli 1935 (RAnz. Nr. 158; BAnz. 1951 Nr. 14); Verordnung des Reichspräsidenten zum Schutze der Wirtschaft, Erster Teil: Zugabewesen (Zugabeverordnung) vom 9. März 1932 (RGBl. I S. 121); Verordnung über Preisangaben (Verordnung PR Nr. 3/73) vom 10. Mai 1973 (BGBl. I S. 461); Gesetz über Preisnachlässe (Rabattgesetz) vom 25. November 1933 (RGBl. I S. 1011). Gesetz und sonstige Normen haben bis heute zahlreiche Änderungen erfahren.

Form von Behinderungen anderer *Wettbewerber;* hier handelt es sich z.B. um Anschwärzung oder Verleumdung einer konkurrierenden Unternehmung, ihres Inhabers oder Leiters oder der betreffenden Erzeugnisse, um Boykott oder auch um Preisunterbietung zum Zweck der wirtschaftlichen Vernichtung des Wettbewerbers. Eine dritte Kategorie von Verstößen beruht auf wettbewerbswidrigen Verletzungen *gesetzlicher Bestimmungen* oder *vertraglicher Bindungen;* es werden zum Schaden des Mitbewerbers z.B. Vorschriften des Lebensmittel- oder Umweltschutzrechts mißachtet, z.B. vertraglich vereinbarte Vertriebsbindungen umgangen.

2. Die Bedeutung des Rechts gegen den unlauteren Wettbewerb für die Aneignung oder sklavische Nachahmung fremder Leistung

Für den Findungsschutz als Hauptgegenstand der vorliegenden Abhandlung ist das Recht gegen den unlauteren Wettbewerb zunächst speziell bei Fällen von Bedeutung, wo solche Leistungen den Schutz der Sonderrechte (Urheberrecht, Patentrecht usw.) verloren haben (etwa wegen Ablaufs der Schutzdauer) oder wo der Schutz aus verschiedenen Gründen von vornherein nicht begehrt worden ist (wie bei Geheimerfindungen). Dann können Wettbewerber auftreten, die die Leistungen für sich verwerten oder benutzen, ohne daran durch die Sonderrechte gehindert zu werden. Sie eignen sich damit eine fremde Leistung an, wie sie ist, oder ahmen sie zumindest – wie es heißt, sklavisch – nach. Man spricht in diesen Fällen von *Ausbeutung fremder Arbeit.* Hier erhebt sich die Frage, ob die Leistung nicht aufgrund der im vorhergehenden Abschnitt wörtlich wiedergegebenen Generalklausel in § 1 UWG wenigstens wettbewerblichen Schutz genieße, d.h. vor Aneignung oder Nachahmung und Ausnutzung durch Fremde gesichert werden soll oder kann.

Grundsätzlich wird dies verneint. Der in der freien Marktwirtschaft angestrebte freie Wettbewerb soll es Konkurrenten ermöglichen, die Leistungen von Mitbewerbern, soweit sie nicht unter Sonderschutz stehen, nachzuahmen oder nachzubauen und auszunutzen und so gleichsam, wenn auch nach fremdem Vorbild, eine eigene unternehmerische Leistung zu erbringen. Damit ist, so wird angenommen, auch die möglichst rasche Verbreitung (Diffusion) des wirtschaftlichen Fortschritts gewährleistet.

Jedoch kann eine solche Ausnutzung fremder Arbeit oder auch fremden Rufs unter gewissen Voraussetzungen *sittenwidrig* und damit *unlauter* sein. Dabei sind die Anforderungen an die Bedingungen für den Eintritt des Wettbewerbsschutzes bei *unmittelbarer Leistungsübernahme* geringer als bei *nachschaffender Leistungsübernahme.* Unmittelbare Leistungsübernahme bedeutet, daß die fremde Leistung ohne jede eigene Zutat *unverändert* in Verkehr gebracht wird (wie z.B. dann, wenn eine zuvor auf Tonband aufgenommene Theateraufführung ohne Zustimmung der dazu Berechtigten im Rundfunk gesendet wird)[44]. Da hier nicht einmal eine eigene Leistung zu einer Nachahmung aufgebracht wird, bedarf es nicht viel, um das Verfahren als unlauter anzusehen. Dagegen setzt die *nachschaffende Leistungsübernahme* (sklavische Nachahmung), bei der die fremde Leistung nur als Vorbild benutzt wird, wenigstens in gewissem Umfang eine *zusätzliche eigene Leistung* voraus; infolgedessen wird hier für die ursprüngliche Leistung der Wettbewerbsschutz schwerer erlangt.

Eine Leistungsübernahme ist allerdings überhaupt nur sittenwidrig, wenn die *benutzte* Leistung *wettbewerblich eigenartig* ist; das kann auch für Massenerzeugnisse zutreffen. Überdies müssen *besondere Umstände* im Wettbewerbsbereich vorliegen, um Sittenwidrigkeit zu begründen. Solche Umstände liegen z.B. dann vor, wenn der Aneigner oder Nachahmer eines bekannten Erzeugnisses, mit dem Marktteilnehmer Gütevorstellungen verbinden, nicht das Erforderliche und Zumutbare unternimmt, um Verwechslungen über die betriebliche Herkunft auszuschalten. Das gleiche gilt etwa für den Fall, daß ein Nachahmer Bezeichnungen verwendet, die mit den Originalkennzeichen einer Ware verwechselt werden können, und damit erreicht, daß die Gütevorstellungen über das Originalerzeugnis für das nachgeahmte Erzeugnis zum Absatz ausgenutzt werden. Allgemein sittenwidrig handelt überhaupt z.B. der Nachahmer, der die zur Nachahmung nötigen Kenntnisse auf unredliche Weise, etwa durch Mißbrauch eines Vertrauensverhältnisses oder durch Werkspionage, erlangt hat.

Der Wettbewerbsschutz soll im übrigen für den Ersterschaffer oder -hersteller nicht zu einer Art Ausschließlichkeitsrecht führen, wie es die Sonderrechte des Findungsschutzes (Urheberrecht, Patentrecht usw.) kennen. Der Wettbewerbsschutz muß auf seine Eigenarten beschränkt bleiben, was übrigens die positive Folge hat, daß er auch *neben* den Schutz aus Sondergesetzen treten kann. Bei alledem ist häufig die Bestimmung der zeitlichen Grenze des Wettbewerbsschutzes ein Problem, weil die meisten Sondergesetze einen zeitlich sehr beschränkten Schutz vorsehen (wie das Patentrecht 20 Jahre), der nicht durch den Wettbewerbsschutz ausgedehnt werden darf.

3. Die Bedeutung des Rechts gegen den unlauteren Wettbewerb für den Geheimnisverrat

Mit größerer Sicherheit als in den zuvor behandelten Fällen kann der sog. Geheimnisverrat als ein gegen Konkurrenten gerichteter Wettbewerbsverstoß angesehen und entsprechend wettbewerblich geschützt werden.

---

[44] Der Wettbewerbsschutz richtet sich stets nur gegen den Absatz der ausgebeuteten Leistungen; die Nachahmung an sich ist nicht verboten.

Durch den Wettbewerbsschutz gegen Geheimnisverrat wird das Geschäfts- oder Betriebsgeheimnis geschützt. Grundsätzlich gilt zunächst auch für Kenntnisse solcher Geheimnisse, daß sie im Interesse des freien Wettbewerbs ausgenutzt werden können sollen, dies jedoch nur, wenn sie redlich erworben wurden. Dagegen die gegen die guten Sitten verstoßende Geheimnisverletzung zu Wettbewerbszwecken ist unlauterer Wettbewerb im Sinn der früher erwähnten Generalklausel des § 1 UWG; darüber hinaus berücksichtigt das Gesetz mehrere als besonders schwerwiegend geltende Straftatbestände in den §§ 17, 18, 20 und 20a.

Als Geheimnis ist hier jede Tatsache anzusehen, die nach dem Willen der Unternehmungsleitung aus berechtigtem wirtschaftlichem Interesse nur einem geschlossenen Personenkreis der Unternehmung bekannt oder zugänglich ist. Speziell unter die Rubrik *Geschäftsgeheimnis* kann man dabei die geheimen Angelegenheiten des Verwaltungsbereichs der Unternehmung rechnen wie Organisation und Inhalt des Rechnungswesens einschließlich des unveröffentlichten Jahresabschlusses, Kalkulation und Preise, Investitions- und Finanzierungsplanungen, bestehende und beabsichtigte Vertragsabschlüsse, Lieferanten- und Kundenkreis, Konditionen aller Art. *Betriebsgeheimnis* sind demzufolge geheimzuhaltende Tatsachen des Betriebes wie Fertigungseinrichtungen, Fertigungsorganisation, Konstruktionen, Legierungen, Mischungen, Modelle, Zeichnungen, Rezepte, Stücklisten usw.

Der Schutz gegen Geheimnisverrat hat offenbar für zwei Gruppen oder Kategorien geheimzuhaltender Tatsachen Bedeutung. Einmal kommt er den in der Unternehmung angehäuften Erfahrungen und Kenntnissen zugute, die gar nicht durch ein Sondergesetz des Immaterialgüterrechts geschützt werden können; hier geht es etwa um Gegenstände des allgemeinen sog. *Know-hows,* z.B. um fertigungstechnische Kunstgriffe und Kniffe, die beispielsweise wegen fehlender Erfindungshöhe nicht patentierbar sind. Der wettbewerbliche Geheimnisschutz deckt zweitens aber auch Kenntnisse, die wie die echte Erfindung durch ein Sondergesetz – hier Patentgesetz – geschützt werden können, aber tatsächlich nicht geschützt werden, weil *auf den Schutz absichtlich verzichtet* worden ist, um wie z.B. bei der sog. Geheimerfindung das Risiko der für die Patentierung notwendigen Bekanntmachung zu vermeiden; solange die Erfindung nicht offenkundig geworden ist, ist sie gegen Verrat und unbefugte Verwertung dennoch wettbewerbsrechtlich geschützt.

Wie oben schon andeutungsweise erkennbar war, enthalten die Bestimmungen des UWG für die schwerwiegenden Fälle von Geheimnisverrat (§§ 17 ff.) sogar Strafandrohungen. Bei allen diesen strafbaren Handlungen wird unter anderem vorausgesetzt, daß sie zum Zweck des Wettbewerbs begangen werden. Bestraft wird zunächst, wer als noch im Unternehmen

Beschäftigter ein ihm anvertrautes oder zugänglich gewordenes Geschäfts- oder Betriebsgeheimnis an jemand mitteilt (§ 17 Abs. 1 UWG). Das gleiche Geschick trifft denjenigen, der als nicht oder nicht mehr im Unternehmen Beschäftigter aufgrund eines solchen Treuebruchs oder auch durch eine eigene sittenwidrige Handlung ein Geheimnis erlangt hat und es entweder verrät oder sogar selbst verwertet (§ 17 Abs. 2 UWG). Bei alledem zieht die bekannte oder tatsächliche Verwertung im Ausland eine höhere Strafe nach sich. Bestraft wird ferner, wer technische Vorlagen oder Vorschriften wie Zeichnungen, Modelle usw. unbefugt verwertet oder mitteilt, und zwar dann, wenn sie ihm im geschäftlichen Verkehr anvertraut wurden (§ 18 UWG); hier ist z.B. an den Fall zu denken, daß an einen Kunden Angebotsunterlagen übergeben werden, die der Kunde einem Konkurrenten des Anbieters bekanntgibt oder sogar zur eigenen Fertigung verwendet. Schließlich werden noch das Verleiten und Erbieten zum Verrat im Sinne der §§ 17 und 18 UWG mit Strafe bedroht (gemäß § 20 UWG).

II. Das Recht gegen Wettbewerbsbeschränkungen (Kartellrecht)

Während das Recht gegen den unlauteren Wettbewerb in erster Linie auf den Schutz *einzelner Marktteilnehmer* abstellt, mithin *Individualschutz* bezweckt, zielt das Recht gegen Wettbewerbsbeschränkungen auf die im öffentlichen Interesse liegende Erhaltung der Freiheit des Wettbewerbs als marktwirtschaftlicher *Einrichtung*, demnach auf einen *Institutionsschutz*[45]. Freilich kommt es dabei letztlich auch zum Schutz einzelner, also zu einem Individualschutz.

1. Zum allgemeinen Inhalt des Kartellrechts

Das Recht bekämpft erstens Wettbewerbsbeschränkungen, die dadurch entstehen, daß mehrere Unternehmen nicht jeweils für sich selbständig handeln, sondern dies gemäß gegenseitigen Absprachen tun. Zweitens richtet sich das Recht gegen wettbewerbswidrige Beschränkungen, die daraus hervorgehen, daß ein oder mehrere Unternehmen aufgrund ihrer Marktmacht ohne Rücksicht auf Konkurrenten handeln. Das materielle Recht zu alledem enthält das GWB in seinem Ersten Teil „Wettbewerbsbeschränkungen" (§§ 1 bis 37). Er ist in fünf Abschnitte unterteilt:

---

[45] Hauptquelle des Rechtes ist in der Bundesrepublik Deutschland das Gesetz gegen Wettbewerbsbeschränkungen (GWB) vom 27. Juli 1957 (BGBl. I S. 1081). i.d.F. der Bekanntmachung vom 24. September 1980 (BGBl. I S. 1761), zuletzt geändert durch das Gesetz zur Durchführung der Vierten, Siebenten und Achten Richtlinie des Rates der Europäischen Gemeinschaften zur Koordinierung des Gesellschaftsrechtes (Bilanzrichtlinien-Gesetz-BiRiLiG) vom 19. Dezember 1985 (BGBl. I S. 2355).

1. Kartellverträge und Kartellbeschlüsse (§§ 1 bis 14);
2. Sonstige Verträge (§§ 15 bis 21);
3. Marktbeherrschende Unternehmen (§§ 22 bis 24);
4. Wettbewerbsbeschränkendes und diskriminierendes Verhalten (§§ 25 bis 27);
5. Wettbewerbsregeln (§§ 28 bis 33).

Die fünf Abschnitte sind im folgenden etwas näher darzustellen.

a) Kartellverträge und Kartellbeschlüsse

Der Erste Abschnitt „Kartellverträge und Kartellbeschlüsse" betrifft im Einklang mit seiner Bezeichnung hauptsächlich das vereinbarte Handeln von Unternehmen (und Unternehmensvereinigungen) der gleichen Wirtschaftsstufe (wie von Herstellern gleicher Erzeugnisse), also Absprachen auf der *horizontalen* wirtschaftlichen Ebene, somit eben die Bildung von Kartellen. Solche Absprachen können z.B. über die Anwendung gemeinsamer Konditionen (Geschäfts-, Lieferungs- und Zahlungsbedingungen einschließlich Skonti, Preise), Rabatte, Erzeugungsbegrenzungen, Normen oder Typen usw. getroffen werden. Entsprechende „zu einem gemeinsamen Zweck" geschlossene *Verträge* zwischen Unternehmen und Unternehmensvereinigungen sind unwirksam, soweit sie geeignet sind, die Marktverhältnisse durch Beschränkung des Wettbewerbs zu beeinflussen. Das gleiche gilt für *Beschlüsse* von Unternehmensvereinigungen. Darüber hinaus ist verschärfend schon ein bloßes aufeinander abgestimmtes *Verhalten* verboten (gemäß § 25 Abs. 1 GWB). Derartige Kartellabsprachen können allerdings in genau umgrenzten Fällen wirksam werden, wenn sie bei der Kartellbehörde angemeldet werden. Das GWB enthält dafür Vorschriften insbesondere für Konditionen-, Rabatt-, Strukturkrisen-, Rationalisierungs-, Spezialisierungs-, Ausfuhr-, Einfuhr- und Sonderkartelle.

b) Sonstige Verträge

Diese auf das Kartell bezüglichen Vorschriften haben dazu geführt, das Recht gegen Wettbewerbsbeschränkungen auch kurz Kartellrecht zu nennen. Das ist irreführend. Im Zweiten Abschnitt „Sonstige Verträge", der sich auf gleichsam im Wirtschaftsleben normale, auf Austausch gegenseitiger Leistungen gerichtete Verträge aller Art (sog. Austauschverträge) bezieht, geht es praktisch vor allem um wettbewerbswidrige Verträge zwischen Marktteilnehmern verschiedener Wirtschaftsstufen (wie zwischen Herstellern und Abnehmern), mithin um *vertikal* gerichtete Wettbewerbsbeschränkungen[46]. Solche Verträge über Waren und gewerbliche Leistungen werden vom Gesetz z.B. für nichtig erklärt, soweit sie einem Vertragspartner Preise oder Geschäftsbedingungen für Verträge mit Dritten vorschreiben (Ausnahme: die Preisbindung bei Verlagserzeugnissen). Grundsätzlich zulässig, jedoch der Mißbrauchsaufsicht der Kartellbehörde unterworfen sind Verträge, in denen dem Partner Beschränkungen über die Verwendung gelieferter Erzeugnisse, über den Bezug anderer Erzeugnisse von Dritten (wie in Bierlieferungsverträgen zwischen Brauereien und Gaststätten) oder den Absatz an Dritte oder auch Kopplungsgeschäfte auferlegt werden.

c) Marktbeherrschende Unternehmen

Der Dritte Abschnitt „Marktbeherrschende Unternehmen" zielt darauf ab, Wettbewerbsbeschränkungen durch ein Unternehmen zu verhindern, das keinem oder keinem wesentlichen Wettbewerb ausgesetzt ist oder eine überragende Marktstellung inne hat; für eine solche Marktstellung sind außer dem Marktanteil des Unternehmens insbesondere seine Finanzkraft, sein Zugang zu den Beschaffungs- oder Absatzmärkten, Verflechtungen mit anderen Unternehmen sowie rechtliche oder tatsächliche Schranken für den Marktzutritt anderer Unternehmen zu berücksichtigen. Marktbeherrschende Unternehmen unterliegen der *Mißbrauchsaufsicht* durch die Kartellbehörde.

Ferner bestimmt das Gesetz eine *Zusammenschlußkontrolle*. Dazu ist der bereits vollzogene Zusammenschluß von Unternehmen bei bestimmtem zu erwartendem Marktanteil oder zuvor schon erreichtem Marktanteil, Beschäftigtenzahl oder Umsatzerlösen dem Bundeskartellamt unverzüglich *anzuzeigen*. Für sogenannte vertikale und konglomerate Zusammenschlüsse stellt das Gesetz zusätzliche Marktbeherrschungsvermutungen auf. Das Vorhaben eines Zusammenschlusses kann *angemeldet* werden. Die Voranmeldung ist bei bestimmten Umsatzvolumina zwingend. Unter genau festgelegten Bedingungen führt die Zusammenschlußkontrolle dazu, daß das Bundeskartellamt den Zusammenschluß untersagt (weitere Rechtsfolgen werden hier nicht dargestellt).

Schließlich ordnet das Gesetz zur regelmäßigen Begutachtung der Konzentrationsentwicklung und der Anwendung der Mißbrauchsaufsicht und Zusammenschlußkontrolle die Bildung einer Monopolkommission an.

---

[46] Wegen der Kürze wird hier dennoch öfter die Bezeichnung „Kartellgesetz" benutzt.

d) Wettbewerbsbeschränkendes und diskriminierendes Verhalten

Weil der freie Wettbewerb nicht nur durch vertragliche Absprachen, sondern auch durch Maßnahmen tatsächlicher Art beeinträchtigt werden kann, verbietet das Gesetz im Vierten Abschnitt „Wettbewerbsbeschränkendes und diskriminierendes Verhalten" derartige gegen Konkurrenten, Lieferanten oder Abnehmer gerichtete Maßnahmen wie das bereits erwähnte abgestimmte Verhalten, das Androhen oder Zufügen von Nachteilen (z. B. Androhen von Liefersperren) und das Versprechen oder Gewähren von Vorteilen (z. B. Versprechen von Darlehen), wenn solche Maßnahmen dazu bestimmt sind, andere Unternehmen zu einem Verhalten zu veranlassen, das nach den einschlägigen Vorschriften und Verfügungen nicht zum Gegenstand einer vertraglichen Bindung gemacht werden dürfte. Abgesehen von verschiedenen anderen Formen wirtschaftlichen Drucks sind noch die Aufforderung zum Boykott (zu Liefer- oder Bezugssperren) und bestimmte Diskriminierungen (unbillige Behinderungen, sachlich ungerechtfertigte unterschiedliche Behandlung, Veranlassung zu sachlich ungerechtfertigten Vorzugsbedingungen) seitens marktbeherrschender und anderer marktstarker Unternehmen verboten.

e) Wettbewerbsregeln

Der Fünfte Abschnitt „Wettbewerbsregeln" räumt Wirtschafts- und Berufsvereinigungen die Möglichkeit ein, für ihren Bereich Wettbewerbsregeln aufzustellen, die dem lauteren oder leistungsgerechten Wettbewerb dienlich sind.

2. Die Bedeutung des Kartellrechts für technische Erwerbs- und Lizenzverträge

a) Die grundsätzliche Anerkennung nicht mißbräuchlicher Vertragsbeschränkungen

Das Recht gegen Wettbewerbsbeschränkungen ist für den Findungsschutz von gewisser Bedeutung. Grund dafür ist die Tatsache, daß die *Sonderschutzrechte* des technisch-gewerblichen Findungsrechts (Patentrecht, Gebrauchsmusterrecht und andere) zum Kartellbereich in einem Spannungsverhältnis stehen und stehen müssen, denn einerseits gewähren die Sonderrechte dem Inhaber oder Berechtigten monopolartige Ausschließungsrechte – besonders für die Verwertung der geschützten Erfindung oder sonstigen ähnlichen Leistung – und hindern damit gleichsam den freien Wettbewerb, andererseits soll das Kartellrecht gerade diesen Wettbewerb sicherstellen.

Das Kartellrecht erkennt die technischen Sonderschutzrechte im Zweiten Abschnitt „Sonstige Verträge" in zwei Bestimmungen grundsätzlich an (vgl. §§ 20 und 21 GWB). Das geschieht indirekt durch eine Formulierung, die nur den Mißbrauch solcher Rechte ausschließt. Die betreffende Bestimmung in § 20 Abs. 1 Halbsatz 1 GWB lautet: „Verträge über Erwerb oder Benutzung von Patenten, Gebrauchsmustern oder Sortenschutzrechten sind unwirksam, soweit sie dem Erwerber oder Lizenznehmer Beschränkungen im Geschäftsverkehr auferlegen, die über den Inhalt des Schutzrechts hinausgehen."

Nicht nur Verträge aufgrund technischer Sonderschutzgesetze werden so vom Kartellrecht anerkannt, sondern auch Verträge über Überlassung oder Benutzung gesetzlich *nicht geschützter* Erfindungsleistungen, Fabrikationsverfahren, Konstruktionen und sonstiger die Technik bereichernder Leistungen (wie des sog. Know-hows), dies, soweit sie Betriebsgeheimnisse darstellen, also solange sie geheimgehalten werden können. Gleiches gilt auch für nicht geschützte Leistungen auf dem Gebiet der Pflanzenzüchtung.

Bevor in dem Gedankengang fortgefahren wird, ist folgende Zwischenbemerkung am Platz. Bei der im vorigen Abschnitt unternommenen allgemeinen Charakterisierung des Kartellrechts mag aufgefallen sein, daß das GWB überwiegend von *Unternehmen* oder *Unternehmensvereinigungen* spricht, durch die z.B. der Wettbewerb gefährdet wird, und für die die Bestimmungen gelten sollen. Dazu muß beachtet werden, daß der Unternehmensbegriff des GWB sehr weit und keineswegs z.B. gesellschaftsrechtlich gemeint ist. Er erfaßt vielmehr alle Marktteilnehmer, gleich in welcher tatsächlichen oder rechtlich organisierten Form sie auftreten; die Bestimmungen des Kartellgesetzes gelten daher auch z.B. für Einzelpersonen wie Angehörige freier Berufe, somit auch für den einzelnen Erfinder. Wenigstens theoretisch denkbar wären daher z.B. wettbewerbswidrige Absprachen mehrerer einzelner freier Erfinder, die nach dem Gesetz als unzulässiges Kartell und mithin als unwirksam einzustufen wären[47]. Nicht anwendbar ist das Gesetz lediglich auf die wirtschaftliche Betätigung unselbständiger Arbeitnehmer und privater Haushalte.

Andererseits spricht das Gesetz in den jetzt zu erörternden Sonderregelungen für Patente, Gebrauchsmuster oder Sortenschutzrechte (§§ 20 und 21 GWB) stets einerseits von Veräußerer oder Lizenzgeber, andererseits von Erwerber oder Lizenznehmer. Wiederum dies darf nicht zu der Annahme verleiten, hier seien plötzlich nur Einzelpersonen gemeint; die Bestimmungen gelten natürlich auch etwa für gesellschaftsrechtlich organisierte Unternehmungen wie Kapitalgesellschaften, die als solche Patentnutzungen und dergleichen vergeben können, oder denen sie gewährt werden.

b) Kartellrechtlich fragwürdige Vertragsbeschränkungen

Kehren wir speziell zur Erörterung der zwei Bestimmungen zu Patent- und ähnlichen Verträgen zurück. Wie oben dargestellt, hängt also die Wirksamkeit dieser vom Kartellgesetz grundsätzlich anerkannten Verträge

---

[47] Dies gemäß § 20 Abs. 4 GWB: „Die §§ 1 bis 14 bleiben unberührt." Danach sind also für Verträge über Erwerb oder Benutzung technischer Schutzrechte sämtliche Bestimmungen des GWB über „Kartellverträge und Kartellbeschlüsse" anwendbar.

davon ab, daß ihre gleichsam von Natur aus wettbewerbshemmende Eigenschaft nicht noch mißbräuchlich verstärkt wird, indem praktisch z.B. der Veräußerer oder Lizenzgeber einer geschützten oder auch ungeschützten Leistung dem Erwerber oder Lizenznehmer inhaltlich über die Schutzrechte hinausgehende Beschränkungen auferlegt[48].

Da Verträge über Erwerb oder Benutzung von Patenten usw. formfrei sind, kann der Lieferant der Rechte zunächst tatsächlich – auch beschränkende – Bedingungen aller Art vertraglich vereinbaren wollen. So streben in der Praxis freie Erfinder an, dem Bezieher der Rechte zusätzlich etwa Leistungen in Form ständiger *technischer Beratung* in der Produktion oder für in der Tat oft dringend erforderliche Aktivitäten zur *Einführung* des Schutzgegenstandes in nachverarbeitenden Industrien zu erbringen, wobei diese Leistungen unabhängig von der Schutzrechtvergütung honoriert werden sollen, und zwar gegebenenfalls *über die gesetzliche Laufzeit des Schutzrechts hinaus.* Tieferer Beweggrund dafür ist ohne Zweifel häufig die Tatsache, daß der freie Erfinder anders keinen angemessenen Ausgleich für seinen oft viele Jahre andauernden persönlichen und finanziellen Einsatz und das übernommene hohe Risiko erhielte. In anderen Fällen wird versucht, *die Schutzfrist* und entsprechend die Vergütungsdauer durch Abmachungen *zu verlängern,* die sicherstellen, daß der Bezieher neue Schutzrechte für Weiterentwicklungen des ursprünglichen Schutzgegenstandes zu übernehmen hat. Der Bezieher kann auch ausdrücklich verpflichtet sein, *keine ähnliche und womöglich bessere Technologie von einem Dritten zu erwerben* und zu benutzen. Ferner werden vielleicht Abmachungen getroffen, die den Bezieher der Rechte *zum Erfahrungsaustausch oder zur Gewährung von Lizenzen* auf Verbesserungs- oder Anwendungserfindungen an den Patentinhaber oder Lizenzgeber zwingen, ohne daß dieser gleichartige Verpflichtungen in entgegengesetzter Richtung hätte. Andererseits kann es dem Bezieher aber gerade *verboten* sein, die erworbene Technologie selbst *weiterzuentwickeln* oder womöglich gar auf dem betreffenden Gebiet *eigene Forschungen zu betreiben.* Weiter wird der Bezieher in manchen Fällen verpflichtet, *Einsatzstoffe* und *Ersatzteile ausschließlich vom Lieferanten der Rechte zu beschaffen.* Auch ist die Vereinbarung von *Kopplungsgeschäften* in der Weise denkbar, daß der Bezieher der Rechte zusätzlich andere Tech-

---

[48] § 20 GWB (und entsprechend § 21 GWB) schützt übrigens ausschließlich den Erwerber oder Lizenznehmer. Je nach Marktstärke der Vertragspartner ist natürlich denkbar, daß umgekehrt der Erwerber oder Lizenznehmer dem Veräußerer oder Lizenzgeber Beschränkungen zumutet. Der letztere kann dann Schutz nur nach anderen einschlägigen Bestimmungen des Kartellgesetzes erlangen, wobei offenbar *diesem* Vertragspartner das *gesamte* Kartellrecht zur Verfügung steht. Er erhält etwa zutreffendenfalls Schutz nach § 1 GWB (Unwirksamkeit wettbewerbsbeschränkender Vereinbarungen), § 15 GWB (Nichtigkeit von Verträgen über Preisgestaltung oder Geschäftsbedingungen) oder § 18 GWB (Aufhebung von Ausschließlichkeitsbindungen).

nologien, Einsatzstoffe, Ersatzteile oder sogar Fertigerzeugnisse abzunehmen hat, die er im Grunde nicht braucht und verlangt.

Diese und andere ähnliche Vertragsbedingungen sind in der Tat gewichtige Beschränkungen, die in der Regel nach § 1 GWB verboten wären (vgl. zur Anwendbarkeit der §§ 1 bis 14 GWB auf technische Schutzrechtsverträge Fußnote auf S. 267). Eine eiserne Grenze für Beschränkungen setzt § 20 Abs. 2 letzter Teilsatz GWB selbst, indem er bestimmte vertragliche Beschränkungen (oder vielmehr die Verträge, die solche enthalten) auf jeden Fall für unwirksam erklärt, soweit die Beschränkungen die Laufzeit des bezogenen Schutzrechts überschreiten[49]. Eine nicht unbeträchtliche Zahl von Bußgeld- und Untersagungsverfahren zeugt von der großen praktischen Bedeutung, die unerlaubte Beschränkungen aller Art in den Verträgen haben.

c) Kartellrechtlich ausdrücklich zugelassene Vertragsbeschränkungen

Nun gewährt dennoch das Kartellgesetz bei den Verträgen über technische Schutzrechte weitherzige Freiheit. Bezüglich der Frage, welche Beschränkungen über den Inhalt des Schutzrechts hinausgehen und damit unzulässig sind, wird zunächst festgestellt, daß dies nicht zutrifft für *Beschränkungen hinsichtlich Art, Umfang, Menge, Gebiet oder Zeit* der Ausübung des Rechts (§ 20 Abs. 1 Halbsatz 2 GWB). Daher kann z. B. ein Patentinhaber die Art und Weise der Verwertung seiner Erfindung, die Zahl der damit gefertigten Erzeugnisse, das zulässige geographische Absatzgebiet für diese Erzeugnisse sowie die Dauer der Lizenzüberlassung frei vereinbaren.

Ausdrücklich nur *innerhalb des zeitlichen Rahmens der Schutzdauer* – diese Grenze wurde schon erwähnt – läßt das Kartellgesetz ferner weitere Beschränkungen zu, die meistens an gewisse Bedingungen gebunden sind (§ 20 Abs. 2 Ziffer 1 bis 5 GWB). Dabei handelt es sich *erstens* um Beschränkungen, soweit und solange sie durch ein Interesse des Schutzrechtinhabers an einer technisch einwandfreien Ausnutzung des Schutzrechtsgegenstandes gerechtfertigt sind; daraus könnte etwa die Verpflichtung zur ausschließlichen Verwendung bestimmter Materialien aus dem Hause des Veräußerers oder Lizenzgebers hergeleitet werden. *Zweitens* sind Bindungen hinsichtlich der Preisstellung für den geschützten Gegenstand zulässig; daran hat der Lieferant der Rechte z. B. dann ein Interesse, wenn die Höhe

---

[49] In dem oben erwähnten Fall, wo der Erfinder aufgrund eines zusätzlichen Beratungsauftrages Vergütungen über die Laufzeit des überlassenen Rechts hinaus beansprucht, wird es zu einer Auslegungsfrage, ob eine verschleierte und damit verbotene Weiterzahlung von Schutzrechtsgebühren vorliegt oder nicht.

der Schutzrechtsvergütung in irgendeiner Weise an die Umsatzerlöse des Lizenznehmers gekoppelt ist. *Drittens* kann der Erwerber oder Lizenznehmer zum Erfahrungsaustausch oder seinerseits zur Gewährung von Lizenzen einschlägiger Erfindungen verpflichtet werden, sofern der Rechtegeber gleichartige Verpflichtungen hat. *Viertens* ist es statthaft, den Erwerber oder Lizenznehmer dazu zu verpflichten, das überlassene Schutzrecht nicht anzugreifen. Verpflichtungen beliebiger Art können *fünftens* dem Erwerber oder Lizenznehmer auferlegt werden, soweit sie sich auf die Regelung des Wettbewerbs auf Märkten außerhalb der Bundesrepublik Deutschland und West-Berlins beziehen (dem können allerdings außerdeutsche Regelungen, etwa solche der Europäischen Gemeinschaft, Grenzen setzen).

d) Möglichkeiten von Vertragsbeschränkungen auf besondere Erlaubnis der Kartellbehörde

Es wurde dargestellt, daß das Kartellgesetz zunächst überhaupt den Kreis der verbotenen Beschränkungen enger zieht, indem es einige für das Funktionieren technischer Schutzrechte unerläßliche beschränkende Abmachungen als noch zum Inhalt des Schutzrechts gehörig erklärt; ferner wurde gezeigt, daß fünf Arten von Beschränkungen, Bindungen und Verpflichtungen zusätzlich zugelassen sind, soweit sie sich nur im zeitlichen Rahmen der Laufzeit des Schutzrechts halten.

Darüber hinaus bietet nun das Kartellgesetz weitere Ausnahmemöglichkeiten für Verträge mit Beschränkungen, selbst wenn diese den Inhalt des Schutzrechts sprengen (und nicht zu den ohnehin besonders zugelassenen Arten gehören). Der Weg dazu ist ein Antrag an die Kartellbehörde (§ 20 Abs. 3 GWB). Sie kann die Erlaubnis zu einem entsprechenden Vertrag erteilen, wenn die wirtschaftliche Bewegungsfreiheit des Erwerbers oder Lizenznehmers oder anderer Unternehmen nicht unbillig eingeschränkt und durch das Ausmaß der Beschränkungen der Wettbewerb nicht wesentlich beeinträchtigt wird. Die Erlaubnis kann mit Beschränkungen, Bedingungen und Auflagen verbunden werden; unter genau festgelegten Bedingungen kann sie widerrufen, geändert und wiederum mit Auflagen versehen werden (dies alles gemäß § 11 Abs. 3 bis 5 GWB). Praktisch eröffnet dieser Antragsweg Möglichkeiten zu Verhandlungen mit der Kartellbehörde, sonst an sich nicht zulässige Vertragsbeschränkungen doch noch durchzusetzen. Tatsächlich wird eine nicht geringe Zahl derartiger Erlaubnisverfahren durchgeführt, was wiederum auf die große Bedeutung der in Verträgen angestrebten Beschränkungen hinweist.

e) Vertragsbeschränkungen aufgrund der allgemeinen Ausnahmemöglichkeiten vom Kartellverbot

Schließlich ist zu wiederholtem Male an die Geltung der Bestimmungen des GWB über „Kartellverträge und Kartellbeschlüsse" (§§ 1 bis 14 GWB) zu erinnern. Sie enthalten für Fälle, wo echte Kartellabsprachen auf horizontaler Wirtschaftsebene vorliegen, überwiegend Möglichkeiten der Ausnahme vom grundsätzlichen Kartellverbot des § 1 GWB und können daher gegebenenfalls auch bei dem Versuch, in Verträgen den Bezieher von Schutzrechten zu binden, von Nutzen sein.

f) Nachbemerkung

Auch daran soll nochmals erinnert werden, daß alle hier erörterten Kriterien der Unwirksamkeit oder Wirksamkeit von Verträgen über Erwerb oder Benutzung technischer Leistungen ebenfalls für Verträge gelten, die über nicht durch Sondergesetze geschützte Leistungen (und Saatgut) abgeschlossen werden (gemäß § 21 GWB). Dagegen ist das Kartellgesetz nicht auf Urheber- und Leistungsschutzrechte, Geschmacksmuster- und Kennzeichenrechte (z.B. Warenzeichenrechte) anwendbar. Bezieht sich ein Vertrag sowohl auf ein nichttechnisches wie technisches Schutzrecht, kann das Kartellrecht wiederum anwendbar sein.

III. Das Kennzeichenrecht

Zum Findungsrecht und hier im besonderen zum allgemeinen Wettbewerbsrecht, gehört auch das Kennzeichenrecht. Damit soll ein Gebiet charakterisiert werden, dessen Bestimmungen auf mehrere Gesetze verteilt sind.

Schutzgegenstand des Rechtes sind Kennzeichen, und zwar von grundsätzlich zweierlei Art. Die einen Kennzeichen bezeichnen einen Unternehmer oder eine Unternehmung im ganzen, sind also *Unternehmungsbezeichnungen*. Die zweite Art Kennzeichen bezeichnen sog. Waren und heißen daher *Warenbezeichnungen*. In beiden Fällen dienen die Kennzeichen dazu, um im Rahmen des freien Wettbewerbs eine Unternehmung bzw. die von ihr auf dem Markt angebotenen Waren von anderen Unternehmungen oder Waren unterscheidbar zu machen. Diesen Zweck können die Kennzeichen nur dann befriedigend erfüllen, wenn gewährleistet wird, daß sie nicht durch gleiche oder zum Verwechseln ähnliche Kennzeichen der Konkurrenten in ihrer Wirkung beeinträchtigt werden. Daher besteht ein gesetzlicher Kennzeichenschutz, der durch das Kennzeichenrecht begründet wird.

1. Das Recht der Unternehmungsbezeichnung

Schutzgegenstand dieses Rechtes ist die Unternehmungsbezeichnung, die entweder ein *Name*, eine *Firma* oder eine sonstige *besondere Geschäftsbezeichnung* ist. Mit diesen Bezeichnungen verbinden andere Marktteilnehmer einerseits bestimmte Vorstellungen von dem Ansehen der Unternehmung an sich, andererseits aber auch von den von der Unternehmung gefertigten und/oder gehandelten Erzeugnissen. Die Bezeichnungen sollen daher zugunsten der individuellen Interessen der Berechtigten, aber auch zum Vorteil der Nachfrager und überhaupt der Allgemeinheit geschützt werden.

Einen Schutz gegen den unbefugten Gebrauch einer Firma bietet zunächst § 37 HGB. Die Bestimmung ist aber von untergeordneter Bedeutung, weil sie lediglich den gegen die formalen Vorschriften des HGB über die Handelsfirma verstoßenden Gebrauch einer Firma unterbindet[50].

Wesentlichen Schutz von Unternehmungsbezeichnungen gewähren vielmehr § 12 BGB und § 16 UWG[51]. § 12 BGB schützt das Recht des Namens, der eine Person äußerlich kennzeichnet und sie von anderen Personen zu unterscheiden erlaubt. Ursprünglich zum Schutz des bürgerlichen Namens natürlicher Personen gedacht, wird die Vorschrift heute von der Rechtsprechung auch dazu herangezogen, einen gleichen Namensschutz den Personen- und Kapitalgesellschaften zuzubilligen (darüber hinaus sogar besonderen Geschäftsbezeichnungen, Schlagworten, Abkürzungen usw., wenn sie Namensfunktion haben).

Während § 12 BGB nach seiner Placierung eben im BGB und seinem Wortlaut gleichsam jedes beliebiges (auch private) Interesse am Recht eines *Namens* schützt, tritt der Schutz des § 16 UWG gemäß dem Wortlaut der Bestimmung erst ein, wenn *im geschäftlichen Verkehr* Name, Firma oder besondere Bezeichnung einer Unternehmung benutzt werden, und zwar in der Weise, daß Verwechslungsgefahr besteht. Im geschäftlichen Bereich bieten dann sowohl § 12 BGB wie § 16 UWG mit im allgemeinen gleicher Wirkung Schutz. Jedoch kann ausnahmsweise die weitere Wirkungskraft des § 12 BGB zum Zuge kommen, wenn ein Name, eine Firma usw. besondere Verkehrsgeltung oder Berühmtheit besitzen; in diesem Fall kann der Beeinträchtigte aufgrund § 12 BGB Schutz schon aus der bloßen Verwässerungsgefahr (und nicht erst Verwechslungsgefahr) erlangen.

Die *Firma* (gemäß § 17 ff. BGB) ist die Bezeichnung der vom Vollkaufmann geführten Einzelunternehmung sowie die Bezeichnung der Personen-

---

[50] Vgl. §§ 17 ff. (Erstes Buch, Dritter Abschnitt, Handelsfirma) des Handelsgesetzbuches vom 10. Mai 1897 (RGBl. S. 219), zuletzt geändert durch das Bilanzrichtlinien-Gesetz vom 19. Dezember 1985 (BGBl. I S. 2355).

[51] Eine kursorische Übersicht über den Inhalt des UWG brachte bereits oben „Das Recht gegen den unlauteren Wettbewerb", S. 259 ff.).

gesellschaft (OHG, KG) oder Kapitalgesellschaft (GmbH, AG). Geschützt wird die Bezeichnung, wie sie im Handelsregister eingetragen ist. Da die Firma des Einzelkaufmanns seinen Familiennamen enthalten muß (gemäß § 18 HGB), die der Personengesellschaft den Namen wenigstens eines der Gesellschafter (gemäß § 19 HGB), kann es in der Praxis zu Auseinandersetzungen über die Unternehmungsbezeichnung kommen, falls ein Familienmitglied gleichen Namens eine neue Unternehmung ins Leben ruft.

§ 16 Abs. 1 UWG erwähnt als schutzwürdig außer dem Namen und der Firma ferner „die besondere Bezeichnung eines Erwerbsgeschäfts (oder) eines gewerblichen Unternehmens". Bei dieser *besonderen Geschäftsbezeichnung* (auch Etablissementsbezeichnung genannt) kann es sich zunächst überhaupt um das einzige Kennzeichen eines Geschäfts handeln, nämlich dann, wenn keine Pflicht zur Führung einer Firma gemäß §§ 17 ff. HGB besteht. So bedienen sich Unternehmungen des Hotel- und Gaststättengewerbes allgemein nur der Etablissementsbezeichnung (z.B. Hotel „Pfälzer Hof", Gasthaus „Zum grünen Mann", „Chez Louisette"); dies kommt auch bei anderen Betrieben vor (Beispiel: „Nationaltheater Mannheim"). Die besondere Geschäftsbezeichnung kann aber auch als Firmenabkürzung oder Firmenschlagwort *neben* der Firma verwendet werden (wie „Hamburg-Amerika-Linie" neben der eingetragenen Firma „Hamburg-Amerikanische Packetfahrt-Actien-Gesellschaft", Abkürzung HAPAG). Wie aus den Beispielen ebenfalls ersichtlich ist, kann die besondere Geschäftsbezeichnung aus Phantasieworten wie auch aus Bestandteilen der Firma bestehen; ferner ist sie häufig eine Aneinanderreihung von Anfangsbuchstaben der Firmenwörter (wie bei „AEG" für „Allgemeine Elektricitäts-Gesellschaft"). Die besondere Geschäftsbezeichnung steht – auch dann, wenn sie neben der Firma benutzt und dabei vom Geschäftsinhaber forciert wird – wieder sowohl unter dem Namensschutz des § 12 HGB wie unter dem Bezeichnungsschutz des § 16 UWG; es wird grundsätzlich ein Schutz gegen Verwechslungsgefahr, in Ausnahmefällen auch der erweiterte Schutz schon gegen Verwässerungsgefahr gewährt.

Gemäß § 16 Abs. 3 UWG stehen der besonderen Geschäftsbezeichnung Geschäftsabzeichen und sonstige zur Unterscheidung von anderen Geschäften bestimmte Einrichtungen gleich, die sich innerhalb beteiligter Verkehrskreise durchgesetzt haben. Solche *zusätzliche Kennzeichen* wie bestimmte Schlagworte, Abbildungen (z.B. personifizierte Kaffeekanne), Ausstattungen von Geschäften und Geschäftsfahrzeugen, Uniformen der Unternehmensangehörigen, Hausfarben (wie bei Maggi), herausgestellte Fernsprechnummern und Telegrammadressen usw. genießen gegebenenfalls also auch den erwähnten Schutz.

Schließlich wird durch § 16 Abs. 1 UWG die besondere Bezeichnung einer Druckschrift geschützt. Man spricht von *Titelschutz*, wobei Titel die

Bezeichnung oder Überschrift eines Schriftwerks (z. B. eines Theaterstücks), einer Sammlung solcher Werke, einer Zeitung oder Zeitschrift usw. ist; die Bestimmung wird auch auf Titel von Filmwerken, Hörfunk- und Fernsehfunkstücken sowie auf Titel ganzer Rundfunkreihen oder -serien (z. B. Fernsehserie „Der 7. Sinn") angewendet[52]. Kriterium für die Schutzwürdigkeit eines Titels ist unter anderem wieder die Verwechslungsgefahr, ausnahmsweise auch schon die Verwässerungsgefahr (auf der Grundlage des § 12 HGB). Mitunter weist ein Titel überdies auf die Herkunft der Druckschrift aus einer bestimmten Unternehmung hin und dient somit gleichzeitig zur Unterscheidung der Erzeugnisse von den Erzeugnissen anderer Unternehmungen (wie die Titel verschiedener Zeitungen, Zeitschriften und Bücherreihen); dann kann er zusätzlich durch Eintragung beim Patentamt als Warenzeichen den Warenzeichenschutz erhalten[53].

Abschließend mögen noch die allgemeinen Bedingungen für die Entstehung des Schutzes der Unternehmungsbezeichnungen genannt werden. Abgesehen von der Voraussetzung des § 16 UWG, daß die Bezeichnung im geschäftlichen Verkehr benutzt werden muß, kann sie erstens nur dann Schutz erwarten, wenn sie genügend *Unterscheidungskraft* besitzt. Eine Ausnahme davon bilden die oben als zusätzliche Kennzeichen erwähnten Bezeichnungen gemäß § 16 Abs. 3 UWG; sie sind nur schutzfähig, wenn sie durch die beteiligten Verkehrskreise gedanklich mit einer bestimmten Unternehmung in Verbindung gebracht werden, wenn sie also Verkehrsgeltung haben. Zweitens entscheidet der *Zeitvorrang* (Priorität) über den Schutz oder Schutzbeginn. Falls eine Unternehmungsbezeichnung von Hause aus ausreichende Unterscheidungskraft besitzt, beginnt der Schutz mit der ersten Verwendung des betreffenden Bezeichnungsmittels; sonst entsteht der Schutz erst, sobald die Bezeichnung Geltung im geschäftlichen Verkehr bekommen hat.

2. *Das Recht der Warenbezeichnung*

a) Funktionen und Zweck des Warenzeichens

Kennzeichen können auch in Form von Warenbezeichnungen auftreten. Die Ware trägt dann eine Kennzeichnung, die die anderen Marktteilnehmer, vor allem Käufer, auf die Herkunft der Ware aus einer bestimmten Unter-

---

[52] Natürlich ist es sachlich an sich unkorrekt, den Titelschutz unter der hier gewählten übergreifenden Thematik des Schutzes der Unternehmungsbezeichnung zu erörtern. Das rechtfertigt sich nur pragmatisch aus dem Umstand, daß der Titelschutz in derselben gesetzlichen Bestimmung (§ 16 UWG) geregelt worden ist.

[53] Zum Warenzeichenschutz vgl. den folgenden Abschnitt „Das Recht der Warenbezeichnung".

Ohne daß hier auf Einzelheiten eingegangen würde, soll übrigens bemerkt werden, daß es nach dem *Urheberrecht* grundsätzlich keinen Titelschutz gibt. Theoretisch

nehmung hinweisen soll; das Warenkennzeichen oder -zeichen hat daher eine *Herkunftsfunktion.* Die Herkunftsfunktion wird auch dann als bestehend angesehen, wenn die anderen Marktteilnehmer, insbesondere die letzten Abnehmer (Konsumenten), die Unternehmung selbst dem Namen nach nicht kennen oder erkennen. Das Kennzeichen vermittelt darüber hinaus den Abnehmern bei gut eingeführten Produkten auch eine Vorstellung von ihrer Beschaffenheit, Eignung und anderen Eigenschaften, so daß dem Zeichen ferner eine *Garantiefunktion* zukommt. Das Warenzeichen ermöglicht es einerseits dem Zeicheninhaber, seine Ware aus der Zahl gleicher oder ähnlicher Waren der Mitbewerber herauszuheben und hierdurch den Kreis seiner Abnehmer zu erhalten oder womöglich zu vergrößern; andererseits können die Abnehmer zu ihrem Nutzen gekennzeichnete Ware nach Herkunft und Eigenschaften unterscheiden und ihrem Ursprung zuordnen. Das Recht der Warenbezeichnung schützt die Warenkennzeichen und dient auf diesem Sondergebiet der Ausschaltung unlauteren Wettbewerbs, der Förderung lauteren Wettbewerbs und letztlich der Stärkung des Rechts der Unternehmungsbezeichnung. Anders als das im vorigen Kapitel erörterte Recht der Unternehmungsbezeichnung ist das Recht der Warenbezeichnung in der Bundesrepublik Deutschland ausführlich und fast ausschließlich in einem besonderen Gesetz kodifiziert[54].

b) Inhalt und Schutzgegenstände des Warenzeichenrechts

Das Warenzeichenrecht als objektives Recht gesteht seinem Inhaber das subjektive Recht zu, seine Warenbezeichnung zu verwenden und andere Wirtschaftsteilnehmer von der Benutzung einer gleichen oder zum Verwechseln ähnlichen Warenbezeichnung auszuschließen.

Mag man auch bei unbefangener Betrachtung die von einer Unternehmung ersonnene Warenbezeichnung als eine Art geistige Schöpfung ansehen, juristisch ist dies unerheblich; das Warenzeichenrecht gründet nicht wie das Urheberrecht auf einem Werk oder wie Patent- und Gebrauchsmusterrecht auf einer Erfindung[55]. Nur äußerlich hat es mit Patent- und Gebrauchsmusterrecht gemeinsam, daß zur vollen Entstehung des Rechts

---

möglich wäre dies nur für einen Titel, der tatsächlich als eigenschöpferische Leistung auf dem Gebiet der Schriftwerke anzusehen wäre. In der Praxis ist das Vorkommen eines solchen Titels aber kaum denkbar.

[54] Warenzeichengesetz (WZG) vom 5. Mai 1936 (RGBl. II S. 134) i.d.F. der Bekanntmachung vom 2. Januar 1968 (BGBl. I S. 29), zuletzt geändert durch das Sortenschutzgesetz vom 11. Dezember 1985 (BGBl. I S. 2170).

[55] Dennoch liegt im Recht der Warenbezeichnung ein urheberrechtlicher Kern; in bestimmten Fällen ist es von Bedeutung, ob ein Zeichen origineller erdacht, geistig bedeutsamer und damit unterscheidungskräftiger ist als ein anderes. Auch wird speziell ein persönlichkeitsrechtlicher Einschlag vermutet, besonders für Fälle, wo ein Warenzeichen den Namen des Zeicheninhabers enthält.

die Eintragung des Warenzeichens in die sog. Zeichenrolle beim Patentamt nötig ist.

Wer sich also, gleichgültig ob als Hersteller oder Händler, „in seinem Geschäftsbetrieb zur Unterscheidung seiner Waren von den Waren anderer eines Warenzeichens bedienen will, kann dieses Warenzeichen zur Eintragung in die Zeichenrolle anmelden" (§ 1 Abs. 1 WZG). Die *Warenzeichen* bestehen aus Worten, Bildern oder Kombinationen von Worten und Bildern. Die Wirkung der Eintragung besteht darin, daß allein dem Zeicheninhaber „das Recht zusteht, Waren der angemeldeten Art oder ihre Verpackung oder Umhüllung mit dem Warenzeichen zu versehen, die so bezeichneten Waren in Verkehr zu setzen sowie auf Ankündigungen, Preislisten, Geschäftsbriefen, Empfehlungen, Rechnungen oder dergleichen das Zeichen anzubringen" (§ 15 Abs. 1 WZG).

Das Gesetz schützt indessen nicht nur derartige Zeichen, sondern noch zwei andere Arten von Objekten. Bei den einen handelt es sich um sog. *Dienstleistungsmarken,* auf die die Vorschriften über Warenzeichen entsprechend anzuwenden sind (gemäß § 1 Abs. 2 WZG). Dienstleistungsmarken sind ebenfalls Wort- und/oder Bildzeichen, jedoch verwendet mit dem wirtschaftlichen Zweck, Dienstleistungen zu erbringen. Dienstleistungsmarken können also einmal von einzelnen dienstleistenden Personen wie Angehörigen freier Berufe, dann aber auch von dienstleistenden Unternehmungen wie Konstruktions- und Ingenieurunternehmungen, Veredelungs-, Reparatur- und Lagerhausbetrieben, Wirtschaftsberatungsunternehmen, Banken und Reisebüros geführt werden. Wie die Aufzählung zeigt, ist es dabei gleichgültig, ob die Dienstleistungen in irgendeinem Zusammenhang mit Waren stehen oder nicht. Überdies macht es keinen Unterschied, ob die Marke die Unternehmung selbst kennzeichnen soll oder nicht.

Warenzeichen und Dienstleistungsmarken unterscheiden sich nur in Bezug auf den (materiellen bzw. immateriellen) Charakter der zugrundeliegenden Leistungen, werden aber sonst nach dem Gesetz praktisch *gleichbehandelt* und sind insbesondere *beide eintragungsfähig* (und für ihre volle Wirksamkeit eintragungsnotwendig). Sie bilden insofern eine Gruppe. Die andere Art zusätzlich geschützter Objekte sind *Ausstattungen*. Hierbei handelt es sich z. B. um die eigenartige Gestaltung der Verpackung oder Umhüllung einer Ware (wie die besondere Flaschenform bei Coca Cola) oder um die bestimmte Farbgebung bei einer Verpackung. Auch Hörkennzeichen (wie Tonfolgen in der Werbung) können Ausstattung sein. Ausstattungen genießen den gleichen Schutz wie Warenzeichen und Dienstleistungen, jedoch im Unterschied zu den Zeichen sind sie *nicht eintragungsfähig;* ihr Schutz beruht allein auf der erfolgreichen *Durchsetzung* innerhalb beteiligter Verkehrskreise. Sie repräsentieren so eine zweite Gruppe.

Nach der Grundlage des Schutzes unterscheidet mithin das WZG die Gruppe der eingetragenen Zeichen (Warenzeichen und Dienstleistungsmarken) und die Gruppe der (nicht eingetragenen) Ausstattungen.

c) Warenzeichen und Dienstleistungsmarke im besonderen

Im folgenden Text wird vereinfacht für beide Zeichenarten der Name „Warenzeichen" benutzt.

Der Schutz von Warenzeichen hat eine große wirtschaftliche Bedeutung. Äußerlich geht dies aus der Tatsache hervor, daß in die Zeichenrolle des Patentamts weitaus mehr als eine Million Warenzeichen eingetragen ist und fast eben so viele angemeldet wurden.

aa) Anforderungen an die Gestaltung

Was die Gestaltung des schützbaren Zeichens anlangt, so ergibt sich aus dem Zeichenzweck – das Warenzeichengesetz sagt selbst darüber nichts –, daß es auf der Ware oder Verpackung anbringbar sein muß; außerdem muß das Zeichen in die Zeichenrolle eingetragen werden können. Beide Umstände bewirken, daß unter Warenzeichen in der Regel nur *zweidimensionale*, mithin flächige Kennzeichen zu verstehen sind. Dazu eignen sich lediglich erstens *Wortzeichen* aus einem Wort (wie Persil, Nivea oder Löwensenf) oder aus mehreren Wörtern; im letzten Fall kann es sich um eine Gesamtbezeichnung (wie Wiener Walzer für eine Tulpenzüchtung) oder um einen Werbespruch (wie „Trink Sester mein Bester") handeln. Auch Abkürzungen (wie AEG und BMW) werden als eintragungsfähig anerkannt. Nur ausnahmsweise geschieht dies ferner bei Zeichen, die ausschließlich aus Zahlen oder Buchstaben bestehen, „wenn sich das Zeichen im Verkehr als Kennzeichen der Waren des Anmelders durchgesetzt hat" (§ 4 Abs. 3 WZG); das ist etwa der Fall bei den Zeichen 4711 oder Jacobi 1880.

Zweitens erfüllen die Bedingung der Flächigkeit *Bildzeichen* aller Art (z.B. solche in Symbolform wie Mercedesstern, Kruppringe und die Bildzeichen der Deutschen Bank oder der Raiffeisenbanken). Sind Buchstaben, Worte oder Zahlen zeichnerisch gestaltet oder besonders geformt, so können auch sie als Bildzeichen gelten (wie der in ausgesuchter Schreibweise dargestellte Namenszug Farina). Abbildungen der Ware oder einzelner ihrer Teile sind grundsätzlich nicht eintragungsfähig; sie werden ausnahmsweise dann akzeptiert, wenn es sich um ungewöhnliche Darstellungen handelt.

Drittens sind *kombinierte Wort- und Bildzeichen* eintragungsfähig; sie bestehen aus je einem oder mehreren Wort- bzw. Bildteilen, wobei als Wortteil z.B. der Firmenname oder ein Werbesatz auftreten kann (wie der Spruch

„Die Stimme seines Herrn" in Verbindung mit einem vor einem Grammophontrichter sitzenden lauschenden Hund).

bb) Absolute Eintragungshindernisse

Das WZG nennt nicht Merkmale, die die Eintragungsfähigkeit von Warenzeichen rechtfertigen, sondern bestimmt negativ, welche Bezeichnungen nicht eintragungsfähig sind. Die meisten Eintragungshindernisse entspringen dem öffentlichen Interesse, entweder dem Interesse der Allgemeinheit überhaupt oder demjenigen verschiedener Wirtschaftsteilnehmer. Sie heißen auch absolute Eintragungshindernisse; ihre Regelung findet sich in § 4 WZG.

Ein grundlegendes Eintragungshindernis ist die *mangelnde Unterscheidungskraft* einer Warenbezeichnung. Schon § 1 Abs. 1 WZG setzt bekanntlich voraus, daß der Inhaber eines Warenzeichens das Zeichen zur Unterscheidung seiner Waren von anderen Waren benutzen will; folgerichtig werden ausdrücklich solche Zeichen von der Eintragung ausgeschlossen, „die keine Unterscheidungskraft haben" (§ 4 Abs. 2 Ziffer 1 WZG). Daraus ergibt sich z. B., daß Abbildungen von Waren rein ihrer Art nach (z. B. Bilder von Rasierklingen) ohne bestimmten Herkunftshinweis keine eintragungsfähigen Warenzeichen sein können, ebensowenig wie z. B. Abbildungen einfacher geometrischer Figuren. Auch ausschließlich aus Zahlen und Buchstaben bestehende Zeichen sowie beschreibende Angaben über Art, Zeit und Ort der Herstellung der Waren und ähnliche trifft dieses Geschick (§ 4 Abs. 2 Ziffer 1 WZG)[56]. Ausnahmsweise wird in solchen Fällen die Eintragung zugelassen (gemäß § 4 Abs. 3 WZG), wenn sich das Zeichen als Kennzeichen der Waren des Anmelders durchgesetzt hat (wie bei dem bereits oben erwähnten Zeichen 4711). Die Anforderungen dafür sind in der Praxis sehr hoch.

Von der Eintragung ausgeschlossen sind ferner *Freizeichen* (gemäß § 4 Abs. 1 WZG). Es handelt sich um Zeichen, die entweder von der Allgemeinheit oder in einem begrenzten Marktausschnitt von einer Anzahl Wirtschaftsteilnehmer als Gemeingut angesehen werden und daher nicht einer bestimmten Unternehmung zuordenbar sind (Extremfälle: Weißes Kreuz auf grünem Grund für Drogerieprodukte, Äskulapstab für Erzeugnisse der medizinischen und der Arzneimittelindustrie, Schlegel und Hammer für Briketts). Freizeichen können sich, wenn sie längere Zeit nicht mehr allgemein und frei gebraucht werden, zu eintragungsfähigen Warenzeichen ver-

---

[56] Beschreibende Angaben, auch Beschaffenheitsangaben genannt, wie z. B. Thermalstrahl, Orient, Märzenbier, werden nicht zuletzt auch deshalb für nicht eintragungsfähige Warenzeichen erklärt, um sie dem Gemeingebrauch zu erhalten (vgl. dazu § 16 WZG).

wandeln; umgekehrt kann sich ein Warenzeichen zu einem Freizeichen zurückentwickeln, wenn der Zeicheninhaber sein Recht nicht mehr in Anspruch nimmt.

Weitere Zeichen sind aus rechtlichen Gründen verschiedener Art von der Eintragung ausgeschlossen. Um eine Irreführung der beteiligten Marktkreise auszuschließen, sind Zeichen mit Angaben verboten, die die *Gefahr einer Täuschung* begründen (gemäß § 4 Abs. 2 Ziffer 4 WZG). Täuschungen können z. B. darin bestehen, Warenzeichen einer reinen Handelsunternehmung mit den Kennzeichen eines Industriebetriebes zu versehen, im Inland hergestellten Erzeugnissen ein auf ausländische Herkunft deutendes Zeichen beizugeben oder bezüglich der Beschaffenheit einer Ware irreführende Vorstellungen hervorzurufen, indem unpassende Abbildungen in das Zeichen aufgenommen werden (wie das Bild einer Kuh für Margarine oder einer Biene für Kunsthonig). Abgelehnt werden ferner *ärgerniserregende Darstellungen* (ebenfalls gemäß § 4 Abs. 2 Ziffer 4 WZG), die religiöses, moralisches oder politisches Empfinden verletzen (wie die Bezeichnung eines Abführmittels nach dem Namen des italienischen Dichters D'Annunzio). Weiter können nicht die *inländischen staatlichen Hoheitszeichen* wie Staatswappen, Staatsflaggen und entsprechende *Kennzeichen internationaler zwischenstaatlicher Organisationen* (vgl. § 4 Abs. 2 Ziffer 2 und Ziffer 3a WZG), außerdem nicht *amtliche Prüf- und Gewährzeichen* (vgl. § 4 Abs. 2 Ziffer 3 WZG) in einem Warenzeichen geführt werden, sofern der Anmelder nicht dazu befugt ist (gemäß § 4 Abs. 4 WZG). Auch ist es untersagt, Zeichen einzutragen, die nach allgemeiner Kenntnis innerhalb der beteiligten inländischen Verkehrskreise bereits von einem anderen als Warenzeichen für gleiche oder gleichartige Waren benutzt werden (gemäß § 4 Abs. 2 Ziffer 5 WZG); Beispiele solcher auch als *notorische Zeichen* charakterisierter Bezeichnungen sind Uhu, Odol und Salamander. Endlich nicht eintragungsfähig sind gewisse anderweitig geschützte *Sortenbezeichnungen* (vgl. § 4 Abs. 2 Ziffer 6 WZG).

cc) Relative Eintragungshindernisse

Nicht dem öffentlichen Interesse, sondern dem Individualinteresse der Inhaber bereits angemeldeter oder sogar eingetragener Warenzeichen dienen weitere Bestimmungen (§§ 5 Abs. 3 ff. und 6 WZG), die die Eintragung eines neuen Zeichens zunichte machen können. Die Eintragung kann hier nur durch den Widerspruch des Inhabers eines prioritätsälteren Zeichens verhindert werden (daher spricht man von relativen Eintragungshindernissen); amtlich findet ursprünglich keine Prüfung statt. Damit ein solcher Widerspruch erhoben werden kann, wird jede Anmeldung eines neuen Zeichens bekanntgemacht (gemäß § 5 Abs. 2 WZG); der Inhaber eines älteren

Zeichens kann dann innerhalb von drei Monaten Widerspruch gegen die Eintragung des neu angemeldeten Zeichens erheben (gemäß § 5 Abs. 4 WZG).

Aus diesen Ausführungen geht bereits der *Zeitvorrang* (Priorität) eines angemeldeten oder eingetragenen Warenzeichens als Eintragungshindernis für ein neues Zeichen hervor (zwei weniger bedeutsame Besonderheiten in Bezug auf dieses Prinzip werden hier nicht erörtert). Eine zweite Voraussetzung zur Eintragungshinderlichkeit ist die *Übereinstimmung* des früheren Zeichens mit dem neuen (gemäß § 5 Abs. 4 Satz 1 WZG). Dabei liegt Übereinstimmung nicht nur bei vollkommener Gleichheit der Zeichen vor – sie dürfte selten vorkommen –, sondern auch dann, wenn trotz Verschiedenheit der Zeichenform oder sonstiger Abweichungen die Gefahr einer Verwechslung der Zeichen im Verkehr gegeben ist (vgl. hierzu ergänzend § 31 WZG). Um ein Eintragungshindernis geltend zu machen, muß drittens das frühere Zeichen für *gleiche oder gleichartige Waren* angemeldet worden sein wie das neue (gemäß § 5 Abs. 4 Satz 1 WZG). Ist eine solche Gleichartigkeit nicht gegeben, scheitert der Widerspruch in der Regel. Bei der Entscheidung über die vom Gesetz offengelassenen Frage, was gleichartig ist, handelt es sich um ein in der Praxis oft schwierig zu lösendes Problem.

dd) Die Schutzdauer des eingetragenen Zeichens

Der Schutz des eingetragenen Zeichens dauert 10 Jahre; die Schutzdauer kann um jeweils 10 Jahre verlängert werden (vgl. § 9 WZG). Daher kann eine Unternehmung den Schutz *auf Dauer* aufrechterhalten. Das Warenzeichenrecht wirkt insofern vollkommen wie das Eigentumsrecht. Das subjektive Zeichenrecht ist auch vererblich und kann auf andere übertragen werden; hierbei ist jedoch beachtlich, daß das Recht niemals allein, sondern stets nur „mit dem Geschäftsbetrieb oder dem Teil des Geschäftsbetriebs, zu dem das Warenzeichen gehört", auf einen anderen übergehen kann (vgl. § 8 Abs. 1 WZG). Diese enge Verknüpfung des Warenzeichens mit der Unternehmung ergibt sich aus den Zwecken des Warenzeichenrechts; das Zeichen soll auf die betriebliche Herkunft und ferner auf die dadurch bedingte Beschaffenheit der bezeichneten Waren hinweisen. Übrigens deshalb auch kann ein Dritter die Löschung des Warenzeichens beantragen, „wenn der Geschäftsbetrieb, zu dem das Warenzeichen gehört, von dem Inhaber des Zeichens nicht mehr fortgesetzt wird" (§ 11 Abs. 1 Ziffer 2 WZG).

Ist das eingetragene Warenzeichen grundsätzlich auf Dauer sicherbar, so besteht doch unter anderem eine wichtige *Ausnahme* dann, wenn das Zeichen innerhalb von 5 Jahren nach der Eintragung nicht benutzt worden ist: es kann dann nicht mehr geltend gemacht werden (vgl. § 5 Abs. 7 WZG), und jeder kann seine Löschung beantragen (gemäß § 11 Abs. 1 Ziffer 4, Abs. 5

und Abs. 6 WZG). Dieser sogenannte *Benutzungszwang* begrenzt die Existenz von Warenzeichen, die dem Gesetzeszweck ursprünglich nicht entsprechen, um einerseits Patentbehörde und -gericht zu entlasten und andererseits der Anmeldung neuer Zeichen keine unangemessenen Hindernisse zu bereiten. Bei den von der Fünfjahresfrist getroffenen Zeichen handelt es sich einmal um sogenannte *Vorratszeichen;* diese Zeichen werden von der Unternehmung aus verschiedenen Gründen vorläufig nicht benutzt, sollen aber später benutzt werden. Zweitens geht es um sogenannte *Defensivzeichen;* sie sind nicht zur wirklichen Benutzung bestimmt, sondern sollen vielmehr durch ihre bloße Existenz andere tatsächlich benutzte Warenzeichen schützen und sie gegen Konkurrenten verteidigen helfen.

d) Die Ausstattung im besonderen

Wie zu Anfang dieses Kapitels dargestellt, kommt als zweite Art der Warenbezeichnung die Ausstattung vor. Sie wird in § 25 WZG eingeführt; sein Abs. 1 lautet: „Wer im geschäftlichen Verkehr Waren oder ihre Verpakkung oder Umhüllung oder Ankündigungen, Preislisten, Geschäftsbriefe, Empfehlungen, Rechnungen oder dergleichen widerrechtlich mit einer Ausstattung versieht, die innerhalb beteiligter Verkehrskreise als Kennzeichen gleicher oder gleichartiger Waren eines anderen gilt, oder wer derart widerrechtlich gekennzeichnete Waren in Verkehr bringt oder feilhält, kann von dem anderen auf Unterlassung in Anspruch genommen werden". Von einer Eintragung in ein Register ist hier nicht die Rede; der Schutz der Ausstattung gründet insoweit allein auf ihrer Verkehrsgeltung. Wie es dem Wesen des WZG entspricht, muß unter anderem die Fähigkeit der Warenbezeichnung hinzukommen, auf die Herkunft der Erzeugnisse aus einer bestimmten Unternehmung hinzuweisen. Einen solchen *tatsächlichen* Zustand – Fähigkeit zum Hinweis auf eine bestimmte betriebliche Herkunft und erlangte Verkehrsgeltung – schützt das Ausstattungsrecht. Es schafft dennoch eine Rechtsstellung, die derjenigen des Inhabers eines eingetragenen Warenzeichens oder Dienstleistungsmarkenrechts genau gleich ist.

aa) Wesen und Reichweite der Ausstattung

Was eine Ausstattung ist, sagt das Gesetz wiederum nicht. Fest steht, daß als Ausstattung zunächst alle Kennzeichen in Betracht kommen, die auch Warenzeichen sein können, also Wortzeichen, Bildzeichen oder kombinierte Wort- und Bildzeichen; es kann sich z.B. um Etiketten handeln, aber auch um Farben (wie die Farben bei Maggi und Knorr), um Werbesprüche oder um Zeitschriften- und Zeitungstitel (wie „Rheinische Post"). Bei derartigen Kennzeichen kann übrigens der Ausstattungsschutz *neben* einem durch Eintragung erlangten Warenzeichenschutz bestehen und ihn *sogar in der Dauer übertreffen*. Der Ausstattungsschutz hat darüber hinaus eine *größere sachliche Reichweite;* anders als beim Warenzeichenschutz werden von ihm auch Buchstaben, Zahlen und Firmennamen erfaßt. Dazu kommt ferner, daß bei der Ausstattung auch *dreidimensionale,* mithin körperhafte Formen zulässig sind: z.B. besondere Flaschenformen (wie die Mundwasserflasche von Odol oder die Likörflasche von Kloster Ettal) und Verpackungen (wie die Schachtel von Klosterfrau-Melissengeist). Jede besondere Aufmachung, die auf die Herkunft aus einer bestimmten Unternehmung hinweist, eignet sich zur schutzfähigen Ausstattung. Die besondere Form der Ausstattung kann sogar mit dem Erzeugnis unmittelbar verbunden sein (wie die Froschform einer Kerze). Nur die Ware selbst ist niemals Schutzgegenstand, insbesondere nicht ihre technisch funktionellen Elemente; ließe man dies zu, würde der Unterschied zu den technischen Schutzrechten (Patent- und Gebrauchsmustergesetz) mit ihren besonderen Schutzbereichen und begrenzten Schutzfristen verwischt. In der Praxis ergeben sich hier manchmal schwierige Abgrenzungsfragen.

Wie bereits bekannt ist, wird der Ausstattungsschutz erstens dadurch *begründet,* daß die betreffende Ausstattung als Hinweis auf eine bestimmte Unternehmung gilt; der Bezirk, in dem sie als solche gilt, kann durchaus begrenzt sein. Zweitens muß die Ausstattung diese ihre Geltung innerhalb beteiligter Verkehrskreise haben. Diese Kreise werden von der Rechtsprechung als „nicht ganz unerheblicher Teil der Abnehmer" näher umrissen. Bei Ausstattungen von *geringerer* Unterscheidungskraft wird jedoch ein *höherer* Grad der Verkehrsdurchsetzung – etwa Durchsetzung bei *allen* interessierten Händlern und Konsumenten – verlangt. Um die Verkehrsgeltung und damit den Ausstattungsschutz aufrechtzuerhalten, ist die Unternehmung in der Regel gezwungen, gegen die widerrechtliche Benutzung ihrer Ausstattung einzuschreiten. Wenn verschiedene Wettbewerber um Ausstattung und eingetragenes Warenzeichen in Widerstreit geraten, entscheidet, weil beide gleichwertig sind, der *Zeitvorrang* (Priorität); bei der Ausstattung wird die Priorität nach dem Zeitpunkt ihrer *vollendeten* Durchsetzung bestimmt.

bb) Absolute Schutzhindernisse

Absolute Schutzhindernisse bestehen wie bei den Warenzeichen in Fällen, wo Ausstattungen unbefugt gewisse *Hoheitszeichen* (analog § 4 Abs. 2 Ziffer 2 und 3a WZG) oder *amtliche Prüf- und Gewährzeichen* (analog § 4 Abs. 2 Ziffer 3 WZG), ferner *ärgerniserregende Darstellungen* oder *Täuschungsgefahr* begründende Angaben (analog § 4 Abs. 2 Ziffer 4 WZG) enthalten; sonst könnten diese Verbote über den Ausstattungsschutz umgangen werden.

cc) Die Schutzdauer der Ausstattung

Der Schutz der Ausstattung endet *mit dem Ende ihrer Verkehrsgeltung*. Auch der Ausstattungsschutz kann also, unter anderem durch dauernde Bemühungen der Unternehmung (wie ständige Benutzung der Ausstattung, Werbung mit ihr, Verteidigung gegen Nachahmer) *auf Dauer* erhalten werden. Ebenso ist das Ausstattungsrecht vererblich und auf andere übertragbar, und zwar nur zusammen mit der Unternehmung oder demjenigen Teil von ihr, zu dem das Ausstattungsrecht gehört.

Verzeichnis der Veröffentlichungen

von Gert von Kortzfleisch

I. Selbständige Schriften

1. Die Grundlagen der Finanzplanung, Abhandlungen aus dem Industrieseminar der Universität zu Köln, Heft 5, Berlin 1957, 219 S.
2. Betriebswirtschaftliche Arbeitsvorbereitung, Abhandlungen aus dem Industrieseminar der Universität zu Köln, Heft 15, Berlin 1962, 283 S.

II. Aufsätze in Zeitschriften und Sammelwerken

1. Untersuchungen über die Sortenvielfaltkosten und Auswertung ihrer Ergebnisse für unternehmerische Entscheidungen, in: Rationalisierung, 9. Jg. (1958), S. 240 - 244.
2. Wirtschaftliche Rationalisierung durch Typenbeschränkung und Normung, in: DIN-Mitteilungen, Bd. 38 (1959), S. 553 - 561.
3. Zum Wesen der betriebswirtschaftlichen Planung, in: J. Ries und G. v. Kortzfleisch (Hrsg.): Betriebswirtschaftliche Planung in industriellen Unternehmungen, Festgabe für Theodor Beste, Abhandlungen aus dem Industrieseminar der Universität zu Köln, Heft 10, Berlin 1959, S. 9 - 19.
4. Wirtschaftliche Produktion durch plangerechten Materialfluß, in: VDI-Zeitschrift, 102. Jg. (1960), S. f1783 - 1788.
5. Kostenechte Sortimentspolitik und Programmgestaltung in Industriebetrieben, in: Ausschuß Typenbeschränkung im RKW (Hrsg.): Wirtschaftliche Programmgestaltung, Empfehlungen für die Praxis, Heft 2, Berlin / Bielefeld / München 1960, S. 43 - 61.
6. Wehrwissenschaft und Betriebswirtschaftslehre, in: Wehrwissenschaftliche Rundschau, 11. Jg. (1961), S. 301 - 311.
7. Betriebswirtschaftliche Grundlagen für die Materialflußgestaltung im Industriebetrieb, in: VDI-Bildungswerk, BW 160, Düsseldorf 1961, S. 1 - 17.
8. Der betriebswirtschaftliche Gehalt der Arbeitsvorbereitung, in: Zeitschrift für Betriebswirtschaft, 32. Jg. (1962), S. 716 - 730.
9. Der Jahresabschluß als Kurzfristige Erfolgsrechnung in Forstwirtschaftsbetrieben, in: Zeitschrift für handelswissenschaftliche Forschung, 14. Jg. (1962), S. 334 - 347.
10. Zur funktionalen Kontorechnung, in: Die Wirtschaftsprüfung, 16. Jg. (1963), S. 567 - 574.

11. Elektronische Datenverarbeitung in einem Gemeinschaftsbetrieb für Mittel- und Kleinunternehmen, in: Pfälzisches Industrie- und Handelsblatt, 38. Jg. (1963), S. 349 - 350.

12. Die Normung als Mittel zur Rationalisierung im Bergbau, in: Bergmännische Zeitschrift Glückauf, 99. Jg. (1963), S. 929 - 942; ebenso in: DIN-Mitteilungen, Bd. 43 (1964), S. 47 - 52.

13. Produktionsabstimmungen im Steinkohlenbergbau, in: A. Angermann (Hrsg.): Betriebsführung und Operations Research, Frankfurt/M. 1963, S. 124 - 134.

14. Materialfluß-Rationalisierung – aktueller denn je, in: Deutsche Gesellschaft für Betriebswirtschaft (Hrsg.): Die Betriebsorganisation im Spiegel der Konjunktur, Berlin 1963, S. 109 - 121.

15. Neuzeitliche Verfahren der Unternehmensforschung (Operations Research) zur rationellen Materialflußgestaltung, in: VDI/AWF (Hrsg.): Gestalteter Materialfluß, Düsseldorf 1963, 14 S.

16. Kostenquellenrechnung in wachsenden Industrieunternehmen, in: Zeitschrift für betriebswirtschaftliche Forschung, 16. Jg. (1964), S. 318 - 328.

17. Entwicklungstendenzen der Kurzfristigen Erfolgsrechnung, in: G. v. Kortzfleisch (Hrsg.): Aus der Praxis der Kurzfristigen Erfolgsrechnung, Festgabe für Theodor Beste, Abhandlungen aus dem Industrieseminar der Universität zu Köln, Heft 18, Berlin 1964, S. 209 - 212.

18. Die laufende Finanzplanung, in: Deutsche Gesellschaft für Betriebswirtschaft (Hrsg.): Planmäßige Finanzierung der Unternehmung, Berlin 1964, S. 7 - 20.

19. Normung im Dienst der Betriebsorganisation, in: DIN-Mitteilungen, Bd. 43 (1964), S. 305 - 310; ebenso in: Die Industrie der Steine und Erden, Mitteilungsblatt der Steinbruchs-Berufsgenossenschaft, 74. Jg. (1964), S. 193 - 198.

20. Sieben Prinzipien für die Durchführung der Finanzplanung, in: Der Betriebs-Berater, 19. Jg. (1964), 2. Halbband, Sonderbeilage zu Heft 20, S. 9 - 12.

21. Die Mitwirkung der Deutschen Universitäten bei der Weiterbildung von Führungskräften der Wirtschaft, in: K. Albrecht (Hrsg.): Unternehmensführung, Düsseldorf 1965, S. 41 - 61.

22. Der Wirtschaftlichkeitsnachweis für die Normung, in: DIN-Mitteilungen, Bd. 46 (1967), S. 333 - 337.

23. Die Organisation als Instrument der langfristigen Gesamtplanung, in: Deutsche Gesellschaft für Betriebswirtschaftslehre (Hrsg.): Planung und Organisation als Instrument der Unternehmensführung, Berlin 1968, S. 49 - 58.

24. Zur mikroökonomischen Problematik des technischen Fortschrittes, in: G. v. Kortzfleisch (Hrsg.): Die Betriebswirtschaftslehre in der zweiten industriellen Evolution, Festgabe für Theodor Beste zum 75. Geburtstag, Abhandlungen aus dem Industrieseminar der Universität zu Köln, Heft 25, Berlin 1969, S. 323 - 349.

25. Prognose und langfristige Planung in der Unternehmung, in: O. W. Haseloff (Hrsg.): Planung und Entscheidung, Berlin 1970, S. 18 - 27.

26. Mikroökonomische Quantifizierung technischer Fortschritte, in: Ifo-Institut für Wirtschaftsforschung (Hrsg.): Innovation in der Wirtschaft, 2. Auflage, München 1970, S. 176 - 219.

27. Heuristische dynamische Verfahren für geschäftspolitische Entscheidungen bei unsicheren Erwartungen und veränderlichen Zielsetzungen, in: H. Hax (Hrsg.): Entscheidung bei unsicheren Erwartungen, Köln / Opladen 1970, S. 203 - 217.

28. Kybernetische Systemanalyse der Konsequenzen von technischen Fortschritten, in: VDI-Hauptgruppe Mensch und Technik (Hrsg.): Wirtschaftliche und gesellschaftliche Auswirkungen des Technischen Fortschrittes, Düsseldorf 1971, S. 167 - 195.

29. Wissenschaftstheoretische und wissenschaftspolitische Gedanken zum Thema: Betriebswirtschaftslehre als Wissenschaft, in: G. v. Kortzfleisch (Hrsg.): Wissenschaftsprogramm und Ausbildungsziele der Betriebswirtschaftslehre, Berlin 1971, S. 1 - 20.

30. Interdependenzen in sozioökonomischen Systemen, in: R. Schwinn (Hrsg.): Beiträge zur Unternehmensführung und Unternehmensforschung, Würzburg / Wien 1972, S. 1 - 11.

31. Forschungen über die Forschung und Entwicklung, in: Zeitschrift für betriebswirtschaftliche Forschung, 24. Jg. (1972), S. 558 - 572.

32. Systematik der Produktionsmethoden, in: M. Jacob (Hrsg.): Industriebetriebslehre in programmierter Form, Band 1: Grundlagen, Wiesbaden 1972, S. 119 - 205.

33. Wirtschaftswissenschaften als exakte Wissenschaften, in: Mannheimer Berichte, April 1972, Nr. 4, S. 82 - 88; ebenso in: H. Sachsse (Hrsg.): Möglichkeiten und Maßstäbe für die Planung der Forschung, München / Wien 1974, S. 31 - 47.

34. Zu Mißverständnissen und Fehlinterpretationen des Berichts „The Limits to Growth" für den Club of Rome, in: Der Mensch und die Technik, Technisch-Wissenschaftliche Blätter der Süddeutschen Zeitung, 1972, S. 2 ff.

35. Club of Rome: Vernunft statt Ideologie, in: Umschau in Wissenschaft und Technik, 73. Jg. (1973), S. 748.

36. Die Grenzen des Wachstums – Zum Bericht über das Club of Rome-Projekt „On the Predicament of Mankind", in: B. Merk und G. v. Kortzfleisch (Hrsg.): Gemeindliche Daseinsvorsorge in neuerer Sicht – Die Grenzen des Wachstums, Köln 1973, S. 27 - 49.

37. „Die Grenzen des Wachstums" – Resonanzen der Studie und weitere Aktivitäten des Club of Rome, in: Der Volks- und Betriebswirt, 44. Jg. (1974), S. 61 - 66; ebenso in: Seminar für freiheitliche Ordnung (Hrsg.): Fragen der Freiheit, Doppelheft Januar/Februar 1978, Folge 130, Koblenz 1978, S. 30 - 42.

38. Technischer Fortschritt für die Wirtschaft oder für die Gesellschaft?, in: Mannheimer Hefte 1974, Heft 2, S. 108 - 113; ebenso in: etz-b Elektrotechnische Zeitschrift, Ausgabe B, 26. Jg. (1974), S. 462 - 465.

39. Anforderungen der Gesellschaft an die Unternehmen – Anforderungen der Unternehmen an die Gesellschaft, in: VGB Kraftwerkstechnik, 54. Jg. (1974), S. 510 - 516.

40. Strukturänderungen zur Wachstumsbeschränkung – Konsequenzen für die Unternehmenspolitik, in: J. Wolff (Hrsg.): Wirtschaftspolitik in der Umweltkrise, Stuttgart 1974, S. 258 - 267.

41. Zum Tode von Professor Dr. Dr. h. c. Theodor Beste, in: Zeitschrift für Betriebswirtschaft, 44. Jg. (1974), S. 212 - 214.

42. Theodor Beste, in: G. v. Kortzfleisch und H. Bergner (Hrsg.): Betriebswirtschaftliche Unternehmensführung, Gedächtnisschrift für Theodor Beste, Abhandlungen aus dem Industrieseminar der Universität zu Köln, Heft 28, Berlin 1975, S. IX - XVIII.

43. Technologisch bedingter Wechsel in der Gesellschaft, Technologietransfer und Willensbildung in Unternehmen, in: Gesellschaft für Wirtschafts- und Sozialwissenschaften (Hrsg.): Die Bedeutung gesellschaftlicher Veränderungen für die Willensbildung im Unternehmen, Bd. 88 der Schriften des Vereins für Socialpolitik, Neue Folge, Berlin 1976, S. 283 - 304.

44. Technischer Fortschritt nach ökonomischen Kriterien – oder zur Verbesserung der Lebensqualität?, in: Jahrbuch der Wittheit zu Bremen, Band XX (1976), S. 73 - 85; ebenso in: W. Zapf (Hrsg.): Probleme der Modernisierungspolitik, Mannheimer Sozialwissenschaftliche Studien, Bd. 14, Mannheim 1976, S. 168 - 181.

45. Viertes Referat zum Thema: ‚Privater Wohlstand – Öffentliche Armut? Anmerkungen eines Systemanalytikers', in: D. Duwendag (Hrsg.): Der Staatssektor in der sozialen Marktwirtschaft, Berlin 1976, S. 168 - 175.

46. Ökonomische Komponenten in militärischen Planungen – Militärische Komponenten in ökonomischen Planungen, in: K.-E. Schulz (Hrsg.): Militär und Ökonomie, Beiträge zu einem Symposium, Göttingen 1977, S. 267 - 275.

47. Richtungen und Grenzen für technische Fortschritte in einer enger werdenden Welt, in: Gesellschaft der Freunde der Universität Mannheim e.V. (Hrsg.): Mitteilungen Nr. 2 (Oktober), 28. Jg. (1979), S. 8 - 15; ebenso in: Kulturamt der Stadt Mannheim (Hrsg.): Der Mensch – Krone der Schöpfung oder ihr Totengräber, Mannheimer Vorträge, Akademischer Winter 1978/79, S. 54 - 60.

48. Bildungs- und Beschäftigungspolitik im Rahmen der weltwirtschaftlichen Arbeitsteilung, in: Der Volks- und Betriebswirt, 49. Jg. (1979), S. 24 - 28.

49. Projektionen technologischer und ökonomischer Entwicklungen im Automobilbau, in: Schmiertechnik Tribologie, 26. Jg. (1979), S. 209 - 211.

50. Wirtschaftswachstum trotz oder durch internationale Arbeitsteilung nach Industrialisierung der Enwicklungsländer, in: Haus Rissen – Internationales Institut für Politik und Wirtschaft (Hrsg.): Rissener Jahrbuch 1979/80, Hamburg 1980.

51. Globale Arbeitsteilung in einer Sozialen Welt-Marktwirtschaft der 80er Jahre, Beitrag zur Thematik: Zwischen Energiekrise und Konkurrenzdruck – Probleme des bergischen Wirtschaftsraumes, in: Industriebeilage des Remscheider Generalanzeigers, 9. Januar 1980.

52. Weltwirtschaftliche Probleme zum Ende des 20. Jahrhunderts und systemanalytische Hilfen zu deren Lösung, in: Die Wachenburg, Nachrichten des Weinheimer Senioren-Convents, 28. Jg. (1980), S. 161 - 168.

53. Ökonomische Konsequenzen von Langzeitautos, in: VDI-Bericht Nr. 368, Düsseldorf 1980, S. 353 - 357.

54. Weltwirtschaftliche Probleme der 80er Jahre – Systemanalytische Grundlagen zu ihrer Beherrschung, in: W. Böhme (Hrsg.): Wirtschaftspolitik für morgen – was muß anders werden?, Band 21 der Herrenalber Texte, Karlsruhe 1980, S. 32 - 38.

55. Hat die Kohle wieder eine Chance (zusammen mit H. Kornprobst), in: IHK-Magazin, Wirtschaftsinformationen der Industrie- und Handelskammer für die Pfalz, Heft 12/1980, S. 38 - 40.

56. Ökonomische Kriterien für technische Fortschritte bei Produktionsprozessen, in: Zeitschrift für wirtschaftliche Fertigung, 75. Jg. (1980), S. 55 - 57.

57. Die Entwicklung der Industrie-Betriebswirtschaftslehre in Mannheim während der 60er und 70er Jahre, in: Mitteilungen der Gesellschaft der Freunde der Universität Mannheim, Nr. 2, 30. Jg. (1981), S. 50 - 53.

58. Weltwirtschaftliche Zukunftsprobleme – Systemanalysen als Lösungsansätze, in: FERRUM, Nachrichten aus der Stiftung Eisenbibliothek der Georg Fischer Aktiengesellschaft, Nr. 52, Schaffhausen 1981, S. 2 - 10.

59. Forschung und Entwicklung im Dienste einer ökonomischen Technik, in: Automobilindustrie, Bd. 27 (1982), S. 445 - 449.

60. Kreativität und Innovationsklima als Produktionsfaktoren, in: Deutsche Aktionsgemeinschaft Bildung – Erfindung – Innovation e. V. (Hrsg.): Gründungstagung 1982, Heft 1, München 1983, S. 35 - 46.

61. Systematik der Produktionsmethoden, in: H. Jacob (Hrsg.): Industriebetriebslehre, Handbuch für Studium und Prüfung, 2., überarbeitete und erweiterte Auflage, Wiesbaden 1983, S. 99 - 173.

62. Anforderungsprofil für die Hochschulausbildung im Bereich der Industriellen Produktionswirtschaft (zusammen mit weiteren Mitgliedern der Fachkommission für Ausbildungsfragen im Bereich der Industriellen Produktionswirtschaft der Schmalenbach-Gesellschaft – Deutsche Gesellschaft für Betriebswirtschaft e. V.), in: Zeitschrift für betriebswirtschaftliche Forschung, 36. Jg. (1984), S. 723 - 731.

63. Bericht zur 18. - 20. Sitzung der Wissenschaftlichen Kommission „Produktionswirtschaft" (zusammen mit B. Kaluza), in: Die Betriebswirtschaft, 44. Jg. (1984), S. 154 - 155.

64. Die Thesen des Club of Rome – Was ist daraus geworden?, in: C. R. Berkow und E. H. Graul (Hrsg.): MEDICENALE, Bd. XIV, Iserlohn 1984, S. 65 - 77.

65. Ökonomie mit anderen Mitteln, in: IBM Nachrichten, Heft 272, 34. Jg. (1984), S. 15 - 19; ebenso in: IBM Deutschland GmbH (Hrsg.): Technik und Gesellschaft: Strukturwandel – Herausforderung und Chance, Stuttgart 1984, S. 43 - 48.

66. Primärenergie – Substitutions-Projektionen für Forschungs- und Entwicklungsstrategien der Deutschen Automobilindustrie, in: E. Gaugler; O. H. Jacobs und A. Kieser (Hrsg.): Strategische Unternehmensführung und Rechnungslegung, Stuttgart 1984, S. 145 - 159.

67. Heinz Bergner zum 60. Geburtstag, in: G. v. Kortzfleisch und B. Kaluza (Hrsg.): Internationale und nationale Problemfelder der Betriebswirtschaftslehre, Festgabe für Heinz Bergner zum 60. Geburtstag, Abhandlungen aus dem Industrieseminar der Universität Mannheim, Heft 32, Berlin 1984, S. 9 - 11.

68. Technologietransfers und Techniktransfers aus der Bundesrepublik und in die Bundesrepublik Deutschland, in: G. v. Kortzfleisch und B. Kaluza (Hrsg.): Internationale und nationale Problemfelder der Betriebswirtschaftslehre, Festgabe für Heinz Bergner zum 60. Geburtstag, Abhandlungen aus dem Industrieseminar der Universität Mannheim, Heft 32, Berlin 1984, S. 105 - 136.

69. Trotz hohen Investitionsniveaus im Innovationswettbewerb maßgeblich an Boden verloren, in: Trend, Zeitschrift für soziale Marktwirtschaft, Heft 23 (1985), S. 32 - 34.

70. Bericht zur 21. - 23. Sitzung der Wissenschaftlichen Kommission „Produktionswirtschaft" (zusammen mit B. Kaluza), in: Die Betriebswirtschaft, 45. Jg. (1985), S. 499 - 500.

71. Rationalisierung, in: L. J. Heinrich und K. Lüder (Hrsg.) unter Mitwirkung von K. Aghte u. a.: Angewandte Betriebswirtschaftslehre und Unternehmensführung, Festschrift zum 65. Geburtstag von Hans Blohm, Herne - Berlin 1985, S. 213 - 217.

72. Maßnahmen und Investitionen der EVU in Baden-Württemberg zur Minderung von SO_2- und NO_x-Emissionen – Resultate systemanalytischer Studien (zusammen mit A. Voß), in: G. v. Kortzfleisch (Hrsg.): Waldschäden, Theorie und Praxis auf der Suche nach Antworten, München - Wien 1985, S. 343 - 354.

III. Artikel in Handwörterbüchern und Nachschlagewerken

1. Beitrag „Anordnung", in: E. Grochla (Hrsg.): Handwörterbuch der Organisation, Stuttgart 1969, Sp. 72 - 82.

2. Beitrag „Arbeitsvorbereitung", in: E. Grochla (Hrsg.): Handwörterbuch der Organisation, Stuttgart 1969, Sp. 161 - 172.

3. Beitrag „Militärorganisation", in: E. Grochla (Hrsg.): Handwörterbuch der Organisation, Stuttgart 1969, Sp. 990 - 1000.

4. Beitrag „Äquivalenzziffernkalkulation", in: E. Kosiol (Hrsg.): Handwörterbuch des Rechnungswesens, Stuttgart 1970, Sp. 41 - 49.

5. Beitrag „Divisionskalkulation", in: E. Kosiol (Hrsg.): Handwörterbuch des Rechnungswesens, Stuttgart 1970, Sp. 418 - 430.

6. Beitrag „Arbeitsvorbereitung", in: E. Grochla und W. Wittmann (Hrsg.): Handwörterbuch der Betriebswirtschaft, Band I/1, 4. Aufl., Stuttgart 1974, Sp. 262 - 272.

7. Beitrag „Industriebetriebe, Arten der", in: E. Grochla und W. Wittmann (Hrsg.): Handwörterbuch der Betriebswirtschaft, Band I/2, 4. Aufl., Stuttgart 1975, Sp. 1833 - 1849.

8. Beitrag „Verband der Hochschullehrer für Betriebswirtschaft e. V.", in: E. Grochla und W. Wittmann (Hrsg.): Handwörterbuch der Betriebswirtschaft, Band I/3, 4. Aufl., Stuttgart 1976, Sp. 4111 - 4115.

9. Beitrag „Industrial Dynamics" (zusammen mit H. Krallmann), in: W. Kern (Hrsg.): Handwörterbuch der Produktionswirtschaft, Stuttgart 1979, Sp. 725 - 733.

10. Beitrag „Industriebetriebe, Organisation der" (zusammen mit P. Milling), in: E. Grochla (Hrsg.): Handwörterbuch der Organisation, 2. Auflage, Stuttgart 1980, Sp. 872 - 881.

11. Beitrag „Wachstum II: Betriebswirtschaftliche Probleme" (zusammen mit E. Zahn), in: W. Albers und andere (Hrsg.): Handwörterbuch der Wirtschaftswissenschaft (HdWW); zugl. Neuaufl. d. Handwörterbuchs der Sozialwissenschaften; Achter Band, Stuttgart, New York 1980, S. 432 - 449.

12. Vergütungen für Arbeitnehmererfindungen – Betriebswirtschaftliche Aspekte –, in: W. Bartz und E. Wippler (Hrsg.): Jahrbuch für Ingenieure 1981, Grafenau 1981, S. 108 - 114.

13. Beitrag „Divisionskalkulation", in: E. Kosiol; K. Chmielewicz und M. Schweitzer (Hrsg.): Handwörterbuch des Rechnungswesens, 2., völlig neu gestaltete Auflage, Stuttgart 1981, Sp. 402 - 410.

IV. Herausgeber und Mitherausgeber

1. Betriebswirtschaftliche Planung in industriellen Unternehmungen (zusammen mit J. Ries), Festgabe für Theodor Beste, Abhandlungen aus dem Industrieseminar der Universität zu Köln, Heft 10, Berlin 1959, 209 S.

2. Aus der Praxis der Kurzfristigen Erfolgsrechnung, Festgabe für Theodor Beste, Abhandlungen aus dem Industrieseminar der Universität zu Köln, Heft 18, Berlin 1964, 212 S.

3. Die Betriebswirtschaftslehre in der zweiten industriellen Evolution, Festgabe für Theodor Beste zum 75. Geburtstag, Abhandlungen aus dem Industrieseminar der Universität zu Köln, Heft 25, Berlin 1969, 354 S.

4. Wissenschaftsprogramm und Ausbildungsziele der Betriebswirtschaftslehre, Berlin 1971, 298 S.

5. Gemeindliche Daseinsvorsorge in neuerer Sicht – Die Grenzen des Wachstums (zusammen mit B. Merk), Köln 1973, 49 S.

6. Betriebswirtschaftliche Unternehmensführung (zusammen mit H. Bergner), Gedächtnisschrift für Theodor Beste, Abhandlungen aus dem Industrieseminar der Universität zu Köln, Heft 28, Berlin 1975, 364 S.

7. Makroökonomische Input-Output-Analysen und dynamische Modelle zur Erfassung technischer Entwicklungen (zusammen mit J. Seetzen und R. Krengel), Interdisziplinäre Systemforschung, Bd. 69, Basel, Boston, Stuttgart 1979, 310 S.

8. Internationale und nationale Problemfelder der Betriebswirtschaftslehre (zusammen mit B. Kaluza), Festgabe für Heinz Bergner zum 60. Geburtstag, Abhandlungen aus dem Industrieseminar der Universität Mannheim, Heft 32, Berlin 1984, 333 S.

9. Waldschäden, Theorie und Praxis auf der Suche nach Antworten, München - Wien 1985, 401 S.

V. Sonstige Schriften

1. Energie für den Verkehr. Eine systemanalytische Untersuchung der langfristigen Perspektiven des Verkehrssektors in der Bundesrepublik Deutschland und dessen Versorgung mit Kraftstoffen im energiewirtschaftlichen Wettbewerb (zusammen mit K. Bellmann u. a.), Heft 25 der Schriftenreihe der Forschungsvereinigung Automobiltechnik e. V., Frankfurt/M. 1983, 397 S.

2. „Wie kann der zukünftige Energiebedarf durch umweltfreundliche Kraftwerksbetriebe gedeckt werden?", Bericht zusammen mit der Arbeitsgruppe „Energiebedarf – Umwelt – Kraftwerksbetrieb", berufen von der Regierung des Landes Baden-Württemberg, Staatsministerium Baden-Württemberg (Hrsg.), Stuttgart 1983, 205 S.

3. Socio-economic Consequences of Irrigation Investments Towards Food Self-Reliance in Developing Countries (zusammen mit Y. Diarra und G. P. Gupta) in: Schriften des Industrieseminars der Universität Mannheim, Institut für Physikalische und für Chemische Technologie, September 1983, 13 S.

4. Energie für den Verkehr. Eine zusammengefaßte Darstellung der Ergebnisse einer systemanalytischen Untersuchung der langfristigen Perspektiven des Verkehrssektors und seiner Versorgung mit Energie (zusammen mit A. Voß), bearbeitet von K. Bellmann u. a., Heft 42 der Schriftenreihe des Verbandes der Automobilindustrie e. V. (VDA), Frankfurt/M. 1984, 115 S.

5. Heinz Bergner zum 60. Geburtstag: Gedanken über Freundschaften unter Wissenschaftlern, in: Schriften des Industrieseminars der Universität Mannheim, Institut für Physikalische und für Chemische Technologie, August 1984, 25 S.

Verzeichnis der Mitarbeiter

Agbodan, Michel, Professor, Dr. rer. pol., Dipl.-Kfm., Université du Bénin, Lomé, Togo.

Bellmann, Klaus, Dr. rer. pol., Dipl.-Ing., Industrieseminar der Universität Mannheim, Mannheim 1.

Bergner, Heinz, Professor, Dr. rer. pol., Dipl.-Kfm., Industrieseminar der Universität Mannheim, Mannheim 1.

Çakici, Lâtif, Professor, Dr. rer. pol., Dipl.-Kfm., Universitesi Rectór, Yardimcisi, Universität Ankara, Ankara, Türkei.

Jehle, Egon, Professor, Dr. rer. pol., Dipl.-Kfm., Lehrstuhl für Industriebetriebslehre, Universität Dortmund, Dortmund 50.

Krallmann, Hermann, Professor, Dr. rer. pol., Dipl.-Ing., Fachgebiet für Systemanalyse und EDV, Technische Universität Berlin, Berlin 10.

Lehmann, Gerhard, Dr. rer. pol., Dipl.-Kfm., Geschäftsführer der Firma CSI Copytex Sicherheitssysteme, Villingen-Schwenningen.

Milling, Peter, Professor, Dr. rer. pol., Dipl.-Kfm., Fachbereich Wirtschaftswissenschaften, Universität Osnabrück, Osnabrück.

Zahn, Erich, Professor, Dr. rer. pol., Dipl.-Kfm., Lehrstuhl für Allg. Betriebswirtschaftslehre und Betriebswirtschaftliche Planung, Universität Stuttgart, Stuttgart 1.

Printed by Libri Plureos GmbH
in Hamburg, Germany